中国乌龙茶

【第二版】

苏兴茂 编著

安溪铁观音
安溪毛蟹
黄金桂
永春佛手
武夷岩茶大红袍
平和白芽奇兰
诏安八仙茶
漳平水仙茶饼
大叶乌龙
兴宁大叶黄旦
兴宁大叶奇兰
铁罗汉

厦门大学出版社
XIAMEN UNIVERSITY PRESS
国家一级出版社
全国百佳图书出版单位

作者近照

作者简介

苏兴茂，男，1945年出生。福建省安溪县长坑乡珍田村人。大专学历，茶叶加工检验高级工程师，茶叶加工高级技师，高级评茶师，高级茶艺技师。茶叶加工工、评茶员、茶艺师高级考评员。现任福建省技师协会副会长，福建省农村专业技术协会常务理事，泉州市农村专业技术协会副理事长，泉州市茶文化研究会副秘书长，安溪县农村专业技术协会常务副理事长，安溪县老科技工作者协会副会长，安溪县茶叶协会副会长，中国茶都（安溪）国家职业技能鉴定站站长，安溪县珍田茶业专业合作社、安溪县珍田茶农茶叶研究所顾问。

1963年开始从事茶业工作，长期服务于茶区乡镇茶叶采购站和茶叶企业。历任国营安溪县剑斗、感德茶叶采购站主任，福建省安溪茶厂副厂长，安溪县茶叶总公司副总经理、安溪县茶叶公司、中国土畜产进出口公司福建分公司安溪支公司经理。2002年被国家农业部评为特产之乡“优秀企业家”。2005年退休后，2006年创立安溪县珍田茶业专业合作社，致力于茶产业科普宣传和科技培训工作，并创刊“珍田茶农茶讯”，带动茶乡掀起科技兴茶热潮，引领茶乡人民走上科技致富路。2009年被福建省科技协会、财政厅评为“农村科普惠农领头人”。2010年被国家科协、财政部评为“全国农村科普惠农领头人”。

被评为“农村科普惠农领头人”后，深感责任重大，为向广大茶农、工人和茶叶爱好者传授茶叶科普知识和中国茶文化，根据自身半世纪茶业工作经验，并查阅大量相关文献资料，精心编写本书。它是一部涉及乌龙茶生产栽培、初制加工、精制加工、包装储藏、茶文化传播等系统全面、通俗易懂的科普丛书。

中共安溪县委常委、组织部长苏松炎为“安溪铁观音制作工艺大讲堂、安溪铁观音制茶专家服务团”授旗（团长是作者）

中共安溪县委常委、组织部长苏松炎为团长、作者为副团长的安溪茶叶参访团赴台考察学习

作者在庆芸茶业有限公司培训员工时与陈庆芸董事长合影

铁观音茶树

清香型铁观音

浓香型铁观音

黄金桂

本山

毛蟹

梅占

大叶乌龙

奇兰

佛手茶树

佛手成品茶

佛手精制成品茶

白奇兰

肉桂

丹桂

金观音

昭安八仙茶

漳平水仙茶饼

大红袍

武夷水仙

武夷肉桂

武夷奇种

铁罗汉

水金龟

白鸡冠

半天鹞

凤凰水仙

黄栀香单丛

岭头单丛

石古坪乌龙

包种茶

冻顶乌龙

木栅铁观音

东方美人茶

序言

安溪是乌龙茶的发源地，名茶铁观音、黄金桂的故乡。产茶历史悠久，自古就有“闽南茶都”之称。

安溪是我国乌龙茶的主产区，是乌龙茶出口基地县。境内峰峦叠翠，泉甘土赤，朝雾夕岚，气候温和，空气清新，茶树生长环境得天独厚。茶树品种繁多，制茶工艺精湛，素有“茶树良种宝库”、“茶师摇篮”之美誉。尤其是“铁观音品质优异，具有抗癌消酯的药效，堪称为茶中之王，是国家拳头名茶，获得国内外人士有口皆碑，是安溪人民的光荣，亦是中华民族的光荣”。

安溪茶文化源远流长，乌龙茶制法之巧、质量之优、风味之佳、品饮艺术之讲究，都是举世闻名的。在绿色保健成为时尚，乌龙茶成为海内外消费者青睐的今天，人们对乌龙茶悠久茶文化、精湛的制茶工艺、高雅的品茶艺术十分向往却知之不多、知之不详、知之不深。为了帮助广大爱茶人更多、更全面地了解中国乌龙茶和茶文化，苏兴茂先生做了大量卓有成效的工作，整理编写《中国乌龙茶》，几经努力，终于成书出版，这是乌龙茶发展史上一件喜事，值得庆贺。

苏兴茂先生出生于安溪，长期从事茶业工作，对乌龙茶研究情有独钟，并致力于茶产业科普宣传和科技培训工作，引领茶乡人民走上科技致富路。2010年被国家科协、财政部评为“全国农村科普惠农领头人”。《中国乌龙茶》一书以科普的形式，比较系统、全面地介绍了乌龙茶的分类和品质特征、茶树栽培、乌龙茶加工、乌龙茶品评、包装储藏、茶事活动、乌龙茶茶艺和茶叶保健功效等方面的知识。全书内容丰富，资料翔实，结构严谨，雅俗共赏，是一部融知识性、科学性、实用性、趣味性为一体的茶叶科普佳作，对乌龙茶的发展、提升必将起到积极的促进作用。

叶顺煌

二〇一〇年十月十四日

（作序者叶顺煌，系福建省科技党组书记）

前 言

翻开中华民族五千年的文明史，几乎每页都可以嗅到清新淡雅的茶香。茶，滋润着国人数千年，并走出国门，惠及全世界，对于推动人类的文明进步作出重大的贡献。

“宿雨一番蔬甲嫩，春山几焙茗旗香”，乌龙茶（青茶）是中国茶叶大家族中的特种茶。在安溪上千年的产茶历史进程中，勤劳勇敢、聪明睿智的安溪茶人不仅发明创造了独特的乌龙茶类，还培育出品质优异的世界名茶——安溪茶观音，形成了独具特色的安溪茶文化，安溪铁观音的制法之巧、质量之优、香韵之佳、品饮之雅，举世闻名。以安溪铁观音为代表的乌龙茶，以其高雅而又通俗的形态逐步进入人们的日常生活，成为人们追求高品质生活的重要元素和载体。

笔者有幸从参加工作开始到退休都从事茶行业，2005 年退休后，继续以普及茶知识，弘扬茶文化，研究茶科技和繁荣茶经济为己任，特别是组建并运作中国茶都（安溪）茶叶职业技能鉴定站，专注做好茶叶审评、茶叶加工及茶艺师的职业技能培训和鉴定工作。为方便学员学习，在省科协党组叶顺煌书记的支持下，2008 年开始编写、2010 年 11 月正式出版《中国乌龙茶》一书，印刷 4500 册，主要用作科普宣传和培训资料，至 2012 年 11 月已全部用罄。现经小部分修订后再版，敬请茶界专家批评指正。

苏兴茂

于 2013 年 7 月

目 录

第二章　福建乌龙茶

第三章　广东和台湾乌龙茶

第四章　茶叶包装与贮藏

第五章　茶叶审评技术

第六章　乌龙茶茶艺和茶事活动

绪　　论

中国是茶的祖国，是发现茶树、繁育栽培茶树、加工、利用茶叶最早的国家。悠久的产茶历史，辽阔的产区，优越的自然条件，精湛的采制工艺，形成了源远流长，琳琅满目，千姿百态的中国名茶。宋朝王安石曰："茶之为用，等于米盐，不可一日无。"也被世人称为"灵魂之饮"、"快乐之液"，"茶者，养生之仙药，延年之妙术"。元、明、清以来，茶叶作为大宗商品在国内外贸易方面都有很大进展，以平易、世俗的风貌进入人们的正常生活。

在国际上，茶叶按发酵程度为分三大类。即：不发酵茶、半发酵茶和全发酵茶。绿茶属于不发酵茶，青茶（乌龙茶）属半发酵茶，红茶属全发酵茶。在国内，按茶多酚氧化的程度和品质特点分为：绿茶、黄茶、乌龙茶、白茶、红茶和黑茶。

中国乌龙茶主产于福建，2009 年，福建全省茶叶总产量 26 万吨，占全国茶叶总产量的 20%，居全国产量第一位，其中乌龙茶 13.9 万吨，占全国乌龙茶产量 85%。其次是广东和台湾。

一、安溪是乌龙茶的发源地

安溪产茶，早于唐代，《泉州府志》（卷十二）载："农曩耕于田，今耕于山，若地瓜、若茶、若桐、若松杉、若竹，凡可供日用者，不惮陟巉岩，辟草莽，岁计所入，以助衣食之不足"。唐朝韩偓有诗曰"石崖觅芝叟，乡俗采茶歌"。韩偓（844—923）系唐代著名诗人、兵部侍郎、翰林学士，于梁开平三年（909 年）避乱入闽，隐于南安丰州，时小溪场隶属南安县。唐末，阆苑岩的岩宇大门上有一副茶

联:“白茶特产推无价,石笋孤峰别有天。”说明当时安溪不仅有产茶,而且质量好价格高。

五代时,安溪在人际交往中已将茶叶作为礼品相互赠送。开先县令詹敦仁上任后,受归善乡依仁里(今龙门镇溪瑶村)龙安岩(后称青林岩)悟长老惠茶,作此代简:“泼乳浮花满盏倾,余香绕齿袭人清。宿醒未解惊窗午,战退降魔不用兵。”

宋代是我国历史上茶叶生产和茶文化大发展的一个重要时期。这一时期,安溪茶叶也有较大的发展。考古学家、厦门大学教授庄为玑在《安溪县的发展历史》中说:“安溪到了宋朝的时候,已有很大发展,潘田铁矿和仙苑的乌龙种,就在这个时期生产的。”又说:宋朝时,有个黄夷简,当五代越王钱俶的部下二十年。后来在北宋统一中国时,他称疾隐于安溪创业,曾作小居诗:“宿雨一番蔬甲嫩,春山几赔茗旗香。”(载《福建续志》卷九十)

明清时期是我国茶业发展的重要时期,1368—1700年间发展很快。由炒青绿茶发展到各种茶类,花色齐全。安溪茶业也不例外。《泉州府志》(卷十九)载:“茶,晋江出者曰清源,南安出者曰英山,安溪出者曰清山,曰留山”。明嘉靖《安溪县志》载:“茶产长乐、崇善等里(今剑斗、白濑、蓬莱、金谷、魁斗镇等)货卖甚多。”清乾隆《安溪县志》载:“茶,龙涓、崇信(今龙涓、西坪、芦田、祥华、福田乡)出者多。惟凤山清水岩得名,然少鬻于市。”至光绪三十年(1904年),安溪茶园面积达2066公顷,茶叶产量1250吨,茶叶出口414吨。

明清时期,安溪茶业连续发生几件震撼中外茶叶重大事件,如茶树短穗扦插育苗的发明、乌龙茶的创制、名茶铁观音的发现、乌龙茶制茶技术和铁观音茶苗传入台湾等。

茶树短穗扦插育苗的发明于明崇祯十三年(1640年)前后,安溪茶农在长期生产实践中,从茶树枝条压在土壤中能生根发芽而得到启示,创造出“茶树枝条压条繁殖法”。1920年前后,西坪乡茶农继续推陈出新,试验“长穗扦插繁殖法”获得成功。1935年改

“长穗扦插繁殖法”为“短穗扦插法”。新中国成立后，各级政府和茶业部门对这一重大发明十分重视，选派专家、技术员进行总结、提高和推广。1956 年在大坪乡萍州村进行大面积短穗扦插育苗实验获得成功。1957 年 10 月，农业部在安溪召开现场观摩会，向全国各产茶省全面推广，接着传播到亚洲、非洲的一些主要产茶国；1978 年，“茶树短穗扦插育苗法”荣获全国科学大会科技成果奖。

安溪茶农发明创制了独特的采制工艺，并形成独特的茶类——乌龙茶。

安溪茶乡流传着一则美丽的传说。相传很久以前，安溪尧阳一带谷幽林森，朝雾夕岚。尧阳南岩山麓，有一位打猎的“将军”，名龙，以打猎和采集野生茶为生，经常出没于深山野林，皮肤黝黑，人们都称他为“乌龙”。有一天乌龙进山打猎采茶，乌龙猎获一只山獐，由于追逐和忙于料理猎物，无暇制作茶叶。翌日，茶卡中的茶叶由于在追逐山獐途中颠簸跳动摩擦，水分蒸发，萎凋，又搁置一夜，叶缘微红，呈现“绿叶红镶边”，并散发出沁人肺腑的清香，炒制后，想不到泡饮时，茶香扑鼻，滋味甘醇，不仅没有苦涩味，而且气味格外芳香。乌龙邀来父老乡亲品尝，人们啧啧稀奇。由此得到启示，逐步形成萎凋、摇青、炒青、烘焙等一整套工艺，创制了品质优异的茶类新品一乌龙茶。从此南岩茶叶声誉远播，遐迩闻名。人们为缅怀乌龙的功绩，在南岩山上建起一座“打猎将军庙”，并用檀香雕刻了一座乌龙的塑像，以他的名字将其创制的茶叶命名为“乌龙茶”。

清雍正年间，名茶铁观音起源于安溪县西坪镇。至今安溪茶乡仍广泛流传着铁观音“魏说”和“王说”两种传说。

二、安溪乌龙茶的传播

《中国茶经》（陈宗懋主编）载：“闽南是乌龙茶的发源地，由此

传入闽北、广东和台湾。”原中国茶叶学会常务理事、安徽农学院教授、著名的茶叶专家陈椽，1987 年来安溪时留下诗珍：“青茶原产地，流传达四方。东渡传乌龙，西移藏佛手。南下播水仙，北上创奇种。愈来愈兴旺，香味溢五洲。”乌龙茶诞生之后，其加工工艺由邑人传入沙县、建瓯、崇安、武夷一带，后又传入广东、台湾，远销东南亚。

安溪在明末清初发明创制乌龙茶后，许多制茶能手被武夷山聘为制茶师傅，传授乌龙茶采制技术。1886 年，清郭柏苍所撰的《闽产录异》载：“闽诸郡皆产茶，以武夷为最，武夷寺僧多晋江人，以茶坪为业，每寺订泉州人为茶师。”据安溪尧阳锡美村《梅记家谱》记载：“王原臣于 1840—1845 年，年年往武夷山当茶师，每次往还三月有余，得白银二十多两。”其中不少人就在武夷山定居下来，现在武夷山天心洞、水帘洞等地操闽南话的安溪籍村民上千人，系 18 世纪从闽南到武夷山传授乌龙茶采制技术而定居下来的后裔。

安溪在明末清初发明创制乌龙茶后，不久就传入台湾。清嘉庆三年(1798 年)前后，安溪人王义程在台湾把乌龙茶制作技术进一步改进、完善，创制出包种茶，并在台北广大茶区大力倡导和传授。光绪十一年(1885 年)安溪人王水锦、魏静相继往台，在台北七星区南港大坑(今台北市南港区)传授包种茶产制技术。自 1920 年起，每年春秋两次，举办包种茶技术讲习会。至 1930 年前后，台湾各产茶区都能制造包种茶，产量逐年增加。清光绪八年(1882 年)，安溪人王安定、张占魁等人合股在台北开设“建成号”茶庄，营销包种茶，市场不断扩大，生意长盛不衰。出口量剧增。安溪人既是台湾包种茶始祖，也是台湾包种茶打开内外销市场的开拓者。

台湾不少茶树品种也源自安溪。据史料记载，清道光二十二年(1843 年)前后，安溪的青心乌龙引入建瓯。咸丰五年(1855 年)前后，由林凤池把青心乌龙带回台湾，种植于冻顶山。几经发展，成为台湾茶树种植面积最大的当家良种。光绪二十二年(1896

年），安溪大坪人张乃妙（1875—1954）受同乡族人之托，回家乡携带纯正铁观音茶苗一批，种植于木栅区樟湖山获得成功，并逐步发展，成为台湾最具代表性的正宗铁观音产区。如今木栅茶园列为台湾观光农业的一部分，是民众和游客休闲游览的好地方。由于张乃妙对乌龙茶、包种茶产制技术潜心研究，成绩卓著，被台湾聘为茶叶“巡回大师”；1916 年荣获台湾总督颁发的特等金牌奖；1935 年台湾茶叶宣传协会以“功在台湾茶业”给予褒奖。

三、乌龙茶的品质特征

乌龙茶产自东南沿海地区的福建、广东和台湾，乌龙茶产区的生态环境优美，气候温和，雨量充沛，土壤的有机质含量丰富，具有乌龙茶生长和制作的优越条件。

同是半发酵乌龙茶，由于茶树品种、制作工艺和各产地的地理环境都不一样，所以产品也各具特色。如闽南乌龙茶的安溪铁观音、黄金桂、本山、毛蟹、梅占、大叶乌龙、佛手、水仙、白芽奇兰、八仙茶、肉桂、杏仁、白牡丹等品种，从发现每一个品种开始就进行“压条”和“扦插”的无性繁殖，闽北乌龙茶和广东乌龙茶多数品种是有性系品种（也有部分品种是从安溪等闽南地区引进种植）。台湾的大部分茶树品种是从安溪和闽北引进种植。

在初制工艺上也有不同的要求，如闽南的安溪铁观音和一些高档品种从采摘开始，每道工序都有严格的要求，采摘不能用机采，要用手工采摘，确保品种纯度和芽头大小均匀。闽南乌龙茶发酵轻于闽北乌龙茶和广东乌龙茶。闽南乌龙茶初制程序是：鲜叶→晾青→晒青、做青（多次摇青、晾青）→炒青（杀青）→揉捻→包揉→烘焙（包揉、烘焙多次反复）而闽北乌龙茶和广东乌龙茶就少了包揉这道工序。闽南乌龙茶精制加工净度的掌握是“等级净度”，也就是茶叶品质的等级越高，净度要求越好；烘焙火功的掌握，是“等级火候”。高档茶应低温烘焙，保留品种香气和滋味的特征，低档茶可用稍高温度烘焙，使茶滋味纯厚，有火香味。闽北乌龙茶是采用“足火”和“中火”火候掌握烘焙。所以品质上也各具特征。

台湾地区的乌龙茶从品种到制作工艺大多引用福建的做法，所以品质也大体相似。

福建、广东乌龙茶品质特征

项目		福建		广　东
		安溪铁观音	武夷岩茶（大红袍）	凤凰单丛
外形	条索	肥壮、圆结、重实	紧结壮实、稍扭曲	紧结、短、润
	色泽	翠绿、乌润、砂绿明显	带宝色或油润	黄褐、油润
	整体	匀整	匀整	匀整
	净度	洁净	洁净	洁净
内质	香气	浓郁、持久	岩韵明显、醇厚、回味甘爽、杯底有余香	细锐持久
	滋味	醇厚鲜爽回甘、音韵明显	锐、浓长或幽、清远	浓郁爽口，回甘力强
	汤色	金黄清澈	清澈、艳丽、呈深橙黄色	橙黄明亮
	叶底	肥厚软亮、匀整、红边明有余香	软亮匀齐，红边或带朱砂色	柔软明亮

安溪产茶历史悠久，人工种植开始于唐朝，发展于明清，衰落于民国，恢复于新中国成立，兴盛于当代。历经千年积淀，百年梦想，十年飞跃，安溪茶产业已经跃升到了一个较高的发展平台，进入了一个新的发展时期。乌龙茶的内销市场日渐繁荣，特别是2000年以后，国内乌龙茶增长速度每年以15%快速增长，市场占有率从20世纪90年代中期的2%增长到2010年的8%，增长速度相当明显。

2005年12月，“安溪铁观音”商标被工商总局授予“中国驰名商标”称号，成为中国茶业首个获得中国驰名商标的品牌。2006年8月，中国品牌研究院对2629位参加过广交会的外商进行了一项调查，主题为外商所熟悉和喜爱的中国品牌。调查结果显示，“安溪铁观音”成为外商最喜欢的中国十大名牌之一。2009年1月5日，“安溪铁观音”商标入选福建省十大名片，成为“福建省改革开放30周年福建最具影响力最具贡献力品牌”，同时被世界著名品牌大会和世界品牌组织、美中经贸投资总商会、环球城市电视台世界企业研究中心联合推荐入选“2008年度影响世界的中国力量品牌500强排行榜”，在韩国首尔向全球公布，铁观音入选茶叶类首位。2009年10月12日被评为“中国2010年上海世博会十大名茶”第一位，成为联合国馆专用茶和特许商品的供应商。2010年1月11日，安溪铁观音被中央政府采购中心批准为中央政府采购注册供应茶。安溪铁观音以其独有的中国元素，成为代表中国的世界高端饮品，受到海内外消费群体的广泛关注，成为广大消费者心目中首选的品牌。

第一章　乌龙茶种植与茶园管理

第一节　乌龙茶茶树种植

茶树在植物分类学上属于山茶科、茶属、茶种。是多年生常绿木本植物。我们了解它的形态特征和生长发育特性，不仅有利于识别茶树品种，而且可以运用促进和抑制的栽培技术措施来控制茶树生长发育，开发和利用其特性，发挥最佳的经济效益。

一、茶树的植物形态和生长特性

（一）茶树的植物学

茶树是由根、茎、叶、芽、花、果等不同器官构成的整体。在生产上，通常把茶树分为地上部与地下部两大部分。地上部称为树冠，地下部称为根系。其上下交界处称为根茎处，它是茶树各器官中生理机能比较活跃的部分。

1. 茶树的根

茶树由于其根茎处具有比较活跃的生理机能，其分生细胞的极性表现向上产生茶树营养芽，抽发枝条；向下即产生根芽体，再进一步发育成为茶树根系。最初形成的1～2条根向深处伸展而行主根作用，其分生侧根向地下四周伸展，并再分生细根，这就构成了茶树的根群系统，简称根系。

茶树根系的深广伸育程度因品种、树龄、生态条件及农业措施的不同而有差异，大叶种及乔木型、小乔木型品种如佛手、水仙、梅占、黄棪等要比小叶种及灌木型品种如毛蟹、本山、铁观音、肉桂等根系分布深广。根系伸育也随着树龄的增加而增长，成年茶树通常可达1米左右，在土层深厚疏松，有机质含量较高，地下水位较低的酸性土壤中，茶树根系就能深广伸育；反之，土层浅薄，土壤贫瘠板结，排水不良的情况下，茶树根系生长就差。俗话说："根深叶茂，本固枝荣"，在生产上，必须加强茶园土壤管理和肥管措施，以促进茶树根系的发育，充分吸收矿物质营养，为地上部生长提供更多的营养成分。

2. 茶树的枝干

茶树的枝干是由营养芽发育而成。初期未木质化的绿色枝条称为新梢。新梢生长逐步木质化从棕黄色、红棕色、褐色，最后变成灰白色老枝条。随着枝条向上生长，分生侧枝，再从一级侧枝分生二级侧枝……这就构成茶树杆干的分枝系统。由于品种的分枝习性和分枝角度不同，其树型有乔木型、小乔木型和灌木型；其树姿有直立状、半披张状和披张状。乌龙茶品种多为小乔木型和灌木型，野生茶树则有乔木型。在栽培品种中，如梅占、水仙、大叶乌龙、黄棪和八仙茶均属于小乔木型。这类茶树分枝部位较高，多数分枝角度小，其生长特性强，树姿在自然生长条件下较直立。在生产上，应采取适当多次低位定剪，或分段定剪及打顶养蓬办法以促进分枝，扩大树冠，提高产量。

3. 茶树的芽

茶芽分叶芽(又称营养芽)和花芽两种。叶芽发育成枝条；花芽发育成花果。叶芽按其生长状态分为越冬芽(休眠芽)和活动芽以及休止芽(驻芽)；按其着生位置分为定芽和不定芽。所谓定芽即其有固定着生位置，在枝条顶端又称之顶芽，在叶腋间长出者又称腋芽。顶芽具有顶端优势，生长发育强于腋芽，并对腋芽生长起抑制作用。顶芽生长形成主枝，腋芽生长最后形成侧枝，在自然生长状态中，也表现主枝长势强于侧枝。因此，在生产上采取打顶养蓬和定型修剪办法就是为了打破顶芽和主枝生长优势，促进侧枝

分生，扩大树冠。在采摘上及时采，适当嫩采和分期分批采，就可以增加茶芽生长轮次，增加产量。茶树不定芽没有固定的着生位置，在茶树枝干的任何一个位置乃至根茎处都存在着，是一种潜伏芽，在地上部枝条末端生长受阻(严重老化，病虫为害或人为修剪等)，使定芽失去生长基础时，它则取代生长，抽发新梢。表现了茶树强烈的更新复壮能力。

4. 茶树的叶

茶树从营养芽分化发育为新梢过程中，伴随顶芽生长不断分生叶片。叶片分为鳞片、鱼叶和真叶三种。鳞片包裹芽尖，无叶柄，有茸毛和腊质，起保护芽尖作用，尤其是越冬芽可达 3～5 片。随着茶芽萌展，鳞片脱落。鱼叶是最初生长的叶片，发育不完全，叶柄扁，叶缘锯齿不明显，它是区分新梢生长轮次的标志。在鱼叶之上再长出的为真叶，在其伸展完全后的定型叶所体现的色泽和形态特征因品种而异，是区别茶树品种的重要标志。

茶树真叶随着生长的不同阶段分为幼叶、定型叶和老叶。新生幼叶密生茸毛，但茸毛多寡长短因品种而异。随着叶片从幼叶到定型叶的生长发育中，在生产上通常又将其划分为小开面、中开面和大开面。小开面即第一个叶片为定型叶的 1/3，中开面为其 2/3，大开面即接近定型叶。茶树芽体因品种、树龄以及营养供给状况，在伸长几个叶片后生长休止，形成驻芽。乌龙茶采摘标准，春茶和秋茶为驻芽小开面至中开面 2～4 叶采，则表达顶端已形成体止芽和顶叶的成熟度。夏暑茶由于气温高，生长快，叶片老化迅速，则应适当嫩采。

茶树叶片一般经历一年左右脱落，短者仅 8 个月，由于叶片不仅是茶树进行光合作用的主要营养器官，而且还起着呼吸作用和蒸腾作用，其蒸腾作用所产生的蒸腾拉力，更是促进地下部水分和养分向上运输的主要动力。因此，在采茶中注意留叶采摘，保持茶树有一定新叶来不断接替脱落老叶，行使其生理功能，是非常重要的。

5. 茶树的花果

茶树在6—7月间从叶腋间花芽开始孕育花蕾，至10月份，花蕾膨大，茶花开放。之后形成茶果，至翌年霜降前后茶果成熟掉落，经历了一年半时间。而在翌年6—7月间新的花蕾又开始孕育，从而形成了茶树的花不离果，果不离花的“抱子怀胎”现象。这一生殖生长过程消耗着茶树的大量养分和水分，从而影响了芽叶的营养生长。在生产上，通过适当追施速效氮肥改变C/N比，以抑制开花结果。也可以通过修剪措施，剪除树冠上部比较老化、易于开花结果枝条，促进中下部阶段发育年轻部位枝条抽发新芽，减少花果。另外，还可以通过乙烯利等进行化学除花。

茶花为两性花，但一般雌蕊柱头高于雄蕊，必须通过昆虫传播花粉，因此具有雌雄同花、异性授粉特点，决定了茶籽的种性变异。茶农在生产实践中已掌握了这一特点，因而在历史上很早就抛弃了茶籽育苗方法。采取无性繁殖技术繁育茶苗，保持了茶树良种的优良性状。不仅选育了一大批茶树良种，并创造了短穗扦插育苗技术，从而在茶树良种选育和茶苗繁育技术上都做出了极大的贡献。

（二）茶树的生长发育规律

茶树有它一生的总发育周期的生长发育规律，又有其一年中生长与休止，地上部与地下部交替生长的发育特性，掌握茶树的这些生长发育规律，就可以制定针对性的管理技术措施，提高种茶经济效益。

1. 茶树的发育周期

在实践中，我们把茶树的一生划分为四个生物学年龄时期：幼苗期、幼年期、成年期、衰老期。

1.1　幼苗期

种子育苗从种子萌发到茶苗第一次生长休止（出现驻芽）时为止，4～5个月。扦插育苗者即从苗圃的插穗愈合生根、茶芽萌动

起至茶苗出圃时止为幼苗期，历时约 8 个月至一年。

幼苗期的前期是茶树新个体开始形成，要求比较适宜的土壤条件、温湿度和光照条件，应加强茶苗管理措施，防止高温、强光照射和干旱。在生长后期，既要薄肥勤施、拔除杂草，又要注意防治病虫害，确保茶苗的茁壮成长。在生长发育上，表现以主枝和主根（插穗的多侧根）生长为主的生长规律。

1.2　幼年期

从茶苗定植到正式投产为止，一般 2 年左右。在生长发育中，表现了以根茎部为中心，向上伸展树冠枝条，向下伸展根系的强烈的离心生长特性，地上部具有高生长特性，地下部根系也相应地深广伸育。在生产上，既要保证前期茶树全苗壮苗和根系深广伸育，又要通过留养和定型修剪措施，培养壮、宽、茂的高产稳产树冠。为此，必须制定与之相适应的幼年茶园肥培管理和病虫防治等技术措施。

1.3　成年期

成年期从正式投产到树冠第一次自然更新为止，是茶树的最佳经济年龄，一般为 30 年左右。

投产初期在合理的养、剪、采技术和科学的肥培管理措施和病虫防治等综合影响下，茶树产量不断上升而进入丰产期。以后，随着树龄增大，生长势逐步衰退，育芽力减弱，树冠面形成较多的结节性“鸡爪枝”，茶树生殖生长增强，花果大量增多，也抑制了营养生长。此时，树丛内部也出现较多的枯枝，从茶树骨干分枝的不定芽（潜伏芽）抽发新梢，进行树冠面更新。再以后，这种更新减弱，又从以下部位直至根茎处抽发新梢，形成“地蘖枝”，茶树地上部出现“二层楼”现象。与地上部更新相适应，地下部从根茎处也发生根系更新，萌发新的根蘖，以替代不断衰亡的侧根。这一切即标志茶树成年期结束而开始进入衰老期。

成年期的茶园管理必须根据茶树这一时期的生长发育规律，因势利导，修剪技术从轻到重，逐步加深。要抓好地上部养、剪、采，地下部土、肥、水的综合技术措施，最大限度地延长茶树的最佳经济年限。

1.4　衰老期

茶树从第一次树冠自然更新到茶树衰亡为止的衰老期一般可达数十年。这一时期表现了茶树地上部枝条与地下部根系的衰亡和更新的不断交替的顽强生命力，这是由于根茎处的阶段发育具有最年轻的生理活跃特性有关。在生产上，应在加强肥管和土壤管理的基础上，按衰老程度不同采取相应的重修剪、台刈和抽刈剪办法，配合留养和定型修剪技术，使茶树"返老还童"，延长经济年限，一般可进行 3 次更新复壮，茶叶的单产也呈波浪式发展。但是，茶树的再生能力总趋势是随着树龄的衰老而下降，到一定时期，即必须采取改植换种措施，重新建设新茶园。

2. 茶树的生长周期

茶树每年都因外部环境条件（气候、土壤肥水条件）和内在因素（地上部与地下部交替生长的遗传特性），而有节奏地进行萌芽、抽梢、休眠、开花、结果等一系列生命活动，表现物候期现象。在生产上，人们也遵循茶树的这一物候期从事茶事活动。

2.1　根系活动

茶树根系活动的最适地温在 10～25℃。在闽南的气候条件下，根系无明显休眠现象，但有活跃期和缓慢期之分，其中在 2 月、6 月、9—11 月出现三次最高峰。产生很多细根和进行强烈的吸肥作用，分别为地上部的各轮茶芽生长提供水分和养分。因此，在生产上掌握在这三个高峰前加强土壤管理，耕锄和增施肥料是最有利的。

2.2　新梢

新梢的生长过程从芽体膨大、伸长、鳞片脱落，鱼叶开展、第一片真叶、第二片真叶……最后顶叶开展，驻芽形成，生长休止。萌芽迟、早、快、慢以及展叶数取决于品种、气候、营养状况和树龄、树势等。在不采不剪情况下，驻芽经一定时期休止后又进行第二次

生长，一般重复2～3次。采摘打破芽梢生长周期性，在顶芽摘除到一定时间，腋芽便萌发取代生长，表现了早采早发，迟采迟发特性。在生产上，贯彻及时采、分期分批采和适当嫩采，就有利于增加新梢生长轮次，提高产量。

新梢萌动期一般在日平均温度稳定通过10℃时开始萌动，最适生长温度为17～30℃。在土壤水分和养分充足供给情况下，在这一范围内随温度升高而加快。一般在冬季气温下降至10℃以下时，新梢就停止生长转入休眠，全年约经历8个月左右。

2.3　地上部与地下部生长关系

茶树地上部与地下部生长相关性极为密切，既相互依赖而又相互制约，既表现了交替生长特性，又保持着一定的动态平衡关系，“根深叶茂，本固枝荣”在这里是最确切的说明，当地上部芽梢生长旺盛，枝繁叶茂，其地下部必然有着相应的旺盛的吸收根系。在实践中，通常称之根冠比，简称T/R，即根重/枝叶重。在生产上，通过修剪施肥、耕锄等措施，人为地打破平衡，使其相互促进，达到更新复壮的增产目的。

（三）茶树的适生条件

茶树适宜的生长条件主要是光照、温度、水分、空气、土壤等因素，称为生态因子。了解茶树对环境条件的要求和生长发育的内在规律，在栽培中进行合理调节，就可以取得更大的增产潜力。

光：茶树必须具备一定的光照条件以满足其光合作用需求，由于原始茶树生长于亚热带大森林之下，在系统发育中形成了耐阴特性，因而要求较多的漫射光。“高山出好茶”正是由于高山多云雾，多漫射光和紫外线光，使茶叶茸毛发达，叶绿素增多，茶叶持嫩性强，咖啡碱和含氮芳香物质增加，这些都是好茶的鲜叶原料品质要求，闽南乌龙茶的品质特性突出香气和滋味，要求碳氮代谢适中，各种内含物含量比较协调，因此也不需要高强度光照。

温度：茶树新梢生长最适温度为20～25℃，年平均温度在13

度以上，最低临界温度为零下 6～18℃(品种不同耐受低温不同)最高临界温度为 45℃。但在自然条件下，日平均气温超过 30 度对其生长抑制，在持续几天超过 35℃新梢就会枯萎、落叶。这是由于高温蛋白质凝固，丧失酶的活性，细胞原生质受破坏，致使茶树受害。实践证明，突然出现的低温和高温由于茶树生理来不及适应，危害性更大。

茶树生长适宜的年有效积温在 4000℃以上，闽南各茶区年有效积温都在 4500℃以上，有利茶树生长。

水分：茶树树体含水量 55%～60%，而芽叶含水量高达 80%，因此要求年降雨量在 1000～1500 毫米以上，生长季节月降雨量在 100 毫米以上。闽南多数茶区的年降雨量一般在 1500 毫米以上，完全满足茶树生长要求。

土壤：适宜茶树生长的土壤条件是：土层厚度在 1 米以上，质地疏松，通气和排水性良好，pH 值 4.5～6.0，有机质含量 2%以上，地下水位低于土表 1 米以上。

闽南地区所处的纬度和气候都适宜茶树的生长条件，主要是坡度和坡向。一般山坡的太阳直射辐射量大于平地，但坡度过大，不仅水土冲刷严重，茶园土壤持水量少，不利于茶树生长。一般宜选择于 25 度以下，最多不超过 30 度。同一坡向，下坡较上坡水土条件好，从坡向而言，总体上是南北坡优于东西坡，其日照时数相对较长。从南北坡对比，南坡则优于北坡，主要是北半球地理位置南坡受光面较多，有利光合积累；以东西坡对比，东坡优于西坡，因为西坡温度较高则易干旱。

以上生态因子并不是孤立的，而是相互影响相互制约的，在选择新茶园时应全面考虑，并按照本省山地梯级茶园建设的六条标准即：集中成片，等高梯层，缓路横沟，深垦下肥，良种壮苗，合理密植。实现茶树良种化，茶区园林化，茶园水利化，栽培科学化的现代化茶园生产格局。

二、乌龙茶茶树种苗的繁殖

茶树可以用茶籽繁殖，也可以利用茎叶和根等部分营养器官进行无性繁殖，无性繁殖的方法很多，有压条、扦插、嫁接等。自从短穗扦插育苗法在生产上推广取得成效以来，大多数茶树品种，采用短穗扦插的无性繁殖法。

（一）茶籽育苗

在实践上，直播比移栽更普遍，因为直播简单省工，而且茶苗根深，抗旱力强。直播的好处是茶苗管理方便，又有选剔和补苗的机会。茶籽育苗的农业技术优点是出土早，生长快，成活率高。

由于乌龙茶采用有性繁殖法会使茶树品种变异，所以对茶籽育苗不作推广。

（二）茶树压条繁殖

压条繁殖法起源于福建安溪。所以福建运用此法，得以保持、选育和推广了大量的茶树良种。随后安溪又推出短穗扦插，才较少采用压条法，但其在生产上仍有一定的应用价值。它除了具有无性繁殖的特点外，还兼有独特的优点：一是不需要设立专门苗圃；二是适用于缺株补植；三是压条后所需水分、养分由母树供应，发根容易。实践上，乌龙茶产区的一些名贵品种现在仍继续采用压条法繁殖。压条繁殖有弧形压条法，全枞压条法和留枝压条法三种。

（三）短穗扦插繁殖

茶树短穗扦插育苗方法是安溪茶农发明创造的。短穗扦插育苗，除了具有无性系繁殖能够保持良好特性外，与压条繁殖相比较有繁殖系数大，插穗来源广泛，四季可扦插，可设专门苗圃育苗，方便管理等特点。

扦插发根的生理基础:插穗发根是植物营养器官的再生使用和极性现象的表现,即一部分器官丧失后,在适宜条件下,可以生长出丧失或残缺的部分,而使其本身恢复完整的状态。茶苗短穗就是剪取茶树木质化枝条上的茎叶一段,将下端插入苗床,经过培育抽枝,形成独立的新茶苗。发根原理与植物体内生长素的定向移动和积累有关,因生长素的上端芽叶形成后,运输积累于下端,导致发根。

育苗目标:培育的苗木品种应纯正、健康、无病虫害。

母树选择及培育:苗穗质量的好坏是扦插成活和培育壮苗的关键,应选择枝粗叶茂、生长健壮、叶片大、节间大、腋芽饱满、品种纯正的青壮年或台刈更新 1～2 年的作为取苗母树。

苗地准备:苗地宜选择地势平坦,土质肥沃,水源充足,易于排灌、避风、交通方便的农地或水田。种植烟草、麻类、蔬菜的田地不能作苗地。土壤结构要疏松、保水、通透性良好,土层厚、微酸性的沙质土壤或黏质土壤。苗地要经过深翻、碎土、耙平后制成畦高 10～15 厘米、宽 110～120 厘米的苗床,长度依地势而定,东西向为好,苗床间沟宽 30～40 厘米。苗地两端设深长各 80～100 厘米、宽 50 厘米的贮水坑。苗地四周设排灌沟。苗床要施足基肥,基肥应均匀撒在苗床上,与土壤充分拌和整平,再加铺过筛的红内壤心土作为培土,一般厚 4～6 厘米,亩用 15～20 立方米,尔后用木板打平。

阴棚设置:苗床两边隔 1.54～1.6 米打桩,在横纵向木桩上,捆扎竹条作为棚架,架高 30～50 厘米。遮阴物可因地制宜选择茅草、麦秆、杉树枝、遮阳网、竹帘等。苗床上盖长帘,长 3.0～3.1 米,沟上盖草帘,长 1～1.2 米,宽 0.8 米,苗地四周围短帘。秋插或冬插可采用山芼作为遮阴物,山芼枝叶离地 25 厘米,在插苗的同时,2～3 支为一束,隔 2～3 行直插在行间。遮阴物疏密要均匀,见光不见日,遮光率夏插 70%～80%,冬插为 50%～60%。

剪穗扦插:选择插穗是扦插成活的关键,应选择茎枝黄绿色半

木质化，粗壮，叶大，腋芽饱满，无病虫害的枝梢。鲜叶采摘后7～15天进行剪穗，不同品种分别剪穗，去除杂质梢，剪取枝条及时运回，不能重压、日晒、风吹，防止发热、萎凋，应摊放在阴凉避风处，喷水湿润，即可剪成插穗，插穗应带有一片叶一个腋芽，叶片下短茎长2～2.5厘米，剪口要平滑，斜面与叶向相同。上端剪口距叶柄上3～4毫米，应随剪随插。扦插日期，春插2—3月，夏插4月底至5月下旬，秋插在8—9月，冬插在11—12月，较寒冷茶区，以夏插为宜。实践表明，夏插气温高，又能剪取当年春梢，是有利于发根和抽梢的最佳扦插时期。扦插方法：将苗圃床充分喷温，待稍干不粘手时，按划好的行距扦插，行距大叶种9～10厘米，株距3厘米左右；小叶种行距6～7厘米，株距1.5～3厘米左右。叶缘叶尖不重叠为宜，亩插15～20万株。直插或将叶片稍翘起斜插入，叶面应顺风向。叶柄、芽应露出土面，叶片不能黏土，插后即遮阴，喷水至培养土湿透。

苗辅管理：包括遮阴、浇水、沟灌、追肥、除草、防治病虫害等，遮阴程度应根据气候和茶苗生长情况加以调节。扦插后早晚勤浇水，保持土壤湿润，愈合生根后可以沟灌代替浇水。要防止畦面中间积水，防止过湿或引起落叶，早期发现落叶即行补植。当初步形成根群后开始追肥。化肥掺水浓度应稀勿浓，每次施肥后，要喷浇清水洗苗。

茶苗检验、出圃

（1）茶苗检验：可分别在取苗木前后，应对所需的品种，认真检验苗木是否纯度、健康、无病虫害，对于苗木发生茶饼病、茶根结线虫及传染性病虫害的品种，不得选用，以防后患。

（2）苗木标准：茶苗标准按照福建省地方标准乌龙茶综合体DB11767规定执行。

（3）茶苗出圃：取苗时间最好选择阴雨天进行。如果苗圃太干燥，应提前灌水湿润排干后方可起苗，起苗时采用锄头挖起苗木，注意保护根群。

茶苗的包装与运输

对外运需两天以上的茶苗，必须包装。包装方法：对于苗木大的先剪去较大苗木部分新梢与主根，对于当年春育和冬育的茶苗符合苗木标准不需经过处理，一般每100株捆成一束，用黄泥浆沾根，然后用稻草裹住根部捆成一束，每5～10束绑成一大捆。短途运输可直接装入麻袋、草包等简易包装材料中，每袋净重不超过25千克为宜。

起运前用水喷湿根部，保持湿润，一般每吨货车的容积可装4～5万株。远途运输过程，茶苗不得压得太紧，注意通风透气，以免闷热脱叶，防止日晒风吹，茶苗到达目的地，应立即组织劳力及时栽植，如果当天栽植不完，应进行假植。

（四）茶树嫁接技术

茶树嫁接技术是近年来应用在茶园改植换种中的一种方法。采用根部发达、亲和力强的茶树品种作为砧木，选取优良母树树冠上粗壮、无病虫害、半木质化（梗皮红色）、腋芽饱满的枝条，剪取接穗长5～6厘米，上带1～2个叶片及1～2个腋芽进行嫁接。

1. 嫁接时间

每年在3月份至5月份，即春茶前、夏茶后茶树未萌动前进行嫁接最适宜。

2. 嫁接工具准备

锄头、小锯子、弹簧剪、劈刀、芽接刀。

3. 嫁接方法

3.1　锯砧木　先把作砧木的茶树台割，再把砧木周围的土壤向四周扒开，深约10～20厘米，使砧木的根茎部露出土面，而后在砧木的根茎处锯平或剪平。

3.2　接穗准备　根据嫁接的对象，从母本园中剪取枝条粗壮、腋芽饱满、无病虫害的枝条（梗皮红棕色），再将枝条剪成长5～6厘米的，带1～2个叶片的作接穗，尔后将接穗下段切口两侧

各斜削一刀,削面长 1.5 厘米。

3.3　劈砧木　按砧木直径大小,较细的纵切一刀,较粗的以"十"字形纵切两刀。纵切深度以略长于接穗的斜削面长度为宜。

3.4　插接穗　把削好的接穗插入已切开的砧木中,并使接穗的形成层和砧木的形成层对准。砧木如劈一刀的有 2 个缺口,可嫁接 2 支接穗;如劈两刀的有 4 个缺口,可嫁接 4 枝接穗。

3.5　埋土　插好接穗后,用湿润的红泥土封盖砧木的切口,并用手稍压实,再把周围的土壤回填至接穗的叶柄茎部。

3.6　遮阴　可选用铁芒箕、杉刺直接插于嫁接株周围,约 50 厘米宽,以防日晒,遮光率为 50%～60%即可。

3.7　茶园管理　嫁接茶园中的杂草应及时拔除,砧木上如有萌蘖,要及时摘除,干旱要及时浇水,随着接穗上的芽梢长大,可逐步疏去遮阴物,当芽梢生长约 20 厘米左右时要再覆盖一层土。其他管理措施与一般茶园同。

三、新茶园的开发

开发新茶园必须以建设无公害茶园为目标,通过全面深入调查和现场勘察,掌握有关土地利用状况、交通、地形地势、土壤、水源及环境质量现状等情况进行综合分析。开发要着眼长远,坚持高标准、高质量,为生产优质茶叶产品打好最基础的保障条件,实现优质高效之目的。建立新茶园主要包括园地选择、园地规划、园地开垦、茶树种植等方面内容。

(一)园地选择　规划与开垦

1. 园地选择

选择园地要考虑到茶树对自然环境条件的基本要求,选择土壤肥力较高、呈微酸性(pH 值在 4.5～6.5 之间),土层深厚,透水性和蓄水性良好,地下水位在 1 米以下,土壤不受污染,有水源利用,生态环境好的地方作为优质园地。生产经验表明,硅质黄壤或砂岩黄壤的茶叶品质比黏质黄壤、黄棕壤好，而且最好是背风向阳的园地。

2. 园地规划与开垦

根据地形地貌，因地制宜地进行全方位的科学规划，其内容主要包括：地块划分、道路和排蓄水系统设置、园地开垦、防护林体系设置和茶叶加工场地设置等。

2.1　地块的划分

对大面积连片开发的茶园，可依据独立地形或支道为界，分区划块，一般以 10 亩左右为一地块，便于管理。

根据坡度建立不同类型的茶园。一般 15 度以下的坡地，建立直行茶园；15～30 度的缓坡地，建立等高条植或宽幅梯级茶园；30 度以上陡坡地，建立窄幅水平梯级茶园。

2.2　道路系统的设置

根据开发规模的实际情况设置道路网络，开垦面积 300 亩以内的，可只设置 3～4 米宽的支道和 1～2 米宽的步道互相连接，如果规模更大的还要设置 6～7 米宽的干道与支道、步道互相连接。坡度大的山地，干道应设在坡脚，缓坡丘陵地干道可设在岗顶，支道与步道应按“S”形绕山开筑，禁止直上直下开设，避免水土流失。

2.3　排蓄水系统的设置

排蓄水系统是茶园建设的重要部分，要建立合理的排水、蓄水、供水系统，做到有水能蓄，涝时能排，旱时能灌。在茶园上方开设隔离沟，在茶园四周开设排水沟，与路沟结合形成防洪排水系统。在山坞或山垄的上方建造小水库，进行蓄水，以便灌溉。在山坡的洼地或靠近水源或汇集雨水较多的地段建造水池，作为蓄水、喷药灌溉之用。

2.4　园地开垦方法

园地开垦必须以生态环境保护为中心，根据不同地形地势确定开垦方法和标准。

平地茶园沿等高线横向进行，茶行以东西走向为佳。

山地茶园必须沿等高线建立梯级茶园，各梯层设定选择在坡度最陡处为基线定点，用石灰粉标出等高线。开垦时，梯层掌握大弯随势，小弯取直，自下而上逐层进行，梯层高度以 1 米左右为宜，不超过 1.5 米，梯壁倾斜度在 80 度左右为宜。

人工开垦的茶园，梯壁采用草皮坎或石块沿等高线砌筑。

机械开垦的茶园，先用推土机沿等高线推出梯层平台，后用挖掘机在距坎边 1 米处向内挖深宽各约 50 厘米的种植沟，并把沟中的心土推于外侧筑岸，然后将上一层表土作为下层种植用土，初垦土块不必整碎，让其自然风化，这种“心岸筑岸、表土回沟”的开垦法，不但能保护土壤肥力，还可避免产生溜坡现象。

整理梯面时，梯面略向内倾，坎边有埂，内侧有沟，梯梯接路，便于耕作，减少雨水冲刷，茶园整齐美观。

对泥坎梯级茶园，可在梯壁上种植多年生牧草的固土植物，梯壁上的杂草不要轻易带土铲削，以维护梯壁，减少地表裸露，防止水土流失，提高茶园保水保肥能力。

2.5　防护林体系的设置

建造防护林体系有利于形成良好的茶园生态环境，提高抵御自然灾害和病虫害侵袭的能力，提高茶叶品质。

开垦园地时，应有意识地在山顶、路旁、迎风口地段留养原有的树木切忌整片垦光。整完园地后，根据茶园所处的位置，在茶园山顶、上风口和道路两旁种植防护林和行道树，设置依据地形地势区分划块，平原丘陵的连片茶园，区块为 10～15 亩，沿设置的路旁各种一行，山坡茶园根据坡度大小及风向设置，等高条植茶园每隔 15～20 行茶树设置一条林带。

四、茶树的种植

茶树种植前自上而下整理园畦，打碎土块，清除杂草、树根、乱石等杂物，并开种植沟。种植沟的宽度和深度根据种植方式和基肥种类而定，一般沟宽为 50 厘米、深 40～45 厘米。开好沟后施入底肥，然后整理园面呈外高内低，回土于沟面成浅沟状，便于种植。

1. 茶苗种植

定植时期：早春或晚秋进行。秋栽宜在霜降至立冬，春栽宜在立春至惊蛰种植。由于秋栽常遇上旱情，高海拔茶区常遇上冻害，所以大多在早春移栽，但应注意如遇春暖，苗木根系尚未完全恢复随即发芽伸展，容易出现“假活”现象，需加强肥水管理，才能真正提高成活率。

2. 种植方式

有单行双株、双行单株和矮化密植三种。

2.1　单行双株种植时，两株不要紧贴，以避免日后两株主干相贴，影响生长。种植规格，大行距 1.4～1.5 米，株距 30～35 厘米。

2.2　双行单株种植时，株与株位置错开，以利根系发展。种植规格大行距 1.3～1.4 米，株距 20～30 厘米。

2.3　矮化密植又称多行密植，是把单行或双行改为三行栽以上，并将树冠高度控制比常规茶园树冠低 1/3 左右，即控制在 60～65 厘米，每亩种植苗数比常规茶园多 2～3 倍。这种种植方式要求土壤深厚肥沃，排水良好，许多新茶区广泛采用。

其优点：密植免耕，2～3 年就能封行，早投产，早收益。

缺点：树势早衰退，5～6 年后产量质量明显下降。通风透气性差，病虫害发生严重，尤其是小绿叶蝉、螨类、黑刺粉虱、煤烟病严重危害，不适宜在无公害茶园应用。

3. 种植方法

扦插苗无主根系，定植时适当深栽，深度为原茶苗根颈处与地面平或略低于园土面。栽植时，避免根系与肥直接接触而引起“烧根”，栽时一手扶直茶苗，一手把土填入沟中，土盖到根颈处时，把茶苗往上轻轻一提，使根系舒展，然后再覆土压紧，随后浇足“定根水”，并在茶苗的两边盖土，成凹形，利于蓄水。浇完后，最好能铺草覆盖。

第二节　乌龙茶茶园管理

一、茶园耕作管理

（一）茶园耕作

茶园耕作是茶园土壤管理的重要措施之一，而茶园铺草覆盖和客土培园均是一项用途广、效果明显的土壤管理内容，在耕锄的同时，若能结合茶园铺草和客土培园，定能达到增加土壤有机质含量，改变土壤性状和提高土壤肥力，促进茶树生长发育，提高茶叶产量和品质的效果。现就茶园耕锄、茶园铺草和客土培园分述如下：

1. 茶园耕锄

1.1　耕锄的作用

俗语说："七挖金，八挖银"、"茶园不挖，茶芽不发。"这些都说明耕锄的重要性。具体作用有以下几点：

(1)疏松土壤，改良土壤性状，提高土壤吸水、吸肥能力。

(2)除草、杀虫、杀菌。

(3)熟化土壤，加厚耕作层。

1.2　耕锄的技术措施

茶园耕锄可分为浅耕、中耕、深耕，其深度分别为3～5厘米、10～15厘米、25～30厘米。对于茶园梯壁的杂草应用利刀割去梗叶，把根系留在梯壁内，以保持梯壁牢固，防止冲刷踏陷。

(1)浅耕、中耕技术：一般一年应有两次浅耕，一次中耕，即春茶前中耕一次，春茶后和夏茶后各浅耕一次。

春茶前中耕茶园：经过冬季几个月的霜雨，土壤比较板结，且此时土温又较低，中耕既可疏松土壤，去除杂草，又能促使土温升高，有利于茶芽萌发，是提高春茶产量的一项行之有效的技术措施。

春茶后浅耕:经过春茶期间的人为喷药和采摘等作业,土壤被踩实,雨水不易渗透至土层内,而且又临近夏季,气温不断升高,杂草生长旺盛,及时浅耕能够保蓄茶园土壤水分和去除杂草。

夏茶后浅耕:夏季天气炎热,杂草生长较旺盛,土壤水分蒸发量较大,降雨量又较少,这时浅耕能切断土壤毛细管,减少水分蒸发,消灭杂草,使茶树安然度过炎热的夏暑季节。

冬片茶后冬耕:冬耕应以深耕为主,结合除草、施基肥、修剪、喷施石硫合剂进行封园。

(2)深耕技术:深耕可改良土壤结构,促进底土熟化,加快杂草腐烂分解,提高土壤肥力。但深耕容易伤害根系,根据各地经验,一般 1～2 年深耕一次或采用隔年隔行深耕。时间掌握在 10—11 月份,即秋茶或冬片茶结束后进行。深度以 25～30 厘米为宜。

1.3 注意事项

(1)浅耕应配合追肥,深耕应配合施基肥。

(2)深耕应在土壤温度未降低前进行,以利断根愈合和生长新根。

(3)茶园除草尽量不使用化学除草剂,以免破坏土壤和影响茶叶品质。

2. 茶园覆盖

日本国已将铺草覆盖列为地力培养的重要内容。闽南茶区大部分茶园属于红、黄壤土,有机质含量和土壤肥力都较低,而且保水性能也较差,管理上应重视茶园的铺草覆盖。

2.1 茶园覆盖的作用

(1)增加土壤微生物活动,调节土温,减少旱害和冻害。

(2)防止土壤冲刷,减少水土流失,抑制杂草生长。

(3)覆盖物腐烂后,能分解大量的有机物质,从而提高土壤中的有机质含量,改善土壤营养状况,提高鲜叶质量。

2.2 覆盖技术措施:

覆盖可选用稻草、麦秆、山芼和其他杂草，时间最好是在冬季茶树修剪后，茶园锄耕、施肥后进行覆盖，同时喷石硫合剂封园。茶园免年年覆盖，可二年覆盖一次。覆盖力求均匀，厚度为10厘米左右。

2.3　注意事项

(1)覆盖的茶园一般不需常耕作，但施肥时必须先移开覆盖物，以便开沟施肥，施肥后一定要把覆盖物重新铺平。

(2)不要把草籽成熟的杂草带进茶园，以免增加茶园杂草的生长量。

3. 客土培园

客土培园也称茶园填土。指的是每两三年一次把一些适宜茶树生长的闲置土，挑至茶园，培到茶树基部或茶行中。

客土时，一般选用红、黄壤土和草皮土等。要求黏性土茶园客入砂质红壤土；砂质土茶园则客入黏性土；低产茶园客以红、黄壤表层心土。客土层厚度可根据土源及茶园情况而确定，一般可达2～3寸，客土法能加厚土壤耕作层，使茶园增肥改土，改善土壤营养状况，防止土壤“老化”，促进越冬芽萌发和新梢生长，提高鲜叶质量。这是目前还不能用施肥技术所代替的一项很有效的农业措施。

(二)茶树修剪

茶树修剪应根据茶树的树龄、树势及不同的生态条件、管理条件和茶树品种等，应用剪枝手段即通过定剪、打顶、轻剪、重剪等系统修剪技术，配合良好的肥、采、养等管理措施，控制和刺激茶树营养生长，培养分枝合理，树势健壮，通风透光，便于管理的丰产型理想树冠结构，达到有效地控制病虫害的发生，最大限度地延长茶树高产、稳产、优质的经济年限。

1. 修剪的生理作用

1.1　解除顶芽及主枝的顶端生长优势，促进腋芽萌发和侧枝生长。

1.2 打破地上部(树冠)与地下部(根系)的生长平衡,促进树冠生长。

1.3 剪去上端枝条,刺激下部潜伏芽的萌发,达到树冠的改造与更新。

2. 修剪的类型

可分为定型修剪、轻修剪、深修剪、抽枝剪、重修剪和台刈等六种。

2.1 定型修剪 指对幼龄茶树和台刈后的茶树的修剪。目的是通过剪去部分主枝和高位侧枝,控制树高,培养健壮的骨干枝,促进部分分枝的合理布局和扩大树冠面。

2.2 轻修剪 指对青壮龄采摘茶园的修剪。目的是解除顶端生长优势,刺激腋芽萌发和侧枝生长,增加新梢鲜叶数量,并使树冠面整齐一致,便于采摘和管理。

2.3 深修剪 指对经多年轻剪和采摘后的壮年茶园的修剪。目的是通过剪除"鸡爪枝"的结节层,重新形成绿叶层,恢复并提高产量。

2.4 抽枝剪 是茶农通过长期实践所创造的,是一种既适应于乌龙茶采制特点又有利于剪穗育苗的良好修剪方法。所谓抽枝剪就是主枝、壮枝重剪,弱枝轻剪或不剪;密枝多剪,疏枝少剪。其实质是压强扶弱,诱导分枝、培育骨干枝,提高树冠生长能力。

2.5 重修剪、台刈措施见低产茶园改造。

3. 主要修剪措施

3.1 幼龄茶树的定型修剪

(1)定剪时间:以春茶芽梢萌发前定剪为好,也可在夏茶后(长势旺盛的茶树)或秋茶后。因为茶树根部淀粉含量在春茶前达到最高值,此时定剪更利于剪后茶树的生长。

(2)定剪条件:定植后1年左右,树高达30厘米以上,主干枝离地面5厘米处茎粗达0.3厘米以上,即可进行第一次定型修剪。

(3)定剪次数和方法:灌木型品种共定剪3次,如铁观音、黄棪、本山、毛蟹等;小乔木型品种共定剪4次,如梅占、水仙、八仙茶等。一般是一年定剪一次,参照表1-1用修剪刀平剪。

表1-1　幼龄茶树定期高度参考表

单位:厘米

定剪次数	离地高度		比上次剪口提高高度	
	灌木型品种	小乔木型品种	灌木型品种	小乔木型品种
第一次	15～20	10～15	15～20	10～15
第二次	30～35	20～25	15	10
第三次	40～50	30～35	10～15	10
第四次		40～50		10～15

经过3～4次定剪后,一般已形成了具有3～4级骨干枝且分布合理的理想树冠结构,此时树高达50厘米以上,冠幅70～80厘米,可开始轻采投产。

3.2　青壮龄茶树的修剪

通常采取轻修剪和深修剪交替进行,或抽枝剪与平剪相结合。

3.2.1　轻修剪

(1)轻修剪每个茶季采摘后都要进行一次,有利下一季新芽稍生长。

(2)轻修剪深度:每次修剪深度在上次剪口上提高1～3厘米。

(3)轻修剪方法小乔木型茶树如黄棪、八仙茶等可采用水平剪,以抑制茶树的顶端生长优势。灌木型品种如毛蟹、本山等则可采用弧型修剪,以利用此类茶树发芽能力强的特性,提高光能利用率。

3.2.2　深修剪

(1)深修剪时期　以秋茶结束后(10—11月份)进行为好。秋茶后深剪，既不影响秋茶产量，又能较快地恢复深剪后茶树的生长，促进春茶萌发。

(2)深度　剪去树冠面绿叶层厚度的1/2～2/3，约为10～15厘米，以剪去结节层为基准。

(3)方法一般都采用水平修剪，2～3年深剪一次。

3.2.3　抽枝剪有利于保留光合面，要比通常采取轻修、深剪时失去树冠上、中层大部分成熟叶片的方法好。

(1)抽枝剪时期一般在秋茶后，也可在春茶前后进行。

(2)抽枝剪深度，根据不同品种及生长情况自行确定。对梅占、水仙等小乔木型品种，采用压强扶弱的抽枝剪，即抽剪树冠面上的主枝和强枝，以控制高度，扩大树冠面，对铁观音、本山、毛蟹等灌木型品种，则应适当疏枝，抽剪树冠下部弱枝，以培养粗壮的骨干枝。

此外，对于已封行或接近封行的青壮龄茶园，每年应进行茶行边缘修剪，保持茶树行间20厘米左右的间隙，以利于耕作和通风透光，减少病虫害发生。这也是无公害茶园管理的一项基本要求。

3.2.4　注意事项

(1)定剪的茶树应分批留叶采，以养为主，采摘为辅，打顶轻采。

(2)深剪后需经1～2季留养，再进行打顶轻采，逐步投采。

(3)剪后应加强肥水管理，铺草覆盖或病虫害防治技术措施。

(三)茶园施肥

肥料是茶树生长的物质基础，栽培上在取得高产优质的综合性农业措施中，以增施肥料的增产效果最为显著，但是，必须改变传统的施肥观念，应用科学的施肥技术，才能生产出更多的符合卫生要求的无公害茶叶。因此施肥时，既注意提高产量，也要注意提高茶叶质量，所以要做到合理施肥。而要做到合理施肥，首先应了解茶树的营养特点，营养元素的生理作用、肥料氮、磷、钾三要素的配合比例、无公害茶园允许使用的肥料等问题。然后根据土壤的理化性质，茶树长势，预计产量和气候条件，确定合理的肥料种类、数量和施肥时间。重增施有机肥，少施化肥，实施平衡施肥，使茶叶产品的卫生质量符合国家无公害食品(茶叶)规定标准。

1. 茶树的营养特点

茶树对营养物质的要求有四个特点：

1.1　营养的连续性

所谓营养的连续性，指的是前期的积累供后期生长发育的需要。例如秋冬季的施肥，能显著提高翌年春茶产量，春茶前的施肥不仅助长春梢，也为夏秋季的产量奠定基础。

1.2　营养的阶段性

在茶树一生中，对各种营养元素的吸收有所侧重。幼龄期茶树是形成树型骨架的时期，应适当增施磷、钾肥。青壮龄茶树是成长芽梢的时期，应增施有机肥和适当提高氮素的营养水平。而在茶树的年生长周期中，对氮、磷、钾的吸收量也不同。对氮的吸收主要在4—11月份，对磷的吸收主要在4—9月份，对钾的吸收则集中在7—9月份。因此，在茶树对氮、磷、钾吸收量最大的季节来临前上相应的肥料，肥效最高。

1.3　营养的集中性

在茶树新梢生育期中，存在着生长和休止相互交替的现象。当新梢旺盛生长以后，就出现新梢休止的间歇期。茶树追肥的施用就应在每季采茶后进行。适时追肥有助于下一轮新梢的生育需要，恢复新梢采摘后的正常生长。

1.4　对营养条件的适应性

茶树对营养条件的适应性表现在它对营养元素需求上的多样性和它对营养条件适应范围的广泛性。茶树生育需要多种营养元素，如果缺乏其中的某一个元素，就会使新陈代谢受到影响，形成生理病变。其中以氮、磷、钾最为明显。茶树对营养条件的适应性较强，能耐肥也能耐瘠。

2. 营养元素的生理作用

维持茶树生命活动的营养元素有 15 种，它们是：碳、氢、氧、氮、磷、钾、钙、镁、硫、铁、锰、硼、铜、锌、钼等。前十种需要量大，称大量元素，后五种需要量最大，称为微量元素。而大量元素中以氮、磷、钾的需要量较少，称之为肥料三要素。

2.1　氮　氮对茶树生育的影响是多方面的，它是构成蛋白质、核酸、叶绿素的主要成分之一，又是各种酶、氨基酸、咖啡碱的组成成分，与茶叶产量、质量关系密切。缺氮时，叶绿素含量降低，新梢由绿转黄，芽叶细小，对夹叶增多；施氮过多时，不但会使茶无增加炭疽病、螨类、蚧壳虫类等病虫害的发生量，而且会使鲜叶中茶多酚、水浸出物含量降低，影响乌龙茶的品质。

2.2　磷　磷在茶树中以磷脂、核蛋白、核酸等物质存在，能提高根系吸收能力，促进根系的生长与分蘖，特别是幼龄茶树，效果最为明显。同时，磷还能助长花芽和幼果。缺磷时，芽叶黄瘦，老叶呈暗绿色，逐渐失去光泽。磷与氮配施，既能增产，又能提高咖啡碱和水浸出物的含量，提高乌龙茶的品质。

2.3　钾　钾能促进和调节各种生理活动过程，参与酶促反应，加强酶活性，促进茶树对氮的吸收，同化氨基酸的合成。与磷合施，能相互促进，提高肥效。同时，钾还能调节细胞原生质胶体的理化性质，增强抗病性。缺钾时，易发生云纹叶枯病、炭疽病等。

3. 肥料三要素的配合比例

氮、磷、钾称为肥料三要素，茶树在不同生育期中三要素的施用量多少？是否合理搭配？都直接影响着茶树的生长发育，也直接影响着茶叶的产量与质量。根据茶树营养阶段性的特点，幼龄期对磷、钾肥的需要量比成年茶树高，而成年茶树由于新梢的旺盛生长与采摘，对氮肥的需要量则要比幼龄茶树高。据专家测定，新梢含氮量一般占干物质的 4.5％、磷约占 0.8％、钾约占 1.2％，也就是说采收 100 公斤干茶就要从茶树体内带走 4.5 公斤氮、0.8 公斤磷和 1.2 公斤钾。同时，三要素在土壤中的利用率都不高，氮为50%、磷为20%、钾为45%。在生产上,通常按照每一公斤纯氮可生产5~6公斤干毛茶计算。从新梢中氮、磷、钾的比例为4.5∶0.8∶1.2,结合肥料在土壤中的利用率,计算出不同类型的茶园全年氮、磷、钾的施用比例不同,幼龄茶园氮、磷、钾的比例分别为2∶1∶1,成年茶园氮、磷、钾的比例分别为3∶1∶1或3∶1∶1.5。

4.无公害茶园允许使用的肥料

4.1　农家肥料

(1)堆肥　以各类秸秆、落叶、人畜粪便堆制而成。

(2)沤肥　堆肥的原料在淹水条件下进行发酵而成。

(3)家畜粪尿　猪、牛、羊、鸡、鸭等畜禽的排泄物。

(4)厩肥　猪、牛、羊、鸡、鸭等畜腐化堕落的粪尿与秸秆垫料堆成。

(5)秸秆肥　作物秸秆,如稻草、麦秆等。

(6)泥肥　未经污染的河泥、池塘泥、水沟泥等。

(7)饼肥　菜籽饼、黄豆饼、花生饼等。

以上堆料一般都应经过高温发酵或无公害化处理后才能使用。

4.2　商品肥料

(1)商品有机肥　以动植物残体、排泄物等为原料加工而成。

(2)腐蚀酸类肥料　泥炭、褐炭、风化煤等含腐蚀酸类物质的肥料。如腐蚀酸多元复合肥等。

(3)微生物肥料

根瘤菌肥料　能在豆科作物上形成根瘤菌的肥料;

固氮菌肥料　含有自生固氮菌、联合固氮菌的肥料;

磷细菌肥料　含磷细菌、解磷真菌、菌根菌剂的肥料。

可选用"肥力高"固氮菌肥,"大统"微生物有机肥等。

(4)有机无机复合肥　有机肥和化学肥料或矿物源肥料复合而成的肥料。

(5)化学和矿物源肥料

氮肥　含氮素的铵态氮肥、硝态氮肥、酰铵态氮肥。如尿素、磷酸氢铵、硫酸铵；

磷肥　含磷素的化学肥料。如磷矿粉、过磷酸钙、钙镁磷肥；

钾肥　含钾素的化学肥料。如硫酸钾等；

钙肥　含钙的生石灰、熟石灰、碳酸石灰和其他含钙肥料。如过磷酸钙；

硫肥　含硫的化学肥料以及石膏、硫磺等；

镁肥　含镁的化学肥料，如白云石粉肥等；

微量元素肥料　含有铜、铁、锰、锌、硼、钼等微量元素的肥料；

复合肥　含氮、磷、钾等主要营养元素的二种或二种以上成分的肥料，如二元、三元复合肥。

(6)叶面肥料　经农业部登记注册，含有各种营养成分，喷施于植物叶片上的肥料。

(7)茶树专用肥　根据茶树营养特性和茶园土壤理化性质配制的茶树专用的各类肥料。

5. 施肥方法

分基肥、追肥和叶面肥三种。

5.1　基肥　以农家肥料即农家有机肥为主，配合少量无机肥。农家有机肥料可选用充分发酵或无公害处理后无污染的厩肥、堆肥、沤肥、绿肥、饼肥等。

(1)基肥时间　一般在秋冬季茶园深耕时进行，大约在 10 月底至 11 月上中旬，每年或隔年施一次。

(2)施用种类与数量　每亩施农家肥 1～2 吨，饼肥或商品有机肥 100～200 公斤，配合施磷钾肥，每亩施过磷酸钙或钙镁磷 15～25公斤，硫酸钾 10～15 公斤。

5.2　追肥　以化学肥料即无机肥为主，配施有机肥。可选用复合肥、尿素、硫酸铵、钙镁磷、过磷酸钙、磷矿粉、硫酸钾等。除此之外，还可选用微生物肥料，有机复合肥、腐蚀酸多元复合肥等。

(1)追肥时间　一般在各季茶采摘前一个月施用,全年追肥3～4次。第一次在3月上中旬;第二次在5月中下旬;第三次在6月下旬至7月上旬;第四次在8月下旬至9月上旬。

(2)追肥种类与数量　按照幼龄茶园(5龄前)氮、磷、钾比例为2∶1∶1;成龄茶园氮、磷、钾比例为3∶1∶1计算追肥的数量。对于氮肥施用,每亩每次施用量不超过15公斤,年最高总用量不超过60公斤,以避免土壤的酸化板结和降低乌龙茶品质。(详见表1-2)

茶园各季的追肥量占全年总施用量的百分比是:春肥∶夏肥∶暑肥∶秋肥:40∶15∶15∶30。

表1-2　不同茶园三要素施用量参考表

单位:公斤/亩

类型	树龄	纯氮量	纯磷量	纯钾量	类型	单产	纯氮量	纯磷量	纯钾量
幼龄茶园	2年以下	2.5～5	1.5～3	1.5～3	成年茶园	10～100	7.5～12	2.5～4	2.5～4
	3年	6～7.5	3～4	3～4		101～150	12～18	3～6	3～6
	4年	8～10	4～5	4～5		151～200	18～24	6～8	6～8
	5年以上	10以上	5以上	5以上		201～250	24～30	8～10	8～10

(3)追肥方法　成年茶园采用沟施,在茶树行间树冠边缘垂直下挖条形沟;幼龄茶园则可采用沟施或穴施,深度均为10～15厘米,施肥后及时盖土。

5.3　叶面肥　又称根外追肥。茶园喷施叶面肥,既能弥补一些营养元素的不足,增强根部吸收能力,又能促进萌芽和新梢生长,提高产量。、

(1)喷施时间　新梢出现一芽一叶时。

(2)肥料种类及浓度　0.5%～1%尿素或0.3%～0.5%磷酸

二氢钾溶液等。

(3)用量　幼龄茶园亩喷施 50～75 公斤溶液;成年茶园亩喷施 150～200 公斤的溶液。

(4)喷施方法　于傍晚时充分喷湿树冠绿叶层,以叶背为主。因为叶背蜡质层薄,气孔多,吸收能力较正面高好几倍(采摘前 10 天应停止使用)。因此,喷施叶面肥时应注意喷湿喷匀叶片背面,以提高肥效。

6. 施肥原则

6.1　重施农家有机肥,少施化肥,实施平衡施肥。因为有机肥富含多种天然有机质,能够改良土壤结构,满足茶树生长的多种营养需要,而且闽南水分条件好,有机质分解迅速,充分发酵后的有机肥,对茶叶无污染,是生产无公害茶叶的理想肥料。但有机肥中各种营养元素的含量低,只有足够的数量才能满足茶树的生长需要。而且有机肥比无机肥的肥效缓慢,所以可适当重施和施些无机肥,达到缓速互补。

6.2　重视基肥,基肥与追肥相结合。冬季茶树树冠停止生长,根系却生长活跃,此时下足基肥得以贮藏,才能满足茶树翌年春梢和全年的生长需要。而以后的追肥是为了满足各轮新梢各个阶段生育的营养需求。

6.3　以根部施肥为主,配合叶面肥。虽然叶面肥能弥补一些营养元素的不足,促进新梢生长,但是叶片的生理功能主要是光合作用和呼吸作用,其吸肥能力远不及根系,只起辅助作用,而不可代替根部施肥。因此,必须以根部施肥为主。

6.4　因地制宜,灵活掌握。应根据茶园土壤性质,茶树的树龄树势及气候条件而制定施肥措施。例如,对于茶园土壤有机质含量高的,且定植时已施足底肥的幼龄茶园,可单施饼肥作基肥,而有机质含量低的则应选择厩肥、堆肥和土杂肥配以饼肥、磷、钾肥等;对于幼龄茶树施肥量少些,成年茶树施肥应大些;对于气温高、生长期长、萌芽轮次多的一年四季都应追肥,而对于干旱季节

采用叶面肥效果比根部追肥好。

二、茶园生态环境建设

茶园生态环境建设主要包括茶园绿化、茶园间作、茶园水利设施等几个方面。

（一）茶园绿化

茶园绿化是改善茶园生态环境，实现茶园园林化，生产优质无公害茶叶的重要措施之一。其作用是调节茶园温湿度，减缓风速，减轻旱热害，增加漫射光，促进茶树生育，提高茶叶品质和固土、护梯、保水、保肥等。

具体措施是茶园四周或茶园内不适合种茶的空地应植树造林；茶园的上风口应营造防护林如松、杉等；主要道路、沟渠两边应种植行道树如银合欢、柿树等；梯壁坎边种植匍匐性绿肥或矮生杂草。

（二）茶园间作

茶园间作是我国茶树栽培上的固有特点，合理间作不仅能充分利用土地光能，增加经济收入，达到以短养长、以农养茶的目的，而且能够加强山地水土保持，增加有机质，提高茶园土壤肥力。茶园间作的作物应根据茶树的树龄树势而确定。对于幼龄茶园（包括台刈后更新茶园）以套种农作物和豆科植物如黄豆、马铃薯、甘薯、爬地兰等为好；而对于青壮龄茶园，则以适当种植遮阴果树，如杨梅、柿、李等为好，每亩10株左右，遮阴率为20%～30%。

（三）茶园水利设施

水分状况不仅可以影响茶树体内的新陈代谢，而且也影响新梢的鲜叶内化学成分与含量，高温缺水时，茶树新梢生育受阻，严重缺水可使芽叶干枯致死；水分过多时，引起茶树根系发育不良，地上部生长缓慢,芽叶瘦小发黄,严重的湿害也常使茶树枯萎而死。因此,应建立完善的水利系统,如蓄水沟、蓄水池、排水沟等,做到能蓄能排,保证茶园的保水和供水,有条件的茶园应采取茶园喷灌。

三、茶园绿肥作物的栽培技术及利用方法

茶园绿肥其含义很广,凡可作茶园中作肥料施用的绿色植物本体均可称为茶园绿肥。因此,把茶园修剪下的枝叶、茶园杂草、茶园遮阴树、行道树和茶园周边的山草,均被称作茶园绿肥。而日常所指的茶园绿肥植物,只局限于为了提高茶园土壤肥力,提供茶树养分并经人为选择而在茶园中及其周边种植和生长的植物。也就是说,它是种植在茶园中或茶园周边零星空地上,主要用作提高茶园土壤肥力的植物。这种植物自然很多,其中有经人为选育的栽培作物,也有野生植物。由于其用途、来源、生物学特性等不同,茶园绿肥类型分法也有很大的不同。不同类型茶园绿肥分布地域也有很大的差异。

茶园绿肥作物种类和品种资源虽然很多,分布也十分广泛,经过引种驯化和试验研究,并在生产实践中得到广泛栽培和普遍引种的优良品种,仍然不很多。现根据各茶区引种试种结果和生产实践的应用验证,被确认为茶园优良绿肥作物的,豆科作物中约有50多个品种,非豆科作物中约有10多个品种。现就其中最主要、应用较广泛、效果较好的绿肥作物品种,按播种和生长时间的分类方法作简要介绍。

(一)春播夏季绿肥作物

1. 乌豇豆

1.1　栽培关键技术

(1)密度　合理密植是茶园间作矮生乌豇豆成功的关键。无论是春播还是夏播,乌豇豆和茶树在茶季都处于迅速生长状态。

为防止乌豇豆和茶树之间出现争肥、争水、争光的矛盾，必须因地制宜地选择适宜的种植密度。据长江中下游广大茶区生产实践，中小叶种单条播的幼龄茶园行间间作矮生乌豇豆，一龄茶园间作3条，二龄间作2条，三龄间作1条；台刈改造茶园当年间作2条，第二年间作1条；其他丛栽老式茶园或空间较大的种植茶树园，可见缝插针，力争多间作。

（2）播种时间　矮生乌豇豆播种的适期较长。在长江中下游地区，一般4—7月份都可播种。一年两熟的，头季宜在4月上中旬播种，至6月中下旬可拔株埋青；二季宜在6月中下旬或7月初播种，到伏旱之前豆蔓已覆盖行间。一般早播的生长期长，营养生长时间长，青肥产量高，质量也好。

（3）施肥　矮生乌豇豆根瘤多，固氮能力强，除苗期施用一些稀薄的人粪、尿外，在整个生育期内一般不必施氮肥，但对磷、钾、钼、硼等肥反应敏感。在播种前所施的基肥中加入磷、钾肥，可获得良好的增产效果。据试验，单施磷肥可增产10.1%，单施钾肥可增产20.5%，但单施氮肥只增产8.6%，磷钾配施可增产27.1%。在茎叶生长期间喷施硼肥和钼肥，可促进根瘤形成和增加，增强固氮能力，促进根系生长，达到根深叶茂、茎叶肥厚、高产优质的效果，而且种子也饱满。

（4）防治病虫害　矮生乌豇豆由于茎叶肥厚鲜嫩，营养成分高，因而较易遭受病虫危害。害虫主要有蚜虫、斜纹夜蛾、豆荚螟等。病害主要有枯萎病。生长初期易受蚜虫危害，尤其在天气干旱时，最易发生。在蚜虫发生初期及时用药，可达到良好的防治效果，否则蚜虫会危害茶苗。斜纹夜蛾主要在幼苗期和开花期为害，常常群集在叶背食叶，它是茶树共害性虫害，要结合茶树治虫一起加以防治。豆荚螟发生在7—8月份，危害豆荚，主要对留种乌豇豆发生危害。枯萎病主要发生在低湿茶园的乌豇豆上，病株先是顶端茎叶枯萎，以后逐步向下蔓延，使整株枯死。有发病史的地方，其乌豇豆种子须用0.3%～0.5%浓度的多灭灵液泡一天，可有效防止病害发生。已发病的可喷用半量式0.5%～0.7%波尔多液进行防治。

1.2　利用方式

矮生乌豇豆是经济价值很高的多用性作物，可作肥料和行间覆盖物，也可作饲料和食用。埋青作肥料的，埋青须离开茶行30～40厘米，以防止青肥发酵生热，烧坏茶根。作土壤覆盖物用的，可采取多次刈割方式，即4月份播种，6—8月份多次刈割用作行间覆盖物，对防止土壤干旱、暴雨冲刷以及抑制杂草生长等，都有很好的效果。不论是一年两种的，还是一年一种多割的，都宜在植株生长到开荚期时进行拔株或刈割。这时植株养分含量最高，作青肥质量最好，作饲料时营养也最高。豆荚可食用，有很高的营养价值。

2. 大叶猪屎豆

2.1　栽培关键技术

(1)种子处理　大叶猪屎豆种子硬实度高，必须经过擦、泡处理，播种后才能发芽。播种前，可用砂子碾擦等方式破皮后，再用40～50℃温水浸泡数小时，使其吸胀后，同时，还要用相应的根瘤菌剂拌种，然后才能下种。用处理后的种子下种时，土壤含水率不能低于20%，否则种子会回干死亡。

(2)播种时间　在长江中下游广大茶区，可于清明后立即播种。早播，早出芽，早刈割，可获得较高的青肥产量。江北茶区可在4月中下旬播种，华南茶区可提早到2—3月份播种。在适宜播种期内，一般在同等条件下，播种时间与产量成正相关，早播可获得高产、优质的青肥。

(3)播种方法　大叶猪屎豆适宜穴播，每穴播3～5粒种子，播种深度为2～3厘米，播后盖土轻压。一般1～2年生茶园茶行间播2～1行，3年生茶园已不适宜播种大叶猪屎豆，应改种乌豇豆、黑毛豆及伏花生等矮秆绿肥作物。

(4)磷、钾肥作底肥，加喷钼肥　磷、钾、钼肥对大叶猪屎豆增产提质效果好，在播种时每亩用20～30公斤过磷酸钙或钙镁磷加10～15公斤钾肥打底。在幼苗期蹲苗时，可适当施稀薄的粪水和沼液，蹲苗结束后喷施1～2次0.25%钼酸铵，促进根瘤的生长和提高固氮能力。一般不必施氮肥。

(5)及时防除草害　大叶猪屎豆出苗后有较长的蹲苗期，一般为15～30天不等。这时必须及时除草，否则有些强势性恶草会压抑大叶猪屎豆小苗生长而造成草荒，结果导致间作失败。

(6)防治病虫害　大叶猪屎豆病虫不多。小苗时要防止地老虎、蚜虫为害。个别茶区茶园有黄条跳甲为害，最严重的是结荚期豆荚螟为害，这对于不留种的间作茶园问题不大，而对于留种园则要加强对豆荚螟与黄条跳甲的防治。

2.2　利用方式

大叶猪屎豆属高秆绿肥作物，有很多利用方式。第一，将其作种前先锋作物最为理想；第二，逼过适当整枝和打顶，可作1～2年生幼龄茶园遮阴物；第三，可通过多次刈割作土壤覆盖物和直接埋青作肥料等；第四，可以作堆肥、沤肥、泥浆肥及沼气原料；第五，种子可榨油作工业原料。但是要注意，其青肥和种子不能作饲料。

与大叶猪屎豆相似的茶园春播夏季高秆绿肥作物，还有柽麻、三圆叶猪屎豆、三尖叶猪屎豆和杂交野百合等，其生长特性、栽培管理和利用方式，与大叶猪屎豆大同小异，各地可因地制宜引种试种，加以推广应用。

3. 田菁

3.1　栽培关键技术

(1)选好品种　田菁品种很多。有早熟种，如苏农田菁和德农田菁8号等；中熟种，有中南田菁和华东田菁等；晚熟种，有海南田菁、青茎田菁和大膨田菁等。各地茶园要根据田菁品种特点和间作田菁的目的，选好适宜的品种。在选种时特别要注意，北种南移生长期会缩短，南种北移生长期会延长。只作埋青肥料用的可选早熟种；既作覆盖，又作遮阴、再翻埋作肥料的，力求选择晚熟种。

(2)种子处理　田菁种子硬实率高,种皮膜质层厚实,必须作擦、浸处理后播种才能发芽。但不能对种子做消毒处理,否则结瘤率会下降。一般用细沙和种子按 1∶2 的比例放在石舂里,轻轻作旋转式的碾磨 5～10 分钟后筛去细砂,然后将种子放在 35～40℃温水中浸泡 15～30 分钟,再在常温水中浸 24 小时后取出下种。这时土壤的含水率必须在 20%以上,否则,已吸胀的种子会被土壤吸水而回干,这就会严重影响发芽能力。播种时种子不必作根瘤拌种,因为它会自行结瘤。

(3)选好播种期　田菁可春播,也可夏播,在华南茶区的某些高温地区也可秋播,越冬后春天埋青。其中春播产量高,结瘤多,鲜草质量好。夏播产量低,结瘤少,品质差。春播时,长江中下游广大茶区在 4 月上旬播较为合适,华南茶区以 3 月份播种较为合适。具体时间要结合当地茶园农事加以合理选择。

(4)磷肥打底　田菁与其他豆科绿肥作物一样,对磷肥反应较敏感,增产效果好,播种时要在施肥沟、穴下施磷肥,但不要使种子与磷肥直接接触。尤其是过磷酸钙不能作田菁拌种用,也不能与种子直接接触。否则会影响结瘤和发芽;要施在播种沟、穴下的 15～20 厘米处。

(5)及时除草防草荒　田菁蹲苗时间长,晚熟种春播苗可蹲苗 30～40 天。这时也正是春草生长期,如不及时除草,杂草会掩盖田菁苗,而田菁又是十分喜光的作物,一旦被杂草掩盖,菁苗生长就会受到抑制,严重影响后期生长和产量的形成。

(6)清枝整株形,切根防"三争"　幼龄茶园间作田菁,多半是为在伏天防止强光对茶苗的灼害。由于田菁蹲苗后生长快,分枝多,低位分枝容易影响茶苗生长,因此要及时打去低位分枝,促进田菁顶端优势,使它迅速向上生长,拔高植株,然后通过刈割再生长和打顶,使它形成伞形株以达到较好的遮阴效果。另外,田菁根系发达,侧根容易伸向茶行而影响茶树对养分的吸收,从而造成争水、争肥的矛盾。到伏天来临前,要在田菁与茶树之间进行切根,

可采用铁锹垂直向下深切，或挖沟等方式，切断田菁 20～30 厘米土层深处伸向茶行的侧根，促使它的根向深处扩展，以收到更好的间作效果。

(7)病虫害防治　田菁的病虫害并不很多。苗期主要有蚜虫、地蚕等危害，长大后有螨类、蓟马和豆芫菁等危害。其中蓟马和螨类是茶树共害性虫害，轻微的无须防治；如果较严重，可结合茶树其他病虫害，喷洒相应的农药加以防治。

3.2　利用方式

田菁是一物多用性绿肥作物。由于它耐贫瘠，生长快，因而可作新垦地的先锋作物种植，也可在滩地、台地、坡地等地块上种植，作绿肥基地建设作物，也可作 1 年生幼龄茶园行间间种作遮阴物。由于田菁株型高，因而也可以作有机茶园的隔离带种植，茎叶可以作土壤覆盖物或埋青作肥料。田菁也是一种很好的饲料，营养价值很高(表 1-3)。

另外，田菁的茎秆纤维长，韧度高，留取种子后可剥其皮，做编织和绳索用。茎秆还可烧活性炭等。可以说，田菁全身都是宝。因此，自 20 世纪 60 年代由中国农业科学院茶叶研究所引种试验之后，广东、云南、江西、安徽、福建等主要产茶省，都引种试种，并得到较大范围的推广，深受广大茶农的欢迎。

表 1-3　田菁饲用的营养价值

项目	粗蛋白	糖	粗脂肪	无氮浸出物	灰分	粗纤维
含量(%) (按干物质计)	15～20	—	1～3	20～30	5～50	10～25

4. 绿豆

4.1　栽培关键技术

(1)品种选择　绿豆品种很多，对于不同茶园要选择相应的品种。对于生荒新垦贫瘠 1 年生幼龄茶园，可择优选择间作大绿豆；

对肥力水平较高和2～3年生茶园，可择优选用间作速生小绿豆；台刈改造和重、深修剪的茶园，最好选用长豇绿豆进行间作。长豇绿豆生育期只有65天，出苗后40天可开花，早播早埋，减少与茶树生长的矛盾。作先锋作物或绿肥基地种植的绿肥作物，应选用高产、生长期长的大绿豆，如印尼大绿豆、云南和广东大绿豆等。

(2)种子处理　绿豆种皮薄，硬实率低，种子一般不用作擦、浸等处理。土壤墒情良好时可以直接下种，能自然吸收水分出芽，但要作根瘤菌剂拌种。凡菜豆属的根瘤菌剂，都能对绿豆有浸染作用而形成根瘤。

(3)磷、钾肥作底肥　绿豆对磷肥反应敏感，增产效果也十分明显。磷肥对绿豆青肥的质量也有良好的作用。绿豆不仅嗜磷，也是嗜钾作物。植株含钾量高，生长期间需钾量多。因此，播种时要用磷、钾肥作底肥。一般播种前每亩施20～40公斤过磷酸钙和10公斤硫酸钾，即可收到较良好的增产、提质效果。

(4)播种时间　绿豆的适宜播种时间各地不同。长江中下游可在清明前后播，江北茶区可选在4月中旬播，华南茶区可选在2月下旬至3月上旬播。在适宜播种期内，要力争早播。大绿豆早播后青肥可高产，小绿豆早播可早埋青，有望一年争取播两茬绿豆。

(5)防治病、虫、草害　绿豆病虫害较多，尤其是大绿豆生长期长，易遭病虫危害。苗期有蚜虫和地老虎，生长中期有叶象甲、叶甲、螨类、蓟马和小叶蝉等，后期有豆荚螟和豆芫菁等。病害主要有炭疽病和叶枯病等。如发现有病虫害必须及时防治。速生绿豆没有蹲苗期，生长期短，第一茬不受杂草影响。后茬在6—7月份播种时，正是梅草生长期，要注意苗期防草。大绿豆蹲苗期长，要注意苗期的杂草防治，做到及时除草。

(6)播种方法　绿豆以穴播为宜。小绿豆株穴距15～20厘米，大绿豆株穴距25～30厘米。穴深3～5厘米，每穴播种2～3粒，盖土轻压。小绿豆根据茶树年龄采用“1—2—3对3—2—1”的播种方式。大绿豆只在 1 年生幼龄茶园中间作，在 2 年生以后茶园和台剪改造茶园中，一般不宜间作。

4.2 利用方式

绿豆是粮、菜、饲、肥兼用作物，经济价值高，利用广泛。在过去山区传统农业生产方式时代，多数茶园是以茶粮间作方式进行生产的，其中绿豆是重要的杂粮间作物之一，收获后将秸秆和根茬翻入茶园作肥料。在专业茶园中这已不能采用了。为了提高绿豆利用的经济价值和效果，可以根据当地实际情况，将菜、饲、肥利用加以综合考虑。如大绿豆作种茶前先锋作物种植时，可根据其逐步开花、逐步结荚的习性，先采一部分暴荚后再埋青，可提高绿豆青肥纤维素含量，有利于土壤有机质的提高和改土效果。如作 1 年生幼龄茶园间作的，可利用它再生能力强的特点，在开花前先刈割一部分茎叶作饲料，既可减少绿豆和茶树生长之间的矛盾，又可提高绿豆青肥的产量。如间作小绿豆的，可利用它速生快长和逐步开花、逐步结果实的特点，早种，早开花，早结荚，收一部分早荚后再埋青作肥料，紧接再种第二茬绿豆。也可先收一部分早荚，然后埋青。总之，绿豆是经济价值高，营养好的作物，在茶园中种植，必须以有利茶树生长为核心，充分合理地加以利用。

5. 黄花耳草

5.1 栽培关键技术

黄花耳草抗旱、抗瘠能力强，生长快，对土壤要求不严，栽培方法很简单。

(1)整地　黄花耳草种子细小，播种时容易落到土壤裂缝中而失去发芽能力。因此，播种前必须把大土块打碎后整好耙平，防止小种子落入土缝而影响发芽。

(2)种子处理　黄花耳草种皮薄，不需要作擦、碾等破皮处理，可直接下种。为了促进早发芽，也可将其种子放在温水中浸泡 1～2 小时后，拌上焦泥灰下种，使种子着落土表，不落土隙，有利于发芽。

(3)播种方法　黄花耳草一般适宜条播,开沟深度为5～10厘米,沟底铺上细小的焦泥灰或有机肥,再在肥料上铺一层5～7厘米厚的细土,把种子均匀撒在细土上,再盖上约1厘米厚的薄土;以小见种子为度,不可厚盖。当苗高5～10厘米时可施洒一次稀薄的腐熟人粪尿、沼液或其他沤肥,以促进小苗生长。苗期如有杂草生长,必须及时防除。以后由于它生长迅速,并匍匐爬行,具有抑制其他杂草生长的能力,因而无须再除草。目前未见有什么病虫对它构成危害,一般无须治虫。

(4)打头清园　黄花耳草根浅株矮,与茶树生长矛盾小。但它生长快,分枝多,出苗发棵后很快就会占据整个茶行空间,横向的分枝有可能会伸向茶行挤压小茶苗。因此,要及时将伸向茶行的分枝顶头摘掉,或把它转向,使它沿茶行空间处生长。

5.2　利用价值和方法

黄花耳草养分含量虽不高,但它具有独特的株型优势、抗性优势、生长优势和再生优势,因此,在茶园中仍有很高和广泛的利用价值。一般它可作坡地新垦茶园的先锋作物,也可作幼龄茶园的间作物,还可作护坡、保坎的梯边植物。它的不定根具有很好的固土能力,青肥也可作饲料。

作先锋作物种植时,一般不刈割,让其自然生长,到结实前一次性翻入土中作肥料。作幼龄茶园间作物时,要刈割2～3次,一方面防止它生长过快影响茶树生长,另一方面可提高青肥的质量和产量。刈割下的青绿枝叶,可作饲料,也可作堆沤肥料用。作堆肥时,可先放在地头坑中堆沤成肥料,到秋冬时作茶园基肥施用。作护坡、护梯种植时,可将刈割下来的青草作为成、幼龄茶园的覆盖物,或作饲料都可以。总之,它虽不是豆科作物,但也是一种一物多用的茶园好绿肥作物,有很广泛的推广应用价值,在提倡茶园青草栽培中,它可以作为优选草种之一。

(二)秋播冬季绿肥作物

1. 箭豌豆

1.1 栽培关键技术

(1)适时播种 大叶箭豌豆全年生育期为 210～230 天,所需 0℃以上总积温为 2400～2500℃。种子在地温达 5～7℃时就可发芽,但要高产优质则需力求早播。长江中下游广大茶区,以在 9 月下旬至 10 月上旬播种为宜,一般为茶园基肥施后立即播种。播种太晚,气温低,发芽迟,生长慢,早霜来临易使小苗受冻,而且晚的分枝少,根系生长差。播种时间与根系结瘤及肥青产量有直接关系,适当早播可增加根瘤数,提高肥青产量。大叶箭豌豆也可春播,但其产量和质量远不如秋播的高和好。

(2)根瘤菌拌种 箭豌豆种皮薄,硬实率低,种子不需作碾、擦破皮处理,可直接下种。为了提高发芽速度,可用 30～40℃温水泡浸 1～2 小时后下种。为了使大叶箭豌豆早结瘤,多结瘤,提高肥青的质量,需采用根瘤菌拌种后下种。根瘤菌剂要"对号入座",一般豌豆属的根瘤菌种对大荚箭豌豆都有良好的侵染能力。如一时找不到大叶箭豌豆的根瘤菌菌剂,可用种过大叶箭豌豆、豌豆或蚕豆等、而且生长较好的土壤拌种,也能收到一定的接种效果。

(3)增施磷、钼肥 大叶箭豌豆对磷、钼肥反应十分敏感,增施磷、钼肥,可提高结瘤率,提高根系的固氮能力和对土壤矿物质的吸收能力,这对促进绿肥作物生长,提高肥青产量和质量,都有明显的效果。在播种前每亩施 20 公斤过磷酸钙,肥青的氮、磷、钾含量就能有明显的提高。

(4)合理密植 在茶园内间作大叶箭豌豆,既要充分利用空间,又要不妨碍茶树生长。因此,要因地制宜地根据茶园的不同类型,采取不同的种植方式,这是茶园间作好大叶箭豌豆的关键。据实践经验,幼龄茶园可采用"1—2—3"对"3—2—1"的间作方法。4 龄茶园退出间作。重修剪后的茶园,当年可间作 1 行;台刈改造的茶园,台刈当年间作 2 行,第二年间作 1 行,第三年退出间作。播种方式可采用穴播或条播。穴播的穴距为 10～15 厘米,条播的播幅为 12～15 厘米,具体要看茶树生长状况和土壤肥力而定。茶树生长好、土壤肥力高的,进行稀播,反之则密播。播种后盖土 3 厘米厚。对丛栽和缺株断垄严重的茶园,在不影响茶树生长的前提下,见缝插针,力争多播,争取多产鲜草。

(5)苗期除草　大叶箭豌豆苗期因气温低,生长缓慢,最容易被杂草淹没。因此,苗期要经常除草,以保证全苗、齐苗和壮苗,这是争取高产的重要措施。但不能施用除草剂,否则会杀伤大叶箭豌豆的幼苗。

(6)防治病虫害　箭豌豆为越冬作物,抗病性又强,病虫害不十分严重,在茶园中未发现有严重暴发性的病虫害。只是在早春有蚜虫和豆芫菁,后期有豆荚螟等害虫危害。如不很严重可不用药;如果十分严重,则可结合茶树病虫害防治,喷洒相应的农药。但是要注意,春天正是采茶季节,如果必须单独对箭豌豆用药时,一定不要把农药喷洒和飘移到茶树上,以防止对春茶的农药污染。

(7)清园防攀绕　大叶箭豌豆是半攀绕性植物,它的卷须常常会缠绕在茶苗的枝干上影响茶树生长。有时卷须缠绕新梢,使新梢无法展开,从而影响新梢生长。因此,要经常对爬到茶树上的藤蔓进行清理,必要时要摘掉卷须和爬到茶树上的枝条,以防影响茶树生长。

1.2　利用方式

大叶箭豌豆可作肥料和饲料,种子可食用,是一种品质较好、经济价值较高的兼用性绿肥作物。利用方式多,用途广。作绿肥时,既可以作土壤覆盖物,又可埋青。作土壤覆盖物时,可在 4 月中下旬,待植株开始结荚时进行拔株。这时枝秆木质化程度较高,产量高,品质也较好。如果直接埋青,可在 4 月上中旬盛花期翻埋;这时植株鲜嫩,木质化程度低,翻埋后在土壤中容易分解。如果作沤、堆肥的原料,可根据当地具体情况,在盛花期至采种期的任何时间都可进行。作堆肥时，在地头挖坑，就地沤堆，以后就地施用。如果采摘豆荚食用或作饲料，则应在豆粒硬度适当时摘取。大叶箭豌豆可在6月上旬采种，当荚果变为黄褐色时，于晴天收割或拔株。因为这时荚果不易开裂。采后必须及时晒干打种，防止霉变。种子营养价值高，蛋白质、氨基酸含量丰富，出粉率可达53.8%。一般每亩的播种量为2～3公斤，可产豆100～150公斤。种子含有微量氰氢酸，对人、畜有一定毒性，作饲料和食用时要事先作去毒处理。去毒方法简单，只要用冷水（或温水）浸泡数天，就会大量减少氰氢酸的含量，达到食用的要求。

2. 肥田萝卜

2.1　栽培关键技术

（1）适时播种

播种期选择是否得当，对肥田萝卜出土、生长及产量影响很大。以立冬前后播种最为适宜。至翌年埋青时，其产量比寒露播种的，每亩多收肥青257.7公斤，增产40.8%；比大雪播种的几乎高一倍。所以，适时播种对促进肥田萝卜生长和提高产量，是十分重要的。一般在10月中下旬至11月上中旬播种为适宜。各地要因地制宜，不误农时地及时播种。

（2）合理播种

播种方法，播种深度，播种量，盖土厚度，是茶园间作肥田萝卜成败的关键。在冬季低温干旱并有西北风的闽北山区，采用浅沟条播或浅沟宽幅撒播，结果发芽率低，缺株多，苗期受冻率高，植株生长不良，翌年产量低；而采用深沟条播浅盖，结果出苗率高达80.3%，肥苗齐整，受冻率少，植株生长良好，翌年产量高。而对于平原地区茶园，或冬天雨水丰富、刮风少、气温不很低的山区坡地或梯地茶园，浅沟浅播也可以达到高出苗率。

播种方式要因地制宜。在棋盘式丛栽茶园，可采用丛间穴播；条列式茶园可采用行间条播；丛行空间小于40厘米的，一般不能间作肥田萝卜。

(3)与豆科绿肥作物混播　肥田萝卜为非豆科作物,不能增加土壤全氮含量。为了克服这一缺陷,可采用与豆科绿肥作物混播,尤其是与箭豌豆、豌豆等有须蔓的豆科作物混播,肥田萝卜成为箭豌豆和豌豆等缠绕性作物的支架,而箭豌豆等又可以为肥田萝卜挡风等,相互利用,相互依存,相互保护,可提高间作绿肥作物的产量和绿肥的质量,有利于提高改土效果。

(4)播种前深松土　肥田萝卜根系虽不很深,但主根肥大成萝卜头,萝卜头的生长对地上部枝叶的茂盛有很大作用。主根肥大要求土壤疏松,因此,播种前的行间深松土对肥田萝卜的产量有重要作用。播种前深松土 30 厘米的,肥田萝卜的亩产量可达 3300 公斤,比不松土的增产 43.48%。所以播种前松土,是茶园间作肥田萝卜的重要措施之一。松土时只限于播种行,不要靠近茶苗进行。

(5)及时施肥　肥田萝卜虽有很强的吸收和利用土壤难溶性矿物质的能力,但对磷肥反应十分敏感。据广东省农业科学院茶叶研究所和江西省刘家站红壤试验站的试验,在播种时以磷肥打底,一般可增产 23%～49%(见表 1-4)。

表 1-4　磷肥反应试验比较表

处理	试验单位			
	广东农科院		江西刘家站	
	间作肥田萝卜		间作肥田萝卜	
	千克/667 米^2	%	千克/667 米^2	%
不施磷肥	1047.5	100.0	771.5	100.0
施磷肥	2606.3	248.7	950.5	123.0

肥田萝卜在生长过程中由于它对氮的需求完全是依靠土壤中的氮,不能固定空气中的氮来营养自己。因此,适当施氮肥对它的

增产效果也十分明显，无论播种前施有机肥或是生长过程中施适量的尿素等，都可获得良好增产效果。据福建省茶叶研究所试验，播种前施有机肥一般可增产 50.0%，苗高 20～35 厘米时追施氮肥，产量会更高。

(6)防治病虫草害　肥田萝卜的主要害虫，有卷心虫、蚜虫、猪叶虫及青虫等，病害主要有白锈斑、枯叶病、霜霉病及炭疽病等。在生产中，如不十分严重，不一定用药防治；只有危害严重，明显危及产量时，才可以对症用药，但用药时要注意茶苗安全。另外，如苗期有严重杂草发生，则要适时除草。长大以后一般杂草自然减少，无须除草。

2.2　利用方法

肥田萝卜无论作埋青或土壤覆盖，对改良土壤和改善土壤墒情，都有良好的效果(见表 1-5)。

表 1-5　肥田萝卜不同利用方式对土壤有效养分含量的影响

利用方式(5 月 21 日埋盖，8 月 4 日测定)					
处理		深埋(30 厘米)	浅埋(15 厘米)	土表覆盖	对　照(无绿肥)
0～45 厘米土层土壤有效养分(毫克/千克)	氮	98	87	75	57
	磷	30	29	26	15
	钾	98	99	75	74

在长江中下游广大茶区，作埋青用的肥田萝卜，在 3 月中下旬可初花，3 月下旬至 4 月上旬可到盛花期，盛花期株体生长旺盛，产量高，茎叶嫩熟，品质良好，是最好的刈割时期。但为了使茶树能在春茶期吸收肥料，并减少茶肥之间的矛盾，可适当提早到初花至盛花期之间进行刈割埋青。如作保土、防冲的土壤覆盖物用，刈割时间可适当推后，使它纤维化程度更高一点，能在土壤表层保持

更长久,保持到夏天或伏天而不腐烂或少腐烂,以达到更久更好地保土和保水的目的。推迟刈割时,为了减少其生长与茶树之间的矛盾,可先疏株或疏枝后再刈割。

表 1-6　肥田萝卜不同利用方式对茶园土壤含水率的影响

项目	土壤深度(厘米)	利用方式(5 月 21 日埋盖,8 月 4 日测定)			
		深埋(30 厘米)	浅埋(15 厘米)	土表覆盖	对　照(无绿肥)
土壤含水率(%)	0～10	16.5	16.1	21.6	14.5
	10～20	20.1	23.5	21.9	15.1
	20～30	25.0	24.1	24.5	19.5
	平均	20.5	21.3	22.7	16.4

除了作肥料外,肥田萝卜也是很好的饲料(见表 1-7),也可作菜肴等。如作饲料用,则应在结荚前收割,因为结荚后茎叶和萝卜都会木质化,营养价值会下降。

表 1-7　肥田萝卜初荚期的饲料价值

项目	水分	粗蛋白	粗脂肪	粗纤维	无氮浸出　物	灰分	钙	磷
鲜草含量(%)	89.54	2.66	0.99	1.53	4.32	1.86	0.20	0.22

3. 紫云英

(1)选地　紫云英对土壤条件要求较高,不是所有茶园都适宜种植紫云英。根据紫云英的生物学特性和对外界条件的要求,可将茶园分为三种类型:一是适种茶园,主要是潮土类茶园、稻田和菜园土茶园,已改造的茶园及过去是茶粮、间作后退出粮食作物的

平地丛栽茶园等；二是非适种茶园，主要是原荒山和杂林新垦的山地茶园，新垦的低丘红壤及山区岗地茶园等；第三类是半适种茶园，主要是一些原为梯田和坡地茶粮间作旱地，及山前土层较厚的坡地茶园等。在间作紫云英时，应尽量选择适种类茶园进行种植，可以花较少劳力和成本，而获得较高的效果和收益。

（2）种子处理　紫云英种子皮厚，硬实率高，发芽率低，播种前种子要经过碾、擦、浸处理。一般做法是，先将种子放在打米机中快速轻打一次，然后加入一些沙子或谷糠等，在石舂中舂 10～15 分钟。将舂后的种子放在比重为 1.05 的盐水中消毒 10～15 分钟，去掉菌核病病原体，取出种子放在含有 0.1%～0.2%钼酸铵和硼酸的温水（约 25℃）中浸种 24 小时，然后取出种子待播。

（3）根瘤剂拌种　茶园中能侵染紫云英的根瘤菌很少，因此，紫云英在茶园中种植都要经根瘤菌拌种，才能取得较好的种植效果。对紫云英侵染的根瘤菌专一性很强，要采用专门生产的菌剂。如找不到菌剂，可找一些紫云英生长较好的稻田土与种子拌种。

（4）选好播种时间　播种时间对紫云英的出苗、苗期生长及以后产量的形成，都有很大的影响。在广大茶区，从 9 月下旬至 10 月下旬都可以播种，但在适宜的播种期内，适当早播有利于产量的形成。在秋分至寒露之间播种，每亩产肥青达 2750～3000 公斤；寒露播种，每亩产量则降为 2250～2500 公斤；而推迟到寒露至霜降之间播种，每亩产量仅 2250 公斤及以下。我国茶区广大，各地可根据当地具体条件和农事活动情况，因地制宜地选择恰当时间，力争早播。也不能过早播种，过早播种紫云英苗易受冻，一般都在茶树地上部生长结束、施完基肥后及时早播紫云英较为恰当。

（5）磷肥和有机肥打底　在播种前，播种沟内要施过磷酸钙或钙镁肥打底。磷肥不能与种子接触，要施在播种沟下 15～20 厘米处。如果是半适种茶园，则要用有机肥和磷肥打底。有机肥与磷肥要拌匀，施在播种沟下作底肥。施磷肥的茶园，紫云英肥青每亩产量平均达 799.3 公斤；而不施磷肥的茶园，紫云英肥青每亩产量只有 710.5 公斤。施磷肥的比不施的增产 12.5%。据其他地方试验,在茶园中施磷肥对紫云英的增产效果都十分明显。

(6)抗寒保苗提苗　紫云英也有蹲苗现象。出苗长出 2～3 片真叶时,要适当施肥提苗,防止蹲苗时间过长影响以后的生长和导致杂草危害。可施稀薄的发酵过的人粪尿或沼液、沤肥水等进行提苗。对于半适种茶园,要用复合肥促苗,用量为每亩施 15～20 公斤低浓度的三元复合肥。入冬后根际施草木灰或焦泥灰保苗抗寒。

(7)防治病虫害　在紫云英小苗时,要及时除草,防止草荒。长大后要及时防治病虫害。紫云英的病虫害较多,主要有菌核病、白粉病、轮斑病、线虫病和锈病等。虫害主要有蚜虫、蓟马、潜秆蝇、地老虎、象甲和叶蜂等。如发现有病虫害,要及时选用相应的药剂进行防治。在防治时,要检查茶树上有否共害性病虫害和其他病虫害,可结合茶树病虫害一起进行防治。

3.2　利用方法

紫云英营养价值很高,除了可作肥料外,还可作饲料和菜用。作肥料时主要是进行埋青。它叶质鲜嫩,分解快,埋青肥效好,也省工。作土壤覆盖物用时,因纤维素含量不高,分解快,失水后很快收缩,干物质不多,并很快分解,残留物也不多,又易脱氮,效果一般不如直接埋青。埋青时,要掌握好物候,一般在紫云英生长到二盘花谢、三盘花开时埋青,产量高,肥青质量也好。广大茶区一般在 4 月中旬左右进行埋青。如作饲料用,也要在花荚期刈割。紫云英的嫩头可作菜肴,营养价值很高。在紫云英的花期可放蜂,紫云英的花蜜是优质蜜源。茶园种植紫云英是一项促进茶叶生产可持续发展的一举多得的高效农业措施,应大力提倡。

4. 苕子

4.1　栽培关键技术

(1)选好适宜品种　苕子品种很多,特性各有不同。各地茶园间作苕子,首先要选好适合当地种植的品种。在江北茶区,尤其是

高山高寒地区，低温、冬春干旱者，应选用抗寒抗旱性强的毛叶苕；平原地区可选用光叶苕；南方茶区气候温和，茶叶早发，生长季节紧，可选用蓝花苕、油苕或早熟苕子等。

（2）对种子作必要的处理　苕子的种子也有硬实性，其中光叶苕种子的硬实度较高。为了促进种子萌发，播种前也要经过擦、浸等处理。土壤墒情好的，可以采用温水浸种；土壤墒情不好的，擦种后直接播种，冬旱较严重的，采用秋冬前寄种播种，利用自然变温提高种子吸收性能。

（3）确定适宜播种期　苕子生长期长，要想让苕子高产就必须适当早播种，增长它的生长时间。早播种有利于齐苗和全苗，也有利于与茶园农事对接。在江北茶区一般 9 月下旬为适播期，长江中下游广大茶区在 10 月上旬播种更为有利。在大别山区高山茶园，10 月上旬播种比 10 月下旬播种约增产 27%。

（4）根瘤菌拌种后播种　苕子与其他所有豆科绿肥作物一样，根瘤菌接种可明显提高产量和肥青质量。对苕子有侵染作用的根瘤菌属豌豆族根瘤菌，与箭豌豆和蚕豆等是同属一族的菌种。可用豌豆根瘤菌剂拌种，也可用种过这些作物并生长较好的土壤拌种。播种时进行穴播，穴深 3～5 厘米，每穴 3～4 粒种子，穴距 10～15 厘米，播后盖土。

（5）磷肥，以磷增氮　苕子虽然很耐瘠，但对磷肥反应十分敏感。茶园土壤酸性强，有效磷含量低，每亩施过磷酸钙 15～20 公斤，一般都可增产 20%～40%。在稻田中施磷，每公斤磷肥可增产 40～150 公斤肥青。茶园土壤有效磷比稻田低得多，施磷肥后的效果远比稻田要好。

（6）清园理蔓　苕子是匍匐形或半匍匐形植物，并有卷须，有时会使茎蔓相互缠绕，相互挤压，形成一大团，对苕子以后的产量有很大的不利影响。要及时对相互缠绕在一起的茎蔓加以梳理，使其舒畅生长。有些爬到茶树上的茎蔓，要把它们取下或梳理顺当，然后放到空旷的地方，使它们向有阳光的地方继续生长，防止茎蔓缠绕茶树而影响茶树生长。如果采用苕子与肥田萝卜或黑麦草混播、间播等，肥田萝卜和黑麦草会成为苕子缠绕爬高的支撑物，既可防止苕子爬绕茶树，又可取得豆科与非豆科作物互相取长补短的良好效果。

(7)防治病虫害　苕子的病虫害比较多。病害主要有叶斑病和轮斑病等，多在4—5月份发生。褐斑病在初荚期发生，病毒病全年都会发生。虫害主要有蚜虫、潜蝇、蓟马、斜纹夜蛾、叶螨、苕蛆、豆荚螟和棉铃虫等。发现苕子病虫害时，要注意茶树的病虫害，最好结合一起及时防治。

4.2　利用方法

茶园中的苕子，一般作埋青的多。在盛花期埋青，产量高，质量也好。在江北茶区一般5月上中旬可埋青。江南茶区一般在4月下旬前后可埋青。在埋青时，可结合当地幼龄茶园的农事活动，因地制宜地进行。作土壤覆盖物铺放行间也可以，但它与紫云英一样，干草率低，易烂易分解，一般效果不如埋青的好。如当地春旱严重或土壤冲刷严重，也可作封覆盖用。

苕子也是很好的饲料。盛花期收割产量高，质量也好。苕子留种地也可放养蜜蜂，收取蜂蜜。总之苕子也是茶园冬绿肥间作中最重要的一种绿肥作物之一。茶农称它为“五朵金花”中的一朵，深受广大茶农所欢迎。

5. 黄花苜蓿

5.1　栽培关键技术

黄花苜蓿的栽培方法与所有豆科绿肥作物的栽培方法差不多，即要选择好适种的茶园，对种子作适当的处理，选好适播时间，选择可侵染的菌种拌种，施磷肥作底肥，合理密植，加强苗期管理和防治杂草，及时防治病虫害等。

值得注意的是，黄花苜蓿种子与卷曲型的荚果粘连在一起不易脱出，一般都带壳存放、运输和出售，播种时荚壳处理比较重要。也有带荚壳播种的，但带荚壳播种效果差。因荚果壳中夹杂着许

多病原体和虫卵，出苗后病虫害多，出苗率低，一般不提倡。

黄花苜蓿荚果要用专用的脱壳机脱壳。脱壳前先进行暴晒，并拣去杂物后再进机脱壳，脱壳后过筛，并扬净壳灰，取净种播种。

如果没有脱壳机则可用下列方法进行处理后再播种：

播种前先晒种，将带壳的荚果平铺在竹席子上暴晒，中午后用竹帘子盖好，夜间打开，连续经过2～4天处理，以提高种子活力。将晒过的荚果按1.5∶1的荚水比在石臼中舂捣100多次，使荚果变软，种子擦皮后充分吸水，再拌上菌种、泥浆、草木灰和磷肥，然后播种。黄花苜蓿在红壤幼龄茶园中，对磷素反应十分敏感。在相同的条件下，不施磷肥的每亩肥青产量只有750公斤，而施磷肥后，肥青产量提高到每亩1500公斤，增产1倍。可见用磷肥拌种和磷肥作底肥，对黄花苜蓿是十分重要的。播种时间，一般选择在10月上中旬为宜，偏北地区早播，偏南则迟播，高山早播，平原迟播。

在田间管理中，治虫防病和苗期除草，也必须因地制宜地进行。在一般情况下，采用种子播种的病虫较轻，采用荚果播种的病虫较重。其病虫害一般有炭疽病，蚜虫、螨类和椿象等。病虫如不十分严重，可以不治；如严重影响产量，则应及时采用相应方法加以防治。

5.2　利用方法

黄花苜蓿鲜草的折干率，比紫云英和苕子都要高，作埋青用肥效也比较缓慢。如作土壤覆盖物，它比紫云英耐分解，效果比紫云英要好。作堆沤肥用时，其分解也比紫云英和苕子要缓慢。沤腐30天后其有机质约分解63.54%，而同等条件下紫云英和苕子却分别分解了77.14%和64.44%。因此，在沤堆过程中氮的损失也会减少。

黄花苜蓿有一定的再生能力，可以进行刈割。在桑园中进行间作，9月下旬至10月上旬播种后到翌年1—4月份，先后刈割3次，每亩桑园共收肥青3233公斤。茶园中没有进行刈割试验和实践应用的报道，但各地可以作些试验。

黄花苜蓿开黄花，十分美丽，可以绿化和美化茶园周边环境，或作护坡作物。在一些荒野和庭园，也可将它作为绿化植物进行种植。它的嫩头是很好的一种民间菜肴，鲜叶营养价值高，所以被称作“金花菜”。

黄花苜蓿是一种很高级的饲料，过去浙江、江苏、四川等地，都有专门种黄花苜蓿喂猪的习惯。20 世纪 70 年代，四川眉山县饲料面积的 70％是种植黄花苜蓿。此外，黄花苜蓿地区可以放蜂，其蜜质不比紫云英的差。所以，黄花苜蓿也是一种一物多用的作物，被山区广大茶农称之为茶园冬季绿肥作物“五朵金花”中的一朵，因而深受喜爱和欢迎。

表 1-8　黄花苜蓿的饲料价值

收获期	水分（％）	粗蛋白（％）	粗脂肪（％）	粗纤维（％）	无氮浸出物（％）	灰分（％）	备注
初花期	8.21	5.16	4.39	16.96	35.11	10.17	干草

6. 黑麦草

6.1　栽培关键技术

黑麦草生长力强，抗旱抗寒，病虫害少，因此其栽培方法也较简单。

（1）播种时间　黑麦草不像豆科绿肥作物，没有硬粒种子，种皮薄，吸水快，无须作擦种、浸种等处理，可直接下种。一般在 9 月下旬播种较为适时，以后随播种时间的推迟，产量逐步下降。江南部分茶区可迟播，江北茶区可早播。春播也能生长，但产量低，一般只有秋播的 1/2 或 1/3。

（2）播种方法　黑麦草以条播产量高，点播产量低。如与苕子、箭豌豆、豌豆等豆科绿肥混种或间种，可提高茶园绿肥种植和改土效果。混播和间播种时，可采用混种撒播，分种条播和混种条

播等方式都可以。

(3)施肥　黑麦草对氮肥反应敏感,播种前要施足有机肥作底肥,入冻时要施足保苗肥,主要施焦泥灰或草木灰增加钾素含量,提高抗寒越冬能力。返青时要施返青肥,主要施含氮高的三元复合肥。“黑麦草施肥料,麦草产量不得了!”这是茶区农民形容黑草施肥的效果。

(4)蹲苗管理　黑麦草春化阶段需要“蹲苗”,目的是促进地下部生长和春化阶段的特殊化效果。如果气温高,冻前长得太旺盛,则需要在入冻前在麦苗下轻轻踩压,抑制地上部生长,防止入冻前旺长而使入冻后受冻和影响春化阶段的顺利进行。

(5)病虫害防治　黑麦草病虫不多,一般不需要防治。但个别地区和茶园会有锈病、叶枯病、炭疽病及蚜虫。发生严重的,可结合茶园病虫害对症下药,加以防治。

6.2　利用方法

黑麦草鲜草折干率高,盛花期为27%~30%;纤维素含量高,埋青后分解速度慢。在5月下旬的气温条件下,当茶园土壤含水率为25%时,埋青15天后黑麦草干物质减少50.8%,其分解速度比肥田萝卜稍快,比大多数豆科作物都要慢。由于它适种性广,抗性强,产量高,纤维素含量多,聚集养分能力强,因此它利用很广。作茶园先锋作物种植,可提高土壤有机质,改良土壤理化性质。一般茶园土壤理化性质是典型的“天旺一把刀,天寸一团糟”,茶产量低,茶叶味淡,不经泡。在种茶前种植黑麦草后的茶园却不同,理化性质明显改善,茶园大多都已成为高产优质的茶园,并生产出高档的名优茶。

黑麦草除作先锋作物种植外,还可在幼龄茶园间作埋青,对春茶当季虽不一定产生明显的良好效果,但对夏、秋茶生长及产量有积极的作用,并持续时间长。茶园引种试种黑麦草,幼龄茶园间作黑麦草,对茶树后发生长有良好作用。但含氮量低的缺陷,可以通过与豆科作物混播来解决,提高它的种植效果。

由于黑麦草纤维素含量高，作茶园土壤覆盖物耐分解，覆盖物保留时间长，效果好。在 5 月中下旬收割作茶园土壤覆盖用，草料可保持到 9 月份，对防止梅草生长、伏天干旱和台风暴雨季节的土壤冲刷等，都有很好的效果。

黑麦草有较强的再生能力，耐台刈，在山坡、低谷地种植，可作绿肥基地种植作饲料，饲料价值也很高。今后随着有机茶、绿色食品茶和生态茶园的发展，循环农业技术的实施，茶园间作黑麦草作饲料，利用牲口的粪便进行处理后，作茶园肥料是最好的利用方式。

表 1-9　黑麦草的饲料价值

项目	粗蛋白	粗脂肪	粗纤维	灰分	无氮浸出物
含量(%)	12～14	2.0～3.0	27.0～28.0	4.0～5.0	20～30

（三）茶园多年生绿肥作物

1. 爬地木兰

1.1　栽培关键技术

爬地木兰抗性强，对土壤要求不严格，原本又是属野生多年生植物，所以栽培方法简单，繁殖一旦成活便开始生长，一般无需作特殊的管理。

爬地木兰繁殖可采用种子有性繁殖和枝条无性繁殖。在广东、海南等地气温高，结种较多，可采用种子繁殖。台东南和闽东南地区因气温相对要低，结种困难，种子少，可采用枝条进行无性繁殖。

(1)种子直播　在华南茶区，每年 3 月中旬就可播种。在播种前，先把土壤挖松、打细、耙平，然后采用穴播或条播。穴、沟深 15～20 厘米，下施磷肥或有机肥作底肥，肥上盖土 10～15 厘米厚，

把种子播在盖土上面,然后再盖一层细土,耙平即可。出苗后可施一次腐熟的稀薄粪水,促进苗期生长。出苗后除草1～2次,以后不必作太多的管理,它能自然迅速生长,覆盖梯壁或行间。

(2)苗圃繁殖移栽　爬地木兰也可采用苗圃繁殖幼苗,然后进行移栽。在采用苗圃繁殖幼苗时,选择肥力水平较高、地势平坦、用水方便的地方作畦育苗。畦高25厘米左右,宽0.7～1.2米,施有机肥加磷肥作底肥,肥上铺细土5～10厘米厚,开沟条播,播种时间为3月下旬至4月下旬,每亩播种0.5～0.7公斤,播后盖土2～3厘米厚,并及时浇水。苗高5～7厘米时间苗分栽,当幼苗长到15～20厘米时就可移栽。移栽时,幼苗根部要多带土,以利于成活。

(3)插条无性繁殖　在一些气温比较低、种子较少的地区,可采用枝条扦插繁殖。此法简单易行。一般4—10月份均可进行,但以4—6月份插条为最好,因为此时雨水适中,发根快,生长迅速,成活率高。插穗采用15厘米长老茎多杈枝梢,或者采用当年粗壮枝。插穗长以20厘米为最好,扦插后成活率可高达90%以上。一般可采用穴插。穴深15～20厘米,插穗入土2/3,盖土后稍压实,防止漏风。插好后及时浇水。插条抽发新芽后,及时浇施肥水,可以促进生长。梯边、坎边等宜采用插条繁殖种植,这样做简单方便,省工省事。

(4)防治病虫害　爬地木兰的病虫害不多,主要是在苗期有地蚕、蟋蟀和蚜虫等为害。如不严重一般不必喷药。也可在茶园病虫防治时结合进行适当防治。

(5)及时切根刈割　爬地木兰根系发达,侧根横向生长,如在茶园行间间作时,2～3年可布满行间,有可能伸向茶树种植行,与茶树争水、争肥。因此,在种植第二年要在茶树行间种植行外30～35厘米处切根。进行切根时,可用铁锹垂直深切,切断伸向茶树种植行的横向根。同时,爬地木兰地上部分枝多,在生长旺季匍匐枝也有可能伸向茶行,挤压茶树生长。如发现有挤压茶树的枝条,就必须把它折掉,放在行间作肥料,并及时进行刈割,防止与茶树生长发生矛盾。

1.2 利用方法

(1)作荒山护坡用 爬地木兰抗旱耐瘠,对土壤要求不严,可在荒坡上种植作护坡作物,以防止山坡的水土流失。作护坡种植时要等高条播,穴距为 30～40 厘米,2 年后就会形成绿肥坡,成为绿肥基地。其根茬可固土。在第一、第二年以留为主,第二年以后每年可刈割 2～4 次,作肥料、饲料和覆盖物用。

(2)作坎边护坎种植梯坎种植爬地木兰后,由于它呈匍匐生长,根系固土能力强,不但可绿化茶园,还可基本解决梯坎的崩塌和水土流失问题。最好将爬地木兰种在梯沿下方 30～45 厘米处,穴距 30～40 厘米,上下两行之间的穴位呈“品”字形排列。头一两年以留为主,一般不割青,两年之后以刈割为主,留根茬保土。割青时,梯高 1.5 米以下的梯壁每年可在 7 月份和 11 月份刈割二次;梯高 1.5 米以上的梯壁,在 11 月份进行一次割青。割青时留茎 30 厘米左右高,以利其再生。

(3)作幼龄茶园生草栽培 在 1 年生幼龄茶园中间作 2 行,穴距约 5～15 厘米。在生长过程中,要及时对其摘头、清枝和切根,以减少与茶树生长的矛盾,利用它不断生枝和不断落叶等特性,达到生草、覆盖、肥园的目的。5 年后茶园封行,行间郁闭,爬地木兰生长势逐步衰弱,然后衰亡。之后可把它翻埋土中,或不翻埋,让它自行腐烂成肥料。

2. 白三叶草

2.1 栽培关键技术

白三叶草因种子细小,硬实率高,根瘤种菌专一性强,苗期生长缓慢,在栽培时要抓好种子处理、土地平整、根瘤接种、增施磷肥和保苗促苗等几个关键措施。

种子处理可选用细沙,按 1∶1 种沙比例进行擦种,再用温水浸种数小时,然后用根瘤菌剂接种。由于白三叶草根瘤菌专一性

强，并非所有三叶草根瘤菌都能对白三叶草进行侵染。因此最好采用白三叶草根粉进行接种。白三叶草的种子细小，容易落到土壤缝隙的深处，而小苗顶土能力又差，因此播种前必须把土壤耙平耙细后再播种。在耙土前，先以过磷酸钙做底肥，每亩施 20～30 公斤，施深为 15～20 厘米。白三叶草可春播（在 4 月份），也可秋播（在 9 月份）。在幼龄茶园作生草栽培时，以春播为好。小苗出土后，苗小蹲苗时间长，约需 30 天到 40 天。这时最易受杂草危害，要及时除草，防止蚜虫及地老虎等危害。苗期时间长，根瘤形成缓慢。苗期可适当增施稀粪水或 15％的尿素溶液，进行浇灌，促进小苗生长。分枝以后就能进入生长旺期，不需太多的管理措施，栽培比较简单。

2.2　利用方法

白三叶草在幼龄茶园中可作生草栽培。几年后茶苗长大，茶园郁闭封行，白三叶草会自生自灭而留下一层厚厚的草层来保护土壤。也可把它翻入土中作有机肥。在茶园坎边、梯边，可将其作护梯草种植来保护梯坎。白三叶草也可作茶区山坡地的护坡草种植，以防止水土流失，绿化山坡，生长后可以放牧牛、羊，也可刈割作家畜饲料。白三叶草秋播 2～3 年，可刈割 3～4 次，每亩的鲜草产量可达到 2000～3000 公斤。山坡种白三叶草也可作留种园收种。秋播的一般 5 月下旬可进入盛花期，6 月份可开始收种，花期可长达 2 个月，结荚期长，要分批分次收种，一般每亩可收种 10～15 公斤。土壤条件良好，可收种 40 多公斤，作白三叶草的种子繁育基地。

3. 紫穗槐

3.1　栽培关键技术

（1）繁殖　紫穗槐可用种子直播，也可插条繁殖。用种子直播时，种子要事先采用碾、擦破皮处理，水分条件较好的土壤和地区，可作浸种催芽；水分条件差，土壤较干旱的，不宜做浸种催芽，否则会出现干死种而影响出苗率。种子处理好之后，挖直径为 15～20

厘米、深10厘米的小穴，穴底放细肥土5～7厘米厚，浇足水后下种，每穴播5～10粒种子，盖土后整平。也可采用条播，沟宽15～20厘米，深10厘米，按穴播方法播种，每亩播量为0.7～1.0公斤。播种时间选择春、夏、秋雨水较多的季节较为适宜。

用插条繁殖时，一般选用当年或2～3年生的树为母本，取粗度为1～1.5厘米、已木质化的健壮老枝条，剪成长25～30厘米长的插穗，将上口切平，下口侧剪成马蹄形，以利吸水发芽。扦插时，要边剪边插，或将插穗在清水中浸泡2～3天后再插，成活率高，插后要浇足水，防旱防冻。如进行秋插，插穗要深插，埋土低于地面。春插时要中插，插穗平地面。夏插时要浅插，插穗高于地面。也可采用苗圃育苗后进行移栽，效果最好。

(2)管理　种子和插穗发芽后，开始生长慢，要及时除草，防止牲口和人为的踩踏。遇到干旱时，如有水源条件的可进行穴浇或条浇，以促进小苗迅速生长。以后一般无须特别管理。紫穗槐有气味，对某些害虫有一定的驱赶作用，一般情况下病虫不多，不需专门进行病虫害防治。

3.2　利用方法

(1)作荒坡、荒地绿化用　紫穗槐生长能力强，抗瘠。耐旱，耐酸又耐涝，是茶区荒山、野岭、沟谷、溪边等地绿化的好树种，当年种植当年成林。作荒山绿化时，一般采用穴插或条插法，成活率高，效果好。

(2)作梯级茶园护坡固土用　在茶园的梯壁、坎边、路边、沟边等种植紫穗槐，可固土，防冲，防塌。作固土防冲护坎用时，也以穴插或条插为好。等高种植，上、下穴成“品”字形排列。

(3)作隔离带用　在生产有机茶或绿色食品茶时，在茶园与其他作物需要建立隔离带时，可种植紫穗槐，当年种植，当年见效。一般采用种子条播方法种植，条行距40～50厘米，株距25～30厘米，隔离带宽8～10米，不宜剪条，可让其自然生长，可作留种或采叶用。

(4)作肥料　紫穗槐未木质化的幼嫩枝条,可在茶园行间埋青作肥料,也可作行间土壤覆盖物后再翻埋作肥料。作肥料或作茶园土壤覆盖物用时,一般在5月中下旬剪枝较为适时,即紫穗槐枝条萌芽生长35～45天左右,这时产量高,枝叶质量好。也可采叶作肥料。一般紫穗槐发芽后,随着茎条伸长,叶片分布逐步向上伸延,从基部开始逐渐向上脱落。利用其自然落叶规律,在中、下部叶片尚未变黄,养分含量较高时,可采叶作肥料。如果紫穗槐春季未割青,一般6月上旬灌丛下部开始出现黄叶,6月下旬叶片开始脱落。采叶应在6月上中旬进行,把中、下部叶片采下作肥料,保留上部新叶继续生长。春季割一茬枝条的紫穗槐,再生茎条7月上中旬在灌丛下部开始出现黄叶,中下旬开始脱落,采叶应在7月中旬进行,作茶园伏天的土壤覆盖物或作堆沤肥用。

在第一次采叶后,紫穗槐继续缓慢生长扩展。7月中旬到8月上旬,灌丛中部开始出现黄叶,但此时采叶不利于茎条中、上部木质化的进行。第二次采叶应在8月中下旬进行,可作茶园土壤覆盖物用或作堆沤肥用。第三次采叶应在深秋进行。这时紫穗槐基本停止生长,在收割秋条前,将全部叶片采下作茶园的基肥用。

(5)作饲料用　紫穗槐是饲肥兼用的多年生植物,营养成分高。据分析,风干物的粗蛋白质、粗脂肪、粗纤维、无氮浸出物和灰分含量都很高。可与其他饲料混合后喂猪等。因紫穗槐枝叶有异味,单独作饲料牲口不爱吃,要设法加以改进。

(6)作编织及他用　紫穗槐枝条韧性强,耐弯曲,可编成各种装具,如茶筐、茶篓、茶篮等。此外,种子可榨油,可提香精,槐花可放蜂取蜜等。总之,紫穗槐全身都是宝,我国广大茶区应充分利用土地,见缝插针,大力发展多年生绿肥作物紫穗槐,以保护茶区生态环境和提高茶园土壤肥力。

4. 木豆

4.1　栽培关键技术

木豆抗旱能力强,耐瘠耐酸,对土壤要求不严格,所以容易栽培，而且管理简单。但由于种子硬实，所以播种前要作擦、浸等处理，以提早发芽和提高发芽率。其根瘤接种，一般采用木豆根茬粉拌种方式完成。磷肥和钼肥可提高其结瘤率。一般采用磷肥作底肥，钼肥拌种。每亩施 20～30 公斤过磷酸钙作底肥，用 0.2% 钼酸铵浸种，可获得较好的效果。

播种时间因地而异。在江南茶区茶园作夏绿肥用的，于 4 月上中旬播种。因有早霜危害，故早播有利于高产。在南亚热带地区，于 3 月上中旬可播种。在热带地区，如海南和云南的西双版纳、潞西等地作多年生绿肥作物用的，一般全年都可以种植。

木豆的播种密度要因地制宜。在长江中下游广大茶区作夏绿肥，或低丘红壤地区作茶园遮阴用的，要稀播，以穴播为宜，可采用穴距 30～40 厘米不等，1 年生幼龄茶园播两行，2 年生幼龄茶园播 1 行，3 年生幼龄茶园一般不宜间作木豆。作坡地绿化和梯边、坎边保土用时可穴播，以“品”字形密播为宜，株距可缩小到 20～25 厘米。在绿肥基地里种植的可采用条播。

在茶园间作的，要及时做到“三要”：一要及时疏枝，防止低位枝影响茶苗生长；二要及时切根，防止侧根向茶行方向发展，影响茶树生长；三要及时刈割利用，争取高产优质。

苗期约有 20～40 天的蹲苗期，气温越高的茶区蹲苗期越短，气温越低的茶区蹲苗期越长。在蹲苗期要加强苗期管理。第一是除草，防止当地优势杂草对它的危害；第二是防蚜虫，苗期蚜虫多，要及时防治；第三是促苗，可用稀薄腐熟粪水浇施，促进苗期生长。

蹲苗过后，分枝展开，生长迅速，一般不必作过多过细的管理。只要防止雨季土壤积水，就能快速生长。

木豆病虫害不多。苗期主要有蚜虫，生长盛期主要有介壳虫，花期主要有豆芫菁，结荚期主要有豆荚螟。如发生情况不严重，则不必防治。但要注意虫情发展，如危及产量则仍然要防治。

4.2　利用方法

木豆经济价值很高，是一种一物多用的植物。在 1～2 年生幼

龄茶园间作木豆，可作遮阴用，刈割的嫩枝可作茶园覆盖物，也可直接埋青作肥料，还可作堆、沤肥原料。木豆也是很好的饲料、杂粮及菜肴。在梯边、坎边、坡地、荒山及茶园边角地种植，可取其枝叶作茶园肥料、土壤覆盖草料及动物饲料。据测定，其带荚的枝叶水分含量约为70%，灰分含量约为2.64%，粗蛋白质含量约为7.11%，粗脂肪含量约为1.65%，粗纤维含量约为10.74%，作饲料营养价值高。

在热带和南亚热带地区，由于它是常绿多年生植物，可用来绿化荒山，也可作有机茶园和绿色食品茶园的隔离带，还可作种茶前的先锋作物熟化新垦地。它是热带和南亚热带地区茶叶生产企业绿肥基地的优选绿肥作物之一。

5. 肿柄菊

5.1　栽培关键技术

肿柄菊抗瘠性较强，繁殖、种植及栽培管理都十分简单。繁殖可以采用种子直播或枝条扦插。采用种子繁殖时，因种子小，为防漏入土缝中，要先耙土做畦，畦宽1～1.5米，高15～30厘米，不宜积水。可适当用一些有机肥或磷肥作底肥，在长江中下游广大茶区，于4月份后气温达到20～25℃时播种。播种时以条播为好，条距20厘米，播幅5～10厘米，播种后盖细土或焦泥灰1～1.5厘米厚，以待发芽。

如采用扦插繁殖，也要做畦，以防积水。先选好排灌方便、土质肥力中等的砂壤土，经深耕细耙后，整理成宽1米、高10～20厘米的畦地，选越年生老枝条或茎基部粗壮的枝条，剪成长约15厘米、带3～4个腋芽的插条，下端成斜形，上端为平齐，下端浸入1%过磷酸钙溶液，24小时后取出扦插，将2/3的枝条斜插入土，插后盖上一层焦泥灰，使插穗露出1个～2个腋芽。每亩苗圃可扦插5万条左右。扦插一年四季都可进行，但以3—5月份扦插成活率最高。育苗期间，苗床要保持湿润，旱季要常浇水。一般插后10～20天长根，40天当苗高15～20厘米，并有7～8片真叶时便可移栽。无论是种子繁殖还是扦插繁殖的苗,移栽时都要先浇水后起苗,多带土,早种植。

肿柄菊苗期生长缓慢,有20～30多天的蹲苗期。苗期要加强杂草防治,并浇施稀薄的粪水,以促进生长。移栽成活后,一般没有太多的田间管理工作要做。

肿柄菊病虫害很少,它有一种异味,对某些害虫有驱赶作用,一般无须特别治虫。

5.2 利用方法

肿柄菊利用价值很高,是一种一物多用的绿肥。可作茶园先锋作物种植,可用来绿化茶园周边山坡,也可作护梯保坎种植,还可作有机茶园隔离带种植。由于它能挥发出一种异味,可在茶园地边、地角及渠、溪、河、沟边等地种植,用来驱赶害虫,或者用其茎叶制成驱赶性堆肥等。

它是多年性植物,植株高大。又不易整理树形,一般不能在幼龄茶园间作。在绿肥基地及梯坎上种植,取其茎叶作茶园肥料时,随时都可以刈割利用,一般不受季节限制。当株高长到1米左右时即可以刈割,但对当年种植的植株一般都是刈割1次或不刈割,而第二年以后一年可刈割3～4次。刈割时留茬20～30厘米。留茬过高,达80厘米的,会出现多芽多枝现象,枝条短细或抽不出粗枝条,对产量不利。由于它是非豆科绿肥,无固氮能力,因此对氮肥反应敏感,增产效果好。每次割青后,有条件的可适当进行追肥,如尿素、有机肥或复合肥均可。它不能作饲料,因为它虽然无毒,但有异味,牲口不爱吃。

肿柄菊经过5～6年刈割之后,要进行台刈改良,恢复其生机。通常做法是,冬季把老株地上部的粗老茎平地全部砍去,留下根茬及根茎,同时进行追肥、松土和培土等管理工作,使第二年从根部或根茎部重新抽发新枝,便可进入新一轮的生长。

6. 知风草

6.1 繁育和栽培关键技术

知风草种子虽小,但生命力极强。它种子多,分生分株能力也特强,因此,种子繁殖与分株繁殖均可收到良好效果。

采用种子繁殖时,可采取种子直播与育苗移栽。种子直播的,因种子细小,播种深度要掌握适当。播深了,不易出土,发芽率低;播浅了,易缺水干旱,发芽率也不高。因此,应尽可能利用3—6月份多雨季节,在土壤湿度大时进行挖浅穴点播。其方法是,在梯沿与壁上挖穴,穴深2～3厘米,穴距30～40厘米,每穴播种子20～30粒,用薄土覆盖种子。7—10月份常有间歇性旱期,以采取育苗后移栽较好。苗地土块要充分打碎整平,畦宽1米左右,高20～30厘米,种子均匀撒播畦面,再用土灰盖种,并薄盖草料,约一周左右即能发芽生长,一个月后即能移苗上山定植。移栽时,可采用穴栽,穴深9～12厘米,穴距30～40厘米,每穴植苗4～5株,栽后土壤要压紧并浇水。

知风草也可进行分株繁殖。因知风草分生能力强,当茎节接触土壤时又能长出新植株,可起到自然分株作用,而且繁殖率很高。当年春天种1株,一年内可发展至100余株。如雨水多,则转青成活快。分株繁殖方法简单,从老丛根颈处挖取一部分植株,再分成3～4株为1束,按上述穴距要求进行挖穴定植,一般分株定植后2～3天,即能成活,5天后即能分生生长,每天长高2～3厘米。这种分生性能与生长速度,其他作物是少有的。但分株必须在水分条件较好的情况下进行,并且要带根分株,否则分株会失败。

知风草栽培管理要求不很严格,不论种子直播,育苗移栽,还是分株定植等,挖穴时施一些有机肥、肥土或土灰等作基肥,更能促进植株生长,提高茎叶产量。一般没有病虫害,不必专门进行病虫防治。

6.2　利用方法

知风草主要是用于护梯、保坎和改善茶园生态条件,通过对知风草的刈割,将青草作茶园土壤覆盖物、直接埋青或作堆沤肥均可。就地取材，时用时割，不受时间限制。青草也可作动物饲料，尤其是牛、羊等最喜欢吃，可割青饲喂，也可放牧喂养。

为探求茶园梯壁绿化结构如何更加合理的问题，近年来不少单位还进行了梯沿种知风草，梯壁种爬地木兰的品种搭配，试验取得良好结果。这比单种知风草或爬地木兰绿化的效果更好。知风草茎叶向上披展，爬地木兰茎叶匍匐梯壁生长，豆科与非豆科配合，取长补短，发挥绿肥与草料的双重作用，梯层梯壁更加牢固美观。除了梯沿梯壁大力种植外，还可在路边、沟边与周围坡地上扩大种植。在茶园梯边、坎边种知风草时，及时刈割十分重要。非专门留种地，不能让知风草结子，因种子细小，繁殖系数高，种子生命力强，让风吹进茶园行间常常会变成优势杂草。所以，必须在结子前及时刈割，防止种子让风吹进茶园变益为害。

知风草是多年生植物，繁殖系数高，生命力强，在茶园中多年不死，一般不宜作幼龄茶园及台刈改造茶园的间作物。

7. 百喜草

7.1　栽培关键技术

百喜草种子小，蜡质层厚，吸水慢，吸胀能力差，播种出苗是一个大难关。一般在坡地、新垦荒地、梯边、坎边及地角，采用种子直播的失败者多，成功者少。生产实践表明，一定要先育苗后移栽才能成功。对于水肥条件较好的幼龄茶园、台刈改造茶园及稀疏老茶园，间作百喜草可采用种子直播种植。

(1)育苗繁殖　育苗繁殖可采用种子育苗，也可采用枝条无性繁殖。

①种子育苗

选地：在水肥管理方便，无畜、禽、人影响的地方，选择平整肥沃园田地一块，施有机肥或复合肥，深翻后耙细耙平表层土壤，做成高 20～25 厘米、宽 100～120 厘米的育苗畦。畦的质量直接影响小苗出土及生长，应力求高质量。

种子处理：因种子蜡质层厚，需要作浸、擦处理才能发芽。一

般采用1份种子加5份细沙作轻擦处理，去掉颖壳和擦破蜡质层，然后用温水浸泡，湿胀后可下种。

播种时间和方法：在长江中下游广大茶区，4月初之后全年都可播种，但一般以4月中下旬为宜。播种时，畦面必须保持湿润，以条播为好，条幅距25～30厘米。也可撒播，但不易均匀。播种后，用焦泥灰盖种，厚1～2厘米。以后保持畦田土壤含水量为25%～30%，约8～15天后可发芽。

管理：苗期生长不快，要防止杂草生长，防止麻雀及病虫危害，要加强管理，40～60天后可带土起苗移栽。

②枝条无性育苗

选地：按种子育苗方法选好地，施好肥，翻好土，做好畦作用。

扦插：取百喜草木质化程度中等的匍匐茎，按10厘米长为一段，剪成插穗。边剪边插。扦插时，应压实土层，防止漏风，播后及时浇水。扦插密度以20厘米×30厘米为宜，每亩可插6000～8000株。扦插时间，春、夏、秋三季均可，以春插成活率最高。扦插后，在雨季要搞好中耕除草工作，并适当施含氮高的有机肥等。

(2)定植移栽　在坡地茶园移栽百喜草，以在雨季6月份以前进行为好，成活率可达95%以上。具体方法是：先翻耕整地，并在移栽前7天用10%草甘磷150～200克，对水50升，喷洒地面，消灭杂草。7～10天后，可移栽草苗。移栽时，每亩穴施钙镁磷肥25公斤、焦泥灰500公斤。移栽到坡地茶园的，在茶行基部外满坡种植，以密植为主。栽后浇水2～3次，成活后及时中耕，除草，施肥。

百喜草栽培以后，前2个月的管理至关重要。后期管理简便省工，主要是及时刈草、施肥。少量的氮肥(每亩施15～20公斤尿素)，可促进分蘖的数量及芽点的发生速度。一般每亩可产青草2500～4000公斤，即可达到以氮促草，以草改土，以土肥茶的目的。

(3)种子直播　水肥条件良好，茶园较平整的，可采用种子直播。在直播时，茶行要先施有机肥，每亩施500～1000公斤堆沤肥，然后松土，平整，打碎土块和耙细整平。种子要按种子育苗法进行处理后下种。下种后浇水，使行间湿润，覆盖细土或焦泥灰1～2厘米厚，以待发芽。发芽后要加强除草和保苗工作。出苗40天后，就可以快速生长。苗期以后，管理十分简单，无须作太多的管理就能长大，生产草料。

直播时间以春天为好。播种密度按茶行空间而定，因地制宜，以不妨碍茶树生长为原则。

7.2 利用方法

(1)作水土保持的护坡草　百喜草因耐阴性强，匍匐而行，节节扎土，紧贴土壤，固土能力强，可作茶区坡度角30°以上非茶坡地种植，上面长树，下面长草，形成立体生态，护坡效果极好。据我国台湾省有关资料，坡面种植百喜草之后，地表径流速度明显减缓，没有间作百喜草的坡地径流量比间作的高5～10倍，水土流失量高10～15倍，对防止水土流失起到良好作用。

(2)作茶园生草栽培用　百喜草很耐阴。幼龄茶园间作百喜草，几个月之后行间土壤被百喜草所覆盖，可疏松土壤，提高土壤肥力，改善茶园生态环境，协调土、肥、水、气、热关系，形成上有茶树、下有草的生态茶园，达到以草除草，以草代耕的目的，百喜草是茶园生草栽培的最好草种之一。

(3)作肥料或饲料　在坡地上或坎边、梯边、地角、沟边等处种植百喜草，可刈割生草作茶园肥料或覆盖物，也可作饲料用。其嫩草质优，可口，家畜、家禽及塘鱼等，都十分爱吃，是优质饲料之一。当然，也可作堆、沤肥的材料，与农家肥一起进行堆沤，形成腐热的有机肥，作茶园基肥或追肥施用。

四、茶树病虫害防治

茶树从嫩梢至地下部的各部分，均可遭受病虫害的为害。茶树病虫害种类繁多，据调查，福建省茶树病虫害有500多种。闽南初步调查，有虫害近90种，病害30多种。其中为害最大和较普遍发生的虫害有:假眼小绿叶蝉、茶叶螨类、粉虱类、茶丽纹象甲、毒蛾类、茶蛀梗虫、介壳虫类等;病害有:茶饼病、轮斑病、赤叶斑病、炭疽病、白星病、圆赤星病、茶煤病等。

茶树病虫害综合防治就是在了解和掌握茶园这种特殊生态环境的基础上,从害虫、天敌、茶树及其他生物和周围环境整体出发,掌握各种益、害生物种群的发生较长规律及相互关系,充分发挥以茶树为主体的,以茶园环境为基础的自然调控作用,综合运用农业防治、物理防治、生物防治和化学防治措施,创造不利于病虫等有害生物滋生和有利于各类天敌繁衍的环境条件,保持茶园生态系统的平衡和生物的多样性,将有害生物控制在允许的经济阈值以下。茶树病虫害综合防治在防治目标上,以保持生态系的平衡为基础,将病虫的数量控制在经济为害水平以下,而不是完全消灭病虫害;在防治措施上,遵循"预防为主、综合治理"原则,有机协调农业防治、物理防治、生物防治和化学防治技术四者之间的关系,以农业防治为基础,充分发挥物理防治和生物防治对病虫害的控制作用,合理运用化学防治技术,将各项防治措施对茶园生态系的不利影响减少到最低限度。

(一)农业防治

农业防治是指通过各种茶园栽培管理措施预防和控制茶树病虫害的方法。茶园栽培管理既是茶叶生产过程中的主要技术措施,又是病虫防治的重要手段。以茶树栽培管理为基础的农业防治是一种温和的调节措施,具有预防和长期控制病虫害的作用,它是综合防治的基础。通过农业防治可以改变有害生物的生存环境,形成不利于它们生存和繁衍的条件,从而降低有害生物的种群。这些措施包括维护和改善茶园生态环境、选用和搭配不同的茶树品种、加强茶园管理、及时采摘和修剪等。

1. 维护和改善茶园生态环境　茶园及其茶园周围的生态环境,决定着茶园生物的多样性和茶园病虫害的发生程度。优良茶园生态环境有利于保持生物的多样性，增强对有害生物的自然调控能力。众所周知，凡是周围植被丰富、生态环境复杂的茶园，虫害大发生的几率就较小，对于这样的茶园要注意维持和保护生态平衡。而大规模单一栽培的茶园，无疑会使群落结构及物种单纯化，病虫害流行和扩散的几率就大，容易诱发病虫害的猖獗，对于这些茶园，要采取植树造林、种植防风林、行道树、遮阴树，增加茶园周围植被的丰富度；部分茶园还应该退茶还林、调整作物布局，使茶园成为较复杂的生态系统，从而改善茶园的生态环境，增强自然调控能力。

2.选用和搭配不同的茶树良种　不同茶树品种对各种病虫害具有不同程度的抗性。一般大叶种茶树比小叶种茶树容易感染茶饼病、云纹叶枯病、炭疽病等叶部病害。茶树品种这种对病虫的抗性是茶树在长期进化过程中和病原微生物、害虫种群进行自然适应的结果。人们通过选择、杂交、定向培育等手段，加速了这种性状的稳定，从而选育出一些抗病虫的茶树良种。选用抗病虫的良种，是农业防治的一项重要措施。在换种改植或发展新茶园时，应选用对当地主要病虫抗性较强的良种；在大面积种植新茶园时，要选择和搭配不同的无性系茶树良种，避免在一个地区大量种植同一个品种，以防止由于良种抗性的变化或病原菌、害虫的适应性改变而造成茶树病虫害的暴发或流行。

3.加强茶园管理　茶园管理包括中耕除草、合理施肥和及时排灌等内容。加强茶园管理的目的是保持和促进茶树的生长，增强茶树的树势，提高茶叶的产量和品质；同时也直接改变了茶园的生态环境，增强了茶树对病虫的抵抗能力。

中耕除草可使茶园土壤通风透气，促进茶树根系生长和土壤微生物的活动，同时还可破坏很多害虫的栖息场所，有利于天敌觅食。一般以夏秋季浅翻 1～2 次为宜。通过中耕，可使茶尺蠖的蛹、茶毛虫的蛹、茶丽纹象甲的幼虫和蛹等，暴露于土壤表面或被杀伤。秋末结合施基肥进行茶园深耕，可将在表土和落叶层中越

冬的害虫，以及多种病原菌深埋入土，也可将深土层中越冬的害虫翻至土壤表面，因不良气候或遭遇天敌而死亡，减少来年的病虫发生量。勤除杂草可以减轻假眼小绿叶蝉的为害，尤其是进行化学防治前先铲除杂草可以提高防治效果。对于茶园恶性杂草可采取人工除草，一般性杂草不必除净，特别在高温干旱季节，保留一定数量的杂草有利于天敌栖息，可调节茶园小气候，改善生态环境。

合理施肥可增进茶树营养，提高抗逆性，施肥不当，则可能助长病虫害发生。如大量使用氮肥会使茶叶蚧类、螨类和茶炭疽病发生量增加。增施有机肥可减轻茶叶蚧类、螨类的发生。在茶树施肥时，要根据茶树所需的养分进行平衡施肥或测土施肥，基肥应以农家肥、沤肥、堆肥、豆饼等有机肥为主，适当补充磷、钾肥。氮肥的施用量应根据茶园的产量予以确定，以补足因采叶而损耗的氮素量为标准，不要偏施氮肥，这样既能保证茶叶丰产，又可增加茶树抗虫抗病的能力。

及时排灌可以保持茶树正常的水分需求。地下水位高和地势低洼、靠近水源的茶园，要注意开沟排水，对多种根部病害（如茶红根腐病、茶紫纹羽病等）有显著的预防效果，对藻斑病、茶长绵蚧、黑刺粉虱也有一定抑制作用，否则易导致这些病虫害发生。

4. 及时采摘和修剪　茶树嫩梢是茶叶采收的主要部分，营养物质高，害虫发生也严重。达到采摘标准，要及时分批多次采摘，既可保证茶芽的质量，又可将大量虫卵采下，明显地减轻蚜虫、小绿叶蝉、茶细蛾、茶跗线螨、茶橙瘿螨等多种病虫的为害。经过采摘，可恶化这些害虫的营养条件，破坏害虫的产卵场所，对有虫芽叶还要注意重采、强采。如遇春暖早，要早开园采摘。夏秋季节尽量少留叶采摘。秋季如果嫩叶上害虫多，可将嫩叶采净，也可适当打顶采摘，推迟封园。

茶树的适度修剪可以促进茶树生长发育，增强树势，扩大采摘面，同时也能有效地控制病虫害。如采用轻修剪方式剪除病虫枝条，对钻蛀类害虫和枝干病害有较好的防治作用。对郁蔽茶园进行疏枝，使蓬脚通风，可抑制蚧类、粉虱类害虫。对病虫严重为害的茶树，可进行台刈。修剪或台刈下来的带病虫的枝叶必须及时清理出园。

（二）物理防治

物理防治是指应用各种物理因子和机械设备来防治病虫等有害生物的方法。主要是利用害虫的趋性、群集性和食性等习性，通过性信息素、光、色等诱杀或机械捕捉来防治害虫。常见的有人工捕杀、灯光诱杀、性诱杀和食饵诱杀等方法。

1. 人工捕杀　人工捕杀是利用人工捕捉体形较大、行动较迟缓、目标明显容易发现或有群集性、假死性的害虫（如茶毛虫、茶蚕、大蓑蛾、茶蓑蛾、茶丽纹象甲等），并集中消灭，以减少田间虫口数量的方法。人工捕杀方法简便易行，成本低廉，对病虫具有直接防治效果。茶毛虫、茶蚕在幼虫期很集中，可将带虫枝条剪下来投入1%的肥皂水中，集中杀灭。蓑蛾类的护囊，卷叶虫类的虫苞，可直接摘除。象甲类成虫具有假死性，可在树冠下铺上塑料薄膜，拍打茶丛将虫震落，然后集中销毁。特别是害虫发生规模不大而集中，或面积大而零星分散的时候，组织进行人工捕杀，收效十分显著，同时可减少化学农药使用。

2. 灯光诱杀　灯光诱杀是利用害虫的趋光性，设置诱蛾灯诱杀害虫，从而达到防治害虫的目的。一般采用黑光灯作为光源，挂在高出茶树1米左右处，下放置水盆，加入少量肥皂水或洗涤剂，在夜间诱杀害虫成虫，减少田间成虫发生量，减轻下一代的发生。灯光诱杀是一项有效的物理防治技术，它既可用来直接诱杀害虫，也可用做害虫的预测预报。但灯光诱杀对部分有趋光性的天敌昆虫同样具有诱杀作用。因此，使用时应避开天敌高峰期，要根据虫口数量和天敌数量进行合理使用。新型的频振式杀虫灯，应用光、电结合的诱杀方式，即先利用光诱集害虫，再利用高压电网将害虫杀死，其对植食性害虫有极强的诱杀力、诱杀种类多，对天敌相对

安全，比较适宜于在茶园使用。

3.性信息素诱杀　性信息素诱杀是利用昆虫性信息素来诱杀和干扰昆虫正常行为，从而达到减少害虫为害的目的。性信息素诱杀可直接利用雌蛾来诱杀雄蛾用，方法是将刚羽化的雌蛾放入底部有纱网的容器中，在容器下方放置一有少量洗衣粉的水盆，置于田间，可诱集并消灭大量雄蛾，使田间雌蛾得不到交尾，减少下一代虫口的发生数量；也可采用田间悬挂人工合成性引诱剂的诱芯，如茶毛虫性诱剂诱芯，诱集并杀灭雄虫。目前性诱剂在国内应用还不多。随着技术的不断发展，性诱剂在茶树害虫防治中将具有更广阔的应用前景。

4.食饵和色泽诱杀　食饵诱杀是利用害虫的趋化性，以饵料诱集害虫并将之杀灭。常用的有糖醋诱蛾法，方法是将糖、醋和黄酒按 4.5∶4.5∶1 的比例，放入锅中微火熬煮成糊状(也可加入适当比例的化学农药)，一部分倒入盆钵底部，另一部分涂抹在盆钵的壁上，再将盆钵放在茶园中，诱集具有趋化性的卷叶蛾、地老虎等成虫，这些害虫飞入盆钵取食时会触及糖醋液被粘连或中毒而死。另外，用米糠、麦麸在锅中炒出香味，直接堆集可用于诱杀地老虎幼虫或白蚁、蟋蟀等杂食性害虫。

色泽诱集是利用昆虫对色泽的偏嗜性进行诱集。茶蚜、蓟马、假眼小绿叶蝉等茶树害虫都具有趋黄绿特性，可以利用害虫对各种黄、绿色的趋性，在田间设置存色粘胶板，诱杀茶蚜、蓟马、假眼小绿叶蝉等害虫，起到抑制这些害虫种群的作用。

(三)生物防治

生物防治是指利用有益生物(食虫昆虫、寄生性昆虫、蜘蛛、鸟类和病原微生物等)或其代谢产物来控制病虫害的方法。生物防治具有对人畜无毒，对其他有益生物安全，不污染环境，不产生农药残留，对作物无不良影响，有比较长期的效果等优点。在茶园有害生物防治中应积极提倡生物防治。但同时生物防治也有一些局限性，由于食虫昆虫、寄生性昆虫、病原微生物等害虫天敌本身也是一种生物，防治效果受环境条件影响较大，见效缓慢、专化性强、某些菌种易退化等。因此，生物防治必须和其他防治方法协调使用，以充分发挥其防治效果。

1.茶树害虫天敌的类型　自然界存在着大量的害虫天敌。据报道，茶园中害虫天敌有1100多种，主要分为寄生性天敌、捕食性天敌和病原性天敌三大类。它们在自然界中广泛存在，对控制茶园病虫害，维持生态平衡起着重要的作用。

寄生性天敌主要指寄生性天敌昆虫，如寄生蜂和寄生蝇等。这类天敌对害虫种群的自然控制作用比较明显，一方面可以使那些潜在性害虫长期受到控制而不造成为害，如茶白青蛾幼虫期常受到一种青蛾瘦姬蜂的为害，长期处于零星发生，茶硬胶蚧由于受到一种花翅跳小蜂的寄生，得到了有效控制；另一方面也可以将主要害虫的发生为害控制在造成经济损失之前，像茶尺蠖绒茧蜂对茶尺蠖种群的寄生率可达到70%以上，使幼虫在3龄时死亡。

捕食性天敌包括鸟类、两栖类动物、蜘蛛、瓢虫、草蛉等，一般都是杂食性的，对寄生害虫的选择范围广，其种群相对比较稳定，因而对害虫的自然控制作用远较寄生性天敌为大。在捕食性天敌中蜘蛛种群占80%～90%，由于蜘蛛具有数量大、繁殖率高、种类多的特点，其对茶园害虫种群的控制更为显著。据研究报道在一定的猎物范围内，每天每头蜘蛛可捕食害虫6～10头，其对假眼小绿叶蝉的控制作用可达60%以上，除蜘蛛外，捕食性螨对害虫的捕食作用也较大。

病原性天敌包括细菌、真菌、病毒等。黑刺粉虱真菌对黑刺粉虱的控制作用十分突出，经分离和繁殖，施用后其防效可达83%～87%。圆孢虫疫霉对茶尺蠖具有较高感染力，自然致病死亡率高时可达90%以上。茶园昆虫病毒资源十分丰富，据不完全统计。目前已从茶树害虫中分离出50种以上的病毒，一些主要害虫都受到病毒的自然制约。利用病毒治虫是一种安全、有效、持效作用强

的生物防治手段。目前我国已有昆虫病毒制剂生产。

2.生物防治的方法　茶园生物防治的方法包括保护天敌和利用天敌两个方面。保护茶园环境中的天敌资源,充分发挥它们的生态调控作用,是茶园生物防治最重要的方面。对已能够人工大量繁殖的天敌种类如白僵菌、苏云金杆菌、昆虫病毒等,可将其生产加工成生物农药,释放到田间控制病虫害。

(1)保护田间茶园害虫天敌　在茶园周围可种植杉、棕、苦楝等防护林和行道树,或采用茶林间作、茶果间作。幼龄茶园间种绿肥,夏、冬季在茶树行间铺草,以给天敌创造良好的栖息、繁殖场所。在进行茶园耕作、修剪等人为干扰较大的农活时给天敌一个缓冲地带,减少天敌的损伤。将修剪下来的茶树枝条堆放在茶园附近,茶树枝条上的某些害虫(蚧、螨)因不能及时获得食料而饿死,寄生蜂则可飞回茶园。部分寄生性天敌昆虫(寄生蜂、寄生蝇)和捕食性天敌昆虫(食蚜蝇)羽化后,需吮吸花蜜进行补充营养才能进行产卵繁殖的,可在茶园周围种植一些不同时期开花的蜜源植物,以延长天敌昆虫的寿命和增加产卵量,同时也可以美化茶园环境。

(2)释放捕食螨、寄生蜂等天敌动物,增加茶园中害虫天敌的数量　捕食螨、寄生蜂等天敌经室内人工大量饲养后释放到田间,可控制相应的害虫(螨)。捕食螨如德氏钝绥螨可防治茶跗线螨,胡瓜钝绥螨可防治茶橙瘿螨。寄生蜂如赤眼蜂可用于防治茶小卷叶蛾,绒茧蜂可用于防治茶尺蠖等。

(3)应用病原微生物控制茶园害虫　茶园生态环境稳定,温湿度适宜,极有利于病原微生物的繁殖和流行。应用病原微生物防治茶树病虫害已取得了较大的进展。常见的微生物制剂有病毒制剂、细菌制剂和真菌制剂等。白僵菌是一种病原真菌,其对各种鳞翅目害虫幼虫有较好效果,对假眼小绿叶蝉和茶丽纹象甲也有一定压抑作用,在我国茶区已推广应用。苏云金杆菌作为细菌性病原微生物,其对茶园鳞翅目害虫幼虫的良好效果,已在茶叶生产中广为应用。昆虫病毒是一个很有前途的治虫微生物类群，至今为止从茶树害虫上已发现有昆虫病毒种类 81 种，其中以核型多角体病毒(NPV)为主，有 45 种，占 55.5%，其中尤以茶尺蠖核型多角体病毒、茶毛虫核型多角体病毒在茶叶生产中已大面积使用，田间喷施病毒后具有较强的可持续控制作用，使用后 1～2 年在茶园中仍可以发现有感染病毒的幼虫，起到自然控制的作用。目前已商品化的茶树害虫微生物农药主要有苏云金杆菌和茶尺蠖核型多角体病毒制剂。

(4)应用植物源杀虫剂控制茶园害虫　植物源杀虫剂是将具有杀虫活性的植物或植物提取物加工成商品化的害虫防治剂。目前可用于茶园害虫防治的植物源农药品种主要有鱼藤酮和苦参碱，可防治多种鳞翅目害虫如茶黑毒蛾、茶毛虫等，并兼治假眼小绿叶蝉。

(四)化学防治

化学防治是指应用化学农药防治病虫害的方法。化学防治是茶园最常用的病虫害防治方法。它具有速效、使用简便、受环境影响小等特点。当病虫害暴发时，化学农药具有歼灭性效力，在短时间内即可收到理想的防治效果。要合理、有效地使用化学农药，尽量减少化学农药的使用次数和使用量，确保茶叶卫生质量安全。

要根据病虫防治指标和茶树生长状况适期施药。

茶树病虫害的防治应按防治指标进行施药。应用防治指标指导施药，可以减少施药的盲目性，克服了“见虫就治”的片面提法，降低农药用量。例如，茶尺蠖防治指标的国家标准为每平方米 7 头，小绿叶蝉的浙江省防治指标是夏茶前百叶虫数 5～6 头或每平方米虫量 15 头，三、四茶百叶虫数 12 头或每平方米虫量 22～27 头。另一方面，在害虫对农药最敏感的发育阶段进行适期施药。如蚧类和粉虱类的防治应掌握卵孵化盛末期(卵孵化 84%以上时)施药，这时蚧类体表外还没有形成蜡壳或盾壳，因而较低浓度

的药液即可收到良好效果，如茶细蛾应在幼虫潜叶、卷边期施药，茶尺蠖、茶毛虫、刺蛾类等鳞翅目食叶幼虫应在3龄前幼虫期防治才能收到良好效果；小绿叶蝉应在高峰前期，在若虫占总虫量80%以上时施药。对茶树病害应在病害发生前期或发病初期开始喷施，使用保护性杀菌剂应在病菌侵入茶树叶片前进行施药。茶树主要病虫害的防治指标和防治适期（见表1-10）。

表1-10 茶树主要病虫害的防治指标和防治适期

病虫害名称	防治指标	防治适期
茶尺蠖	成龄投产茶园：幼虫量每平方米7头（参照GB/T84-88）	茶尺蠖病毒制剂1龄～2龄幼虫期；化学农药或植物源农药3龄前幼虫期
茶黑素蛾	第一代幼虫量每平方米4头；第二代幼虫量每平方米7头	3龄前幼虫期
假眼小绿叶蝉	第一峰百叶虫量超过6头；第二峰百叶虫量超过12头	入峰后（高峰前期），且若虫占总虫量的80%以上
茶橙瘿螨	每平方厘米叶面积有虫3～4头，或指数值6～8	发生高峰前期
茶丽纹象	成龄投产茶园每平方米虫数在15头	成虫出土盛末期
茶毛虫	每百丛茶树有卵块5个	3龄前幼虫期
黑刺粉虱	小叶种2～3头/叶，在叶种4～7头/叶	卵孵化盛末期
茶蚜	有蚜芽梢率4%～5%，芽下2叶有蚜，叶上平均虫口20头	发生高峰期
茶小卷叶蛾	1.2代，采摘前，每米茶丛幼虫数8头；3～4代每米茶丛幼虫数15头	1～2龄幼虫期
茶细蛾	每百芽梢有虫7头	潜叶、卷边期（1～3龄幼虫期）
茶刺蛾	每平方米幼虫数：幼龄茶园10头、成龄茶园15头	2～3龄幼虫期
茶芽枯病	叶罹病率4%～6%	春茶初期

续表

病虫害名称	防治指标	防治适期
茶白星病	叶罹病率 6%	春茶期,气温在 16～24℃,相对湿度 80%以上
茶饼病	芽梢罹病率 35%	春、秋季发病期,5 天中有 3 天上午日照<3 小时,或降雨量>2.5～5mm
茶云纹叶枯病	叶罹病率 44%;成老叶罹病率 10%～15%	6 月、8—9 月发生盛期,气温 28℃,相对湿度>80%

茶园中农药的喷施还要考虑到茶叶的采摘期。如果茶园即将采摘,就必须选择安全间隔期比较短的农药,在非采摘茶园防治病虫时的用药在同样防效情况下可适当选择持效期较长的农药以保持较长的残效。采摘茶园中不宜使用某些对茶叶品质影响较大的农药,如波尔多液等的使用,应严格控制在封园后停采期,或非采摘茶园中使用。

要根据农药的有效剂量适量用药。

农药的有效剂量(或有效浓度)是根据田间反复试验获得的,因此应严格按照这个有效剂量(或有效浓度)施药,不可任意提高或降低。提高农药用量虽然存短期内会有良好的药效。但往往会加速抗药性的产生,使防治效果逐渐下降。

茶园中使用化学农药时,应严格按照当地政府农业部门提供的农药产品名称、适应病虫害范围、用药量(浓度)、使用注意事项、残留期、安全期等执行,才能提高茶树病虫害防治效果和确保茶叶食品卫生安全。

要根据害虫的分布情况选择喷药方式。

对小绿叶蝉、茶蚜、茶橙瘿螨、茶尺蠖等喜食嫩叶、嫩梢的害虫应进行蓬面喷洒;对黑刺粉虱、茶毛虫等喜食老叶、分布在茶丛中下层的害虫应进行侧位喷洒,将茶丛中下层叶背喷湿;对蚧类,一应将枝杆和茶叶正反面均喷湿。此外,无公害茶园宜选择低容量

喷雾或小喷片常量喷雾。

1. 主要虫害发生为害规律和防治方法

(1)假眼小绿叶蝉

假眼小绿叶蝉以成虫、若虫刺吸茶树嫩梢嫩叶汁液,使茶树生长受阻,严重时芽叶卷曲,硬化和枯焦。对茶叶产量影响极大。全年以夏茶受害最重,暑秋次之。在低海拔茶园,春茶也常有发生。

此虫发生10～13代,世代重叠严重。以成虫在茶树、豆科作物以及杂草上越冬;飞翔力不强;无趋光性;怕阳光直射,晴天多栖息于茶丛内,在早上露水初干阶段及黄昏时最活跃;以雌虫产卵于芽下第一至第三节嫩茎皮层或叶柄及主脉中。时晴时雨,留养园及杂草丛生茶园容易发生。第一次高峰期在5—6月,第二次高峰期在9～10月。

防治方法:(1)分期分批采、及时采和适当嫩采,减少产卵机会和采下已产卵的嫩梢,降低虫口密度。(2)及时中耕除草,破坏栖息场所,减少虫源,提高施药效果。(3)化学农药防治(按当地政府农业部门指定的使用)。

(2)茶叶螨类

茶叶螨类是一些微小的蜘蛛网动物,肉眼不易看清楚,但危害性很大,是闽南地区排在第二位的重要虫害。目前发生较多的有5种,即:茶橙瘿螨、茶叶瘿螨、茶短须螨、咖啡小爪螨、侧多食跗线螨。其发生为害规律分述如下:

茶橙瘿螨:主要为害嫩叶、以芽下第二、三叶居多,趋嫩性强,但也可为害成叶。被害叶呈黄绿色,主脉红褐色。有出现褐色斑纹,芽叶萎缩。严重时枝叶干枯、一片铜红色,状如火烧。高温干旱不利发生,留养和幼年茶园为害较多。一年可发生20多代,世代重叠,多行孤雌繁殖,每雌可产卵20粒左右,多散产于叶背。无明显越冬现象。幼螨,若螨和成螨多在叶背为害。

茶叶瘿螨:主要为害成叶和老叶,多在正面为害,使叶片失去光泽,叶面上似尘状物覆盖。严重叶片成紫铜色、质脆易碎,最后会叶枯脱落。全年发生10多代。高温、干旱有利于发生;雨季对其不利,虫口下降。每雌产卵16~18粒,多散产于叶面,成虫在茶树叶背越冬。

茶短须螨:俗称茶红蜘蛛,虫体较瘿螨大,肉眼可见,体色鲜红或暗红。主要为害老叶和成叶。被害叶失去光泽,主脉或叶柄变褐色,叶背产生紫褐色突起斑,后期叶柄霉变引起落叶,多在叶背为害。主要以孤雌生殖,卵散产于叶背主脉两侧。高温干旱有利于发生,低温多雨不利于发展,雌成螨多数群集于土下0~3厘米茶树根茎处越冬。

咖啡小爪螨:也称茶红蜘蛛。虫体近似短须螨,但体色暗红如咖啡,故名之。为害叶片,先局部变红,后呈暗红色,失去光泽,叶正面有许多白色卵壳和脱皮壳似白色尘状物兼有细微蜘蛛丝。后期叶质变硬、干枯、易脱落。该虫两性生殖为主,卵散产于主脉附近及凹陷处,平均可产40粒左右。成螨喜阳光,多在树上部叶片正面为害,活动性强,并可吐丝下垂。但夏季高温炎热天气对其不利。以秋后至春前凉爽干旱气候发生为害严重。

侧多食跗线螨:主要为害嫩叶,表现明显趋嫩性,被害嫩叶变黄,叶背先出现水渍状后变铁锈包,叶质硬化增厚,后期叶背主脉两侧呈棕色结痂斑状,叶片变小,叶尖扭曲,新梢僵化。主要为害秋茶或冬片。全年发生代数尚待进一步调查(在四川可发生20~30代)。成螨虫体只有咖啡小爪螨一半,肉眼难以看清。在秋末冬初气温下降至15℃以下时,成、若螨多在枯枝、落叶和土壤中越冬。翌年从茶丛基部嫩梢叶取食繁殖,逐步向上发展,在9—10月大量发生。以两性生殖为主,卵产于芽尖或嫩叶背面。降雨时间长,雨量多时对其不利。留养茶园和幼龄茶园发生较多。

防治方法:(1)越冬期防治。秋茶后喷施0.5波美度石硫合剂或80%代森锌800~1000倍液加0.15%~0.2%洗衣粉增加黏着,提高防效。(2)加强茶园管理。适时采摘,中耕除草和早期喷灌等措施,以减轻为害。(3)化学农药防治(按当地政府农业部门

指定的使用)。

(3)粉虱类

为害茶树的粉虱主要是黑刺粉虱和柑橘粉虱。在一般情况下,有许多天敌如粉虱黑蜂、刀角瓢虫、红点唇瓢虫以及韦伯虫座孢(闽红菌)等寄生真菌均可控制其为害。但近年来大量盲目用药,杀死天敌,以及喷药上仅局限于蓬面施药,使这两种虫害在许多茶园暴发成灾。特别是这种虫害分泌物引起茶树煤病,造成双重为害。其发生为害规律是:

黑刺粉虱:主要以幼虫刺吸茶树成叶和老叶汁液,并由腹部背后腹管喷出"蜜露"分泌物至其他叶面,诱致茶煤病,造成双重为害。全年一般发生四代。成虫飞翔力一般,白天活动,晨昏停息于芽梢叶背。该虫害喜荫蔽的生态环境,在茶丛上虫口多分布在中、下部成叶背面。每雌产卵 20 粒左右,多产于成叶背面,幼虫孵化后能爬动,但很快就在原叶背面固定为害,幼虫三龄老熟后,在原处化蛹。

柑橘粉虱:主要为害嫩叶和成叶,有趋嫩性。喜阴湿,多在中下部嫩叶背面为害。以幼虫刺吸叶片汁液。每雌产卵 30 粒左右,多产于中下部嫩叶背面,幼虫孵化后能爬行,后即固定于嫩叶背面取食,并向四周分泌棉絮状腊丝。

防治方法:(1)加强茶园管理,结合疏枝修剪,中耕锄草使茶园通风透光,以减少发生。(2)化学农药防治。

(4)茶丽纹象甲

俗称茶龟仔、茶蟹。20 世纪 80 年代前较少见,近年来已普遍发生,个别茶园为害严重。主要以成虫咬食叶片,造成边缘缺刻。一年发生一代,但成虫出土前前后后,一般自 4 月中旬至 6 月中旬陆续羽化,上树为害。成虫多次交尾,而陆续产卵于土壤表面以下 10~20 厘米处,以幼虫和蛹在土中越冬。成虫具假死性,遇惊动即缩足落地,以午后 2 时至黄昏最活跃。中午多潜伏于叶背茶丛内。

防治方法:(1)利用成虫假死性,动作轻快地在茶行中间地面铺上塑料薄膜,后迅速振荡茶树使其掉落,再集中消灭。(2)秋茶后中耕翻埋,杀除幼虫和蛹。(3)在成虫出土前的4月上、中旬,每亩用“871”白僵菌菌剂1公斤左右加细土拌匀撒施土面。(4)化学农药防治。

(5)毒蛾类(茶毛虫、黑毒蛾)

毒蛾类害虫在80年代以前以茶毛虫发生为害严重。近年来,黑毒蛾虫口上升,在海拔较高的局部茶园为害严重,应引起重视。

茶毛虫:又称毒毛虫,毛棘虫等。以幼虫咬食叶片,严重时可连同芽叶、嫩梢、树皮、花果嚼食殆尽。对茶园造成毁灭性危害。同时其幼虫体上长有黄色毒毛,触及人体皮肤后会引起红肿痛痒,蜕皮后蜕皮壳和毒毛随风飘散,使人经过茶园也会产生过敏反应,直接影响采茶和茶园其他农事活动。该虫一年发生4代,多以卵块在茶树中下部老叶背面越冬。也常见有蛹在土中乃至幼虫在茶树上越冬现象。越冬卵块在翌年4月中旬开始孵化,初孵幼虫至三龄前有群集性,常数十头到百头挤集于叶背取食下表皮和叶肉,留下上表皮呈黄绿色半透明薄膜状,三龄后则分散取食,幼虫具假死性,受惊后吐丝下垂。老熟幼虫多下到根茎处落叶下结茧化蛹。

茶黑毒蛾:为害习性与茶毛虫相似,唯幼虫体色黑褐色,各体节多黑色细毛,腹部有一对棕褐色毛束耸立,后部又有一对黑褐毛束向后斜伸,成虫有趋光性,羽化后雌虫多在茶丛中下部外侧老叶叶背产卵,平均每雌产卵百余粒,卵粒排列整齐呈块状。幼虫孵化后先群集于中下部叶背取食下表皮及叶肉,形成透明斑,2龄后分散向上迁移取食,4～5龄幼虫具假死性,受惊后吐丝下垂或蜷缩坠落,老熟幼虫在枝丫、落叶下或土隙间结茧化蛹。

防治方法:(1)利用初孵幼虫群集性人工捕杀。(2)利用其假死性振落捕杀。(3)结合中耕翻埋枯枝落叶,杀灭虫蛹。(4)化学农药防治。(5)对茶毛虫也可在其核型多角体病毒流行时收集虫尸于瓶中浸水保存,在茶毛虫发生初期研碎加水隔行点喷,每亩用

虫尸 30～50 头滤液。(6)对黑毒蛾成虫可灯光诱杀或雌虫活体性诱杀雄成虫。

(6)茶蛀梗虫

钻蛀性害虫以茶蛀梗虫较为普遍。其他如茶梢蛀蛾、茶天牛、黑跗眼天牛、茶吉丁虫、茶堆沙蛀蛾等偶有发现,但未见普遍为害。

茶蛀梗虫以幼虫自嫩梢蛀入并向下蛀食木质部,被害枝干中空,致该枝干枯死。全年发生一代,成虫具趋光性,一般于 5 月中旬成虫羽化,每雌可产卵 30～50 粒,多散产于嫩梢芽下二、三叶间,每处一粒。6 月上旬幼虫盛孵,并蛀入嫩梢为害,数天后上方芽叶即枯萎,3 龄幼虫沿小枝木质部下蛀入侧枝乃至主干,秋季可达地面处,蛀道光滑且直,隔一段距离即向荫面蛀一圆形小孔,以向外排出粒状粪便,在小孔下方叶片或地面可见其棕黄色排泄物。在幼虫老熟后,上爬至枝顶约 1/3 处蛀食一个比排泄孔稍大的椭圆形羽化孔,后在下方蛀道吐丝化蛹。一般多发生于树势衰弱或较衰老茶丛。

防治方法:(1)结合茶园管理,尽早剪除枯黄虫枝,减少损失。剪时由上而下,直至枝干木质部未蛀空部位止。剪下枝条带出茶园集中烧毁。(2)在成虫羽化盛期灯光诱杀成虫。(3)茶天牛、吉丁虫一年发生一代,可用药剂防治。

(7)蚧类

为害茶树的蚧类害虫有十种。茶园及苗圃普遍发生为害为茶梨蚧,其他如椭圆蚧、蛇眼蚧、长白蚧、牡蛎蚧、角蜡蚧、红蜡蚧等偶有发现,但未见普遍发生。

茶梨蚧年发生 4～5 代,以幼虫固定在叶片或枝干上刺吸汁液为害。以受精雌成虫在茶树枝干或叶片上越冬。若虫孵化后分泌蜡质覆盖体背,在茶丛中,雌虫多分布于上、中部枝干上,雄虫多分布于叶片正面主脉两侧,且排列较整齐。雌虫体色淡黄至黄色,雄虫体色白色蜡质状。

防治方法:(1)冬季喷洒 10～15 倍松脂合剂或机油乳剂或和

波美 0.5℃的石硫合剂。(2)一般茶园在各代若虫孵化盛末期,可用药剂防治。

2. 主要病害发生为害规律及防治

(1)茶饼病

本病属主要检疫对象。以高山茶区发生较多,主要为害嫩叶和新梢,影响制茶品质。感染该病时,首先在嫩叶上产生淡绿、淡黄或略带红色的透明小点,后逐渐扩大成淡黄褐色或暗红色圆形病斑。病斑正面凹陷,背面突起,形成馒头状、圆饼状的灰白色或粉红色疱斑与粉末。后期萎缩成淡褐色枯斑,边缘一圈灰白色。叶片主脉或边缘受感染后,病叶扭曲畸形,该病由真菌引起,是一种低温高湿性危害。在日平均温度 15～20℃,相对湿度 85%以上,多雨、日照少的条件下容易发生和流行。担孢子怕光照和高温,在气温上升至 31℃以上并连续 4 小时以上日照则受抑制。高山、谷地以及过度荫蔽茶园,管理粗放、杂草丛生、偏施氮肥等茶园容易发病。

防治方法:(1)做好茶园检疫。(2)加强茶园管理,中耕除草,修剪,使茶园通风透光;增施磷钾肥和有机肥,增强茶树抗病能力。(3)化学防治:发病初期,选用 15%粉锈灵或 20%萎锈灵 1000 倍液;2%多抗霉素 100 毫克公斤或 75%百菌清 600～800 倍液,以及 70%甲基托布津可湿性粉剂 1000 倍液进行防治,也可选用石膏防治。

(2)轮斑病

本病主要为害成叶和老叶,也可为害嫩叶和嫩梢,引起大量落叶。发病时先从伤口入侵,在叶尖或叶缘产生黄绿色小斑点,以后扩大成圆形、椭圆形或不规则形病斑,病斑褐色,中央变为灰白色,有明显的同心圆状轮纹。在潮湿条件下,上生浓黑色墨汁状小粒点,沿轮纹排成环状,病斑边缘常有褐色隆起线。在高温、高湿、排水不良、有机械创伤茶园,茶园荫蔽和扦插苗圃中容易发生此病。

防治方法:(1)加强茶园管理,建立良好的排灌系统及使茶园

通风透光，以减少发病。(2)发病茶区，夏暑茶采后要喷药保护，防止感染。(3)药剂防治可选用50%苯菌灵和50%多菌灵可湿性粉剂或75%百菌清可湿性粉剂600～800倍液，间隔10天再喷一次，以控制病情发展。

(3)赤叶斑病

本病主要为害成叶、老叶。在7—8月份高温条件下发病最盛，土层浅薄，根系发育不良，树势衰弱的茶园及向阳坡地发病较重。严重时可使整片茶园呈红褐枯焦状。病斑多从叶尖或边缘发生，初为淡褐色，以后变成赤褐色，逐步扩大蔓延至半叶、全叶。病斑大型，色泽均匀一致，无轮纹，这是与轮斑病的重要区别。后期病斑上散生稍突起均黑色小粒点。叶背病斑黄褐色，较叶面色浅。严重时常引起叶片大量枯焦脱落。

防治方法：(1)注意干热季节抗旱保水、铺草覆盖等措施和加强园林化茶园建设，减少发病。(2)结合低产茶园改造对土层浅薄茶园适当填补客土，增加土层厚度。(3)发病初期，可喷施25%灭菌丹400倍液或70%甲基托布津1000～1500倍液进行防治。

(4)炭疽病

本病发生在成叶上。在春茶梅雨期或秋茶多雨期间发生严重。偏施氮肥，易于发病。病菌先从嫩叶背面茸毛侵入叶组织，后形成小病斑，再发展成大病斑。叶片正面初期可见湿润状褐色斑点，后扩大成不规则病斑。此时，叶片已由嫩叶变为成叶。病斑颜色由褐色变为焦黄色，最后呈灰白色。外缘有黑褐色隆起纹线，病健部分分界明显。后期病斑上散生许多小黑点。本病的孢子形成与传播需要水分，因而多在多雨季节发病，尤其秋茶。另偏施氮肥，叶片柔软或树势衰弱者抗病性低，茶树品种间也有明显抗病性差异，如毛蟹、梅占品种明显强于黄棪。

防治方法：(1)对发病过的茶园在秋茶后修剪及清园，清除地上与树上病叶烧毁，可减轻翌年发病50%以上。(2)发病初期喷施75%百菌清可湿性粉剂800倍液或70%甲基托布津1500倍液或 50%多菌灵可湿性粉剂 1000 倍液，间隔 7～10 天再喷一次，巩固防治效果。

(5)茶煤病

茶煤病近年来发生呈上升趋势。主要与黑刺粉虱、柑橘粉虱的大量发生而未能及时有效控制有关。茶煤病多为表面附生菌。病菌孢子随风雨飘散在茶树枝叶上各种蚧类、蚜虫，尤其是粉虱的分泌物上，得以吸取养分即附生繁殖，使茶树枝叶表面初生黑色圆形或不规则形的小病斑，后渐扩大，布满全叶，覆盖成一层煤烟状黑霉，后期黑霉生有黑色短刺毛状物，严重阻碍茶叶光合作用的正常进行，不仅污染茶叶，也抑制茶树生长，严重时整株枯死。

防治方法：(1)准确有效地防治粉虱等虫害是防治本病的根本措施。(2)秋茶后喷洒 0.5℃波美石硫合剂可兼治粉虱和螨类。也可喷施 1%石灰半量式波尔多液防止病害蔓延。(3)加强茶园管理。修剪，中耕锄草，使茶园通风透光，可直接减少粉虱发生，也可减少本病。

3. 喷施农药注意事项

(1)操作人员在喷施农药时应穿上防护衣，防水鞋并戴上口罩，避免工作时间长，造成身体不适，影响健康。

(2)操作人员在喷施农药时应随风势喷洒，避免喷出的农药返回操作人员身上及影响喷施效果。

(3)在病虫害防治应及时掌握病虫害发生的规律及高峰期，不要见虫就喷，虫口密度在 10%～12%以内不会影响茶叶的产量及质量。

(4)在病虫害防治时，对同一种虫害不能多次使用同一种农药，以免造成虫害的抗药性，影响防治效果。

(5)在喷施农药时，最好采用“二次稀释”，确保喷洒均匀，提高防治效果。

(6)在喷施农药时，应严格按照说明书上的比例使用，不能盲目增加药量，避免造成药害及农药残留超标。

(7)在喷洒农药时,应注意避开高温时间段,特别是夏暑茶季的上午9:00时后和下午的3:00时前因高温,虫都躲着不动,喷出的药水干得快,所以对虫害的杀伤效果极差。

(8)在喷施农药时,对茶树应注意上下左右喷湿均匀周到,特别应把叶背作为喷施的重点。

(9)农药喷完后要立即清洗喷雾器具,避免农药腐蚀喷务器具。

(10)在一般情况下,喷药10天采摘为安全期。

在这里要提醒茶农朋友的是,由于农药的名称经常改变、国内农残检测项目标准不断变化,进口国的检测项目标准不一等原因,所以在使用农药前应先征得农业部门的指导较为可靠。

(五)安溪县茶叶质量安全监管的经验

"强化源头管理、突出中间自律、加大终端追溯",以农资归口经营管理为关键,以质量抽检为手段,以基地建设为抓手,以质量追溯为主线,以生态茶园为基础,以行政问责为保障,对茶叶质量安全监管机制进行完善创新和系统提升。

1.以农资归口经营管理为关键,加快构建茶叶生产投入品全程监管体系。整合全县所有农资经营公司及旗下经营网点,组建安溪县新合作农业生产资料有限公司,统一经营全县农资产品,并由供销部门统一管理。一是严把报备关。凡进入安溪的农资,均必须向县农茶局报备。二是严把准入关。凡进入安溪的农资,均必须经专家组审核、准入。三是严把招标关。按照比质量、比服务、比资质、比价格的"四比"要求,由新合作农业生产资料有限公司统一招标、统一售价、统一配送、统一服务、统一监管。四是严把溯源关。建设"安溪县农资监管与物流追踪平台",对进入安溪的每一瓶农药实行条码准入管理,发放农户农资购买卡,实行农户凭卡购买农资商品制度,确保农资产品流向随时可以追踪。五是严把执法关。成立县、乡(镇)茶叶生产投入品安全监管队伍,严厉打击经营违禁农药和无证无照违法经营行为。实行举报重奖制度，最高奖励10万元。

2.以质量抽检为手段，加快构建质量安全倒逼机制。投资3000多万元在县内建设2个国家级茶叶检测实验室——国家茶叶质量监督检验中心、国家级茶叶检测重点实验室，检验能力居国内领先水平。

以县茶叶生产投入品安全监管大队为主力，常年随机抽检县域茶农毛茶在制品、茶企终端产品及外来茶样品，年抽检样品1800多个，以高密度的抽检与严查重处倒逼茶企、合作社、茶农强化自律。企业自行送检形成风尚，茶企、茶店购买、销售安全茶，茶农生产安全茶的生产经营格局进一步形成。

3.以基地建设为抓手，加快构建“龙头企业＋合作社＋农户”的产地利益共同体。一是龙头企业带动。实施“茶叶2112工程”，建设20万亩无公害茶叶基地、10万亩绿色食品基地、10万亩高产优质铁观音基地及2万亩有机茶基地。二是合作社带动。2008年开始，茶叶专业合作社“统一农资供应，统一病虫害指导防治，统一技术培训，统一茶叶品牌，统一质量管理”的“五个统一”服务管理模式在协议基地、联作基地建设中有效发挥作用。三是茶叶庄园带动。在茶叶基地植入精细化、标准化的现代农业运营手段，打造精品农业。

4.以质量追溯为主线，加快构建各类生产经营主体责任传导体系。一是面向茶农个体，积极推行联作管理。在茶叶企业、专业合作社与茶农之间，增设联作小组(由10户左右的茶农自愿组合)这一层级，以联作小组为单位与茶叶企业、专业合作社开展生产协作，强化集体连带责任，一人违规、牵动全组，较好解决了茶叶的原始质量责任承担问题。二是面向企业和合作社，积极推行环节性、局域性追溯。环节性追溯方面，在茶都市场，推行市场准入和实名交易制度；局域性追溯方面，在企业强化质量追溯系统建设茶叶合作社，启动实施有身份证茶追溯系统。在种植环节建立农事管理

记录制度，在加工环节建立进货、加工台账制度，在销售环节建立规范标识制度，在监管环节建立信息管理制度。

5. 以生态茶园为基础，按照“茶园周边有林，路边沟边有树、梯岸梯壁有草”的基本要求，立体推进茶园生态建设。一是大力推行无公害清洁化生产技术。实施国家级测土配方施肥项目提升土壤有机质，大力推广茶园中耕除草、种植绿肥、梯壁留草种草、茶园草生栽培、合理施用农家肥、有机肥等茶园精耕细作技术。建立健全病害虫预报、技术和服务网络。二是改善茶园小气候。全面推行“树＋草＋肥＋水＋路”生态茶园建设模式，增加生物多样性，改善茶园小气候。三是实施茶山绿化工程。稳步推进生态脆弱区和25、度以上陡坡地退茶还林，优先推进省道“两侧一重山”退茶还林。

6. 以行政问责为保障，促进茶叶质量安全监管各项工作有效落实。先后出台《安溪县茶叶质量安全监管工作奖惩办法》、《安溪县2012年茶业基础管理重点工作实施方案》，明确乡镇、部门、村居和茶企、茶农、农资经营人员的茶叶质量监管责任，上下左右联动抓好茶叶质量监管工作。

年度茶业基础管理五项工作，将由县茶管委对乡镇党委、政府及茶管委进行考评，总分前三名的乡镇将由县委、县政府进行通报表彰，授予本年度茶业工作先进单位，并分别奖励20万元、15万元和10万元，作为责任人的奖励金。考评得分最后一名的乡镇及其党政主要领导、茶管委正副主任取消年度综合性荣誉称号、综合性评先评优、农业农村工作评先的资格；其主要领导要书面向县委、县政府说明原因。分管领导视情给予通报批评或调整工作岗位。二是对于县委农办、县农茶局副科级以上干部。除完成原工作职责外，还需要挂钩联系乡镇，如果所挂钩乡镇综合考评得分最后一名的，将给予通报批评，取消其年度农业农村工作评先等综合性荣誉称号的资格。三是对于县茶叶生产投入品安全监管队伍。根据全年查处案件的总案值排列名次，排列最后一名且未能完成全年工作任务的监管中队，其中队人员取消年度农业农村工作评先等综合性荣誉称号的资格，并进行通报。四是对于村(居)主干。对每季毛茶在制品抽检检测超标幅度(总累加值)前三名的村(居)实行乡镇领导约谈制度，该村(居)书记、主任年度绩效工资不能评为优秀等次，并作为该乡镇下一季度必抽查的村(居)；一年内出现毛茶在制品抽检检测超标幅度(总累加值)前三名二次的村(居)将作为全县茶叶质量安全监管单列村(居)进行重点整改，在整改期间(1年)，其村(居)书记、主任不得参与评先评优；连续二年列入全县茶叶质量安全监管单列村(居)又不能解除的，将给予村(居)书记、主任降职、免职、责令辞职处理。

五、低产茶园的改造

(一)低产茶园产生的原因与特点

低产茶园系指茶叶单产低品质差的茶园。一般以亩产低于本地区平均水平的树龄长、树势衰老的老茶园或树龄不长而未老先衰的茶园，也包括单产一般而质量差的茶园。

造成茶园低产的原因，既有茶树生机的衰退、品种低劣混杂等内因引起的，也有生态环境恶劣、农艺管理粗放等外因造成的，它们之间是相互联系，互为因果。其特点表现在：

1. 树势衰老

树龄长，茶树根茎部的不定芽、潜伏芽生命力减弱，阻滞茶树树冠的发展，或是根茎部贮存物质少，无法提供再生长所需养分。

2. 群体结构紊乱

因种植方式不合理，有的种植前未经深翻，茶树扎根不深，有的缺株断行，有的行株距不合理，种植密度过大，从而影响茶树群体生长，不便管理。

3. 生长环境不适宜

茶树生长环境包括地形、地势、土壤、气候等各种因子。园地

条件差，坡度过大，水土流失严重；茶园土层浅、土质瘠薄；地下水位过高，长期积水；不施肥或完全靠化肥，使土壤物理性质恶化，土壤营养不足，肥力低，通气性和保水性不良，水、气、热不能得到充分调节等，这些都是不利于茶树生长发育的环境。

4. 培养管理差

因管理水平低，如少耕、少施肥、少修剪、不防治病虫害，或者采留不当等而造成茶树未老先衰，产量质量十分低下。

（二）低产茶园改造的必要性

改造低产茶园，调整生产结构，优化茶园管理，提高茶园整体素质，既是持续高产、优质、高效、低成本的生产发展要求，又是短期、中期和长期的发展目标。茶园通过改造，不仅能充分发挥土地的利用潜力，而且能提高茶叶产量和质量。目前有一部分茶园是20世纪60—70年代建立的，已超过最佳经济年限(一般为25～30年)，另一部分茶园是80—90年代开垦的，虽然树龄不长，但因管理不当等种种原因形成了单产低，效益不高。为此，根据茶叶生产的现状和特点，凡有下列情况之一者，应列为改造对象。

(1)亩产低于55公斤的茶园。

(2)基础建设较差的茶园。如生态环境不良，立地条件差，园岸崩塌，园面梯层的台面不等高，土层浅薄，土质贫瘠，土壤板结，土、肥、水流失严重的“三跑”茶园。

(3)树势衰老或未老先衰的茶园。如茶根裸露，茶树矮弱树冠小，枝条稀疏，新枝细弱，白化枝、枯病、病虫枝、鸡爪枝、对夹叶多，绿叶层薄，育芽能力弱，芽梢细小叶张薄。

(4)品种不良，结构不合理，缺株断行严重，零星分散或混杂的茶园。

（三）低产茶园改造技术

低产茶园改造是茶叶生产上的重要技术内容之一，是一项比较复杂的工作,必须严格遵循自然规律和经济规律。针对低产茶园的特点,应从茶树、土壤和环境等方面,因地制宜相应地采取改园、改土、改树、改植换种、改善生态环境及加强管理等综合技术措施,提高产量和质量,保持茶园微观生态平衡。

1. 改造园地

主要目的是使跑土、跑肥、跑水的"三跑"茶园变为保土、保肥、保水的"三保"茶园,以改善茶树根系生长发育的条件,提高低产茶园改造的效果。

从当前园地现状看,不管是梯园、坡地园、平地茶园,若水土冲刷严重的,都是茶园表土、梯壁及沟道的土壤冲刷,造成梯壁内移,表土浅薄,茶根裸露,腐殖质贫乏,肥力逐年下降,即使提高肥水管理,收效也不大。因此,必须加固茶园梯壁,筑好园地蓄水沟设施,改纵沟纵路为横沟缓路,尤其对坡式茶园、梯层不等高、梯面向外倾斜以及各式各样的"篱笆式""半墙式"茶园加以改造。改后茶园要求达到园貌清晰,梯埂应高于园面 20 厘米以上,园台面基本等高,园面略呈外高内低,园内侧有竹节沟,达到"小雨不出园,大雨不冲刷"。有条件的地方水利设施要完善,排灌自如。

2. 改良土壤

目的是改善土壤理化性状,改善茶树生长的土壤环境。不良土壤是茶园低产低质的重要成因,而土质退化的根本原因在于有机肥施用不足和土壤透气性差。

从当前情况看,改良土壤应从两方面着手:

2.1 通过深耕改土和填补客土,加深有效土层。

深耕改土和填补客土是专指改造低产茶园土壤的一种措施,即是加深有效土层,增加孔隙度,提高蓄水性和通透性的主要办法。茶树最活跃和最有效地吸收根系,一般在 10～40 厘米土层之内,若土层深厚,耕作层疏松,有充足的水分、养分与氧气,是茶树根系生长发育良好的土壤环境条件。深耕虽然会断伤部分根系,但可刺激新根生长,重新形成有效吸收功能的根系。试验证明,根

系更新后，再行枝干更新，改造效果更好。

为便于茶树根系吸收养分和水分，应在秋冬茶采制结束后(10—12月份)距根茎25厘米以外的茶树行间深耕30～40厘米，单行梯层应在茶园内侧深耕。深耕时，尽量将表土埋入底层，把底土翻到表层，使其自然风化；对部分粗老侧根，可适当切断更新；对土质黏性或者砂性的，相应培入砂性土或者黏性土加以改良；对园地土层浅薄的，深耕施上基肥后，再在上面填上10厘米以上的红黄壤土，加厚有效土层，更有利于土壤的改良。

2.2　增施有机肥料，提高土壤肥力

良好的茶园土壤，不仅要有良好的耕作层，还要具有各种肥力因素。当前茶园土壤肥力不高的基本原因是土壤缺乏有机质以及土壤养分的积累与消耗失调，而增施有机肥和种植绿肥是提高肥力的有效方法。在深耕时，当表土填到沟底至离土面30厘米左右时，施入有机肥料拌和磷肥，再盖上心土，以熟化土壤，提高肥力。一般亩施有机肥2～5吨，磷肥25～30公斤。

3. 改造树冠

目的对茶树地上部已经衰老或结构不好的部分进行改造，提高其生理功能，复壮树势，重新培养良好的枝干和树冠面。

3.1　技术方法

其措施主要是修剪，依据茶树不同的树势和衰老程度，采取不同的修剪方式。

3.1.1　先留后剪

(1)对象　对离地面只有15～30厘米，没有明显骨干枝，大量形成对夹叶的茶树。

(2)措施　采取先封园留养，后修剪培养树冠的方法。留养春茶夏茶1～2季。春梢留养后在离原树冠面10厘米高度剪平，夏梢在春梢切口上再提高10厘米剪平。

3.1.2　整冠修剪

(1)对象　对树冠矮小，俗称“鸡母茶”，采摘层次高低不平，形成“二层楼”，但又有一定产量的茶树。

（2）措施　采取保留其采摘面最宽的层次，高于此层次的枝条一律剪除和剪平。剪口要平滑，防止破裂，影响潜伏芽萌发。

修剪时间宜在春茶采摘后10天内进行。

3.1.3　深修剪

深修剪是一种改造树冠绿叶层的措施，使之重新形成新的枝叶层，恢复并提高产量。

清蔸亮脚指用整枝剪剪去树冠内部和下部的病虫枝、细长的徒长枝、枯老枝，疏去密集的丛生枝。

边缘修剪是剪除两茶行间过密的枝条，保持茶行间有20～30厘米的通道。

（1）对象　茶树生长仍然健壮，但树冠经多年采摘，枝梢出现过密或过细，形成鸡爪枝、结节枝，育芽能力下降，萌发的芽瘦叶薄，对夹叶增多的茶树。

（2）措施　依据树冠绿叶层的细弱枝、枯枝、鸡爪枝的深度作基准线为剪位。一般以剪去树冠面绿叶层10～15厘米的枝叶为宜，刺激切口下骨干枝潜伏芽萌发新梢，更新树冠，形成新的枝叶层。

对树冠很郁闭、行间狭窄的茶园（这是当前茶园普遍存在的现象），结合清蔸亮脚或边缘修剪，利于茶园行间通风透光，促进茶树健康生长。

修剪时间宜在立春前或春茶采摘后10天内进行。

3.1.4　重修剪

重修剪是一种改造和更新树冠的手段。重修剪后，衰老的树冠重新恢复生机，枝叶茂盛，形成高产优质的新树冠

（1）对象　树势趋向衰老或未老先衰，出现枯枝、虫蛀枝，主干枝退化呈灰白色，分枝稀疏，枝条细弱，新梢萌发无力细小，对夹叶多，产量逐年下降，但骨干枝及有效分枝仍有较强活力，采取深修剪已不能恢复生长势的茶树。

(2)措施　可依据树高、长势和品种特性而灵活掌握。常剪去原树高的1/2或2/3,即离地面30～45厘米处剪平,并剪去下部的枯枝和部分细弱枝,重新培养枝干和树冠。对个别衰老枝条,结合抽割(即将茶丛中较衰老的枝条,在离地面10～15厘米处砍去,而保留生长较强壮的枝条和徒长枝。)切口要平滑,严防破裂。

修剪时间宜在立春前后或春茶采摘后10天内进行。

3.1.5　台刈

台刈是彻底改造树冠的方法。

(1)对象　树势严重衰老,多枯枝、病虫枝、细弱枝、白化枝、披生地衣和苔藓,芽叶稀少细弱,对夹叶多,产量严重下降,采用重修剪是不能恢复树势的茶树。

(2)措施　在离地面5～10厘米处台刈,枝干粗的采用锯除,切口要求平滑消斜,切忌破裂,滞留雨水,影响发芽。根颈部有更新枝的,应留2～3枝枝梢,以利水分和养分的输导。

台刈时期:最佳时间在立春前后,其次是春茶后。

3.2　树改时应注意事项

3.2.1　必须合理操作,才能获得增产效果。

3.2.2　注意肥培管理。剪后及时供应水分,重施肥料。施肥中注意氮、磷、钾的配合,因为钾肥能促进剪口的愈合,磷肥能促进根系生长和根茎分枝。

3.2.3　改树时间应根据气候条件合理选择。一般在春季进行较好,尤其立春前不但茶树体内贮存的营养物质丰富,而且此时气温正在逐步回升,雨水较多,有利于茶树芽头萌发和树势的恢复。若在春茶后剪,应在剪前重施肥料,剪后加强管理。高山严寒茶区,冬季不宜改树,以防冻伤茶树。重修剪和台刈不宜在高温季节进行,以防新梢生育不健壮。

3.2.4　修剪后注意留养。应分别不同对象逐步合理采摘:

(1)对整冠修剪、深修剪的茶树:春梢在修剪口上留1～2片新叶采齐。夏、暑茶各在前季的采摘高度上再留1叶采齐。秋留鱼叶采齐。冬季封园时，有突出枝的应剪除剪平，保证越冬茶树树冠整齐一致，逐步控制茶树高度在50～70厘米之间。

(2)对重修剪的茶树：当年以养为主，以采为辅，更新枝梢中长势强的突出枝可适度打顶，控制顶端优势。秋茶打顶采摘。翌年立春前进行一次定型修剪，尔后采用定高平面采摘法。肥培管理好，新梢抽发旺盛的，可直接采用定高平面采摘法，逐步投采，培养树冠。

(3)对台刈的茶树：当年一律留养，翌年立春前及秋茶后分别进行一次定型修剪，尔后按定高平面采摘法逐步投采。

4. 补植和改植换种

4.1 补值

对稀植、缺株、断行或行间裸露面积大的茶园，应重新挖沟挖穴，把底土翻上，填下表土或填上新土，并施上基肥，选择同一品种补植。补植时期最好在改树后的当年秋冬或第二年早春进行。

4.2 改植换种

改植换种是彻底改变原来茶园基础，重新建立新茶园的改造方法。

对连续采摘四五十年以上树龄的生产茶园，生长差、产量低，通过人为更新和加强肥管仍得不到相应效益的，或者品种不良、混杂的低产茶园，则进行改植换种。

老茶园的土壤因长期连作，土壤微生物活力减弱，茶树根系分泌的有害物质积累，有害病原体增生，特别是长期施用酸性肥料，盐基流失，酸性增强，土壤营养元素贫乏、失调，尤其茶树需要的微量元素奇缺。因此，改植时，应掌握以下几点：

一是挖除老茶树时，先将茶树地上部砍掉，然后挖除树头并捡净残根，集中烧毁，消除病虫源。

二是园土强调全面深翻晒白，也可喷施二溴乙烷或氯化苦等消毒剂进行土壤消毒。对土壤酸化严重的茶园。施用适量白云石粉或石灰(白云石粉效果比石灰好)与土翻拌。

三是重新整园时,应尽量按新建茶园标准不折不扣进行。因地制宜,园地外高内低,梯沿作埂,内侧开蓄水沟,中间挖好深、宽各50厘米左右的种植沟,填入杂草或稻草于沟中熏烧。尔后平整沟土于离地面35厘米左右时,施入农家粪肥和钙镁磷肥(磷肥每亩约50公斤)与土拌匀,再填上新红壤客土整平,以利定植。

四是种植时,避免茶苗根系与肥直接接触引起"烧苗"。每穴种植2~3株,株与株之间距离30厘米。栽时,一手扶直茶苗,一手将土填入沟中,土盖到苗的根颈处后把茶苗往上一提,使根系舒展,再覆土压紧,随后浇足定苗水,并在茶苗的两边盖土,形成凹形,利于蓄水。尔后,最好能辅草覆盖。

4.3　对一些茶园基础建设及立地条件尚可,但树势较差或品种不良、混杂的茶园,经改土后,也可采用嫁接技术措施,改变丛势和品种结构。

5.改善茶园生态环境

这里所指的是改造茶园内的自然生态环境。茶园周围具有丰富植被的生态条件十分有利于茶树的生长,也能为增进茶叶的自然品质创造条件。对茶园立地条件恶劣,又是品种混杂、低产的茶园坚决退茶还林,遵循"山顶育林,山腰种茶"的原则。对茶园没有套种遮阴树的,应合理布局每亩套种7~9株为好,可选择套种豆科乔木的银合欢、大叶相思树或落叶果树等。对改植换种或台刈更新的茶园进行辅草覆盖和套种绿肥。道路种植行道林。尽可能建立多层次、多种组合的人工植物群落生态系统。其技术效应是既增加土壤有机质,又可防止水土流失,涵养水分,也可保护天敌。

"五改一补"是低产茶园改造的基本措施,但改后管理是关键,必须依靠常年性技术管理,才能充分发挥改造的作用,达到变低产为持续高产的要求。因此,必须重视:一是合理增施肥料尤其是有机肥料,加速树冠复壮提质;二是修剪养蓬,形成合理的分枝结构;三是合理采摘,培养丰产树冠;四是加强生态环境优化和病虫害科学防治。

第三节　茶叶绿色食品基地建设

一、茶叶绿色食品的开发

随着现代工业的快速发展，工业“三废”大量排放、有机合成的农药、化肥大量使用，导致茶园环境严重污染，土地持续生产能力下降，自然生态系统遭到破坏；同时，随着污染物质的迁移、累积与恶性循环，污染了茶叶、空气和水源，从而直接危害人们的健康，使人类的生存环境恶化。因此，必须保护环境，开发绿色食品茶叶。

随着人们生活水平的提高，对食品质量的要求越来越高，不仅要求结构多样性，而且日益注重食品的质量，尤其关注食品的安全，无污染与健康保障。因此，为满足消费者的需求，必须开发绿色食品茶叶。

茶叶作为一种食品商品，绿色食品茶叶的发展受市场贸易的影响很大，尤其是国际贸易。一方面是促进，即外商要求进口无污染、健康的茶叶，促使我们必须开发生产绿色食品茶叶。一方面是压力，即茶叶进口国对进口茶叶的卫生指标日趋严格。茶叶进口国对茶叶中农药残留量和有毒物质的检验种类不断扩大。例如，从 1996 年起，欧共体由原来的 16 种扩大到 62 种，日本扩大到 51 种；同时，对原有的允许残留标准越来越严格。例如，欧共体对乐果、敌敌畏在茶叶中的允许残留量标准分别由原来的 0.2mg/kg 和 5mg/kg 降低到 0.05mg/kg 和 0.1mg/Kg。三氯杀螨醇降低到 0.01mg/kg～0.1mg/kg，美国甚至规定进口的茶叶中不得检出三氯杀螨醇。因此，降低茶叶中的农药残留，提高茶叶品质，发展绿色食品茶叶，与国际有机茶接轨，势在必行。

（一）开发绿色食品茶叶的意义

（1）绿色食品的开发是一项净化人类生存环境，优化经济活动的理性产业，事关人类生存和发展。开发绿色食品有两个最基本的目的：一是通过生产绿色食品，保护自然资源和生态环境；二是通过消费绿色食品，增进人们的身体健康。

(2)绿色食品的开发维护和优化了我国农业生产的基础条件。人类所需的食物几乎100%来自生物圈，其中98%靠土地提供，2%靠水体提供。因此，保护资源和环境是食物生产的前提。

(3)绿色食品茶叶的开发将有力地推动茶业产业化进程。绿色食品茶叶的开发将"从土地到餐桌"的全程质量控制技术和管理措施贯穿于茶业的产前、产中、产后的各个环节，落实到每个农户，每个企业，每个产品，从而将农工商，产加销紧密结合起来，形成产业化、区域化发展格局；并通过技术和管理，分散的企业和农户有组织地步入了一体化发展的轨道，分散的产品有组织地以统一的形象进入国内外市场，最后实现经济、社会、生态的综合效益。

(4)绿色食品市场需求潜力巨大，投资回报率高。据统计目前，国际上有机食品供不应求，从生产角度看，不少发达国家对有机食品的需求量已大大超过本国的生产能力，这意味着要从别国大量进口此类食品。这就表明我国绿色食品有着较为广阔的国际市场。据预测，21世纪初，世界绿色食品(有机食品)将占食品总销量的10%～20%。同时，绿色食品比一般的农产品的价格通常要高出20%～30%，有的高出50%。

(二)绿色食品概念

1. 绿色食品茶叶

它是指遵循可持续发展原则，按照特定的生产方式生产的，经专门机构认定，许可使用绿色食品标志的无污染、安全、优质、营养的茶叶食品。绿色食品是"出自最佳生态环境"的食品，它实行一整套"从土地到餐桌"的全程质量控制。

绿色食品工程是以全程质量控制为核心，将农学、生态学、环境学、营养学、卫生学等多学科的原理运用到食品的生产、加工、贮运、销售以及相关的教育、科研等环节，从而形成一个完整的无公害、无污染的优质食品的产供销及管理系统，是逐步实现经济、社会、生态、科技协调发展的系统工程。它是以市场为导向，以无污染的原料基地为基础，环境监测、食品检测为保证，教育培训、宣传为推广手段，依靠先进的科学技术，带动农业生态条件的优化、耕作技术的改造，推动农业现代化进程，逐步实现经济效益、社会效益、生态效益的良性循环。

2. 绿色食品标志

绿色食品标志由三部分组成，即上方的太阳，下方的叶片和中心的蓓蕾，标志为正圆形，意为保护。整个图形描绘了一幅明媚阳光照耀下的和谐生机，告诉人们绿色食品正是出自纯净、良好的生态环境的安全无污染食品，能给人们带来蓬勃和生命力；同时还提醒人们要保护环境，通过改善人与环境的关系，创造自然界新的和谐。

绿色食品标志是由中国绿色食品发展中心在国家工商行政管理局商标局正式注册的质量证明商标，其商标专用权受《中华人民共和国商标法》保护。目前已在日本、香港获得注册。

中国绿色食品发展中心已于1993年加入国际有机农业运动联盟(IFOAM)。

3. 绿色食品的分级

为了促进绿色食品与国际相关食品接轨，并根据我国的实际情况，绿色食品制定了分级标准，即AA级绿色食品和A级绿色食品。两者的主要区别见表1-11。

表1-11　绿色食品分级标准

项目	AA级	A级
产地环境	土、水、气的各项检测数据均不得超过有关标准	土、水、气的综合污染指数不得超过1

续表

项目	AA 级	A 级
生产操作	禁止使用任何有机化学合成物质	允许限量使用限定的化学合成物质
产品标准	各种化学合成农药及合成食品添加剂均不得检出	符合 A 级食品产品行业标准
包装标准	包装物上标志为白底绿字，编号以双数结尾，防伪标签底色为蓝色	包装物上标志为绿底白字，编号为单数结尾，防伪标签底色为绿色

4. 绿色食品的条件

绿色食品必须同时具备以下条件：

(1)产品或产品原料的产地必须符合绿色食品生态环境标准；

(2)农作物种植、畜禽饲养、水产养殖及食品加工必须符合绿色食品生产操作规程；

(3)产品必须符合绿色食品质量和卫生标准；

(4)产品的包装、贮运必须符合绿色食品包装贮运标准。

(5)绿色食品的特征

绿色食品与普通食品相比有四个明显特征：

(1)强调产品出自最佳生态环境绿色食品生产从原料产地的生态环境入手，通过对原料产地及其周围的生态环境因子严格监测，判定其是否具备生产绿色食品的基础条件，只有符合绿色食品对生态环境的要求，才能发展绿色食品生产。

(2)对产品实行全程质量控制　绿色食品生产实施“从土地到餐桌”全程质量控制，即通过产前环节的环境监测和原料检测，产中环节具体生产、加工操作规程的落实，以及产后环节产品质量、卫生指标、包装、保鲜、运输、储藏、销售控制，确保绿色食品的整体产品质量，并提高整个生产过程的技术含量。

(3)对产品依法实行标志管理　绿色食品标志是一个质量证明商标，属知识产权范畴，受《中华人民共和国商标法》保护。政府授权专门机构管理绿色食品标志。因此,绿色食品在认定的过程中是质量认证行为,在认定后是商标管理的结合,使质量认证和商标管理有机地结合。

(4)严密的质量标准体系　绿色食品产地环境质量标准、生产技术标准、产品标准、产品包装标准和储藏运输标准构成了绿色食品一个完整的质量标准体系,确保绿色食品的质量。

(三)有机农业与有机食品基本概念

1. 有机农业

有机农业是一种完全不用化学肥料、农药、生长调节剂、畜禽饲料添加剂等合成物质,也不使用基因工程生物及其产物的生产体系,其核心是建立和恢复农业生态系统的生物多样性和良性循环,以维持农业的可持续发展。在有机农业生产体系中,作物秸秆、畜禽粪肥、豆科作物、绿肥和有机废物是土壤肥力的主要来源;作物轮作以及各种物理、生物和生态措施是控制杂草和病虫害的主要手段。有机农业生产体系的建立需要有一个有机转换过程。

2. 有机食品

有机食品是指来自于有机农业生产体系,根据国际有机农业生产要求和相应的标准生产加工,并通过确立的有机食品认证机构认证的一切农副产品,包括粮食、蔬菜、水果、奶制品、禽畜产品、蜂蜜、水产品、调料等。除有机食品外,还有有机化妆品、纺织品、林产品、生物农药、有机肥料等,它们被统称为有机产品。有机食品在其他语言中也有叫生态或生物食品的,这里所说的"有机"并不是一个化学概念。

3. 有机食品的条件

有机食品需要符合以下四个条件:

(1)原料必须来自自己建立的或正在建立的有机农业生产体系、或采用有机方式采集的野生天然产品。

(2)产品在整个生产过程中严格遵循有机食品的生产、加工、包装、储藏、运输标准。

(3)生产者在有机食品生产和流通过程中,有完善的质量跟踪审查体系和完整的生产及销售记录档案;

(4)必须通过独立的有机食品认证机构的认证。

有机食品是一类真正源于自然、富营养、高品质的环保型安全食品。和绿色食品标志一样,我国有机(生态)食品拥有一个专门的质量认证标志,已经在国家工商行政管理局商标局注册。标志由两个同心圆图案以及中英文文字组成。凡符合《有机产品认证标准》的产品均可申请颁证,经中国有机食品发展中心(OFDC)颁证委员会批准后授予该标志使用权。

4. 有机食品的特点

带有机食品标志的产品具有以下特点:

(1)该产品除符合国家有关食品生产、加工和卫生标准外,还完全符合国际有机农业运动联盟(IFOAM)基本标准。

(2)该产品的原料不受任何污染,在生产过程中不使用任何合成农药、化肥、除草剂、生长调节剂等化学物质。

(3)该产品在加工过程中不使用合成的防腐剂、食品添加剂的人工色素,在储藏、运输过程中未受有害化学物质的污染。

(4)该产品还满足《有机食品认证标准》规定的其他要求。

(四)绿色食品、有机食品的共性与差别

从绿色食品和有机食品的概念与特征看,绿色食品与有机食品既有共性,又有差异,其共同的特点是在食品的生产加工过程中,严格限制甚至禁用化学肥料、农药和其他化学物质的使用,以提高食品的安全性,保护资源和环境。

绿色食品的特征在于强调“安全和营养”双重质量保证,“环境与经济”双重效益。绿色食品的范围涵盖有机食品或生态食品,但又在遵循经济效益和符合生态环境与安全的前提下,比有机食品、生态食品有所扩大。绿色食品在开发和管理上,没有简单地照搬

国外有机食品、生态食品的模式，而是在参考其相关技术、标准及管理方式的基础，结合我国国情，走有中国特色的发展道路。强调产品出自“最佳生态环境”，而不是像有些国家的有机食品认定，连续几年不使用化肥、农药，即可按有关食品销售。

绿色食品与有机食品最主要的区别有三个方面：

1. 生产、加工的依据标准有所不同　绿色食品分 A 级和 AA 级两个级别，有机食品则不分级别。A 级绿色食品标准是参考国际有关标准，结合我国食品生产加工标准而制定的；AA 级绿色食品则完全按有机生产方式生产，它与有机食品一样，其生产、加工标准是根据国际有机农业运动联盟的有关标准而制定的。

2. A 级绿色食品和有机食品的生产加工标准不同　其最根本的区别在于前者可以允许限量使用高效低毒农药，也允许限量使用化学肥料。而有机食品与 AA 级绿色食品在生产过程中禁止使用任何化学合成物质。

3. 管理体系的差异　我国有机食品产业的行政主管部门是国家环境保护总局，国家环境保护总局有机食品发展中心（OFDC）是专门从事有机食品检查、认证的机构。而我国绿色食品产业的行政主管部门是农业部，农业部绿色食品发展中心是我国专门从事绿色食品检查、认证的机构。

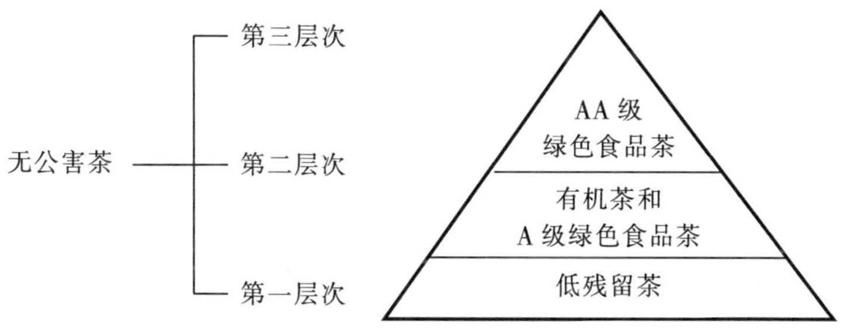

图 1-1　无公害茶叶层次图

（五）无公害茶叶

无公害茶叶是指在无公害生产环境条件下，按特定的生产操作规程生产，成品茶的农药残留量、重金属和有害微生物等污染物质指标，内销符合国家规定允许的标准，外销符合进口国家、地区有关标准的茶叶，是符合食品安全的茶叶的总称。它包括三个层次，第一层次为低残留茶，即在生产过程中可以使用除国家禁止使用外的所有化学合成物质，茶叶产品的卫生标准达到本国或进口国有关标准的要求，对消费者身体健康没有危害的茶叶。实际上是茶叶准入市场的最低标准。欧盟和日本等茶叶进口国也制定了茶叶中农药残留量的最高限量（MRL）标准。第二层次是 A 级绿色食品茶，它在生产过程中允许限量使用限定的化学合成物质，其卫生标准基本上为国家标准的 1/2 或 1/2 以上，如六六六、DDT 残留量≤0.05mg·kg~1，Cu、Pb 残留量分别为 30mg·kg~1 和 1mg·kg~1。第三层次也就是最高层次，是 AA 级绿色食品茶和有机茶，它在生产过程中禁止使用任何化学合成物质，在茶叶产品也不得检出任何化学合成物质。

无公害茶三个层次实质上是依据生产过程中化学物质控制程度以及茶叶生产中化学物质残留量的多少而划分的。对绿色食品茶和有机茶还实行标志管理，但二者的颁证机构不同，管理方法也有所差异。

二、茶叶绿色食品基地建设的基本要求及主要措施

（一）基本要求

根据绿色食品标准规定，对绿色食品茶叶的原料产地环境，茶树栽培管理，茶叶加工、包装、贮运整个生产过程要求比较严格，其基本要求是：

1.原料产地选择的原则

应选择空气清新,水质纯净,土壤未受污染,农业生态环境优越,具有良好的土、水、气条件,海拔较高,土层较厚,土壤肥沃,茶树病虫害少,土壤及茶树树体农药污染较轻或没有污染,没有工业"三废"和生活污染,尽量避开繁华城市、工业区和交通要道。多选择在边远山区或农村等。

1.1　对大气的要求　茶园周围没有大气污染源,特别是上风口没有污染源;茶园周围5公里以内不得建有排放有害气体及其他有害物质的工厂、作坊、土窑等;茶园周围有山体、森林、河流等防护体系,且与居民生活区距离1公里以上,并且有隔离带。大气质量要求稳定,符合绿色食品大气环境质量标准(见表1-12)。主要评价因子包括总悬浮微粒(TSP)、二氧化硫(SO_2)、氮氧化物(NOx)、氟化物。

表1-12　空气中各项污染物的浓度值 $g \cdot m^{-3}$**(标准状态)**

项　　目	浓度限值	
	日平均	1h平均
总悬浮颗粒物(TSP)	0.30	——
二氧化硫(SO_2)	0.15	0.50
氮氧化物(NOx)	0.10	0.15
氟化物(F)	7($\mu g \cdot m^3$)	20($\mu g \cdot m^3$)
	1.8[$mg \cdot dm^{-2} \cdot d^{-1}$](挂片法)	

注:①日平均指任何1天的平均浓度;②1h平均指任何1小时的平均浓度。③连续采样3天,1天3次,晨、午和夕各1次。④氟化物采样可用动力采样滤膜法或用石灰滤纸挂片法,分别按各自规定的浓度限值执行,石灰滤纸挂片法挂置7天。

1.2　对水环境的要求　茶园及其周围的地表水、地下水水质清洁无污染,水域或水域上游没有对茶园构成威胁的污染源,生产

用水质量符合绿色食品环境质量标准。主要评价因子包括常规化学性质(pH值、溶解氧)、重金属及类重金属(Hg、Cd、Pb、As、Cr、F、CN)、有机污染物(BOD_5有机氯等)和细菌学指标(大肠杆菌、细菌)。

1.3 对土壤的要求 要求茶园土壤元素位于背景值正常区域,茶园及其周围土壤没有金属或非金属矿山,并且没有农药残留污染;同时,要求具有较高的土壤肥力,土壤质量符合绿色食品土壤质量标准(表1-13、1-14)。

表1-13 农田灌溉水电各项污染物的浓度限值

项目	浓度限值	项目	浓度限值
pH值	5.5～8.5	总铅	0.1
总汞	0.001	六价铬	0.1
总镉	0.005	氟化物	2.0
冲砷	0.05	粪大肠菌群	10000个(个·L^{-1})

注:灌溉菜园的地表水需测粪大肠菌群,其他情况不测粪大肠菌群。

表1-14 土壤中各项污染物的含量限值

污染物	耕作条件					
	旱田			水田		
	pH值<6.5	pH值6.5～7.5	pH值>7.5	pH值<6.5	pH值6.5～7.5	pH值>7.5
镉	0.30	0.30	0.40	0.30	0.30	0.40
汞	0.25	0.30	0.35	0.30	0.40	0.40
砷	25	20	20	20	20	15
铅	50	50	50	50	50	50
铬	120	120	120	120	120	120
铜	50	60	60	50	60	60

注:①果园土壤中的铜限量为旱田中的铜限量的1倍;②水旱轮作的标准值取严不取宽。

2. 茶树栽培管理方面的要求

2.1　农药使用准则

绿色食品茶叶生产应从茶树—病虫害等整个生态系统出发，综合运用各种防治措施，创造不利于病虫害孳生和有利于各类天敌繁衍的环境条件，保持茶园生态系统的平衡和生物多样化，减少各类病虫害所造成的损失。

优先采用农业措施，通过选用抗病抗虫品种，培育壮苗，加强栽培管理，勤除杂草，及时采摘，秋冬季深翻，清园封园，修剪，台刈，间作套种，保护天敌等一系列措施起到防治病虫的作用。还应尽量利用灯光、色彩诱杀害虫，机械捕捉害虫，机械和人工除草等措施防治病虫草害。茶园杂草禁用化学除草剂，梯壁杂草要以割代锄，对一些匍匐性杂草可不除。

在特殊情况下，必须使用农药时，应遵守以下准则：

(1)生产 AA 级绿色食品的农药使用准则

①允许使用植物源农药，动物源农药和微生物源农药，如鱼藤根、烟草水、苦参素、赤眼蜂、捕食螨、白僵菌、苏云金杆菌等。

②允许使用矿物源农药中的硫制剂、铜制剂，如石硫合剂，波尔多液等。

③禁止使用有机合成的化学农药，包括杀虫剂、杀螨剂、杀菌剂、除草剂和植物生长调节剂。

④禁止使用生物源农药中混配中有机合成农药的各种制剂。

(2)生产 A 级绿色食品的农药使用准则

①允许使用 AA 级绿色食品允许使用的各种农药。

②严禁使用剧毒、高毒、高残留或具有“三致”(致癌、致畸、致突变)以及其他对人、畜和环境不安全的农药(见表 1-15)。

表 1-15　土壤肥力分级参考指标

项　目	级别	旱 地	水 田	菜 地	园 地	牧 地
有机质/(g·kg^{-1})	Ⅰ	＞15	＞25	＞35	＞20	＞20
	Ⅱ	10～15	20～25	20～25	15～20	15～20＜15
	Ⅲ	＜10	＜20	＜20	＜15	
全氮/(g·kg^{-1})	Ⅰ	＞1.0	＞1.2	＞1.2	＞1.0	
	Ⅱ	0.8～1.0	1.0～1.2	1.0～1.2	0.8～1.0	
	Ⅲ	＜0.8	＜1.0	＞1.0	＞0.8	
有效磷/(g·kg^{-1})	Ⅰ	＞10	＞15	＞40	＞10	＞10
	Ⅱ	5～10	10～15	20～40	5～10	5～10
	Ⅲ	＜5	＜10	＜20	＜5	＜5
有效钾/(g·kg^{-1})	Ⅰ	＞12	＞100	＞150	＞100	——
	Ⅱ	80～120	50～100	100～150	50～100	——
	Ⅲ	＜80	＜50	＜100	＜50	——
阳离子交换量/(g·kg^{-1})	Ⅰ	＞20	＞20	＞20	＞20	——
	Ⅱ	15～20	15～20	15～20	15～20	——
	Ⅲ	＜15	＜15	＜15	＜15	
质　地	Ⅰ	轻壤、中壤	中壤、重壤	轻壤	轻壤	砂壤至中壤
	Ⅱ	砂壤、重壤	砂壤、轻黏土	砂壤、中壤	砂壤、中壤	重壤
	Ⅲ	砂土、黏土	砂土、黏土	砂土、黏土	砂土、黏土	砂土、黏土

③如生产上实属必需，允许生产基地有限度地使用部分有机合成化学农药，并严格按照规定的方法使用（参见表 1-17）。

④如需使用表 1-16 中未列出的农药新品种，须报经中国绿色食品发展中心审批，每种有机合成农药在一种作物的生长期内只允许使用一次；在使用混配的有机合成化学农药的各种生物源农药时，混配的化学农药只允许使用表 1～16 所列出的品种；严格控

制各种遗传工程微生物制剂(GEM)的使用。

表 1-16　生产 A 级绿色食品禁止使用的农药

种　类	农药名称	禁用农药	禁用原因
有机氯杀虫剂	滴滴涕、六六六、林丹、甲氧高残毒、硫丹	所有作物	高残留
有机氯杀螨剂	三氯杀螨醇	蔬菜、果树、茶叶	工业品中含有一定数量的滴滴涕
有机磷杀虫剂	甲拌磷、乙拌磷、久效磷、对硫磷、甲基对硫磷、甲胺磷、甲基异柳磷、治螟磷、氧化乐、磷胺、地虫硫磷、灭克磷(益收宝)水胺硫磷、氯唑磷、硫线磷、杀扑磷、特丁硫磷、克线丹、苯线磷、甲基硫环磷	所有作物	剧毒、高毒
氨基甲酸酯杀虫剂	涕灭威、克百威、灭多威、硫克百威、丙硫克百威	所有作物	高毒、剧毒或代谢物高毒
二甲基甲脒类杀虫剂	杀虫脒	所有作物	慢性毒性、致癌
拟除虫菊酯类杀虫剂	所有拟除虫菊酯类杀虫剂	水稻及其他水生作物	对水生生物毒性大
卤代烷类熏蒸杀虫剂	二溴乙烷、环氧乙烷、二溴氯丙烷、溴甲烷	所有作物	致癌、致畸、高毒
阿维菌素		蔬菜、果树	高毒
克螨特		蔬菜、果树	慢性毒性
有机砷杀菌剂	甲基胂酸锌(稻脚青)、甲基胂酸钙胂(稻宁)、甲基胂酸铵(田安)福美甲胂、福美胂	所有作物	高残毒
有机锡杀菌剂	三苯基醋酸锡(薯瘟锡)三苯基氯化锡、三苯基烃基锡(毒菌锡)	所有作物	高残留、慢性毒性
有机汞杀菌剂	氯化乙基汞(西力生)、醋酸苯汞(赛力散)	所有作物	剧毒、高残毒
有机磷杀菌剂	稻瘟净、异稻瘟净	水稻	异臭

续表

种　类	农药名称	禁用农药	禁用原因
取代苯类杀菌剂	五氯硝基苯、稻瘟醇(五氯苯甲醇)	所有作物	致癌、高残留
2,4～D化合物	除草剂或植物生长调节剂	所有作物	杂质致癌
二苯醚类除草剂	除草醚、草枯醚	所有作物	慢性毒性
植物生长调节剂	有机合成的植物生长调节剂	所有作物	
除草剂	各类除草剂	蔬菜生长期(可用于土壤处理与芽前处理)	

注:以上所列是目前禁用或限用的农药品种,该名单将随国家新规定而修订。

表 1-17　A 级绿色食品茶叶生产允许使用的化学农药种类及使用方法

农药名称	毒性	最后一次施药距采收间隔期(天)	常用药量(克/次.亩)或(毫升/次.亩)或(稀释倍数)	施药方次及最多使用次数
杀螟硫磷	中等毒	15(10)	50%乳油 200～300g	喷雾一次
马拉硫磷	低　毒	15(10)	50%乳油 150～300g	喷雾一次
锌硫磷	低　毒	10(6)	50%乳油 200～300g(1000倍)	喷雾一次
叶蝉散	叶等毒	10(7)	20%乳油 800倍	喷雾一次
溴氰菊酯	中等毒	15(5)	2.5%乳油 1500～800倍	喷雾一次
双甲脒	低　毒	30(21)	20%乳油 1500～1000倍	喷雾一次
百菌清	低　毒	15(10)	75%可湿性粉剂 800～600倍	喷雾一次
多菌灵	低　毒	10(7)	50%乳油 1000倍	喷雾一次
多抗霉素	低　毒	10(5)	10%可湿性粉剂 500～1000倍	喷雾一次

注:最后一次施药距采收间隔期括号中数字为国家标准或国际标准。

一般来说，生产A级绿色食品茶叶的茶园，每茶季施药一次，即在主要害虫发生为害严重时使用。禁止在生产季节全面喷施化学农药，对个别茶树病虫害发生特别严重的，采用局部挑治、点治。

2.2　肥料使用准则

生产绿色食品的肥料必须是：保护和促进茶树的生长及其品质的提高；不造成茶树产生和积累有害物质，不影响人体健康；对生态环境无不良影响。规定农家肥是绿色食品的主要养分来源，有机肥的施用量必须达到保持或增加土壤有机质含量的程度。

在AA级绿色食品生产中除可以使用Cu、Fe、Mn、Zn、B、Mo等微量元素及硫酸钾、煅烧磷酸盐外，不允许使用其他化学合成肥料，完全与国际接轨。

A级绿色食品生产中允许限量使用部分化学合成肥料（但仍禁止使用硝态氮肥），施肥方式以不对环境和作物产生不良后果的方法使用。因为施肥不当，会对大气、土壤、水造成污染，会影响作物的营养、味道、品质和植物抗性。

（1）生产绿色食品茶叶的肥料种类主要有：

第一类　农家肥　是生产绿色食品茶叶的主要养分来源，包括堆肥、沤肥、厩肥、沼气肥、绿肥、作物秸秆、未经污染的泥肥（河泥、塘泥、沟泥等）、饼肥等。无论采用何种原料制作的堆肥，都必须高温发酵腐熟，达到无害化卫生标准，农家肥原则上就地生产使用，外来农家肥应确认符合要求后才能使用（见表1-18）。

表1-18　茶园施用外来有机肥卫生质量标准

项目	绿色食品标准	无公害茶叶标准
PH	6.5～7.5	6.5～7.5
蛔虫卵	0	0
大肠菌值	0	0
Cd(mg/Kg)	0.8	1.6

续表

项目	绿色食品标准	无公害茶叶标准
Hg(mg/Kg)	0.07	0.14
As(mg/Kg)	18.0	6.0
Pb(mg/Kg)	6.0	12.0
Cr(mg/Kg)	6.5	13.0
六六六(mg/Kg)	2.2	4.4
DDT(mg/Kg)	1.0	2.2

第二类　商品有机肥　包括商品有机肥、腐蚀酸类肥料、微生物肥料(如根瘤菌肥料、固氮菌肥料等)、半有机肥料(即有机复合肥)、无机矿质肥料(如硫酸钾、磷矿粉、钙镁磷肥、石灰等)、叶面肥(如氨基酸叶面肥、微量元素叶面肥等)。

第三类　其他有机肥　包括鱼渣、骨粉、毛发、家畜加工废料、糖厂废料等有机物制成的肥料。

以上三类肥料生产 AA 级、A 级绿色食品均可使用。

第四类　化肥　生产 A 级绿色食品允许限量使用部分化肥，但化肥必须与有机肥配合使用，一般有机氮肥与无机氮肥之比以 1∶1 为宜，最后一次追肥必须在采茶前 30 天进行，最后一次叶面肥必须在采茶前 20 天喷施。全年化肥用量不能超过总施用量的 20%。

(2)禁止使用有害的城市垃圾和污泥、医院粪便和垃圾、工业垃圾等。

(3)作物秸秆、绿肥可用堆沤还田，覆盖还田或直接翻压还田等多种形式，直接翻压应注意盖土要严，并加入含氮丰富的人畜粪尿(AA 级)或少量氮素化肥(A 级)调节 C/N 比以利其分解。

3. 茶叶加工、包装、贮运的质量与卫生管理

3.1　厂房(包括初、精制厂)应距离公共厕所、居民区、垃圾场

30 米以上，距离畜牧场、医院粪池等污染源 500 米以上；茶厂应在其他工厂及潜在污染源全年主导风向的上风处；厂房地势较高，水源充足，水质良好，符合饮用水标准；厂房建筑牢固，卫生，地面水泥铺设；车间和仓库有防蝇、防尘、防潮设施，保持干燥、通风、清洁卫生；厂内主要道路铺设硬质路面，无积水坑洼，无扬尘。

3.2 加工机具保持清洁、卫生，茶叶机械的润滑油应采用食用油。杀青机、烘干机的炉灶不漏烟无烟尘。

3.3 加工人员应穿规定的工作服、鞋、帽进入车间，头发不外露；严禁携带有毒、有异味或与加工无关的杂物进入车间，禁止在加工现场饮食、抽烟或随地吐痰。

3.4 加工人员应定期进行体检，身体不健康或携带传染病者均不能上岗，以防污染茶叶。

3.5 茶叶包装容器应干燥、清洁、无异味以及不影响茶叶品质的材料制成，包装要牢固、密封、防潮，能保护茶叶品质。

3.6 茶叶贮运工具要干燥、清洁、无毒、无异味；严禁与有毒、有异味、潮湿的物品混装混运。

3.7 绿色食品产品包装，除应符合食品包装的基本要求外，在包装装潢上应符合《绿色食品标志设计标准手册》的要求。

4. 绿色食品茶叶产品标准

绿色食品茶叶产品标准包括外观品质、营养品质及卫生品质三部分。要求外观品质必须优于同类的非绿色食品；营养品质不低于国际标准；卫生品质要求相当于或严于国际同类食品(参见表 1-19)。

表 1-19 绿色食品茶叶卫生质量标准

项 目	666	DDT	Cu	Pb
国家卫生标准	0.2	0.2	60	2
绿色食品标准	0.05	0.05	30	1

（二）主要措施

1.加强领导，精心组织。改革开放以来，实行生产责任制，茶园分散到各家各户，茶园施肥、用药、耕作，采制等管理不能集中统一，因此建立茶叶绿色食品基地要加强领导，成立茶叶绿色食品基地领导小组，负责组织指导和协调工作。各有关基地（乡、镇）要有领导分管，指定专职技术干部具体指导。同时，加强宣传，组织培训，统一思想，统一认识，提高广大干部职工及茶农对绿色食品的认识，并掌握绿色食品茶叶的生产技术，严格按照要求进行生产管理，逐步实现"五统一"，即统一管理，统一施肥，统一喷药，统一采制，统一加工销售。

2.实地勘查、选好基地。根据绿色食品的标准，对原料产地进行实地勘查，选择立地条件符合其生态环境要求，并且集中连片，有一定规模的茶园作为茶叶绿色食品基地。调查了解基地茶园病虫害及其天敌情况，近几年来农药、肥料等的使用情况，并做好记录存档，为制定无公害茶园肥管和病虫防治等措施提供依据。

3.优化茶园生态环境，以利于益虫益鸟的迁入及繁衍。

进行茶园的间作套种、覆盖等措施，改善茶园生态环境，培养天敌，实现以虫治虫。

4.建立茶树病虫害测报站，做好预测预报，做到对症下药，适时防治。

5.制定一整套规章制度，并严格按照绿色食品茶叶生产操作规程进行生产管理，做好生产全过程的质量控制记录，实现规范化、标准管理。为了促进生产者增施有机肥，提高土壤肥力，生产AA级绿色食品时，转化后的耕地土壤肥力要达到土壤肥力分级1～2级指标。生产A级绿色食品时，土壤肥力作为参考指标。

三、茶叶绿色食品标志的申报和管理

(一)绿色食品标志的申报

具备绿色食品生产、经营条件的单位和个人,均可向省绿办提出申请或向所在地(市)的绿色食品管理机构申请后上报省绿办,按绿色食品申报程序进行申报工作。绿色食品申报认证程序参见图 1-2。

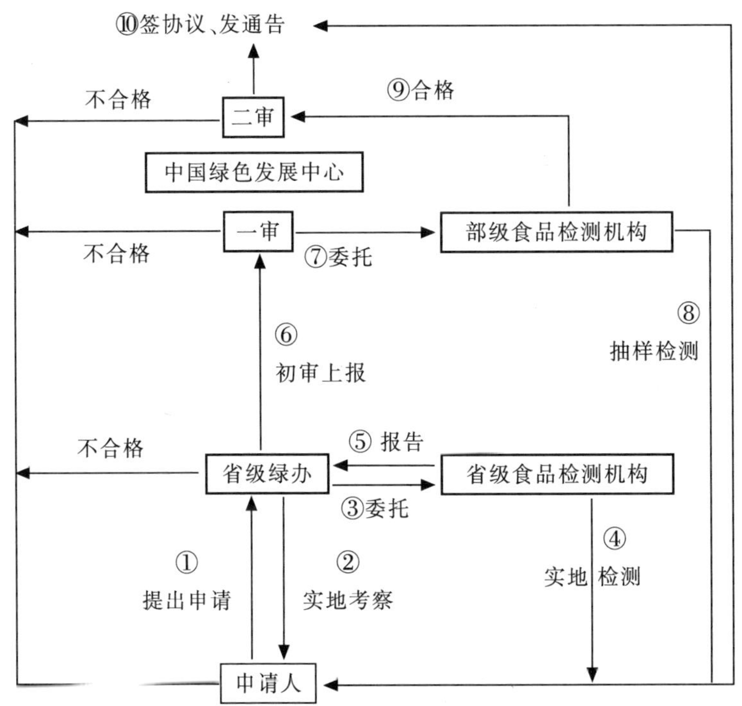

图 1-2　绿色食品认证程序图

申请人在申报时需上报绿色食品申请报告。“报告”题目以

“××(产品名称)申请绿色食品标志使用权的报告”的格式，报告的内容主要包括：企业概况、申报产品的无污染生产情况和企业规划三部分，报告应着重叙述种植、加工过程的无污染控制情况及产品特点。报告要求尽量翔实，并附报以下材料或其复印件：①企业营业执照；②生产卫生许可证；③产品的执行标准；④原料产地的地形图(标明种植产地的灌溉点及水源分布情况)；⑤产品的外包装(外包装样品)；⑥企业技术规程及质量管理手册；⑦《商标注册证》复印件。

(二)绿色食品标志的管理

1. 获得绿色食品标志使用权后，半年内必须使用绿色食品标志；标志必须使用在经中国绿色食品发展中心许可的产品上，在产品促销广告时，必须使用绿色食品标志。

2. 绿色食品包装、装潢应符合《绿色食品标志设计标准手册》的要求。必须做到“绿色食品”文字、图形、编号及防伪标签“四位一体”。

许可使用绿色食品标志的产品必须使用中国绿色食品发展中心统一委托定点的专业单位印刷的防伪标志。

3. 绿色食品标志许可使用的有效期为三年。到期要求继续使用的须在许可使用期满前三个月重新申报。未申报的，视为自动放弃使用权。

4. 使用单位必须严格履行“绿色食品标志许可使用合同”；应如实报告标志使用情况；产品不得粗制滥造，欺骗消费者；应接受绿色食品标志各级管理部门的绿色食品知识培训及相关业务培训。

5. 绿色食品标志实行年审制，年审或抽检不合格者，取消产品的标志使用权，并公告于众，且收回证书，并上报中心。

第二章　福建乌龙茶

福建是我国的产茶大省，产茶历史悠久，也是我国特种茶产区，茶树品种有300多个，冠于全国，福建劳动人民在长期的茶叶生产实践中，以其丰富的想象力、朴实的艺术手法，创造了如此绚丽多姿、生动活泼神奇的故事，这些在闽茶的传奇中，许多虽带有想象的神化色彩，但仍不失为福建茶文化宝库中的瑰宝。驰名中外的福建名茶，得天独厚的自然条件和科学、灵活的采制技艺赋予了它醇和爽口、香气馥郁、集天地人间之灵气的优异品质，很多的茶树品种，都留下了动人、美丽、神奇名称的传说。

随着人民生活水平的不断提高、福建乌龙茶将是21世纪人们所追求的天然、健康饮品，再融入生动、神奇的茶文化，不仅可使人开阔眼界，增长知识，也给我们以艺术的享受，当人们领悟到福建名茶神奇传说之后，再来细细品尝名茶时，悉心体味神妙之处，定会心旷神怡，别有一番滋味。

第一节　闽南乌龙茶

一、闽南乌龙茶茶树品种

闽南乌龙茶的品种资源丰富多彩，且均属无系品种，大部分分布于中国名茶铁观音之乡——安溪。

安溪县是乌龙茶发源地，是名茶铁观音原产地，也是我国产茶大县，产茶历史悠久，素有“良种宝库”“中国茶都”之称。至1990年，经茶业部门征集，原产于安溪的茶树品种共有44个品种，分别

为铁观音、黄棪(又名黄金桂)、本山、毛蟹、梅占、大叶乌龙(又名大叶乌)、佛手(又名香橼)、大红、白茶、科山种、早乌龙、早厅兰、菜葱、崎种、白样、红样、红英、毛猴、犹猴种、白毛猴、梅占仔、厚叶种、香仔种、硬骨种、皱面吉、竖乌龙、伸藤乌、矮脚乌、白桃仁、乌桃仁、白奇兰、黄奇兰、赤奇兰、青心奇兰、金面奇兰、竹叶奇兰、青心乌龙、赤水白牡丹、福岭白牡丹、大坪薄叶、肉桂、墨香、杏仁茶、慢奇兰等。其中不少品种为中国名、优、特稀有品种和适宜制作乌龙茶的王牌品种。1984 年 11 月,全国茶树良种审定委员会对全国茶树良种进行评审,审定 30 个国家级良种,其中安溪铁观音、黄棪、本山、毛蟹、梅占、大叶乌龙 6 个品种榜上有名。1986 年,佛手被定为福建省茶树良种。至 2004 年,安溪又新发现茶树品种 10 个,总数达 54 个。

下面介绍的是福建闽南乌龙茶 20 个常见品种的来历、生物学特征及品质特征。

1. 安溪铁观音

安溪铁观音是中国乌龙茶中之极品,品质超凡,驰名中外。铁观音既是茶树品种名,又是茶叶商品名。铁观音原产于安溪县西坪,其由来有两种传说。

“魏说”——观音托梦　相传,清雍正三年(1725 年)前后,西坪尧阳松林头(今西坪镇松岩村)老茶农魏荫(1703—1775)勤于种茶,又信奉观音,每日晨昏必在观音佛前敬献清茶一杯,数十年不辍。一夜,魏荫在熟睡中梦见自己荷锄出门,在溪涧边的石缝中发现一株茶树,枝壮叶茂,芬芳诱人。魏荫好生奇怪,正想探身采摘,却让突然传来一阵狗吠声把一场好梦扰醒。翌晨,魏荫循梦中途径寻觅,果然在观音仑打石坑的石隙间,发现一株如梦中所见的茶树。他喜出望外,遂将茶树移植在家中的一口破铁鼎里,经数年悉心培育,适时采制,果然茶质特异,得韵非凡。魏荫视为家珍,密藏罐中。每逢贵客嘉宾临门,冲泡品评,凡饮过此茶的人,均赞不绝口。一天,有位塾师饮了此茶,惊奇地问:“这是何好茶?”魏荫便把梦中所遇和移植经过，详告塾师，并说此茶是在崖石中发现，崖石威武胜似罗汉，移植后又种在铁鼎中，想称它为“铁罗汉”。塾师摇头道：“有的罗汉狰狞可怖，好茶岂能取此俗称。此茶观音托梦所获，不如称‘铁观音’为雅！”魏荫听后，连声叫好。

“王说”——皇帝赐名　相传，安溪西坪尧阳南岩（今西坪镇南岩村）仕人王士让，清雍正十年（1732 年）中副贡，乾隆十年（1745 年）出任湖广（今湖北）黄州府蕲州通判，曾筑书房于南山之麓，名为“南轩”。乾隆元年（1736 年）春，王与诸友经常会文于南轩，每于夕阳西坠，徘徊于南轩之旁。一日，见层石荒园间有株茶树异于他种，遂移植南轩之圃，精心培育，枝叶茂盛，圆叶红心；采制成品，乌润肥壮，气味超凡；泡饮之后，香馥味醇，沁人肺腑。乾隆六年（1741 年），王奉召赴京，晋谒礼部侍郎方望溪，以此茶馈赠。方侍郎品其味非凡，便转献内廷。乾隆帝饮后，甚喜，召见王士让询问尧阳茶史，以其茶乌润结实，沉重似“铁”，味香形美，犹如“观音”，赐名为“铁观音”。

（1）铁观音生物学特征

铁观音为无性系品种，植株灌木型，中叶类，迟芽种。树姿开张，枝条斜生，稀疏不齐；叶形椭圆，叶色浓绿，叶厚质脆，叶缘波状，略向后翻，叶齿疏钝，嫩芽紫红。开花较多，结实率高。萌芽期在春分前后，停止生长期在霜降前后，一年生长期 7 个月。天性娇弱，抗逆性较差，根系不发达，分枝性能低，有“好喝不好栽”之说。只有良地、良种、良法，才能培育高产优质的铁观音。

（2）铁观音品质特征

外形：条索肥壮结实，蒂肩宽，叶肩缘后卷，枝身硬，枝头光亮、整齐，梗皮红亮。色泽乌油润或砂绿润，似明胶色、香蕉色、芙蓉色、蛙皮绿。

内质：香气馥郁、浓烈。音韵明显持久，发酵适当，饱青红者似人参味或花生仁味；发酵适度者，带有栀子花香或香蕉味。滋味醇厚甘鲜，具回甘味。汤色金黄或橙黄色，叶底肥厚软亮匀齐，红镶

边明显。

安溪铁观音主要分布于安溪西坪、虎邱、龙涓、祥华、长坑、感德、剑斗等乡镇,并先后传到福建省的永春、南安、漳州市、厦门市、三明市、南平市、龙岩市、宁德市、莆田市等县市和广东等省。

2. 安溪黄棪(黄金桂)

黄棪为茶树品种名,茶叶商品名为黄金桂,系乌龙茶中风格有别于铁观音的又一极品。黄棪原产于安溪县罗岩。其由来有两种传说:

其一,相传,清咸丰十年(1860年),安溪罗岩灶坑村(今虎邱镇美庄村),有个青年叫林梓琴,娶西坪珠洋村女子王淡为妻。当地风俗,结婚一个月,新娘要回娘家"对月换花",返回夫家时,娘家在送给新娘带回的礼物中要有一种东西"带青",如植物幼苗之类,以象征世代相传,子孙兴旺。王氏"带青"之物为两株小茶苗,带回夫家后,种在自己屋旁园地里,经夫妻精心培育,长得枝繁叶茂。第三年春天,清明一到,精心采制,满屋香气袭人。制成茶后,经沸水冲泡,未揭瓯盖,奇香扑鼻;揭开瓯盖,香气冲天。左邻右舍的乡亲前来品尝,连声喝彩,称它为"透天香"。年复一年,这种茶越种越多。因此此茶乃王淡传来的,故当地乡民都习惯称这种茶为"王淡茶"。闽南话"王"与"黄","淡"与"棪"谐音,加上这种茶叶黄绿,茶水金黄,故"王淡茶"后来渐渐演化为"黄棪茶"。

其二,19世纪中叶,安溪罗岩村茶农魏珍,外出路过北溪天边岭,见一株茶树呈金黄色,因好奇心驱使而将它移植家中盆里。后经压枝繁殖,精心培育,茁壮成长。采制成茶,冲泡之时,未揭瓯盖,茶香扑鼻;揭开瓯盖,芬芳迷人,因而传扬。后人根据其叶色、汤色特征,取名"黄棪"。

(1)安溪黄棪生物学特征

黄棪为无性系品种,植株小乔木型,中叶类,早芽种。树姿半开展,分枝较密,节间较短;叶片较薄,叶面略卷,叶齿深而较锐,叶色黄绿具光泽,发芽率高;能开花,结实少。一年生长期8个月。

适应性广，抗病虫害能力强。适制乌龙茶，也适制红、绿茶。1984年，黄棪被国家茶树良种审定委员会定为国家级茶树良种。

(2)黄金桂品质特征

外形：卷曲或紧细，条索细长似“尖梭”，结而欠重实，枝细小。色泽黄绿或赤黄绿，具光泽。

内质：“香、奇、鲜”。香气芬馥、优雅清奇，似蜜桃香、桂花香或梨香。滋味清醇鲜爽悠长。汤色清黄或浅金黄。叶底“黄、细、薄”。叶色黄绿，红边尚鲜红，叶张尖薄、主脉明显、叶齿稍锐。

现主要产区有安溪虎邱、大坪、城厢、参内、金谷、剑斗等乡镇，尤以虎邱罗岩所产的黄金桂品质最佳，并先后传至永安、三明等县市。

3. 安溪本山

本山既是茶树品种名，也是茶叶商品名。本山原产于安溪西坪尧阳。据《安溪茶业调查》(1937年，庄灿彰著)载：“此种茶发现于60年前(约1870年)发现者名圆醒，今号其种曰‘圆醒种’，另名本山种，尧阳人指为尧阳山所产者。”

(1)安溪本山生物学特征

本山为无性系品种，植株灌木型，中叶类，中芽种。树姿开张，枝条斜生，分枝尚密；叶形椭圆，叶厚质脆，叶面稍内卷，叶缘波状明显，叶齿大小不匀，芽密而梗细长，花果颇多。一年生长期8个月左右。与铁观音“近亲”，但长势与适应性均比铁观音强。制乌龙茶品质优良，制红、绿茶品质中等。1984年，本山被国家茶树良种审定委员会定为国家级茶树良种。

(2)本山品质特征

外形：条索结实，比铁观音略细小，若是壮年茶树不亚于铁观音，枝头整齐、枝尾稍尖、枝梗曲节似“竹子节”(竹子的地下茎)、梗皮较紧、皮色略赤红、色泽乌油润、砂绿较细，或香蕉色，如鲜叶原料较嫩，毛茶呈乌绿。

内质：香气浓郁，品质好的，略有音韵，具酸甜味。滋味清醇尚

厚能回甘;汤色清黄或橙黄;叶底软亮匀整、叶张略厚,叶尾稍尖、叶脉显露、叶张肩缘向后扭翻。

现主要分布于安溪西坪、虎邱、芦田、蓬莱、长坑、剑斗、感德等乡镇。本山茶已先后传到闽南、闽中等部分乌龙茶区。

4. 安溪毛蟹

毛蟹为茶树品种名,茶叶商品名也称毛蟹,又称茗花。毛蟹原产于安溪福美大丘仑。在安溪,毛蟹茶的由来有一种传说:

清光绪年间(1879—1908年),安溪大坪福美村有个青年茶农叫高坑,发现房屋外边墙壁缝中长着一株小茶树,他仔细观察,这株小茶树既不像铁观音,也不像黄旦,又不像本山。高坑觉得稀奇,决心好好培植。第二年春天,高坑自墙缝间把小茶树挖下来,移到茶园里种植,精心照料,成长后单独采制,并请邻居品尝。众人觉得此茶色香味俱佳,并有一种茉莉花香的独特韵味,很耐泡,一致称赞是好茶。这种茶树很快传遍整个村落,且越传越广。为给此茶命名,高坑请来茶农商量,茶农根据其外形,有的取"螃蟹",有的取"毛猴"。最后大家商定,这种茶叶边有细齿,芽芯有茸毛,当初长在半壁上,像是螃蟹的脚长了细毛,就一致取名为"毛蟹"。

(1)安溪毛蟹生物学特征

毛蟹为无性系品种,植株灌木型,中叶类,中芽种。树姿半开展,分枝稠密;叶形椭圆,叶尖突尖,叶片平展;叶色深绿,叶厚质脆,锯齿锐利;芽梢肥壮,茎粗节短,芽头和叶背密生白色茸毛,开花尚多,但基本不结实。一年生长期8个月。育芽能力强,但持嫩性较差,发芽密而齐,采摘批次较多,树冠形成迅速,成园较快,适应性广,抗逆性强,易于栽培,产量较高。适制乌龙茶,是高级"色种"的原料;制红、绿茶,毫色显露,外形美观,品质尚佳。1984年,毛蟹被国家茶树良种审定委员会定为国家级茶树良种。

(2)毛蟹品质特征

外形:条索结实,枝头圆形、头大尾尖、节距稍短。色泽乌芙绿、略油润、砂绿欠明显。枝梗小部分会脱皮,嫩芽、叶多白毫。

内质:香气清高,似月桂花香。滋味清醇略厚,汤色清黄或清红色。叶底软亮、叶张小圆形、叶尾尖。叶齿深、密、锐。叶张尚厚、主脉明显。

现主要产区有安溪大坪、虎邱、城厢、参内、金谷、蓬莱、龙门等乡镇,尤以大坪乡萍州、大坪两村所产的毛蟹单产最高,品质最佳。并先后传到福建、广东、浙江、江西、安徽、云南、贵州、四川、湖南、湖北等省茶区。

5. 安溪梅占

梅占是茶树品种名,也是茶叶商品名。

据说在100多年前,有一年盛夏的中午,正是“六月天,七月火,七月田水可蒸果”的酷热天气,安溪县芦田三洋村有一位名叫杨奕糖的农民,正在百丈坪那片山田里干活。突然,有一位挑茶的老人路过那里,气喘吁吁地来到他身边,连个招呼也不打,就叉开双腿,弯下驼背,并着双手想捧田水喝。这时,被一向心肠慈善、乐于助人的杨奕糖连忙喝住:“老兄弟,田水脏,不能喝,我这里还剩下一碗稀米粥,你吃吧!”说着,马上倒来了一碗稀米粥,恭敬地递给那位过路老人。这位远途而来、又饥又渴、一时连话也说不出来的“过路客”,双手接过稀米粥,咕噜噜地喝个干净,顿觉眼睛明亮,精神大振。这位老者连忙从担子里取来两棵茶苗,递给杨奕糖,感激地说:“兄弟,没有什么东西可报答你,这两棵茶苗你收下吧!”他连个姓名也不留,又急急忙忙挑着担子赶路去了。

杨奕糖接过茶苗,就顺手种在阴凉的水井旁。过了几天,两棵茶苗枯死了一棵。杨奕糖感到十分惋惜,就把剩下的一棵挖回去种在“玉树”屋角。由于日夜悉心照料,茶树长得非常茂盛,翠绿可爱。很快到了采茶季节,杨奕糖就作为一种特殊品种,单独精心采制。起初,数量虽然很少,但冲泡风味独特,味醇可口。杨奕糖就决意压条繁殖扩种,以后同样制出别有风味的好茶来。消息一传开,左邻右舍的乡亲都争相登门品茶。但一问起这是什么茶?大家都面面相觑,谁也说不上来。村里有个26岁就中举人的读书人

杨飞文，闻讯也赶来品茶，乡亲们夸他“肚子里有墨汁”，要他为此茶命个名。杨飞文仔细观察了茶叶，研究了茶花，发现叶、花都向四边开瓣，状似独占花魁的腊梅那样美丽，味也像腊梅绽开时那样清香，这时他又抬头偶见门上有“梅占百花魁”联句，因此便命名为“梅占”。以后“梅占茶”上了“茶谱”，茶农都争相引种，越传越广，“梅占茶”也就驰名各地了。

(1)梅占生物特征

梅占为无性系品种，植株小乔木型，大叶类，中芽种。树姿直立，主干明显，分枝较稀，节间甚长；叶长椭圆形，叶色浓绿油光，叶面平滑内折，叶肉厚质较脆，叶缘平锯齿疏浅。开花多，结实少。育芽能力强，嫩芽较翠绿，芽梢生长迅速，但易于硬化。一年生长期 7 个月左右。适应性广，抗逆性强，产量较高，在不同产地能适制各种茶类。制乌龙茶香味独特，品质较佳；制红、绿茶，香高味醇，具兰花香。1984 年，梅占被国家茶树良种审定委员会定为国家级茶树良种。

(2)梅占品质特征

外形：条索壮结肥厚，叶形长大，较粗态，枝长大。叶尖稍红。色泽乌绿、微油润、红点明。

内质：香气尚浓郁似香线味。若做青不足，发酵不够，带有辛味(似青草味)。滋味浓欠醇，汤色清红。叶底肥厚尚软亮，叶稍宽长。主脉粗大，叶尾顺尖，叶齿锐。红镶边明显。

梅占茶主要分布于安溪龙涓、芦田、西坪、虎邱等乡镇，尤以芦田三洋村的梅占独具风味，深受广东等地消费者的嗜好。梅占在闽南、闽中、闽北一带先后大量引种，浙江、江苏等省也有少量引种，有的已成为当地的当家良种之一。

6. 安溪大叶乌龙

大叶乌龙是茶树品种名，又是茶叶商品名，但在实际应用中把它简称为“大叶乌”。大叶乌龙原产于安溪长坑珊屏。其由来是：

相传，清雍正九年(1731 年)，安溪长坑人氏苏龙，将安溪一种茶苗移栽于建宁府(现在的建瓯市),产量高,品质好,香高味醇,当地茶农认定为优良品种,竞相繁殖栽培。没过几年,苏龙辞世,当地茶农以苏龙姓名谐音命名为“乌龙”。后来又根据其品种特征,称为“大叶乌龙”,以区别于其他乌龙品种。

(1)安溪大叶乌龙生物特征

大叶乌龙为无性系品种,植株灌木型,中叶类,中芽种。树姿半开展,分枝较密,节间尚长,叶椭圆形或近倒卵形,尖端钝而略突,叶面内卷呈弧状,叶色暗绿,叶厚质脆,叶齿较细明,嫩梢肥状。开花多,结实率高。适应性广,抗逆性强,根系发达,耐旱又耐寒,少受病虫为害,育芽能力强,产量较高。制乌龙茶品质尚佳,制绿茶品质尚好,制红茶品质次之。1984年,大叶乌龙被国家茶树良种审定委员会定为国家级茶树良种。

(2)大叶乌龙品质特征

外形:条索壮大结实。叶蒂比观音小、比奇兰大。梗曲节、枝皮绿微紫。色泽似香蕉色,三节色,砂绿尚明。

内质:香气清高,似大号栀子花香。滋味清醇爽口。汤色清黄。叶底软亮、叶肩尚大。叶面光亮,主脉明,红镶边明显。

大叶乌龙主要分布于长坑、蓝田、祥华等乡镇,尤以长坑乡珊屏、田中两村所产的大叶乌龙品质为优。大叶乌龙在省内外广大茶区也广泛引种。

7. 佛手

佛手茶在安溪有两种传说:

传说一:安溪县金榜乡有座虎头山,山上有个骑虎岩,岩上有座小庙。话说这座庙因位于深山,加之山路崎岖,森林茂密,猛虎常出没于此,香客愈见稀少,庙门十分冷落,很少见到善男信女的香火钱,僧侣们的吃喝日渐艰难。在这万般无奈的困境中,众和尚不得不身披破旧袈裟,手握念珠,走出深山老林,四处化缘。这可苦了留在庙里守护庙宇和神灵的一位老和尚。他年老体弱,孤身一个,一日三餐无米下锅,只好在庙外山坡上找些野菜度日。一

天，白天风和日丽，不料太阳落山不久，雷电交加，倾盆大雨几乎要把这座小庙浇垮。这种罕见的雷雨，把老和尚吓坏了。他急得叫天不应，入地无门，只好和衣卷曲在木板床上，口中不断地念道："菩萨保佑！菩萨保佑！"庙外的雷声仍在一声又一声地轰鸣，闪电一阵又一阵地在闪亮，大雨还在哗啦哗啦地下。他壮着胆，轻手轻脚地滑下床来，走到窗前，偷偷地从窗口向外张望。这一看可把他吓出了一身冷汗：一只四足腾空、一面吼叫一面向前飞奔的猛虎，背上竟有一尊大佛骑在上面！只见这个大佛不停地挥动手中的鞭子，催赶猛虎向庙边山坡上的一片茶园奔去。说来也巧，猛虎刚从窗前而过，雷雨就停了。雨过天晴，一轮明月挂上天空。目睹此情此景，老和尚心上的一块大石头落地了，顿感一身轻松。他正想躺到床上好好地睡上一觉，忽然又见茶园里闪出碧绿的亮光！

第二天，东方刚露出鱼肚白，老和尚就披衣下床，三步并作两步地来到茶园，睁大一双花眼，手扶一棵棵茶树仔细观看，决心找出昨夜光的奥秘。找啊找啊，找了个把时辰也没有发现什么异常。老和尚仍不甘心，决意找遍茶园，搞个水落石出。当他找到茶园尽头的一棵香橼树下，奇迹出现了：几十根香橼树枝，居然与茶树紧密吻合，合二为一了！和尚认定这是昨晚骑虎大佛所赐的"仙茶"，随即返回庙中焚香拜佛，感谢菩萨的恩赐。

天还未黑，外出化缘的和尚一个接一个地回来了，老和尚就拉他们去茶园观赏这个香橼树枝接茶树的奇迹。众和尚看到后无不称奇，当即商议对这些被嫁接了香橼树枝的茶树要精心培育。从此，僧人们为这些茶树浇水施肥，锄草除虫，结果，茶树长得绿油油的。采茶季节到了，他们又把这些茶单采单制。当茶叶制好后，众和尚烧水的烧水，备茶具的备茶具，都想尽快品尝这种奇茶的滋味。开水一入壶，一股浓郁的香橼味就扑鼻而来；众人各喝一杯后，无不称赞。大小和尚一边品茶，一边七嘴八舌地说：这种茶，叶大如手掌，又是菩萨所赐，就给它起个"佛手"名字吧！后来，和尚们就插枝繁殖，使这种茶树的种植面积逐渐扩大，所制茶叶由小和尚挑到山下集市去卖，很受人们赏识，年年为庙里增加了一笔不小的收入，终于摆脱了常常无米之炊的困境。再后来，僧人们又把“佛手茶”送给善男信女种植，使它成为今日安溪县乌龙茶大家族中的名丛之一。

传说二：很久以前，安溪县骑虎岩寺的老和尚，天天以茶供佛。一日，他突发奇想；若是泡出来的茶有“佛手柑”的香味多好哇！于是，老和尚就把茶树枝条嫁接在佛手柑树上，经过几个年头的研究试验，终于培育出具有佛手柑味的茶树，并命名这种茶叶为“佛手”。安溪县与永春县是近邻，这位老和尚就把这种嫁接技术传授给永春狮峰岩寺的师弟，附近的农民也争相引种。

清康熙贡士李射策《狮峰茶诗》称赞佛手茶时云：“活水还须活水煎，清泉安得佛山巅；品茗未敢云居一，雀舌尝来忽羡仙”。

(1)佛手生物学特征

原产安溪金榜骑虎岩。灌木型，树势开展，形似佛手柑。分枝部位较高，主干尚明，分枝较疏。叶形多为卵圆形，尖端钝。主脉弯曲、侧脉疏明。叶面扭曲不平多隆起，叶内肥厚，叶质柔软。叶色多黄绿油光。叶缘略向背，叶齿疏明而钝，嫩芽叶肥大，色带紫红。

(2)佛手品质特征

外形：条索壮结肥大，圆结主脉明显，带红色。条形壮大，枝梗细小，光滑。色泽砂绿具光泽。

内质：香气清香似香橼(佛手柑)香。滋味尚醇厚，略甘鲜。汤色清红，叶底软亮，叶张主脉粗大，似香橼叶。

佛手茶主要分布于安溪县和永春县。

8. 水仙

奇茗水仙，有人说是从外地引进来的良种，也有人说它是一个建阳县砍柴人在山里发现的。

相传那年建阳热得出奇，火辣辣的太阳烤得岩石发烫，连那喜蹦爱跳的山雀子也收拢了翅膀，躲进林子里拉着个脑袋直喘气。

这个砍柴人是个穷汉子，家无隔夜粮，手停嘴也停；尽管太阳火烧火燎的，他还得拿起柴刀上山去砍柴。

这天，烈日炎炎，热的喘不过气来，稍许动弹一下，汗珠子就滴成一串串；砍柴人没砍几刀，衣裤湿得能拧出水来。他觉得头昏脑涨的，唇焦口燥，胸口发闷，感到特别疲劳，就到附近的祝仙洞找了个阴凉的地方歇息。刚坐下，一阵凉风扑面吹来，满鼻清香香的，精神立时觉得爽快起来，就顺风来的地方朝前一看：嗬！一棵小树上开满了星星点点的小白花！那叶子又厚又大，绿莹莹的，似要渗出水来。他正渴得要命，就随手摘下几片叶子含在嘴里，便立刻觉得喉咙湿润润的、凉丝丝的，感到特别舒服，就嚼了起来。

他慢慢地嚼着，头不昏了，人不累了；他细细地嚼着，胸不闷了，人不累了。他越嚼越觉得有一股清冽甘芳的香味直渗肺腑，回肠荡气，肚子也"咕咕"地叫饿了！他连忙砍了担柴，又回头在那棵树上折了一根树枝插在斗笠上，就急匆匆地下山回家了。

谁知这晚风雨大作，山呼林啸，在一阵雷鸣电闪中，砍柴人家里的那堵断墙"哗"的一声倒塌了！第二天大清早，砍柴人见他昨天带回来的那根树枝被压在墙土下面，枝干斜斜地伸了出来。第二天发了芽，第三天抽了叶，第四天就长成了小树，第五天又开出了满树香喷喷的白花，煞是逗人喜爱。砍柴人就摘下几片叶子泡水喝，那味呀，又清香又甘甜，又解渴又提神，干起活来也格外有力气。

不久，这事就在村子里传开了，乡亲们看砍柴人神采奕奕，红光满面，就问他吃了什么仙丹妙药？他也弄不清楚，就把事情的经过原原本本地说了出来。大家觉得很新奇，都来讨几片叶子泡水喝，不单止渴解乏，有什么头痛肚胀的，也能治好。这树就更神啦！没几天，这事就传遍了四邻八乡，上门来瞧茶树的人也越来越多了！

大伙都打听这棵树是从哪儿弄来的？砍柴人说是从祝仙洞一棵树上折来的。因为他吐字不清，大家以为是"水仙"，也就把这棵树叫做水仙茶了。

在建阳县所有的茶树中，唯有这种水仙茶只开花不结籽，人们见它斜插在土里，慢慢地，水仙茶在建阳生了根，长得满山遍岭都是，并被引种到武夷山和闽南等地。

(1)水仙生物学特征

树型小乔木，树势半开展，分枝部位高、较疏，主干明显。叶片椭圆形，叶尖渐尖、多数平展、个别略面折。叶面平滑，色浓绿富光泽。叶肉特厚、栅状组织双层。主脉淡绿、明显，叶柄宽，侧脉整齐尚明显。叶缘平、个别略呈波状，叶齿较深。嫩芽叶色淡绿、肥壮、茸毛较多。

(2)水仙品质特征

外形：条索紧结，叶张肥厚稍长、节距较大。枝壮大略有棱角，呈四方形。枝皮黄褐或赤褐，有“黄宽扁”之称。色泽青翠黄绿油润，红点明，具“三节色”。

内质：香气清高细长，似水仙花香。滋味清醇细长略鲜爽，汤色橙黄、清黄或深黄明亮，叶底软亮肥厚，叶面光亮、叶张长、叶蒂阔。叶齿稀、深。

水仙分有“北仙”和“南仙”，北仙主要是建阳、建瓯和武夷山，南仙主要是永春和漳平。

9. 漳平水仙茶饼

原产地福建省漳平县，主产区漳平县，以双洋、南洋、新桥乡镇为多。漳平水仙茶饼又名“包纸茶”，是用水仙茶树鲜叶、按乌龙茶制法制出毛茶，制茶时，在揉捻工艺之后增加了“捏团”工艺，将揉捻叶捏成小圆团，用纸包固定，焙干成形，“包纸茶”的别名由此而来。后又由于手捏形状大小不一，故改用一定规格的木模压制成方形茶饼。

水仙茶饼品质特征

外形：扁平呈方形或圆形、心形，色泽乌褐油润。

内质：香气清高，花香明显。滋味醇厚、耐泡。长期贮存能保

持品质。汤色深褐色，似茶油；叶底黄亮，红边明显。

10. 平和白芽奇兰

白芽奇兰是由福建省平和县农业局茶叶站和琦岭乡彭溪茶场于1981—1995年从当地群体中采用单株育种法育成。1996年福建省农作物品种审定委员会认定为省级品种。

(1)白芽奇兰生物学特征

灌木型，中叶类，晚生种。植株中等，树势半开张，分枝密，叶片水平着生。叶长椭圆形，叶色深绿，富光泽，叶面隆起，叶缘微波，叶身平，叶尖渐尖，叶齿锐深密，叶质较厚脆。芽叶黄白绿色，茸毛尚多。芽叶生育力强，发芽较密，持嫩性强。适制乌龙茶。

(2)白芽奇兰品质特征

外形：条索紧结重实，色泽深绿油润。

内质：香气高爽悠长时似兰花香，滋味鲜爽细腻，品种香明显；汤色橙黄明亮；叶底黄绿软亮。

11. 诏安八仙茶

诏安八仙茶是由福建省漳州市诏安县茶叶科技人员选育成的国家级乌龙茶新品种。编号GS13012-1994。主产区是诏安县的大布、汀洋及闽南各茶区。

(1)八仙茶生物学特征

小乔木，大叶类，早生种。植株高大，树势半开张，主干明显，分枝较密，叶片呈稍上斜状着生。叶长椭圆形，叶色黄绿，有光泽，叶面隆起或平，叶缘平。叶尖渐尖，叶齿稍钝浅密，叶质较薄软。芽叶黄绿色，茸毛少。腋芽两侧有紫色斑点，夏梢更明显。芽叶生育力强，发芽较密，持嫩性强。适制乌龙茶。

(2)八仙茶品质特征

外形：有条形和卷曲形两种，以条形居多。条索壮结，色泽青褐或黄褐油润。

内质：香气清高锐长，品种香明显；滋味浓厚，稍有苦涩感，尔后回甘，有收敛性，回味持久，耐冲泡。汤色橙黄或金黄，汤色明亮;叶底黄绿色较肥厚,绿叶红镶边。

12. 凤圆春

凤圆春系安溪县茶叶科学研究所选育,1998 年 5 月通过省作物品种鉴定委员会茶叶专业组鉴定。

(1)凤圆春生物特征

灌木型,迟芽种。凤圆春植株灌木型,树势半开展,叶片水平着生。叶椭圆形,叶色深绿,富光泽,叶面隆起,叶缘波状、叶身平,叶尖圆尖,叶齿较锐浅密,叶质厚脆。芽叶紫红色,茸毛较少。芽叶生育能力强、持嫩性强。抗逆性强,产量较高,具有铁观音香型特征。适制乌龙茶,品质优异。

(2)凤圆春品质特征

外形:肥壮结实,沉重。色泽乌绿具鲜红点,砂绿明显。

内质:香气高长持久,带兰花香,滋味醇厚鲜爽,音韵轻,汤色金黄、橙黄,叶底肥厚软亮,叶椭圆形,主脉肥大,叶柄宽厚。

13. 肉桂

(1)肉桂生物特征

灌木型,迟芽种。树披张,枝披斜不整齐,似软枝乌龙。皮灰白色、白斑大而多。分枝角度大,枝节较短。叶多水平或略突下垂,齿稍钝、缘面卷,叶肉厚,叶质稍脆。色浓绿缺光,叶齿细浅,侧脉欠明,嫩芽梢短小、绿色微紫,毫尚多而细。

(2)肉桂品质特征

外形:条索细结,枝梗短细,枝皮尚紧,叶张略薄。色泽乌绿油润,带三节色。

内质:香气清奇细长似姜味或肉桂香,具有独特优异的香味。滋味清醇带特异,汤色橙黄或浅黄色,叶底软亮,红边明显,主脉明显,叶齿细浅,属稀有品种。

14. 杏仁

(1)杏仁生物特征

杏仁原产于安溪清水岩。灌木型,无性系品种,中叶类,迟芽种。植株较高大,树势半开展,叶片水平着生。叶椭圆形,叶色深绿,有光泽,叶面微隆起,叶缘微波、叶身平或稍内折,叶尖圆尖,叶齿较钝浅稀,叶质较厚脆。芽叶紫红色,茸毛较少。芽叶生育能力强,持嫩性强。抗旱抗寒性强,产量较高,制乌龙茶品质优良。

(2)杏仁品质特征

外形:条索肥壮紧结,色泽乌绿、绿。

内质:香气高长带杏仁味,滋味醇厚,汤色清黄,叶底长椭圆,黄绿。

15. 白牡丹

(1)白牡丹生物特征

原产安溪芦田福岭,无性系品种。植株灌木型,中叶类,中芽种。树势半披展,分枝较稀,斜生细弱,树皮灰白。叶缘波状,稍面卷,叶肉薄软,叶色淡绿,叶齿细密。嫩芽尚肥壮,品质优良。

(2)白牡丹品质特征

外形:条索结实沉重,枝壮皮亮,色泽黄绿,带砂绿。

内质:香气高长,带牡丹花香,滋味清醇鲜爽回甘,汤色深黄清澈明亮,叶底肥厚软亮,叶椭圆,叶脉主脉白且浮现。

16. 金观音

金观音系从铁观音为母本、黄旦为父本的人工杂交后代中单株选育而成的乌龙茶新品种(国审茶 200717)。

(1)金观音生物学特征

小乔木型,中叶类,早生种。芽头密整齐,有利机采。芽叶色泽紫红,茸毛少,产量高。制乌龙茶品质优异,制优率高。

(2)金观音品质特征

外形紧结重实。香气馥郁鲜爽,滋味醇厚回甘,“韵味”显。

17. 金牡丹

金牡丹以铁观音为母本黄旦为父本人工杂交后代中选育而成的新品种(闽审茶 2003002)。

(1)金牡丹生物学特征

灌木型，中叶类，早生种二倍体。芽叶紫绿色，嫩梢肥壮，持嫩性强。扦插繁殖力强，成活率高。抗旱、抗寒性较高，适应性强。适制乌龙茶，品质优异，制优率高。

(2)金牡丹品质特征

香气馥郁悠长，滋味醇厚回甘，“韵味”显，酷似铁观音。

18. 丹桂

丹桂是福建省农科院茶叶研究所从武夷肉桂的天然杂交后代经系统选育而成的无性系乌龙茶新品种(闽审茶 1998003)。

(1)丹桂生物学特征

灌木型，中叶类，早生种。植株较高大，树势半开张，分枝较密，叶片呈上斜状着生，嫩梢叶色稍黄绿，茸毛少，叶片栅状组织两层，育芽能力强持嫩性好。茶树长势旺盛，适应好，抗逆性强。制乌龙茶品质优异，制优率高。

(2)丹桂品质特征

香高具特殊花香，滋味醇厚有甘味。曾获省名茶奖、“中茶杯”全国名优茶一等奖、国际名茶金奖等多项奖。

19. 桃仁

(1)桃仁生物特征

半乔木型，树势尚高大，自然树冠呈半开展状或较直立，分枝较高尚密，主干明显，叶近水平着生、叶近卵圆或披针形(在自然生长下，因部分尖端孤卷，基部平展，故极似披针形)，先端渐尖、基部钝、叶面孤卷，叶缘波浪大而明。叶肉较薄，色黄绿，铁光泽或略带青。叶齿细、锐明，侧脉密明，主、侧脉形成角度约 80 度左右，芽梢尚肥大，色绿或黄绿带紫红，春茶萌芽期较早。

(2)桃仁品质特征

外形：条索结实略沉重，枝梗整齐光滑，枝皮紧，枝弯曲处带皱节。色泽乌油润，砂绿欠明(外形略似铁观音)。

内质：香气高尚浓郁、似桃仁味，滋味尚醇厚，汤色清黄或橙黄，叶底叶肩大、叶面稍有波浪纹，叶张较圆形、叶脉主根大，叶质

软亮、红镶边明。

20. 乌龙仔

（1）乌龙仔生物学特征

乌龙仔无性繁殖，灌木中叶型，树势稍披张，较高大，比同龄无幅大高宽，唯分枝较幅大稀疏，叶多近水平或略向上斜生，椭圆形，先端暂尖，基渐斜，叶平展，缘稍面卷，叶肉厚，质稍脆，叶色暗绿，具光泽，锯齿粗明稍利，侧脉稍暗，嫩芽稍肥壮，色泽缘毫尚粗明。

（2）乌龙仔品质特征

外形：卷曲细尖，枝节稍长，色泽黑褐油嫩，有光泽。

内质：香气似蜜桃香，滋味清纯悠长，汤色金黄，叶主脉明显，呈红镶边。

乌龙仔主要分布在安溪蓝田乡、长坑乡、祥华乡等地，但由于产量低，品质优势不突出，所以乌龙仔品种所剩无几。

二、闽南乌龙茶初制工艺

（一）鲜叶采摘

从茶树采摘下来的茶叶嫩梢叫鲜叶，也叫“茶青”。它是茶树栽培管理的收获，也是茶叶制造的开始。合理采摘确保鲜叶质量是制作优质茶的重要措施，乌龙茶独特的品质风格，这个环节就显得尤为重要。

表 2-1　鲜叶采摘节气时间表（安溪）

季别	春茶	夏茶	暑茶	秋茶	冬茶（冬片）
节气	谷雨至 立夏后	夏至前后 至小暑前	立秋前后 至处暑	秋分前后 至寒露	霜降后 至立冬
时间	4 月 20 日至 5 月 10 日	6 月 10 日至 7 月 5 日	7 月 25 日至 8 月 20 日	9 月 15 日至 10 月 15 日	10 月 25 日至 11 月 15 日

1. 采摘季节及采摘时间

茶树的萌芽、新梢生长和采摘期受海拔、气温、降雨量、茶树品种和茶园管理、茶树生产情况影响，在正常情况，一年可采 4～5 季。

与采摘期相关的因素有：

(1)海拔高度：闽南地形复杂，海拔相差甚多。可分三大类：

(1.1)南亚热带丘陵区。海拔 300 米以下，茶树生长条件好，全年可采摘五季，采摘期略早。

(1.2)中亚热带低山区。海拔 300～850 米，茶树生长适宜，茶叶品质好，一年可采摘四季，采摘期稍迟。

(1.3)中亚热带中山区。海拔 850～1000 米左右，气候凉爽，阴湿多风，土壤差，一年仅采 3～4 季。

(2)茶树品种：安溪优良茶品种繁多，各品种由于受起点温度和年活动积温的影响，(见表 2-2)各品种间萌芽期早晚、展叶快慢以及茶芽伸育的整齐度都不一样，采摘时期各异，一般分为：

(2.1)早芽种：黄旦、早芽乌龙、大红等。采摘期比中芽种早 5～10天。

(2.2)中芽种：毛蟹、奇兰、梅占等大部分品种。

(2.3)迟芽种：铁观音、慢奇兰、肉桂等，比中芽种迟 3～5 天。

表 2-2　乌龙茶各品种新梢生育对温度的要求

类　别	品种名称	起点温度(℃)	≥10℃积温
早芽种	黄旦、白牡丹	7.2℃	4500℃以上
中芽种	本山、毛蟹、梅占、大叶乌龙	10℃	4500～5500℃
迟芽种	铁观音、慢奇兰	12.5℃	6000℃以上

(3)气候条件：不同气候条件直接影响采摘期。如寒流(倒春寒、秋寒)或夏季、秋季高温，以及不同的地形、地片，都造成局部不同的小气候，也会使采摘期产生变化。

(4)茶园管理措施：不同的肥培、采摘、修剪等措施也影响采摘期。一般肥料充足，采养合理、水分适宜的茶园，茶叶持嫩性好，采

摘期迟 1～2 天。水、肥、管不足的半衰老茶树，长势弱，对夹叶多，出现驻芽早，应早采些。

茶叶生产单位(户)各茶叶生产季节都要进行较为科学的规划特别是春茶，要根据早芽种、中芽种、迟芽种的品种结构及厂房设备、采摘女工、制茶工等因素并要预测制茶期间的气候情况(下雨天不宜采制)一般中芽种在 4 月 27 日前采完，迟芽种在 5 月 10 日前采完，因为春茶生长期长，营养物质储备丰富，气候温暖，能量充沛，芽叶生长快，易粗老。所以要小开面快采、中开面大量采、大开面时作为采摘的扫尾工作，才能确保春茶的制优率。

夏暑要相对嫩采，因春茶采摘的时间差把夏暑茶的采摘时间也拉开，所以夏暑茶的采摘时间就不那么集中，但要通过暑茶的采摘来控制秋茶的采摘期至寒露前后，为秋茶采摘创造制造高档茶的气候环境。

在茶叶采摘季节内，一天可分为早、午、晚三个时间段，“早”是上午 11 时前采摘的鲜叶叫“早青”，上午 11 时至下午 4 时采摘的鲜叶叫“午青”，4 时以后采摘的叫“晚青”，这三个时间段鲜叶的质量分别为“午青”最好，“早青次之”、“晚青”最差，因为“晚青”没有机会晒青。

“午青”时间段用来采摘高档品种和高档鲜叶原料，“晚青”时间段用来采摘较低档品种、低档鲜叶原料。

2. 采摘标准

乌龙茶采摘标准要求较为严格，特别是高档优质茶，应在梢中开面采摘。乌龙茶的成熟度用芽叶开面进行区分，一般分为三种：

小开面：顶叶未展开，叶面积相当于第二叶面积 1/3 左右的新梢；

中开面：第一叶伸展平坦，叶面积相当于第二叶面积 2/3 左右的新梢；

大开面，第一叶的面积与第二叶面积相接近的新梢。另外，还有对夹叶，由于芽头过密或生长不良，仅长出 1 片～2 片真叶即成驻芽的新梢。

乌龙茶采摘要严格控制适制乌龙茶的成熟度有以下几方面原因：

(1)适应做青操作：乌龙茶初制过程中，茶青须经过晒青、摇青的多次搬运和摇动，如原料太嫩，嫩芽在摇青过程中容易发红变质，达不到“绿叶红镶边”的品质特色，导致内质不佳，滋味苦涩，香气低，汤色泛红等缺点。而较成熟的芽梢，上下叶嫩度相似，叶质破损程度接近，利于发酵均匀。

便于控制鲜叶水分的散失速度和方式，鲜叶水分正常散水通过气孔，角质层和皮孔三种途径。幼嫩鲜叶气孔多，开张度大，散失快，经气孔散失水分约占散失水量的 50%～60%；角质层较厚梗皮成熟，散失大大减少，水分基本上由气孔途径散发，少量由角质层散发，这有利于做青过程控制水分正常散发的速度。

(2)保持适当嫩度的鲜叶，蛋白质、氨基酸、茶多酚、糖类、芳香物质、脂肪、维生素等有机化合物丰富，做出来的毛茶香气高长、滋味醇厚、品质高。粗老的鲜叶水溶性物质降低，香气轻飘、滋味淡薄，影响茶叶品质。

3. 采摘方法

(1)手工采摘

高档品种和高档原料必须手工采摘。乌龙茶采摘一般应选择晴天采摘，特别是高品种高档原料。如安溪铁观音采用“虎口对芯”的采摘方法。采摘时将拇指和食指分开，从芽梢顶部中心插下，稍加扭折，向上一提，将茶叶摘下，这种采摘方法有四个优点：一是鲜叶完整不会有破损；二是鲜叶均匀一致；三是鲜叶三不带“即不带损蒂，不带单叶，不带鱼叶”；四是操作灵巧，方便。采上来的茶叶进茶框后不能挤压，不能在太阳光下暴晒，应及时运回青房摊晾，确保茶叶的活性和鲜度。

采摘时鲜叶应做到四分开：

一是不同品种要分开。因为不同品种的鲜叶从外部形态到内

含物质都有差别。如梅占叶质厚而脆，水浸出物为 49.3%，多酚类 21.4%；黄旦叶质较薄柔软，水浸出物为 43.28%，多酚类 19.10%，所以采摘时只有品种分开，才不会给做青带来难度，同时才能更好地发挥各品种的品质优势。

二是早青、午青、晚青要分开。因为各时间段的茶青含水量不一样，影响做青阶段的正常发酵。直接影响到茶叶品质。

三是芽叶大小要分开。就一株茶树而言，不能一次采光，可分为三次采。即：最壮的一芽三叶；一芽二叶，一芽一叶和对夹叶分开采。有利于高档茶做青时均匀发酵提高茶叶品质。

四是老、嫩要分开来摘。鲜叶的品质目标：一要掌握好鲜叶的嫩度和成熟度；二是要确保鲜叶的均匀一致；三是保持鲜叶的鲜灵性。

手采高档原料如安溪铁观音，一般每天一个工人采摘不超过 15 公斤。

(2)刀刈采摘

刀刈采摘是左手轻抓芽叶，右手握刀刈采。按照大小芽梢分开刈采，不会影响鲜叶质量。

(3)机械采摘

为了提高劳动效率，降低劳动成本，缓解季节矛盾，部分茶农使用采茶机，但使用采茶机的茶园茶树必须进行平衡修剪，使生长出来的芽叶高低较为一致，机采鲜叶送进青房后，必须先经过人工拣剔掉严重破损的残叶、粗老叶、杂草等杂物，对太长的芽叶要进行整理，使鲜叶梢均衡整洁。每台采茶机每小时可采 50 公斤。鲜叶适合制作中、低档茶叶。

(二)做青阶段

从茶树采摘下来的鲜叶送茶厂后，就进入做青阶段，需经过：晾青→晒青→晾青→开青→晾青→摇青→晾青→摇青→晾青(目前进行第四摇青第六次晾青的做法较少)至炒青前均属做青阶段。

做青工艺是乌龙茶区别于其他茶类的制作工艺，是整个初制加工过程时间最长、技术性强且灵活的一道工序，是形成乌龙茶优异品质关键性的一道工序。

乌龙茶的制作应根据不同品种、季节和鲜叶的情况采取灵活的操作方法，调节和控制内含物质的变化，从而形成乌龙茶各品种的个性和乌龙茶独特的色、香、味风格。根据研究，认为形成乌龙茶香气的主要成分是橙花叔醇之类的萜烯醇，通过做青工序，在糖甙酶(B樱草甙酶等)的作用下水解，形成了游离态香气，从而透露出馥郁的花香。

在做青过程中，叶缘细胞组织受摇青机的摩擦作用以及叶与叶之间的碰撞作用而被破坏，使茶多酚等化合物与酶接触，促进物质的转化，同时，茎梗与叶片的水分缓慢地蒸发而减少，又通过含水量的变化，控制物质的转化，促进乌龙茶品质特征的形成和发展。所以做青过程对乌龙茶色香味的形成起着决定性的作用。

水分的变化与品质的形成有密切关系，掌握好做青过程中的水分变化，是制好乌龙茶的一个关键。通过摇青，推动茎梗中的水分和水溶性物质通过输导组织向叶面转运、渗透，使叶缘失水得到补充而“返青”挺拔，促进内含物质的变化，称之“行水”。通过晾青(静置)，使叶缘水分蒸发而萎软，称为“消青”。单纯从水分变化角度来说，摇青的目的要求是“返青”，晾青的目的要求是“消青”。茶农认为，做青是“行水”的过程，即茎梗水分逐步向叶面扩散、蒸发的过程。据测定，鲜叶茎梗的含水量比叶片高得多，而经过做青过程，茎梗中的水分经叶面蒸发，从81.4%降到71.3%，叶片水分因得到茎梗水分的补充，只减少5.3%(从75.3%降到70%)，从而使梗叶含水量的差距从6.1%缩小到1.3%(见表2-3)。摇青与晾青一般要反复进行三至五次，叶片的“返青”亦交替进行，“行水”正常。随着做青次数的增加，水分逐渐蒸发而减少，物质的转化速度也逐渐加快，转化的程度逐渐加深。青气逐渐消失，花香逐渐显露增浓。叶缘色泽逐步由绿色转变为黄绿、浅红直至朱砂红，形成

"绿叶红镶边"这是由于叶缘细胞组织因摇青而受损伤,茶多酚在多酚氧化酶的催化下加速氧化、聚合,产生茶黄素、茶红素等有色物质的结果。据测定资料,做青过程的水分变化与品质形成。

表 2-3 做青过程梗叶含水量(%)的变化

部位	鲜叶	晒青	一次摇青		二次摇青		三次摇青		四次摇青	
			前	后	前	后	前	后	前	后
茎梗	81.4	78.40	78.40	76.10	75.40	75.10	74.90	72.70	71.30	71.30
叶片	75.3	73.00	73.00	72.50	72.30	72.00	71.10	69.60	69.50	70.00
混合	76.5	74.30	74.30	72.00	72.80	72.50	72.00	71.10	70.90	71.00

如果在晾青时"消青"过慢,甚至呈现停止状态,或"消青"后不及时摇青,都会造成"行水"不正常,影响化学变化的协调,制成毛茶品质低次。

"消青"过慢或停止,是由于湿度过高所造成的。《武夷茶歌》曰:"凡茶之候视天时,最喜晴天北风吹,若遭阴雨风南来,香气顿减淡无味"。当然,湿度过低也不好,水分蒸发太快,又容易造成"做青青不来"的自然干燥现象。做青间的温度以 18~23℃左右、湿度保持在 75%~80%之间为宜。

此外,摇青次数、转速、摇青程度以及晾青时间等、都对品质产生影响,要根据品种、季节天气和鲜叶的不同灵活掌握。

1. 第一次摊晾

鲜叶进厂后,鲜叶应摊晾在凉爽、湿润、空气流通、清洁无异味无污染的地方。选择坐南朝北的做青间,防止太阳直接照射,保持室内较低温度。

鲜叶摊放不宜过厚,一般在 15~20 厘米,每平方米 20 公斤左右。可根据气温高低、鲜叶干湿、老嫩等情况适当掌握。雨、露水叶要薄摊通风。鲜叶在摊放过程中,要及时翻拌通气,使鲜叶在呼吸作用过程中产生的水分和热量及时蒸发，以免水分聚积在鲜叶表面，俗称“流汗”，而降低茶叶品质。每隔 1 小时翻拌一次，每隔 65 厘米左右开一条通气沟。翻拌时，动作要轻，切勿在鲜叶上乱踩，尽量减少叶子机械损伤。

鲜叶摊放时间不宜过长，一般不超过 12 小时。要求先进厂先付制，后进厂后付制。雨水青表面水多的，可适当多摊放些时间，然后付制。否则鲜叶中内含物质消耗过多，同时容易发酵产生酒精气味，使鲜叶品质严重劣变。

2. 晒青

晒青是乌龙茶鲜叶加工（初制）第一道工序，它是鲜叶在一定条件下逐步均匀失水，发生一系列物理化学变化的过程。对乌龙茶香气、滋味的形成具有重要的作用。

2.1　晒青的目的和作用

蒸发水分，提高酶的活性，并使叶质柔软，梗叶产生水分含量差异，为下一步做青工艺创造条件。

在光热作用下，促进鲜叶内含物质变化，使低沸点芳香物质挥发。清除青草气。

2.2　晒青方法

乌龙茶的萎凋方法依气候而定，晴天采用日光萎凋，俗称晒青，阴天、雨天采用室内吹风、加温萎凋技术对茶叶品质有着重要的影响，其中以日光萎凋最佳。

2.2.1　日光萎凋：晴天，乌龙茶都采用日光萎凋，也叫“晒青”。其中过程包括“晾青—晒青—晾青”几个步骤。

晾青：晒青之前的第一次晾青，目的在于消除鲜叶装运过程的闷热，保持鲜叶新鲜度，防止劣变，并散失叶表水分，便于下一步晒青。

晾青的方法是将茶青薄摊在室内阴凉的地面上，或摊在筛篱放在架上，使叶温下降，恢复茶青活力。

晒青是日光萎凋的主要过程，目的是通过日照处理（光化作

用),蒸发水分,促进鲜叶内含物质的物理化学变化。

晒青的方法:将茶青均匀薄摊在笳篱或水筛或晒场的布料(应是棉织白布)上,在阳光下接受日光的辐射。

笳篱、水筛摊晒,是将适量茶青(0.5～1 公斤)放在笳篱上,双手持篱沿稍为抖旋,使茶青均匀平铺笳篱上,要求做到茶青分布于整个笳篱面。翻拌时亦双手持篱沿,通过振抖,将平铺的茶青集中收拢成堆状,再通过摊青或翻拌使茶青重新摊于篱面上,继续进行晒青。

地面摊晒:将茶青直接薄摊在晒青场上的布料上,厚 2～3 厘米,晒青期间进行 2～3 次反翻拌,使其均匀一致。晒青一般要求太阳斜照,光线柔和。晒青时间视阳光强弱而定。一天之中一般以下午三点以后的阳光较为适宜。一般不宜在中午烈日下暴晒,以免灼伤鲜叶。若茶青数量多,必须抢时间晒青,若须在是午强光照下晒青,须快速、敏捷、短时且勤翻拌,稍加照射即可收青。

晒青历时以晒青适度为标准,一般约为 15～30 分钟,视阳光强弱而定。从总体特征来看,茶青叶态萎软,伏贴,叶色转暗,叶背转白特征突出。从单个芽梢来看,手持芽梢,第二叶下垂,叶色转暗,失去光泽。若晒青程度偏轻,做青时茶青易损伤;若偏重,做青时,茶青不易恢复活力,晒青要求适度。

晾青:晒青之后,要将茶青放在笳篱上,重新进行摊晾,目的是降低叶温,使水分重新分布,恢复活力。

2.2.2　室内萎凋:阴天或南风火天气,采用室内萎凋方法,自然吹风萎凋或以晾代晒。

自然吹风萎凋:在阴天或多云天气,可以把鲜叶薄摊在室内或室外进行吹风萎凋。吹风萎凋时间较晒青长,应勤翻拌,以免上层叶面干皱,下层失水不足。在同样萎凋外观程度上吹风萎凋失水率比晒青略高、掌握程度可比晒青稍轻。

以晾代晒:南风火天气,烈日当空,天气闷热,高温低湿,不宜晒青,采用以晾带晒。将茶青摊于阴凉的地板上或薄摊在笳篱上进行晾青。期间要进行适当的翻拌。

2.2.3　室内加温萎凋：长期阴雨天，鲜叶含水量大，气温低，湿度大，鲜叶水分散发慢，使做青时间拉长，内含物质消耗多，直接影响到茶叶形状、色泽、香气和滋味。室内加温后，可提高温度，降低湿度，促进鲜叶正常化学变化。加温方法大多采用空调制热系统送热气比较安全。

空调萎凋是利用空调具有清风换气，加温除湿的功能，改变青间微域气候条件，又便于控制，达到萎凋目的。是目前普遍采用的萎凋方式。

2.3　萎凋（晒青）的质量要求

萎凋过程对乌龙茶品质起着重要的作用。良好的萎凋是形成乌龙茶优异品质的前提，萎凋程度必须均匀适度。萎凋不匀，做青难于掌握，酶促氧化不匀，制成的茶叶香味欠佳，叶底花杂；萎凋不足，茶叶带青涩，叶底花青；萎凋过度汤色香味淡薄，叶底乌暗，叶缘叶尖失水过多而枯焦，易造成碎末。萎凋适度的特征：

2.3.1　叶面光泽消失，转为暗绿色，发出微青草味。

2.3.2　叶片柔软，第一、二叶稍下垂，顶叶缘部分略卷，嫩梗折弯不脆断，手捏稍有成团，带弹性感。

2.3.3　青草气基本消失，散发出花香或水果香味。

晒青失水率为 6%～13%。鲜叶应均匀一致，没有“伤青”、“死青”，保持鲜灵性。

2.4　晒青（萎凋）注意事项

2.4.1　温度：萎凋速度与温度高低成正相关。温度高，水分蒸发快，可加速萎凋；但超过 35℃，容易造成萎凋不匀，干物质消耗也较多，对品质与制率都不利。低温萎凋，时间较长，化学变化可以充分进行，有利于提高品质；但低于 15℃，酶活性很弱，亦不能达到萎凋的目的。

2.4.2　相对湿度：相对湿度高低与萎凋的速度成负相关。相对湿度在 95%以上时，萎凋难以进行，时间太长对品质也不利；低

于50%时，萎凋速度虽较快，但又容易产生焦芽、干边等缺陷。一般萎凋室的相对湿度，以保持在70%左右为宜。

2.4.3　空气流速：空气流速与萎凋快慢成正相关。空气流动速度，干燥天气以2米/秒左右为宜，湿润天气以不超过3米/秒为宜。

2.4.4　摊叶厚度：摊叶厚萎凋慢，摊叶薄萎凋快。室内自然萎凋以每平方米摊叶0.5公斤左右为好，最多不超过1公斤。

2.4.5　及时萎凋：鲜叶采下后，呼吸作用乃在继续进行，有一部分有机物质被消耗而有所减少，对鲜叶质量有一定影响。所以，鲜叶进厂后应尽快萎凋，贮青时间不能太长。

2.4.6　青房温度控制：为了使萎凋叶的化学变化得以充分进行，萎凋的温度宜低不宜高，萎凋时间宜长不宜短。据测定，鲜叶进青房后，温度控制在18～23℃为宜。萎凋时间控制在14～18小时内，因为这段时间多酚类的活性最强。

2.4.7　晒青适度的掌握：鲜叶晒青适度的掌握，影响到摇青的转数、次数、晾青时间、方法、发酵程度以及炒青的时间和方法，并将影响烘焙、塑型等工序。在晒青时，应全面考虑，统筹安排。摇青次数、摇青时间、时机、炒青时间、炒青先后顺序，应随时掌握天气的变化，因时制宜。

因此，晒青程度的掌握应参照品种、鲜叶的含水量、季节、天气、技术水平和机械设备等因素。

2.4.8　根据不同品种晒青：

表2-4　各品种春茶晒青失水率(%)

品　种	铁观音	本山	毛蟹	黄旦	梅占	奇兰	色种	乌龙
失水率	6～8	5～8	8～10	4～6	11～12	7～11	8～12	7～10

2.4.9　根据茶青含水量晒青：茶青含水量不同，嫩叶含水量

多，晴雨交替天气鲜叶含水量多，肥壮茶青含水量多，山沟、南坡采摘的鲜叶含水量多，即使同品种鲜叶、嫩梢不同部位含水量也不同（见表 2-5），应视不同含水量掌握不同晒青程度。

表 2-5　茶叶嫩梢各部位时片含水量（%）

部　位	芽	一叶	二叶	三叶	四叶
含水量%	77.6	76.7	76.3	76	73.8

2.4.10　根据天气晒青：气温低，相对湿度大的天气宜重晒，北风天、阴雨天和制茶间阴湿的，宜重晒。估计半夜天气转为雨雾低温的应多晒；南风、西南风，温度高湿度低的天气，鲜叶失水快，宜轻晒。

2.4.11　根据不同季节晒青：春茶气候适宜，湿度较大，鲜叶含水量多，可适当重晒；夏暑茶季节，气温高，湿度低，鲜叶水分散失快，宜轻晒或不晒；秋茶季节天高气爽，气温不高，相对湿度低，鲜叶叶薄梗细，含量少，宜轻晒，以保水“顾青”。

2.4.12　根据技术能力晒青：操作技术熟练者，可适当掌握重晒青，以减少摇青转数和时间，达到炒制及时，技术水平低的，可略经晒青，以便于掌握摇青，留有余地，避免做青过度。

2.4.13　根据机械设备情况晒青：使用电动摇青机、炒青机和机械整形、包揉机加工的，机械加工水平高的，晒青可略轻晒，以保留鲜叶较多含水量，适应机械制茶的水分损耗。晒青不足可用重摇青进行调节和补充。若鲜叶不经晒青，不萎凋，用加重摇青办法做青，则可能产生鲜叶发酵不足或不正常，香气低、滋味偏青涩。

3. 摇青与晾青

做青过程包括“摇青”和“晾青”两部分。摇是动的过程。鲜叶在摇青筒中进行碰撞、散落、摩擦运动，大部分叶缘细胞破碎和损裂，水分发生扩散和渗透，细胞间隙充水，叶硬挺，青草气味挥发，鲜叶活、有光泽。

“晾”是“静”的过程，鲜叶放在笳篱中，进行水分渗透以及一系列化学变化，逐步发酵变红，香气形成和显露，细胞间水分散发，鲜叶呈柔软状态，叶色转黄绿色。

3.1 传统做青技术

乌龙茶做青，目前多数采用摇青机和综合做青机（优质铁观音不适应综合做青机）。现在已发展到应用空调技术和程序控制做青方法。

3.1.1 做青室：做青室一般要求设在较密闭而凉爽的地方。室温以18～23℃最适宜，相对湿度75％～80％。夏、暑季节可设在地下室。温度过高，多酚类酶性氧化及其他物质的化学变化过于剧烈，有效中间产物积累少，品质差；室温过低，做青中必需的物质转化不足或难以完成，品质也差。相对湿度过高或过低，影响叶内水分蒸发和基质的浓度，同样对品质形成不利。

3.1.2 摇青机做青

目前使用的摇青机械有6cwy-85型普通摇青机、6cwy-90型无级变速摇青机。

摇青机的组成：摇笼（机筒）、传动装置、机架和操作部件组成。

摇青机机筒（单筒或双筒）一般是用竹篾编成的具方形或菱形网孔的圆筒，鲜叶投量根据竹篾笼大小掌握。转速28～32转/分。

摇青机的使用：接通电源，先试机，若运转正常，再停机，清理摇青筒内积叶杂物等。装入茶叶，装茶量以刚好在筒内的轴下为宜，无轴的摇青机，鲜叶投量控制在筒内容量的50％，并扣好进茶门。合上刀闸开关，让摇笼运转。摇青时间、次数与间隔时间依气候季节和做青程序控制灵活掌握。

摇青结束，断开闸刀开关，打开进茶门卸叶，扫清筒内茶叶。

6cwy-90型无级变速摇青机尤其适用于名优高档茶的作业。可根据做青需要自行设置摇青时间、转速，以提高茶叶品质，使用方法与6cwy-85型普通摇青机相同。

3.1.3 摇青方法

摇青机做青是利用机械的转动使叶子随着机筒转动散落、摩擦，擦破叶缘细胞，促进酶促氧化和转动产生的离心力，促使叶子内的水分的"流动"，促进物质的转化。摇青时，鲜叶投量根据笼的大小而定，投量约相当笼容量1/2为宜。转速28～32转/分。转速若超过35转/分，会产生较大的离心力，使茶叶附着筒壁空转，达不到摇青摩擦损伤叶缘的目的。同样摇青筒装叶量也不宜过多或过少。容量在传动轴下、不超过传动轴，过多摩擦不均匀；过少，茶叶摩擦摔伤过厉害，容易造成"伤害"。

乌龙茶做青一般在夜间进行时间较长，其优点是夜间气温较低、相对湿度较大的条件下做青，有利于内含物质进行缓慢的化学变化和有效成分的积累，做青程度容易控制。

摇青是控制鲜叶物理化学变化的过程，摇青方法应掌握"循序渐进"的方法。一般要掌握如下四个要领：

摇青转数由少渐多：首次摇青，梗叶水分的通道未畅通，多摇水分扩散速度跟散失速度不适宜，易造成上部叶散水多，梗折弯、茎皮伤，形成上下部分阴塞，同时细胞破损多，在水分含量充足，细胞液浓度低，叶细胞紧密结构未被破坏时，使得内含物的转化慢，芳香物质不能按序挥发。因此，每次摇青时间及转数由少到多，可以使水散发和芳香物质二者转化协调。

摇青后，细胞破损多，水分散发快，各种变化加剧，细胞质亲水性减弱，水位差降低，低沸点芳香物质大部分挥发，这时应多摇，才能促进"行水"，避免脱水，从而形成清香气味。

晾青时间由短渐长：晾青是个散发水分和进行化学变化的过程。晾青时间是和摇青转数相适应的，第一、二次摇青后，晾青时间为90～120分钟，第三、四次晾青时间为180～240分钟。在正常情况下是摇青转数由少到多，与晾青时间由长到短是相一致的。但有些做法也有改变，以春茶铁观音正常天气做青为例，第一次晾青1.5小时，第二次晾青为1小时，第三次晾青40～45分钟，第四次晾青约30～35分钟。

摊叶厚度由薄渐厚：每次摇青后都应翻拌鲜叶，摊放置在筛篱上，第一、二次均匀摊放，第三、四次可摊成凹形。第一、二次摊放较薄，约1～2寸，第三次略厚约3～4寸，第四次后摊5～7寸。这主要是为了控制散失水分速度，调节适宜叶间温湿度和提供适当的氧气。

3.1.4　红变程度由轻到重，达到乌龙茶“青蒂、绿腹、红镶边”的要求。

第一次摇青——摇匀。主要是促进晾青叶水分分布均匀，叶片恢复生机，为摇青“走水”作准备。摇青一般在晚间17—18时开始。此次摇青要轻，宁轻勿重，以免死青。摇后将叶抖松薄摊静置，以促进水分蒸发。待叶尖回软，叶面平伏，光泽消失，叶色暗绿加深，叶缘绿色转淡，青气退，略带清香，即可进行第二次摇青。

第二次摇青——摇活。一般于夜间21—22时进行。此次摇青较第一次重，以损伤叶缘细胞，促进叶内水分及物质的运输与转化。摇后稍有青气，叶面光泽明显，叶尖翘起，叶略挺，稍呈膛阳复活状态，开始“走水”。静置后嫩叶开始背卷，后期叶尖回软，叶面平伏，叶肉绿色转淡，叶齿变红，微红边。待青气退，略有香气时进行下一次摇青。

第三次摇青——摇红。一般于午夜23—24时进行。此次是摇青的关键，它对内含物，尤其是芳香物质的转化，红边的形成是重要阶段。第三次摇青需摇至青气浓烈，叶子挺硬，摇青适度时，摇青叶有“沙沙”声响，即可下机静置。这次摊叶要厚些(若高温季节则不宜过厚)堆成“凹”形，以防堆中叶温过高。此次摇青较重，中缘损伤达到一定程度，叶面隆起部分也有一定损伤。静置后走水明显，叶缘背卷略呈汤匙状，红边显现，叶面隆起处有红点，叶色转黄绿，青气退，清香或花香起，即可再行摇青。

第四次摇青——摇香。于凌晨3—5时进行。此次应根据红边程度决定摇青的轻重，红边已足者可轻摇，红边不足则稍重摇，摇至略有清气出现即可。春季与晚秋,气温低,摇后青叶应厚堆,以提高叶温,使损伤处多酚类化合物酶性氧化能顺利进行,促进芳香物质的形成与积累,若温度过低,可在叶堆上加盖布袋,以保持叶温,促进内含物化学变化。当叶温比室温高 1～3℃,叶堆略有温手感时,花香浓郁,嫩叶面背卷或隆起,红点明显,叶色黄绿,叶缘红色鲜艳,叶柄青绿色,呈“青蒂绿叶红镶边”即为做青适度,应及时炒青,防止香气减退和“发酵”过度。夏季气温高,青叶不宜厚堆,以防发热红变。

在正常情况下,免做第四次摇青,第四次摇青是起到修补作用。第三次摇青要根据天气转变等因素而定,要求有一定的散水和红变程度。过多则青力不强,太少则发酵不足。第四次摇青是弥补第三次摇青的不足。

摇晾青后,鲜叶的水分已散发到一定程度,细胞亲水性弱,膜透性弱,内含物浓度大。摇青过多或闷堆“发汗”、升温快,易使叶内变化激烈,降低品质,因此,应注意灵活掌握,不一定要厚摊或拼堆。

在局部地区,摇青亦有采用先多后少的方法,第一次摇青用重摇 700～1000 转,以后逐次减少,这种制法有红镶边,但茶叶色泽青绿色,香气偏香,汤色清黄带微绿。有一部分地区摇青采用先少、中多、后少的方法,这种方法适用于山区,后半夜气温低,湿度大,“发酵”进程慢。第三次多摇可提前达到红变度的要求,第四次摇青可灵活掌握补充。但过早“发酵”,各种变化不协调,鲜叶“青力”不足,茶黄素过多转化,香气略飘,水色泛红,欠金黄。

对于肥壮茶青,由于轻晒青,摇青不足或天气冷,须经四、五次摇青,应注意掌握时间,避免因做青时过长而引起内含物质消耗和转化过多,导致香低,滋味淡薄。

在气候炎热的夏暑茶季节,低丘陵地区,也有个别采用当天采摘的早青,傍晚炒青,夜间烘焙完成的。采用的方法是及时采摘验收,及时晒青,适当重晒。第一次轻摇薄摊,第二次重摇,第三次适

当摇，略薄摊，待青味退、转清纯，红变充分即可炒青。现在都采用空调技术做青，应用低温薄摊方法控制茶青内含物质的物理化学变化，大大地提高夏暑茶的品质。

表 2-6　摇青过程简明表

次　数	第一次	第二次	第三次	第四次
作　　用	摇匀（促进变化）	摇活（鲜叶行水）	摇红（“发酵”明显）	摇香（“发酵”充分、品质形成）
摇青转数	60～90 转	120～200 转	180～400 转	300～600 转
摇青时间	2～3 分钟	4～6 分钟	6～14 分钟	10～20 分钟
摇青后鲜叶状况	青草气微露	青草气略强叶略硬挺	青草气浓强鲜叶硬挺	青草气强，稍夹淡香味，叶片较硬
作　　用	摇匀（促进变化）	摇活（鲜叶行水）	摇红（“发酵”明显）	摇香（“发酵”充分、品质形成）
晾青措施	翻松、薄摊 2 寸	翻松、略薄摊 2 寸	翻松、略厚摊 3～4 寸，篱中稍凹状	翻松、厚摊 5～7 寸，篱中成凹状
静晾时间	1.5～2 小时	1.5～2 小时	2～3 小时	3～4 小时
晾青后鲜叶状况	青味退，叶片稍平伏	青味退，叶片稍平伏，叶色略浅绿、叶缘部分锯齿红	青味退，味清纯、叶边部分红变叶色转略黄绿，柔软叶如汤匙状。	青味退，香气显露，叶缘红变度充足，叶色黄绿，茶青柔软、润滑，品种特征明显，气味浓馥。

3.2　做青技术要点

3.2.1　看品种做青：不同品种，由于外部形态、内部结构和水分、内含物的组成和比例各不相同，做青上应有所差别（见表 2-7）。

叶薄软、黄绿色或有自然高香型的，如黄旦等，应轻晒轻摇，

"发酵"较轻,不使香气过早过多散失。

特殊品种、叶张肥厚的,如铁观音,应适当保有"青力",晒青要适度,摇青要采用先轻后重,促使"发酵"充足,使香气浓馥,品种特征显现。为了保持有充分的"青力",以使特殊韵味浓厚,可以四次或五次摇青,采用轻摇短晾的办法,使"行水"更为平稳,总转数和时间相同,在次日上午8—10时炒青。

表2-7　各品种做青物点简明表

品　种	形态结构	部分内含物含量(占干物量%)		做青特点
铁观音	叶肥厚,椭圆形,叶脉及梗肥壮	43.3	18.71	晒青要适当,一、二次摇青宜轻,三次宜重,"发酵"充分些,才能形成浓香高韵。
黄　旦	叶薄梗细,黄绿质软皮薄	43.28	19.10	轻晒青、摇青,最后一次可重些,"发酵"可略轻,保持高香特色。
毛　蟹	深绿色,叶梢厚,梗稍壮,皮薄质韧	40.87	15.36	晒青适度,摇青适当,三次可较重,"发酵"应适宜,既除去青味又保留花香味
大叶乌龙	叶圆厚,梗稍肥壮,浓绿色,质稍硬。	42.34	17.85	晒青稍重,三、四次摇青较重,促使转兰花香味
本　山	绿黄色,梗线长,叶脉显,叶椭圆。	40.52	11.96	晒青稍轻,一、二次轻摇,三次适当重摇,保"青力","发酵"可稍轻,以保持高香
梅　占	叶浓绿,长椭圆,梗条壮,叶质厚脆。	49.22	21.47	重晒轻摇,"发酵"充足,去青辛味转熟香味。

特异香型,或较浓青草气品种,如毛蟹、大叶乌龙、奇兰等做青应稍重,促使青味散发,但应保持鲜灵性和保留品种香。

叶厚色浓绿且青味重的品种,如梅占、菜葱、皱面吉等,宜嫩采、重晒、轻摇,及时摇,以使"发酵"充分,青味散发,转清香味。

叶色浓绿，梗细叶薄的品种，如乌龙、菜茶等，应适当轻晒，适当重摇，促消青味，“发酵”应适宜，避免失水过多，茶叶轻松滋味淡薄。

3.2.2　看季节做青：各个茶季，气候条件差异很大，茶树生活在不同环境中，鲜叶有很大的差别，制茶技术方法也各有特色，根据乌龙茶的特点，对各个茶季的茶叶品质要求也不一致(见表2-8)。各个茶季做青特点，可根据“春(茶)消，夏(茶)皱，秋(茶)水要守牢”的原则。“消”是春茶失水要多，梗叶的水分呈现不饱满的状态。春季鲜叶含水量高，内含物丰富，做青要促进水分蒸发和物质转化，使梗叶水分消失。晒青和摇青宜重，才能形成浓馥的香气和醇厚的滋味。“皱”是夏、暑茶失水应适宜，梗叶表面略呈皱状。夏季鲜叶含水量少，晒青和摇青要适当，可使“发酵”充足及正常。秋季气候干燥，鲜叶含水量少，做青水分又容易散失，常造成失水过度。因此，秋、冬茶要求达到“三秋”，既秋色、秋香、秋味，做青宜轻，才能保持水分，保持茶青充足的鲜灵性，形成翠绿、高香的风格。

表 2-8　各茶季做青方法比较表

茶季	采摘成熟度	含水量	内含物质	鲜叶状况	品质要求	做青要点
春茶	成熟	多	有一定比例	叶肥厚，上下部叶子较一致	香气浓馥，滋味醇厚，色泽乌油润	重晒重摇，晾青长，“来去水”分明，“发酵”充足
夏茶 暑茶	幼嫩	较多	儿茶素类物质多	角质层厚，上下部叶子不一致	幼嫩紧结，红变充足	轻晒轻摇，叶薄摊，晾青短，“发酵”较充分
秋茶 冬茶	中成熟	较少	芳香物多	叶张略薄梗细	香气高强，边红艳，色泽翠绿	轻晒重摇，保水保“青”、保温，“发酵”稍轻

3.2.3 看天气做青：在温度、相对湿度和风力风向等各种不同天气情况下，应采用不同的晒青、摇青、晾青等措施，通过外因影响内因，达到“发酵”正常的速度和程度。下面介绍春茶铁观音在不同天气下的做青技术。

看天气做青的要点，就是根据温度和相对湿度的差别，使用各种手段，一方面促进茶青水分的散发，并保持适宜的速度，控制散水的方式，另一方面又要保留一定的含水量，以水分变化为中心，促进“发酵”红变，青味挥发，叶色转变等变化。

半夜天气转变，摇青过程也应围绕散水与保水为中心，进行相应操作；

转暖，温度升高，湿度降低，失水快，应适当少摇薄摊，及时摇青，增加摇青次数并酌情提早炒青。

转冷，应多摇厚摊保温。

下雨和多雾，易造成“梗消叶未消”现象，香中带青气，应先薄摊，使水分散发再厚摊保温促“发酵”。

刮风，应关闭门窗，厚摊防风，不使茶青“寒死”。

表 2-9 春茶铁观音在不同天气下的做青技术

天气		天气特点	做青技术
南风天气	东南风	高温　高湿	轻晒　轻摇　短晾　提早炒青
	南　风	高温　中湿	轻晒　较轻摇　适当保水　防风
	西南风	高温　低湿	微晒　轻摇　接筛　多次　保水　防风
正常天气		中温　中湿	重晒　重摇　走水正常　来去水分明
北风大	东北风	低温略　高湿	较重摇　较厚摊
	北　风	低温　中湿	较重摇　厚摊　防风
	西北风	低温　低湿	较重晒　摇青先轻后重　厚摊保水防风
	黑北风	低温　高湿	重晒　第三、四次摇青应重摇厚摊可拼大堆保温促发酵

注：黑北风是指多云转少云、吹西北风的天气

做青间的小气候对做青也有较大的影响。东南方向室内温暖，西北方向则较为寒冷，高坡干燥，低洼阴湿。因此必须注意选择厂址方向，或根据各季节不同天气，在厂房内选择不同地方作为做青间。有条件的可以根据做青要求，在做青间中采取通风、加热、喷雾等升降温方式调节温湿度，一般要求做青间温度18～23℃，相对湿度70％～85％，空气清新流通。

乌龙茶做青，在于物理变化与化学变化的配合，内因与外因的协调，既统一又矛盾。它具有很高的灵活性，也具有一定的规律性。研究乌龙茶鲜叶的一系列变化规律，可以从中分析和判断做青的适度和操作程序，在制茶工艺改革、机械化、连续化、程序化的大生产中，引以借鉴和作为技术指标。

3.2.4　看鲜叶批量、技术水平、机械设备和晒青程度做青鲜叶批量大，炒青时间较长，为了保证前后批茶青“发酵”程度一致，从晒青开始的各程序，掌握方法和程度应有差别。一部分可重晒重摇，提早“发酵”，提早付炒；大部分正常掌握；另一部分先轻晒轻摇，后重摇厚摊，推迟炒青。

技术水平高，掌握进程稳、准，可重晒多摇，适时“发酵”，减少摇青时间，节省劳力，使制茶有合理的安排；反之可适当轻晒轻摇，留有余地。

制茶机械化程度较高，做青时要考虑炒、揉、焙等工序的连续，合理利用机械，节约热能。早青应掌握炒制迟一些，晚青要促使“发酵”快一点，以免各批茶青“发酵”时间相差太多。

晒青不足的要适当重摇，促进“发酵”，晒青过度的要轻摇短凉，增加摇青次数，必要时提早炒制。

3.2.5　雨水茶青的制法：春季温暖多雨，在春茶采制期间经常遇上连绵阴雨，采摘的鲜叶含水量多，内含物相对较少。在低温高湿的天气条件下，水分散失慢，影响内含物质的转化，而且做青时间越长，内含物质的消耗越大。如炒制不及时、做“三天青”则形成茶叶条索轻松、色泽青绿、滋味淡薄青涩。

目前,生产中,对于雨水青的处理方法,一是薄摊在笳篱或楼板上,促进水分散发;二是吹送热风、生火炉提高室温,降低相对湿度;三是重摇薄摊,增加破损率,促进水分散发;四是炒青适当多扬;五是烘焙采用"低温慢焙",促进滋味较清纯。

3.3 空调做青

形成乌龙茶优异的品质特征是"天地人"结合的成果,"天"指的是制茶季节、自然气候、天气;"地"是指地形地势海拔、土壤性状,茶树品种及自然生态环境;"人"指的是茶树管理水平、鲜叶质量,采摘制作水平和人的主观能动性。

随着社会的进步,科技的发展,乌龙茶初制工艺机械程度在加速,但影响乌龙茶品质的关键工序——做青萎凋,直到 20 世纪 90 年代才被发现和利用空调做青,进入 21 世纪后被充分利用和普及。

空调做青技术的开发和普及为目前内销市场适销的安溪清香型铁观音和永春佛手成品茶的香气和鲜度提供了技术参数,为夏季、暑季、阴天、雨天等不利于茶叶采制天气创造了适应做青的人为小气候环境,为提高制优率,减少低档茶作出了贡献。

3.3.1 青房的设计与应用

青房主要是用于做青摊晾过程,原则要进出作业方便,窗门关能适当密封,开能控制通风透气,可控制加温,保温和降温需要,适应鲜叶"消青"而不"失水"。因此其坐向以坐南朝北为宜,青房室内墙体只需三合土(沙、水泥、泥土)粗壁粉刷,不宜光面油漆装修,地板可铺粗地砖,以免影响鲜叶消青。高度 3 米左右为宜,太高空间太大,影响温湿度控制,浪费能源,太低影响操作和空气流畅。青房如果是新建的,长方形为宜,门可设置滑拉门,门窗占外墙的面积不少于 1/5。青房面积的大小应根据日产量的多少而定,假设青房高在 3 米左右,面积与可容纳鲜叶的比例为 1 平方∶10 公斤,青房与空调的配置 1 平方∶0.1 匹,也就是说 15 平方的青房可配 1.5 匹的空调。

空调器的安装:空调器一般是安装在高于笳篱架上方的墙体

上，墙脚下可安装自动湿浊气体排泄装置控制系统，每 2 小时自动排气一次 2 分钟，并能自动关闭，这样能确保青房内预期可控性温度不受影响，又能把湿浊性气体往青房外排除掉。

3.3.2　空调做青技术要领

鲜叶原料：鲜叶原料以驻芽二、三叶，中开面为宜，鲜叶先进入青房摊晾，待太阳西斜、光线柔和时晒青，失水率控制在 80%左右，鲜叶变得稍微柔软，这样就可以进入青房筛篱架上的筛篱进行摊晾。

空调做青室温、湿度调控见表 2-10。

表 2-10　做青工艺及环境参数

工序	时间	摇青历时	晾青历时（小时）	做青间环境		室外环境	
				干球温度	湿球温度	干球温度	湿球温度
一摇	18:30	3	0	21	19	27	25
二摇	20:30	7	2:00	21	19	27	25
三摇	23:00	35～50	2:30	21	18	26	24.5
炒青	次日 8:30	/	9:30	20	7.5	26	24

晾青前 20 分钟开启空调器，预先将做青室进入冷却，以便青叶进入做青间后能迅速进行热交换，降低叶温，减缓青叶的物理化学变化。当室外气温低于 23℃，相对湿度 75%时，可不开启空调，按常规操作。当气温高于 23℃，则开启“制冷”功能，将温度调至 19～22℃；如果只是湿度高于 75%，则开启“除湿”功能，两项标准都超过时，则开启“制冷”功能。一般是将做青空调室温度计调节在 19～23℃范围。阴雨天气或茶青没有经过晾青的情况，启动空调机，还有除湿的作用，效果更佳。

空调做青应将萎凋叶摊于筛篱上，摊凉应均匀，不宜过薄，避免影响发酵。摊叶量（鲜叶）每筛篱 1.5 公斤左右为宜。

空调做青属低温“发酵”，应循序渐进，延长摇青与晾青的时间。摇青机转速掌握在6r/min左右，以运动为主，摩擦为次。特别是夏暑茶的叶质薄，容易损伤红变，摇青转速以慢转为宜，以促进走水，去除苦涩味。

第一、第二次摇青应轻摇，第三次根据青叶变化适当重摇，促进“发酵”。摊晾时间遵循前短后长的时间进行，摊叶厚度同样是前薄摊后厚摊。

空调做青平均温度为20～23℃，相对湿度平均为78%。在这种空调环境下做青的茶叶的苦涩味明显减少，因此，茶叶品质比非空调环境做青的茶叶品质明显提高。

乌龙茶“冷”做青过程理化性状变化的研究表明，在“冷”做青条件下，其内含物变化均在较长时间内缓慢进行，形成以轻晒青、轻做青（轻摇、薄摊、长晾轻发酵）、重炒、冷揉、低温干燥为特点的乌龙茶新工艺。“冷”做青温度以19～23℃为宜，温度过低，内含物转化较为缓慢，做青历时长，内含物消耗过多，导致滋味鲜醇但淡薄，且不耐冲泡，香气清细带青，对品质不利。

3.4　做青技术综述

乌龙茶做青工序是决定毛茶品质最关键的一道工序，它要根据地理位置品种、鲜叶质量、季节、天气、温度、湿度、青房等不同情况采取不同的技术措施，且做青工序各时间段的酶促氧化没有规律，没有办法量化，全凭人体的悟性和经验积累。

3.4.1　做青技术也叫“看青”，也就是观察鲜叶在做青过程中酶促氧化的程度。它包括“看、嗅、摸、照”四个连续的步骤（或称为“看、嗅、摸”三方法），经过及时、认真、细致的观察，结合气候等因素，分析、判断茶青“发酵”程度，采取相应的措施。

看：看整体情况，做到心中有数。主要是观察茶青叶状与叶色。静晾的茶青，叶色浓绿、硬挺，可认为是晾青未足；叶平伏、色泽转黄绿，则可认为晾青适度；叶转皱面、呈暗绿色、带干硬状，晾青已过度。

嗅：在未翻运晾青叶之前，仔细嗅上、中、下各部分青叶气味，主要是青草味的强弱、香气的类型和轻重，品种的特殊气味和浓纯度。摇青时，嗅气味是摇青程度的主要依据。摇青不足则青味轻微，摇青充足则青味浓强。

摸：边嗅边摸。摇青充足茶青硬并带弹性，摇青不足则茶青软伏；晾青不足茶青硬挺，晾青充足则茶青柔软、带弹性感。同时手触感叶温，茶青“发酵”，温度略高于气温有温手感。

照：也是看。看典型、看代表性的晾青叶。随机扦取晾青叶，用灯光或手电筒照看，看叶色转黄绿色程度，红边情况及红变颜色，如叶蒂呈青色、叶脉走水而稍透明，梗叶的光泽及消水适度等情况。

“发酵”适度的观察是一项技术性较强的工作，应综合观察分析，因叶片老嫩不同，变化不一，观察时应以第二叶为标准。主要观察项目有：

叶色：青蒂、绿腹、红边。中间转为黄绿色，稍有光泽，叶缘鲜红度充足，梗表皮因走水，已不饱满，有皱状。

气味：青草气味或青辛气味消失，香气显露和高强，特殊品种香气呈现。如铁观音呈现高香和“韵”味（近似生人参的酸甜味），雪梨呈梨子香味。

叶状：平伏、柔软、润滑，有弹性感。

叶温：略有温手感，叶温比室温高 1～3℃。

做青“发酵”适度的观察掌握还应参照以下因素：

季节：春茶宜足，秋茶宜轻；

品种：小叶种或叶色黄绿薄软，香气高的品种如黄旦宜轻，掌握“发酵头”，即青气刚现便可炒青。梗叶粗大青味重，含水量多的品种，如梅占、水仙，应掌握“发酵尾”，即红边较充分，略呈暗色，叶缘成枯焦状，香气由浓浊转为清醇时炒青。铁观音、毛蟹、本山等中叶品种角质层较厚，叶色浓绿的品种应掌握“发酵中”，即红边充足香气起，花香浓郁时炒青，品质最佳。

嫩度：幼嫩鲜叶宜足，老熟鲜叶宜轻；

气候：凉爽低温天气宜足。炎热干燥天气宜轻。

地质：有特殊土壤质地和气候的地片采摘的鲜叶应促使特殊品质的体现。

3.4.2 做青适度标准：做青适度的叶面凸起，形似汤匙。叶色黄绿，失去光泽，叶质柔软，叶缘银朱色，叶青呈现红色斑点，青气消失，花香显露。

（三）乌龙茶炒青（杀青）

在完成乌龙茶做青工序后，将进入炒青工序，炒青是毛茶制作工艺中一道关键性的转折工序，它承上启下，迅速制止一系列酶促氧化，巩固已形成的品质特征。同时继续散失水分，便于揉、焙塑形等操作工序。

1. 炒青的目的与作用

利用高温，迅速钝化酶的活性，制止酶促氧化巩固已形成的品质。

做青适度的鲜叶，水分和内含物质已转化到一定程度，达到了乌龙茶内质的要求，必须及时迅速抑制酶促作用，否则，做青继续“发酵”，红变过度，产生不利于茶汤的褐色素物质。

继续蒸发水分，为塑形创造条件。

随着叶温迅速升高，叶细胞受热膨胀，部分液泡破裂，结合水释出并蒸发，从而降低细胞的膨压，增强韧性，为揉捻、塑型创造条件。

随着水分蒸发，使叶内具有青草气的低沸点芳香物质挥发，高沸点芳香物质显露，增进茶香。

2. 炒青的方法

手工炒青：这是传统的工序，目前是少数小户茶农使用的方法。其优点是炒青均匀，闷炒保水程度好，炒青适度容易掌握。手工炒青的方法是：在口径为 50 厘米的平锅或斜锅内，锅温 210～

230℃，投叶1公斤，以闷炒为主，抖闷结合。做青叶下锅后，立即手抓翻炒，注意青叶均匀翻动，至叶间稍有水汽，手感热而烫手时，改用两个炒手炒青(半月形带手柄的木板炒手)，先略抖动一两下，散发部分水分和挥发青气，随即以双茶扒夹住炒青叶翻动，这时有低闷的细胞爆裂声。临出锅时，以使之均匀散水，略炒即可出锅揉捻。

手摇炒青机：在炒青锅上配有一个炒青把手，锅筑成斜状，锅壁成内弧状。手摇炒青机工效高，可同揉捻机配套。但炒青时，由于翻抖多，失水也多。因此需注意投叶量要适当，翻炒要均匀，转速应掌握快、慢、快。炒青过程应注意闷炒，减少叶子在锅中的抖扬散失水分过多。在秋茶或粗老叶炒青时，还可用遮盖顶等方法，以减少水分蒸发。

滚筒炒青机：目前使用的炒青机械有6cws-90型液化气炒青机、6cws-110滚筒炒青机。

炒青机的组成：主要由滚筒、传动装置、机架和操作部件组成。具有翻炒均匀、升温快、炒青质量好等优点。

使用方法：

炒青前，对各传动部件进行检查，并往各润滑点加润滑油。

表2-11　乌龙茶春茶炒青情况

机　具	手工炒青		手摇炒青机		电动滚筒杀青机		备注
规格(cm)	78	84	84	96	80	110	
温度(℃)	200左右	200～220	220～240	240左右	260～270	280～290	
投叶量(kg)	4～4.5	405～5	10～12	14左右	40～45	60～80	
时　间(分)	4～6	4～6	5～8	5～8	6～10	6～10	

按下启动开关，让主轴试运转，打开液化气闸门，点燃液化气，燃火要旺稳。

当出口的筒温达到 280℃左右，即可投叶 5～10 公斤进行炒青，开始投叶时量要多，以免产生焦叶，接着从出叶口观察炒青情况并适当调整投叶量。

炒青结束，通过下压操作杆将滚筒出口下压，就可自动出茶。

炒青结束，关闭燃气阀，将明火熄灭，停机，清除筒内残叶。

6cws-110 滚筒炒青机生产效率高，台时产量 150 公斤，间歇作业，杀青后出叶靠反转筒体，茶叶沿螺旋板推出筒体后，再继续投叶杀青。

滚筒炒青机以加热滚筒的方式炒青，青叶在筒中翻炒均匀。每次投叶量多，工效高。使用上应掌握：投叶量适当，太多则翻炒不匀，升温慢，炒制时间长；太少则升温快，散失水分多，叶易焦灼。进出叶要快，使炒青熟度一致。吸风散热要和保持适量的水分结合。含水量多，“发酵”不足和投叶量多时适当吸风。含水量少、投叶量少和“发酵”充足的炒青叶要少吸风或不吸风。

3. 炒青技术

适当高温，先高后低。炒青过程中，叶温升高，酶促氧化迅速增强，在酶最适宜活动温度 20～45℃范围内，温度每升高 10℃，酶的活性增加一位。多酚氧化酶最适宜温度为 52℃。温度升高至 70℃，酶钝化变性；85℃左右，凝固破坏。为了制止茶青在炒青中迅速红变，应在最短的时间内（2～3 分钟）把叶温提高到 70℃以上，因而炒青应有一定的温度。以白天看到锅底或炒青机筒壁发白，晚间看到发红，即可投叶。投叶后即听到清脆和频繁的“拍、拍”细胞爆破声。炒青锅温太低，叶子在锅里或机筒中升温慢，停留时间长，炒青叶容易产生不正常的红变，红叶红梗，闷黄味（俗称地瓜味）。

由于乌龙茶采摘较成熟，又经过了做青过程，做青叶含水量低，仅 60%～64%，比杀青前鲜叶含水量 75%～78%低得多，炒青

温度太高，则叶子易于焦灼和不均匀，内含物也不正常转化。因此温度过高，轻者影响外色泽失去油嫩，呈灰白色，重者伤叶焦味。温度过低，茶叶没有熟透，香气低，滋味淡，汤色浑浊。

投叶适量，翻炒均匀。炒青投叶适量，能使翻炒均匀，升温迅速，适当保水，操作方便。投叶量太多，炒青叶升温慢，翻动不均匀，易继续红变，产生浸润状褐红色，品质下降。投叶量太少，炒青叶不能闷炒，失水多，叶子部分不能翻炒，易焦灼，生产效率低。

闷炒为主，扬闷结合。乌龙茶炒青后还须经过多次揉、烘过程，应注意保持炒青叶有一定的含水量。炒青方法要以闷炒为主，稍配以扬炒。闷炒能使炒青叶充分吸收锅的辐射热能，也利用了时间的水蒸气热能，升温快，受热均匀，在二、三分钟内达到叶温70℃以上。扬炒需要五六分钟。闷炒还能加速蛋白质的水解作用，增加氨基酸含量，适当破坏叶绿素，改善茶汤滋味。但含水量多的炒青叶，应适当配以扬炒。只闷不扬会使叶间水蒸气过多，青草气不能充分散发，茶叶会带有青味和水闷味，并呈橘黄色。

快速短时，程度稍轻。炒青中采用适当高温和闷炒为主的方法，炒青叶在锅中升温快，三、四分钟叶温可达到70℃以上，制止酶促作用。

根据不同的做青叶掌握炒青：

“发酵”程度：发酵程度适当的鲜叶，一般含水量较少，叶尖略干枯，易于焦灼，炒青应稍低温，多闷炒，以保持适量水分。发酵不足的应适当高温，扬闷结合，以散失水分与青气，炒青程度充足。

品种：香气高强，叶张薄黄的品种，如黄旦、本山、炒青程度宜稍低，炒青程度略轻，但应及时揉捻和烘焙。青味浓强的肥厚品种，如菜葱、大叶乌龙、皱面叶宜适当高温扬炒，程度充足。

季节：春茶宜适当高温和炒青充足。夏暑茶锅温可稍低，程度充足，以防在高温气候下，继续发酵变色。秋茶可稍低锅温闷炒保水，程度稍轻一些。

嫩度：成熟度高的青叶，纤维素多，含水量少，宜稍低温闷炒为主，程度略轻。较细嫩的做青叶，含水量多，多酚类物质多，应适当高温扬炒，程度充足，以散失较多水分，便于揉捻，同时可减少苦涩味。

根据不同的炒青机具掌握炒青：不同的炒青机具，由于性能不同，为达到适当的失水程度，要注意掌握相应的操作方法。

4. 炒青的适度特征

叶色：炒青叶转为暗黄绿色，失去光泽，叶面梗皮有皱纹。叶蒂乃有青色，靠近叶蒂叶脉，成熟度达 2/3 以上。

叶状：炒青叶柔软，顶中下垂，梗弯曲而不折断，没有水分出现，手捏叶略成团，稍有黏性，放手后，略散开，稍有弹性。

气味：青味已消除，带有一些热香味和品种的轻微酸甜味或清纯的特殊香气。

失水率：炒青过程中失水率 16%～22%，炒青后含水量为 44%～50%，干物质与含水量比约为 1∶1.7～1.9。

完成炒青后，不得停滞，马上进入揉捻、包揉工序。

（四）乌龙茶揉捻、包揉、烘焙

在乌龙茶初制工艺中，揉捻后包揉烘焙反复进行是成茶塑形的过程，各个工序都相互联系，直到最后烘干成茶。

1. 揉捻

（1）揉捻的作用：炒青后的茶叶经过揉捻，逐步形成条形茶。揉捻叶在揉桶内受到平压和曲压两种力的作用，叶团内部受到挤压力，发生皱褶。由于主脉硬度较大，叶片皱褶纹路基本上与主脉平行，并向主脉靠拢，卷曲成条，茶团在轮流通过揉捻机盘最大压力区时，部分细胞扭曲破裂，挤出茶汁，附着在叶表上，增加了叶子的黏性，其中水溶性物质组成茶汤浓度。

（2）揉捻的方法：一般应掌握“热揉，适当重压，快速，短时”。目前，普遍使用闽茶 30 型、35 型揉捻机进行揉捻。投叶量每桶 7～8公斤，转速 50～60 转/分钟，历时 3～4 分钟。炒青叶要趁热

装入揉桶内(叶温 60 度左右),适当加压揉 1.5 分钟左右后,停机在桶内解块一次;再加重压揉 1.5～2 分钟左右,下机解块后进行初烘。如不能及时初烘,必须摊开散热,防止闷黄劣变。

(3)揉捻程度:要做到卷曲成条,均匀一致,尽量减少断碎及片朴。揉后手摸有润滑手感,具有清香稍带青味,不带闷黄味。

2. 初烘

初烘的作用:一是进一步破坏残余酶的活性,弥补炒青的不足或不均匀。二是进一步散发水分,浓缩茶叶汁,使之凝固茶条表面,增进茶叶乌润绿色泽,增浓茶汤。三是烘焙中叶温升高,内含物质的分子结构松懈,叶子柔软性、黏结性、可塑性增强,便于包揉成条。

初烘方法:把揉捻叶均匀薄摊于烘干机的铁丝筛篱里,用较高温度烘焙。要掌握"高温薄摊快速,适当消除水分"的方法。采用焙笼初烘的,一般投叶量 1.5～2 公斤,温度掌握在 90～100℃,历时 10～15 分钟,期间翻抖 2～3 次,烘至六成干,在茶条不粘手时下烘,进行初包揉。采用烘干机初烘,摊叶厚度 1～1.5 厘米,温度掌握 100～120℃,历时 8～10 分钟,烘至茶条不粘手时,即可下机初包揉。

初烘程度:初烘叶转暗绿色,茶条干湿一致,手摸不粘手且有湿润感,以六成干为适度。初烘程度的掌握还应参考品种、嫩度、包揉方式等。

3. 初包揉

包揉是闽南乌龙茶包括铁观音茶制造特殊的塑形工艺,采用"揉、压、搓、抓"等动作,使茶条形成紧结、弯曲、螺旋状、圆紧的外形。包揉可进一步摩擦叶细胞,使之破裂挤出来汁。黏附在叶表面上,加强非酶性氧化、增浓茶汤。

初包揉方法有多种。传统方式是布巾包揉和小茶袋踏揉。也有平板包揉机配合速包机包揉等。手工布包揉,用 70 厘米×70 厘米的白布,将茶坯趁热包裹,每包叶量 0.5 公斤左右,放在板凳上，一手抓住布巾包口，另一手紧压茶团向前向后滚动推揉。揉时用力先轻后重，使茶条在布巾内翻动。轻揉1分钟后，解开布巾、茶团，再进行重揉2～3分钟，一般历时3～4分钟，茶胚在巾中或袋中蠕动，紧结而有皱节弯曲，多次包揉中使茶叶紧结或圆结。初包揉后，应解去布巾，将茶团解散，以免闷热发黄。

现在包揉使用平板包揉机配合速包机、解块机进行。采用速包机和球茶机包揉，一般要进行六个回合，第一、二回合工艺流程为：初烘→摊叶回润→定量分装→速包，松包→速包→球茶机包揉→松包→摊晾散热。第三至第六回合工艺流程为：烘热茶条→速包，松包→速包→短时静置定型→松包。但因为每个包揉布团茶胚数量多，应采用炒青叶冷却后包揉，防止闷黄。

4. 复烘

茶胚经包揉后，叶温下降，可塑性减少，为进一步塑形，必须进行复烘。有的地方称复烘为“游焙”，含有快速烘焙的意思。复烘也能减少部分水分，使外形更紧结。

复烘应“快速、适温”，采用焙笼的，温度掌握在80～85℃，历时10～15分钟，期间翻拌2～3次，烘至茶条有刺手感，约七成干。复烘要适当低温，摊叶量较少，要做到均匀一致，含水量适当，防止失水过多，造成“干揉”，产生过多的碎茶粉末。采用烘干机复烘，温度掌握在90～100℃，摊叶厚度2厘米，历时10～12分钟，烘至约七成干下烘。

5. 复包揉（定型）

复包揉是包揉的继续，方法与包揉相同。但粗嫩不均匀的茶胚可筛后分别包揉。

复烘与复包揉可反复相同进行多次，达到闽南乌龙茶外形的要求。复烘结束时要捆紧布巾，静置一段时间，使茶叶条形状固定，也称为“定型”。

初烘、复烘，主要是通过低温加热使茶叶条索有柔软性，呈黏性，便于包揉塑形，如果初烘和每次复烘温度过高，失水过多，不但

影响塑形，还会多产生碎末。外形色泽失去油润呈灰白色，初包揉和复包揉主要目的是塑形作用，不要捆巾（茶叶包在茶巾布里）时间过长，产生再发酵，形成闷黄味，影响内质。

6. 烘干

茶叶烘干是初制工艺最后的一道工序，进一步去掉多余的水分和杂味，形成乌龙茶色、香、味的品质。水分含量不得超过4%（7%是控制标准的局限），水分含量过高，香气飘，滋味淡，影响内质，影响保质期。

茶叶烘干的温度不宜过高一般掌握在60℃，在茶叶烘焙过程中，始终存在着热化作用。热化作用是酶的活性被破坏制止后，茶坯在一定温度和适当含水量等条件下，进行非酶性的氧化作用。热化作用有干热和湿热两种，“低温慢烤”是一定限度的湿热作用。含水量多，湿热的作用较剧烈，易产生闷黄味和暗褐色。

热化作用促进已被破坏的叶组织氧化，也能促进未破坏的叶组织氧化，使茶叶中的有效成分充分利用，并且能够发生同分异构现象，获得可溶性多酚类化合物、芳香物和水浸出物含量多的优良产品，从而提高茶叶品质。

7. 摊晾与装袋

茶叶烘干后，应稍作摊晾再装进袋子，避免造成外形色泽乌褐色，香气闷火味道的缺陷。但摊晾时间不宜过长，一般在10分钟左右。

（五）清香型安溪铁观音

福建乌龙茶20世纪80年代以前80%外销，随着茶叶产量增加和人民生活水平的提高，对福建乌龙茶特别是安溪铁观音需求的市场越来越大，为了适应新的消费市场，1995年以来安溪茶农采用轻发酵的制作工艺，制作出外形色泽翠绿，内质香气高，滋味鲜爽的清香型安溪铁观音，深受国内广大消费者的喜爱，从而打开了安溪铁观音的国内市场。2004年国家标准化委员会、国家监督检验检疫总局，在制作安溪铁观音地理标志产品时就将安溪铁观音分为“清香型安溪铁观音”和“浓香型安溪铁观音”。

1. 清香型铁观音鲜叶原料

“轻发酵”做青技术，对鲜叶原料要求较为严格，鲜叶要求为铁观音纯正品种，肥壮、鲜活，完整一致。

1.1　采摘时间：要在晴天中午 12—16 时，太阳下山前，以能获得最多的光合作用物质，茶青含水量较少，又能进行太阳光晒青。

1.2　鲜叶标准：驻茶 2～3 叶，均匀、一致、完整，不带单片、鱼叶。如一芽三、四叶的茶青，应在室内重新整理，摘去幼芽和粗叶，或干脆采下 2～3 叶，采成单片，另行堆放晒青和加工。

1.3　鲜叶分类：为使做青均匀一致，应做到不同类鲜叶分开，新丛、老丛、山青（海拔高）与田青（低海拔平地茶）大小芽梢分开。

2. 轻“发酵”做青

过程采用轻“发酵”方法：一般采用“一晒、三摇、四摊”即：晒青→摊晾→摇青→摊晾→摇青→摊晾→摇青→摊晾→炒青，控制一定生化变化的氧化过程，促进高沸点的香气物质的累积和形成。

2.1　晒青

应均匀薄摊、短时，晒青程度稍轻，可布庭晒青，铁观音晒青失水率一般掌握在 6%～8%，比原来正常晒青少 1～2 个百分点。

2.2　晾青

晒青叶送入做青间，薄摊晾青，散发热气。

晒晾青过程中，受到了光热作用，部分水分蒸发，促进了细胞液的流动，叶温升高，浓度增大，部分低沸点芳香物质挥发，叶绿素在光和酶的作用下，开始分解，儿茶素物质开始酶促氧化进程。

2.3　摇青与晾青

一般为三摇（晾）。部分地区采用四摇（晾）。

第一次摇（晾）青（摇匀）　主要是使晒青叶，投放到摇青筒中摇匀，开始产生各种氧化变化。应根据茶青肥壮度和晒青程序掌

握，摇青时间为2～3分钟，叶片稍硬挺，叶面略有光泽，并显现轻微青草气味。摇后把茶青均匀薄摊到筛篱中，晾青时间1.5小时左右。

第二次摇(晾)青(摇活)　把第一次晾青叶倒入摇青机筒中，进行二次摇青。这次摇青要使鲜叶"行水"，让鲜叶明显"活"起来，鲜叶较硬挺，叶面浓绿有光泽，散发出明显的青草气。摇青时间为7～8分钟，摇后继续把叶子薄摊在筛篱中，进行晾青。

第一、二次摇青宜轻，充分保水保青。重摇会过早散青，促使"发酵"提前，鲜香类物质不易保持；太轻则茶青未摇"活"，影响到后段的操作。第一、二次摇青后的摊晾，应与空间的大气候及做青间的小气候相协调，做青间气温由空调器调整到19～21℃。

第三次摇(晾)青(摇红)　第三次摇青主要是继续"发酵"红变程序，达到和基本达到对品质"鲜、香、韵"要求。三摇应多摇，时间20～45分钟，第三次摇青时间需要几分钟，应根据发酵程度而定。茶青必须充分呈现"行水"状态，青味浓强，茶青硬挺刺手，摇后薄摊在筛篱中。做青时间要保持清洁，空气新鲜，室温为19～21℃，相对湿度为60%～75%。三次摇(晾)的要求：①茶青要鲜灵。由于叶梗与叶的水位差，叶中与叶边的水位差。氧化发生的部位呈现紧张状态，各种氧化综合，挥发合成的作用顺利进行。②控制适宜温度。③促进水溶性物质的合成和转化保留。④茶青中的各种芳香物质的保留。在低温做青的条件下，能使较多的中沸点的香芳物保留，也使一些良好香味的高沸点芳香物质转化合成。如糖类物质氧化成各种有机酸，如琥珀酸、苹果酸，胡萝卜素的氧化降解形成了紫罗酮香气；茶氨酸的转移合成、保留，青叶醇也与二甲硫共存形成新茶香。因而低温轻做青的茶叶具有鲜、香、锐的特征。

第三次摇青、摊青时间应根据茶青发酵变化情况而定，一般是在当天的10时至下午4时采摘的茶叶，第二天的7—12时就应该完成做青工艺，进行炒青，这种做法的清香型铁观音外形圆结、色泽乌绿润、香气高强，带有兰花香、滋味醇厚、音韵明显，但略有涩味，汤色金黄，叶底发酵均匀、软亮。

清香型铁观音的炒青(杀青)与其他闽南乌龙茶本相似，但从初烘、初包揉、复烘、复包揉直到烘干的时间要快速，尽量缩短时间，确保毛茶的香气高长，滋味鲜爽醇厚的清香型铁观音特质。

要做好优质闽南乌龙茶、除了要有优质的茶青原料和较好的做茶技术外，还应具备以下条件：

(1)要有宽畅、通风、明亮、标准的厂房。日产1公斤干毛茶需要有3平方米的车间场地即1:3(不包括办公、卫生等场地设施)。

(2)要有完整的机械设备。青房应配有空调。应配备的机械是：摇青机、炒青机、速包机、打散机、平板机、烘干机及筛篱架、筛篱等其他设施。

(3)要有充足的劳工配置。要根据各加工户的茶园面积、茶叶产量配足用工，特别是春茶，一是采摘女工：手工标准化采摘15公斤/人～20公斤/人天(包括刀刈采)；机采100公斤/人～150公斤/人天。铁观音等优良品种一般都采用人工手采。

一天二位制茶工(一位技师和一位辅助工)加工铁观音只有15～20公斤毛茶，如果是加工色种可达到40～50公斤毛茶。可见铁观的制作工艺要求较为严紧。

三、闽南乌龙茶精制加工

1.茶叶精制加工的目的要求

茶叶精加工与其他食品加工一样，其产品必须符合市场消费者的要求。长期的饮茶习惯，使商品茶形成了一定的品质规格。由于毛茶原料的品种、季节、品质等不规则因素，存在老嫩不匀，长、圆、粗、细规格不一，筋、梗、朴、片、混杂的现象。这就影响了茶叶外形的美观和内质的纯净，必须经过精制加工，使之成为一定规格的商品茶，这就是精制加工的目的。

(1)整饰外形，分做花色。由于鲜叶采摘老嫩不匀和初制技术

条件不一,使毛茶的外形组成复杂,极不整齐,精制的目的就是要整饰毛茶的外形,分离各种外形规格,并按长、圆、粗、细等外形不同,分别做出各花色产品。即正茶和副脚茶。副脚茶分为:一号梗、二号梗、粗茶、细茶。

(2)分清老嫩,形成等级。毛茶一般老嫩混杂,使得品质优次不清。必须在整饰外形分做花色的基础上进一步分清茶叶的老嫩,并通过分老嫩来划分茶叶的等级,使品质优次更加分明。

(3)剔除次杂,纯净品质。由于鲜叶采摘因素,夹杂有茶梗、茶子、茶片、枯叶等,加上初制过程中一些非茶类物质混杂在内使毛茶品质受到影响。因此,必须通过加工处理,将不符合要求的异杂物剔除,同时还应剔除低于本等级的低级茶,如特级、一级茶就不能有“死条”、“焦条”、“青条”、“红条”的茶叶存在,与提高茶叶净度。

乌龙茶毛茶加工有严格的要求:保证质量,提高制率,提高工效,提高经济效益。

(4)调剂差异,稳定品质。由于毛茶的茶树品种、产地采制季节的不同,以及初制加工技术各异,就会造成同级成品茶的品质参差不齐,特别在内质方面差异较大,如春茶香味醇浓,夏茶香低味涩;高山茶,香高滋味醇厚,低山平地茶香味较平和等,要通过拼配调剂茶叶品质,充分发挥各毛茶原料的优势,使各类型的同级成品茶规格一致,保持品质的稳定性。

(5)适度干燥,发展香气,纯净滋味。毛茶加工后,必须经过适度干燥,去掉多余水分,才符合商品茶对水分的要求,以便贮存和运销。而且在干燥的过程中,茶叶的色香味得到进一步发展。

毛茶加工的意义:

(1)改进品质。虽然茶叶的内质在初制过程中已大体形成,但通过精制加工可使茶叶外形整齐美观,香气进一步提高,从而改进茶叶品质。

(2)使茶叶增值。通过精制,茶叶在外形内质上进一步改善,更加符合消费市场的需要。因此,精茶比毛茶的价值大大提高,毛茶的经济效益得到最好发挥。

2. 茶叶精制加工执行标准

(1)目前茶叶精制厂进行的是对样加工和对价加工,对样加工较可操作性。对价加工是企业根据市场的要求,制定本企业的品质规格(等级)与市场价格相对应的成品茶方案进行加工。

(2)茶叶加工应执行标准有:国家标准、行业标准、地方标准和企业自己制定的标准。闽南乌龙茶执行的是国家标准和福建省制定的地方标准。安溪铁观音、永春佛手茶执行的是国家标准、安溪乌龙茶、平和白芽奇兰、诏安的八仙茶执行的是福建省地方标准。(见表2-12、13)。

表2-12　闽南乌龙茶执行标准及精制工艺

产品名称	执行标准	精制工艺流程	
安溪铁观音	国家标准 GB/719598-2006	清香型	毛茶→验收→归堆投放→筛分→风选→拣剔、拣杂→号茶拼配→匀堆(复火烘焙)→包装→成品茶
		浓香型	毛茶→验收→归堆→投放→筛分→风选→拣别→号茶→拼配→烘焙→摊晾→匀堆→拣杂→包装→成品茶
永春佛手	国家标准 GB/T21824-2008	初制工艺	鲜叶→晒青→晾青→摇青→晾青→杀青→揉捻→初烘→包揉→复烘→复包揉→定型→烘干→拣梗→筛分→成品茶
		精制工艺	毛茶→验收→归堆→拼配→筛分→风选→正茶取梗→匀堆→烘焙→摊晾→匀堆→拼配→复拣→成品包装

续表

产品名称	执行标准	精制工艺流程
安溪乌龙茶	福建省地方标准 DB35/405-2000	毛茶→拼配→筛分→风选→拣剔→干燥→具有安溪乌龙茶品种特征和品质特点的茶叶产品。安溪乌龙茶分两大类：铁观音、色种；本山、黄金桂、毛蟹、大叶乌龙等其他品种都属色种组成原料；本山、黄金桂、毛蟹的品质标准都在本标准范围内
平和白芽奇兰	福建省地方标准 DB35/7825-2008	毛茶→拼配→筛分→风选→拣剔→烘干→具有白芽奇兰品种特征和品质特点的茶叶产品
诏安八仙茶	福建省地方标准 DB35/T97.8-2006	毛茶→拼配→筛分→风选→拣剔→烘干→具有八仙茶品种和品质特征的茶叶产品

表 2-13　闽南乌龙茶成品茶理化指标

品种名称	执行标准	级别	水分≤	碎茶≤	粉末≤	总灰分≤
安溪铁观音	GB/T19598-2006		7.5	16.0	1.3	6.5
永春佛手	DB/T21824-2008	成品茶	7.0	——	1.3	6.5
		精制成品茶	7.0	12.0	1.3	6.5
安溪乌龙茶	DB35/405-2000		7.5	16.0	1.3	6.5
平和白芽奇兰	DB35/T825-2008	特级	6.0	3.0(包括粉末)		6.5
		一、二级	6.0	6.0(包括粉末)		7.0
		三级	6.0	10.0(包括粉末)		7.5
诏安八仙茶	DB35/T97.8-2006	特级	6.0	3.0(包括粉末)		6.5
		一、二级	6.0	6.0(包括粉末)		7.0
		三级	6.0	10.0(包括粉末)		7.5

3. 毛茶原料计划与收购

3.1　茶叶原材料计划

茶叶生产季节性较强，一年分为春茶、夏茶、暑茶、秋茶和冬茶五季，各季的茶叶品质差异较大，春秋两季品质最好，冬茶次之，夏暑两季的茶叶品质最低。为了确保企业能常年及时供货，产品质量稳定，库存合理，企业必须对销售市场进行预测，认真做好各季各花色品种的毛茶原材料收购计划，以计划来指导茶叶收购，避免采购花色品种、等级结构不合理，形成跨季节的不合理库存，特别是内销的清香型铁观音，冷藏设备再好，香气和鲜度还是会减弱，品质下降，所以要以最大的限度减少清香型铁观音跨茶季的库存。企业根据自身的市场情况，预测出各季各花色品种成品茶数量。茶叶原材料的制率参数(见表 2-14)。

在制定茶叶原材料收购计划时应考虑到可利用的库存原材料因素。

表 2-14　茶叶原材料制率参数

原材料	制　率%		成品茶类型
	外　销	内　销	
毛茶	73～75	63～65	精制茶
半成品	85～87	78～80	精制茶
成品茶	95～97	92～95	精制茶
毛茶(清香型铁观音)		60～63	清香型成品茶

3.2　茶叶收购

闽南茶叶企业的茶叶原材料收购有三种做法：一是产茶季节茶叶企业自行到产区设点向茶农直接收购；二是向茶农直接收购和向茶叶收购商进货的方式相结合；三是自己不向茶农收购，直接向茶叶收购商进货。第二种做法是规模较大的茶叶企业的选项。

茶叶的原材料占成本的65%,关系到产品的质量稳定、市场的占有率和企业的效益,所以茶叶收购是茶叶企业一项相当重要的工作。

(1)要用企业计划来指导收购,既能保证供货,企业所需原料的花色品种齐全,又能避免不合理的跨季库存,特别是清香型铁观音,如果当年的春茶到秋茶登场前没有销售完,它就略有陈化,滋味变淡,品质下降。库存量大,将会给企业带来重大的损失。

(2)根据不同的茶叶生产季节,采取不同的收购方法。春茶的生长期较长,养分充足,品质较高,是单季茶加工和拼配夏暑茶加工内外销成品茶的最好原料,也是清香型铁观音供货期最长的原料,因此企业春茶的收购量较大,但春茶由于高温高湿、芽梢长得快,采制期相对集中,铁观音和色种分别从开始采制到采制结束,一般不超过12天,采制期间还会遇到下雨天不能采。春茶一定抓住嫩度好的原料收购,因为嫩度好的茶叶内含物丰富、香气高长、滋味醇厚,所以采制期间的前七天要完成采购任务的70%,第八天、第九天要完成春季的茶叶收购任务,后几天只是补齐花色品种而已,避免采购粗茶。夏暑茶采制时间基本错开,采制期间长,基本上都会嫩采,大部分原料用于加工精制,成品茶还有生产部分清香型铁观音。夏暑茶由于品质差、价格低、所以有相当部分茶农放弃不采,因此夏暑茶的产量少,茶叶企业将根据市场的需要适量采购。

秋茶是香气最高,品质好、市场销售量最大、销售周期较长的茶季,没有掌握好秋茶生产和收购时间段,就会把“早秋”(后暑茶)当成秋茶收购,真正秋茶的品质要有“三秋”即“秋绿”(外形色泽要带有翠绿色);“秋香”(高花香);“秋水”(滋味香醇)特征。收购时间掌握在“寒露”前五天和后五天为宜,但具体应是冷空气下降,北风天气候为最佳采制时间,也是最好采购的时间段。

冬茶,生长期短,香气好,但滋味淡薄不耐泡,是茶叶企业补充秋茶数量不足和花色品种的茶季。

(3)茶叶原料的采购,要根据本企业产品质量风格和市场需求而定原料采购区域的设置可一个为主,若干为辅,这样收购的原材料,可为拼配加工创造更大的质量和利润空间,如安溪的祥华、龙涓、长坑、西坪、虎邱的铁观音具有音韵明、滋味醇厚的优势,感德铁观音具有香气高、鲜度好的优势,多地区的毛茶原料拼配可发挥优势互补,提高产品质量,控制成本的作用。

(4)茶叶收购审评

毛茶收购审评技术性强,难度大,因为下乡收购茶叶的场所及设备简陋,对茶叶品质和作价要快、准,才能适应产区的茶叶收购环境。

扦样:扦样时要做到上、中、下、边角都要扦取样品,所扦取的样品务求准确有代表性。

审评定价:

干看外形:条索紧结程度、是否重实,上、中、下段茶结构是否合理,碎末比例、黄片含量、茶梗比例、水分含量是否超标,各段茶的比例和碎茶粉末不可能在收购时检测,只能凭经验“目测”。毛茶水分含量用手抓法测试,水分超过5%,会影响毛茶品质,用手抓捏不会刺手,不会断碎,也没有由断碎所产生的响声。毛茶的条索松弛粗大,黄片多是粗老的特征,毛茶的碎末、黄片、茶梗直接影响到成品制率。

干看毛茶外形判定品种品质:见表2-15。

干看毛茶外形色泽判定季别:春茶条索壮色泽乌油润,夏暑茶条索小,缺光泽,缺油润,秋冬茶条索也较小,色泽带秋绿。

表 2-15　闽南乌龙茶九个主要品种外形的品质特征

品种特征	外　形　特　征
安溪铁观音	条索卷曲，重实沉重/圆结沉重（枝心硬，枝头皮整齐，梗皮红亮，叶柄宽，肥厚，叶大部分向叶背卷曲），色泽砂绿油润，红点鲜艳。
安溪黄金桂	条索细长、尚卷曲/幼结圆紧（体态轻飘、枝梗细小）色泽翠黄绿/赤黄绿。
安溪本山	条索稍肥壮，卷曲略沉重/圆结略沉重（枝身整齐枝头皮结实，枝尾部稍大，枝骨细，红亮，像“竹仔枝”）色泽乌润砂绿较细。
安溪毛蟹	条索紧卷结实略沉重/圆结略沉重（头大尾尖、枝头皮少量不整齐、白毫显露），色泽乌绿稍带光泽，砂绿细而不明显。
安溪大叶乌龙	条索肥壮卷曲较沉重/圆结重实，色泽乌绿稍润，砂绿较粗。
安溪梅占	条索肥壮卷曲/圆结，色泽乌绿稍润，砂绿粗带燥。
永春佛手	条索壮结肥大，圆结主脉明显，带红色，枝梗细小，光滑，色泽砂绿具光泽。
平和白芽奇兰	条索，色泽表褐油润/乌油润/乌绿润。圆结/重实，匀整，色泽砂绿乌润
诏安八仙茶	条索壮结，条形/卷曲形，色泽青褐/黄褐油润

湿评闽南乌龙茶毛茶内质

在毛茶收购时，毛茶的审评有别于半成品茶和成品茶。毛茶因还没有经过拣剔加工，常有茶梗、粗茶片、碎茶末等，所以香气和滋味都会稍带“清淡”和稍有杂味的感觉，因此对评茶人员的审评技术要求较高。

表 2-16　闽南乌龙茶九个品种毛茶的内质品质特征

品种＼内质	香气	滋味	汤色	叶底
安溪铁观音	馥郁、音韵明显持久	醇厚甘鲜	金黄/橙黄	肥厚软亮、红镶边明显
安溪黄金桂	芬馥、优雅清奇蜜桃香/桂花香/梨香	清醇鲜爽悠长	清黄/金黄	黄绿鲜红边叶张尖薄，主脉明显、叶齿稍锐
安溪本山	浓馥、优雅清奇、蜜桃香/桂花香/梨香	清醇尚能回甘	清黄/橙黄	软亮匀整、叶张略厚，叶尾稍尖
安溪毛蟹	清高，似月桂花香	清醇略厚	清黄/清红	软亮、叶张小圆形、叶尾尖；叶齿深、密、锐、叶尚厚、主脉明显。
安溪大叶乌龙	清高，似栀子花香	清醇爽口	清黄	软亮、叶肩尚大、叶面光亮、主脉明、红镶边明显
安溪梅占	尚浓郁，似香线味	浓欠醇	清红	肥厚尚软亮，叶稍宽长，主脉粗大，叶尾顺尖，叶齿锐，红镶边明显
永春佛手	香橼香	尚醇厚略甘鲜	清红	软亮、叶主脉粗大，似香橼叶
平和白芽奇兰	高爽悠长，似兰花香	鲜爽细腻	桔黄明亮	黄绿软亮
诏安八仙茶	清高锐长，品种香明显	浓厚、稍有苦涩感，尔后回甘	明亮、桔黄/金黄	黄绿较肥厚，绿叶红镶边

毛茶收购定价定级时应注意两个问题：一是毛茶水分含量超过5%不能收购，因为水分超过5%进入仓库没有及时加工很容易

氧化变质，影响产品质量。二是定价时应以内质为主兼顾外形，同时还应参考茶梗、粗茶、碎茶末等形成制率的因素定价。

在毛茶收购定价时还应根据精制加工的需要，分品种、分等级进行归堆，便于包装发运。

安溪：

毛茶收购归堆，安溪铁观音分为特等至十等共 11 个等；浓香形铁观音应与清香型铁观音分开归堆，清香形铁观音还应把正味铁观音、消青铁观音、微酸铁观音分别归堆包装发运。

色种（黄金桂单列）包括本山、毛蟹、梅占、大叶乌龙等其他品种都属色种类、色种分为特等至十等共 11 个等。

黄金桂分为特等至四等共 5 个等。

毛净茶（半成品）收购归堆：

铁观音分为特级至四级共 5 个级。

色种分为特级至四级共 5 个级。

黄金桂分为特级和一级共 2 个级。

永春：

永春佛手毛茶分为一级至四级共 4 个级。

永春色种毛茶（铁观音单列）包括本山、毛蟹等其他品种都属色种类、色种分为特等至十等共 11 个等。

永春铁观音毛茶分为特等至十等共 11 个等。

平和：

平和白芽奇兰毛茶分为一级至四级共 4 个级别。

诏安：

诏安八仙茶毛茶分为特级至四级共 5 个级别。

闽南乌龙茶毛茶、毛净茶、成品茶收购按品种、等级归堆情况（见表 2-17）。

表 2-17　毛茶、毛净茶、成品茶收购按品种、等级归堆明细表

安溪						永春			平和	诏安	漳州
毛茶			毛净茶(半成品)			毛茶		成品茶	毛茶	毛茶	毛茶
铁观音	色种	黄金桂	铁观音	色种	黄金桂	铁观音	色种	佛手	白芽奇兰	八仙茶	色种
特等	特等	特等	特级	特级	特级	特等	特等	一级	一级	特级	特等
一等	一等	一等	一级	一级	一级	一等	一等	二级	二级	一级	一等
二等	二等	二等	二级	二级		二等	二等	三级	二级	二级	二等
三等	三等	三等	三级	三级		三等	三等	四级	四级	三级	三等
四等	四等	四等	四级	四级		四等	四等			四级	四等
五等	五等					五等	五等				五等
六等	六等					六等	六等				六等
七等	七等					七等	七等				七等
八等	八等					八等	八等				八等
九等	九等					九等	九等				九等
十等	十等					十等	十等				十等

(5)毛茶、毛净茶收购后包装与运输

茶叶因互吸性和吸水性较强,最好是当天收购,当天归堆,当天包装,当天装运进茶厂入库。特别是清香型铁观音和佛手成品茶,最怕在没有制冷设备的场地堆放。毛茶、毛净茶目前的包装材料基本上是选用内袋应是食品包装的塑料袋,外袋是塑料编织袋,为了装卸和堆叠方便,每袋净重 25 公斤,包装时每袋茶叶里应放上内签,袋外贴上外签,便于进出仓管理,内外签的内容一样:茶叶品种、茶叶季节、等级、净重量、批次、产地、收购日期。

运茶叶的车厢应是干净，没有异味，不和其他物品混装，不漏水的车辆运输。

4. 毛茶、毛净茶进厂验收归堆

所有要进入原料仓库的毛茶、毛净茶、成品茶都要进行数量、质量的验收并按品种、季别、等级、产地进行归堆，同时建立台账、每一个等级的茶叶都要放上进出仓登记卡（见表 2-18），规范仓库进出仓管理。

表 2-18 ________**物资登记卡**

品名：　　　　　　规格：　　　　　　件重：

月	日	单位	进　仓		出　仓		结　存		备注
			件数	数量	件数	数量	件数	数量	

4.1　数量验收：根据进货单数量过秤验收。

4.2　品质验收：

4.2.1　根据进货单每号茶的品种等级扦取有代表性的样品，按照茶叶审评的条索、色泽、香气、滋味、汤色叶底审评定级并按当时的市场价格定价。

4.2.2　理化检测验收

企业可以根据各个时期的情况，制定本企业理化指标的验收标准。

表 2-19　原安溪茶厂毛茶进厂验收的理化指标

茶　梗	毛茶≤8%
水　分	毛茶≤5%,毛净茶≤7%
茶　末	毛茶≤3%,毛净茶≤6%

4.3　毛茶、毛净茶归堆

茶叶原料归堆应根据本企业的库容,结合花色品种及等级情况,划定堆放场地、板块以便于进出仓和整齐有条理的原则进行堆放。

4.3.1　分类归堆,清香型铁观音原材料应进入冷库冷藏,浓香型铁观音原料及其他品种进一般仓库归堆。

4.3.2　按产区归堆,不同的产区,茶叶的品质风格就存在着差异,有的区域突出外形、有的区域突出香气、有的区域突出滋味。

原安溪茶厂的产区归堆的划分参照品种结构而设置。

表 2-20　茶叶原材料进仓归堆区域移置表

区域线	包括收购产区	品种分布
长坑	长坑、珊屏、蓝田	铁观音、大叶乌龙
感德	感德、祥华、剑斗	铁观音
金谷	金谷、湖头、蓬莱、城厢、官桥	品种花杂,中低档原料
西坪	西坪、虎邱、尚卿、宝山	铁观音、本山、毛蟹、奇兰
下洋	下洋、龙涓、举溪、芦田	梅占
大坪	大坪、罗岩	毛蟹、黄金桂
外购	县外采购	根据需要采购的原料如:闽北水仙、永春佛手、三级以下低档茶付脚茶

4.3.3　按品种进行归堆，如安溪铁观音、黄金桂和因生产加工需要特别指定的另行归堆的其他品种。

4.3.4　按茶叶季别分开归堆即春茶、夏茶（包括暑茶）、秋茶、冬茶应分别堆放。

4.3.5　按验收的级别分开归堆。即特级至四级。

茶叶原料的归堆堆叠要整齐、品种、等级标志要明显，进出仓台账、内卡要齐全，实行规范管理，为付制加工提供准确的数量、品种和等级的原料。

5. 毛茶付制

调进厂毛茶（包括半成品毛净茶）验收归堆后，要作全年整体规划安排，在作生产计划时应根据内外销市场情况结合企业生产能力，具体细分全年各季度、月的生产批数、数量及花色品种，在制订生产计划时要留有一定余地，防止突发性追加供货计划。

在全年计划的指导下有序地进行生产加工，但月计划在每月的月初都要根据市场的需求情况，结合上月的完成情况进行适当的修订。

试制小样：试制小样是在每批茶叶投放生产前都要先试制小样。试制小样是根据本批产品的品质要求和出厂价情况，拟出二个以上的拼配方案和工艺措施试制成品茶小样，经审评筛选，找出品质好、生产成本较合理的最佳方案样品作为生产指导样，才能投入批量生产，下达生产通知单。

试制小样的目的是避免盲目生产导致产品不合格和成本失控，并能更好地发挥原材料的价值，确保产品质量和有效地控制生产成本，提高企业效益。

试制小样的方法：首先要先分析本批产品样品的品质结构，找出拼合样品的毛茶（包括毛净茶）原料，根据等级净度要求进行小样拣剔、筛末，成为半成品茶，再根据等级火候要求进行烘焙，采用不同的拼配方案和不同火候制作出若干个（两个以上）成品茶样品，选出一个最佳方案，作为本批的生产指导样。

6. 筛分

茶叶筛分是精制加工中整饰外形的作业，其目的是整理茶叶形状。采用不同类型的筛分机具，将外形混杂的毛茶分离，再分别整理成长、短、大、小、粗细近于一致，符合一定规格的各种号茶、风选付拣。

6.1　筛分的机具及其作用

筛分机具有圆筛和抖筛两类。

(1)滚筒圆筛机　借助滚筒的转动和茶叶本身重量的散落性，使茶叶随滚筒旋转，自动散落，符合筛孔的茶叶穿过筛孔落下，不能穿过筛孔的茶叶顺滚筒的倾斜移动从尾口流出。通过毛筛，初步分离出茶叶的大小、粗细。将弯曲钩搭、枝地连接的毛茶打断，以利于后继工序分筛。凡不能通过筛孔的茶头，经切轧之后，重新筛分。毛茶经滚筒圆筛机初步分离之后，为以后筛分划分各种花色级别打下基础。

(2)平面圆筛机　利用筛床作连续平面回转运动，使茶叶在筛框内作横卧式的环形运动前进。短小的茶叶通过筛网，长大的留在筛面。由于筛床具有一定的倾斜度，使长大的茶条逐步运动由出茶口流出。平面圆筛机主要作用是使茶坯通过分筛、撩筛、割脚工序，分离成一定规格的筛号茶。

分筛　主要分出茶叶长短(圆茶分大小)、使同一筛孔茶条长短一致。经过分筛后的茶坯，符合各筛孔(号)茶坯的一定规格，称为筛号茶。

撩筛　弥补分筛的不足。若筛号茶还有少量较长的茶条，或颗粒粗大的圆茶，通过配置较松筛孔的平面圆筛机(一般比原茶号筛大1～2孔)将较长的茶条撩出来，使茶坯长短大小匀齐，为下一阶段的风选或拣剔打下基础，称为撩筛工序。对圆形茶(贡熙)，撩筛又含有紧门筛的意义。

割脚　若筛号茶中发现有少量短碎的茶坯，需要重新分离，称为割脚。

要获得理想的筛分效果，就必须掌握一定的圆筛技术。圆筛技术主要在于合理配置筛网和控制圆筛机的茶叶流量。

表 2-21　筛网孔数和筛下茶名称

相当簸筛号数	3	3.5	4	5	5.5	6	6.5	7.5	8.5	9.5	10	11	12	灰筛	
筛网规格 每英寸孔数	3	3.5	4	5	6	7	8	10	12	16	18	24	36	80	100
筛下茶名称	孔	3.5孔	4孔	5孔	6孔	7孔	8孔	10孔	12孔	16孔	18孔	片木末	细末	灰	尘粉
归段	茶头		上段		中段			下段		碎末		下脚			

(3)抖筛机　利用倾斜筛框，急速前后运动和抖动的作用，使茶叶作跳跃式前进。细的茶叶穿过筛孔落下，粗的留在筛面，以达到去细留粗，便于下一工序进行。抖筛机应用在不同的工序上，因要求不同，工序的名称也不同，生产上通常称为抖筛、紧门、抖筋、打脚。

抖筛　主要是使长条茶坯分别粗细，圆形茶坯分别长圆，并具有初步划分等级的作用。通过抖筛之后，要求粗细均匀，抖头无长条茶，长条茶中无头子茶。在绿毛茶精制中，通过抖筛之后长条茶坯做珍眉花色，非长型茶坯做贡熙花色，或轧细为珍眉或特珍花色。

紧门　配置一定规格的筛网进行复抖。通过紧门筛的茶坯，粗细均匀一致，符合一定规格标准，所以紧门筛又称为规格筛。

抖筋　将茶坯中条索更细的筋（叶脉部分）分离出来，要求眉茶中筋梗要抖净，一级采用的筛孔要小一些。

抖筛技术主要在于合理配置筛网和控制抖筛机的茶叶流量以

及清筛。

6.2　筛分技术要点

要获得理想的筛分效果，主要在于合理配置筛网和控制圆筛机的茶叶流量。

(1)根据茶叶状况掌握筛网配置松紧。分筛机的筛床大体有4～7层筛网，一般作三步分筛：第一步可先分出4～7孔的上中段茶。第二步将8孔(或10孔)底的下段茶接出分筛。第三步分筛下脚。再选用筛网时，其孔数应根据茶叶的物理性状的不同适当松紧，高级毛茶分筛的筛孔宜紧，低级毛茶宜松；分筛圆身茶和机(电)拣头，筛孔宜松，长形茶筛孔宜紧，筋和筋里筋，筛孔更应收紧。茶坯含水量多，叶质松软，运动时受到的阻力大，不易落下筛孔，圆筛孔宜松，茶叶含水量少，运动阻力小，容易落下筛孔，圆筛筛孔宜紧。因此，往往经过复火或补火后的熟坯，其筛分时筛网应比生坯收紧。

(2)充分发挥撩筛的作用。撩筛的转速比分筛机快，撩筛筛网可比所撩的筛号茶放大0.5～1.5孔。要多出撩头，筛孔宜紧；少出撩头，筛孔宜松。分筛后再撩筛能使茶叶筛档更加齐整。

(3)控制筛茶流量。要保持茶叶在回转过程中能薄薄地散布于整个筛面，使短的或小的横卧落下筛孔，长的或大的通过筛面从尾口卸出。抖筛过程为了防止筛孔堵塞，抖筛机上的筛量宜少勿多，以便使茶条有充足的机会穿过筛网。在操作时，还必须经常清筛。

(4)保证品质。提高高中档茶制率，合理配置紧门机筛网。紧门取料时要掌握“好茶粗取，次茶细取”的原则。即毛茶条索紧，嫩度好，品质优，应采用“粗取”紧门筛孔宜放松，防止一些嫩度好，但条索粗壮的茶条从筛面走料，以增加高一级茶坯的数量。如毛茶品质稍次，嫩度低，条索松，为了不致降低高中档精茶的品质，宜采用“细取”，须缩紧紧门筛孔。采用前后两次紧门，前紧门筛孔宜松，以多取高一级茶坯，后紧门筛孔宜紧，以保证各级茶叶的品质

规格。

7. 切断与轧细

7.1　切断与轧细目的。切断与轧细作业是毛茶加工中不可缺少的工序。毛茶通过筛分出来的粗大茶坯叫毛茶头，抖筛和紧门分出的粗大茶叶叫头子茶，都是不符合规格要求的茶条，必须通过切断或轧细，再加工成符合规格的茶条。

7.2　切轧的机具及作用。切断或轧碎的目的要求不同，切茶机具也不同。

滚筒切茶机　主要作用是将长条茶改成短条茶。滚筒上有许多方格子的凹孔，茶叶落入滚筒内，随着滚筒旋转，刀片将长出格子的部分茶叶横向轧断。

棱齿切茶机。主要作用使长条茶改成短条茶，粗茶改细茶。当茶叶落入机内，由于棱齿旋转滚动，齿刀片就将茶叶切断。棱齿茶叶机具有使茶叶撕开切断的作用。

圆片切茶机　主要使粗短或椭圆形茶，改成细长形茶。这种切茶机，由于片上有棱齿切刀，一片固定，一片旋转，转速很快。纵向切茶，破坏性最大，一般用于切筋、梗、片。

打片机　主要把各种粗老茶或粗老茶条，破碎成符合筛孔规格的茶条。当茶叶落入切茶机时，利用三角铁来挤筛网，进行破碎，通过量较大。

另外还有纹切机，轧片切茶机，胶滚切茶机，以及碾米机等。在切断与轧碎作业中，机械作用是非常重要的，因为在毛茶精制中，付制的原料有50％以上，都要进行切断与轧碎作业。

7.3　切轧技术要点　要获得较好的切轧效果，就必须掌握一定的切轧技术，做到合理切轧。切轧技术归纳起来有如下几个方面：

(1)根据取料要求选用切茶机　切轧时要根据付切茶的外形和取料要求合理选用切茶机。滚切机破碎率较小，擅长于横切，有利于保护颗粒紧结的圆形茶不被切碎。因此，工夫红茶多采用滚切机整形。眉茶的切轧较复杂，外形粗大勾曲的毛尖头、毛套头取做贡熙，宜采用滚切。紧门头是长形茶坯经过紧门工序抖出的粗茶和圆头，宜采用兼有横、纵切作用的齿切机轧切。齿切机松口轻切下，对一些圆块茶还具有一定的剥切作用，能将不规则的颗粒切成圆形，因此，取做贡熙的毛茶头、毛套头，经过一定切次的滚切切小后，用齿切机逐次剥切，以利于成形和提高工效。圆切机具备切细的性能，切轧筋梗茶，兼有分离梗、茶的作用，有利于短茶保梗。

(2)掌握付切茶的适当干度　上切前都必须经过复火，使茶身干燥，物理性状变得稍脆，以利于切断。应掌握干度适当，一般以含水量4%～5.5%为宜。头子茶含水量超过7.5%，切断就比较困难。

(3)先去杂再付切　由于混入茶中的螺丝、铁钉、石子等杂物，经筛分后多集中在头子茶，这些硬物若卡在切茶机中，会使刀距松离，影响切轧效果，甚至会损伤刀具，因此，上切前一般都要先经去杂处理。

(4)控制上切茶的流量　进入切茶机茶叶的流量是否恰当，直接影响切轧效果。流量过多，茶叶堆积在切刀箱中，一方面会堵塞刀口，使刀距松离；另一方面随着滚辊的旋转，使一些本来不需断碎的茶叶也被挤碎，增加碎末。流量过少，一部分茶叶很可能躲过切刀，也达不到预期切轧的效果。因此，必须按各类切茶机的额定台时产量，控制茶叶的流量。

(5)先松后紧，逐次筛切　切轧的方法依刀距松紧可分为紧口重切和松口轻切。紧口重切，破碎大，碎茶多，切过的茶叶外形较短秃，但切次较少，工效较高；松口轻切，破碎率小，碎茶少，需反复切轧才能使品质达到要求，切次较多，工效较低。因此，紧口重切和松口轻切均存在一定缺陷，而切茶机的刀距先松后紧，逐次筛切则是较为合理的切轧方法。

(6)尽量避免不必要的切轧　头子茶经过切轧，会产生部分碎末。付切的数量越多，所产生的碎末也越多，减低正茶率。因此，

在技术处理时，应尽量减少付切量，避免不必要的切轧。

8. 风选

8.1　风选的目的　利用茶叶、重量、体积、形状等的不同，借助风力作用使不同质量的茶叶在不同的位置下落而分离出来，使各级茶叶品级分明，条型体积均匀，符合一定规格要求。

8.2　风选机的选用及其作用。目前，风选机有吸风式和吹风式两种。

(1)吸风风扇　吸风风扇有单层和双层两种。双层风扇工作时，下一层风扇能将上一层风扇扇过的茶叶再扇一遍，可减少复扇次数。吸风风扇的效率高，台时产量可达 400～500 公斤。吸风风扇的一部分气流从出茶口进入，从下向上产生一股托力，使一些轻身茶不易落下，故具有分级较清楚的优点，既适合粗分轻重的剖扇，也可用于需逐次剥皮的清扇。但风箱的气流不够稳定，操作较复杂。

风选操作技术主要是配风、天门和分隔板角度的调节。操作时，要合理调节风口的大小、出茶口的开闭、天门的高低和分隔板的角度，四者必须相互配合，才能达到良好的风选效果。

(2)吹风风扇　吹风风扇体积小，结构紧凑，采用鼓风机扇茶，风力较稳定；安装有无级变风把手调风，可调节风速、风压。茶叶由输送带经电磁振动均匀地送入风箱，分别依抗风力的大小飘落到各出茶口卸出，分出轻重不同的茶叶。风力的控制主要在于调节无级变风把手，分隔板角度调节与吸风风扇相同。

吹风风扇风力的利用较为合理；操作比吸风风扇简单，适合于机组联装。但其产量较小，工效较低，每小时仅能扇茶 200～300 公斤。

风选具有定级和清风两个作用。定级风选，分粗选和精选两个步骤，都是按照各级茶的轻重、优次、除杂留纯，把不同品质的茶叶分离等级。两者的不同点是精选比粗选要求更高些。清风，是成品茶在匀堆之前，利用风力，清除原来留有茶叶中的砂、石、金属和轻飘的灰末。在生产中，必须根据茶坯具体情况，经过反复多次的风选，才能符合品质规格的要求。

8.3 风选的技术要点　根据付选茶坯品质，取料合理，以品质好者则注重于提高制率，身骨可扇得稍轻；品质差者则注重于提高品质，身骨应扇得重实。即所谓“好茶软扇，次茶硬扇”，以保证产品质量和充分发挥毛茶的经济价值，各类在制品风选取料时对身骨轻重都有一定要求。

风选取料茶叶身骨轻与重是相对的，为了便于掌握，最好以标准样为标准，另制定一套具有中间水平的半成品参考样，作为种类在制品风选时确定身骨轻重的标准。当然，经风选定级后，品质尚存在一定差异的各类半成品。还必须通过成品拼配相互调剂，才能保证成品品质合格，保持产品质量相对稳定。

表 2-22　各类在制品风选取料时对身骨轻重要求

项目	在制品来源	路别	孔别	剖扇的口别
身骨可稍轻	高级毛茶、春茶高山茶	本身茶嫩筋叶	中段茶	正口粗坯
身骨宜重实	低级毛茶、夏暑茶、低山茶、平地茶	长、圆身拣头	面张下段茶	正子口、子口粗坯

闽南乌龙茶、毛茶加工使用筛分系统的只有原来的福建省安溪茶厂、福建省漳州茶厂，使用筛分系统主要是提高大中型加工企业的产量，减轻拣剔女工不足的压力，同时对于处理草毛、梗皮、粉末等确保成品茶洁净将起到较好的效果，但不足的是条形茶减少，断碎茶增多，粉末增多，制率下降 3%～4%。所以现在大部分茶叶加工企业使用的是“平面圆筛机”、“滚筒圆筛机”、“多功能比重选别机”、“电气选别机”来处理草毛、梗皮、粉末、沙头和非茶类夹杂物。

9. 拣剔

拣剔是茶叶精加工中剔除次杂、纯净品质的作业。在鲜叶采摘和初加工时,毛茶中混有枝梗、黄片、蒂头等次质茶和沙子、石块、零碎金属,竹木纸屑等非茶类夹杂物,这些都是拣剔的对象。虽然在筛分和风选过程中淘汰了部分次杂,但相当一部分还需人工拣剔。

目前茶叶拣剔有机具拣剔与手工拣剔相结合和纯手工拣剔两种作业。

9.1　拣剔的机具及其作用　目前部分企业以机器拣剔为主、手工为辅。普遍使用机械有阶梯式拣梗机和静电拣梗机两种类型。

阶梯式拣梗机　利用机身振动作用,使茶叶沿倾斜的拣槽有次序地均衡纵向滑下,当越过上下螺纹拣档之间时,因茶叶外形较短小而弯曲,即从缝隙中落下。一般较为长直的茶梗(筋条茶)随滚条转动,容易跨越缝隙,流向漏口,从而使茶叶与茶梗分开。一般一口为净茶,二、三口为梗茶混夹杂,还需要重复上拣处理,四口为茶梗。

阶梯式拣梗机的操作技术,一是控制茶叶的流量,以付拣槽内能成直线滑行为适度;二是要合理调节每道拣茶槽板之间的间隙。

静电拣梗机　主要是拣剔筋茎、筋梗(嫩茎梗)、黄筋条和一部分轻质茶。静电拣梗机利用茶叶与茶梗等含水量不同的性质,使茶叶通过静电场时,由于正负极电荷的感应拉力不同,茶叶与茶梗分离,达到拣剔的目的。

静电拣梗机的工作效能与电压的高低、茶叶含水量的多少有关。一般电压高,拣出筋梗多,但电压过高,筋梗和茶叶同时被吸出,反而达不到拣剔目的。茶叶含水量的多少直接关系到静电感应的强弱,含水量在 6%左右,拣剔效果较好,低于 4%,拣剔作用不明显。筋梗与茶叶含水量差距越大,拣剔效果越好,含水率差距高于 1/3 时,效果最佳,小于 0.5%。拣剔作用就不明显。

静电拣梗机操作的作用，可根据付拣茶品类的不同及气候情况合理调节电压高低、两滚筒距离和分隔板的位置。一般高档茶和含水量低的付拣茶，或低温低湿条件下，电压宜高，反之电压宜低。两滚筒的距离和分离板的位置以能拣出筋梗为湿度。在净茶时，两滚筒的距离宜延长，分隔板宜适当靠近送茶滚筒；在净梗时，两滚筒的跟离宜适当拉大，分隔板应适当离开送茶滚筒。由于一些轻质茶容易被吸出，电拣机的误拣比较大，需要多次复拣。复拣次数一般掌握在 6～9 次，以误拣的程度来衡量是否再需拣。为了减少操作次数，往往多台联装。由于细筋梗的身骨较轻，容易被吸出。粗老梗身骨较重，不易被吸出。因此，电拣机擅长拣细筋梗嫩梗。

从目前生产情况来看，静电拣梗机对分离细筋、嫩梗效果较好，对老梗、大茶梗显得异地吸力不足，不能从茶叶中分离出来。如电压过高，茶叶也被吸出，达不到拣梗的目的。

所有经机具拣剔的半成品都应再经过手工拣剔。

9.2　毛茶手工拣剔

茶叶拣剔是项带有技术性的作业，拣剔工不但能从事简单的拣梗、拣片、拣杂工作，还要懂得各等级茶叶的净度和品质要求，懂得通过观看外形色泽，各等级该拣出的次质茶和不该拣出的优质茶。管理人员在确保产品质量的前提下，还应加强现场管理提高制率，增加企业效益。

(1)按档次级别品质规格拣剔

茶叶拣剔应根据不同档次、不同等级的净度质量要求进行拣剔(见表 2-23、表 2-24)。一级以上高档茶除了正常拣剔茶梗(包括公分梗)粗片、杂物外还应剔除红条、青条、死条、焦条等次质茶，特级茶连叶蒂都得剔除，参加茶王赛的净度要求更加严格，除了按特级净度拣剔外，还要求条形大小、色泽嫩度基本一致。

因此，高档茶除了通过拣剔外形洁净、匀整外，还应彻底剔除次质茶，才能确保高档茶香气高长、滋味醇厚、品种特征明显的优势，高档茶的净度就是质量。

表 2-23　铁观音手工拣剔标准

级别	拣剔后外形要求	应　拣	不　拣	应整理
特级	条索结实沉重，均匀一致，平伏，有圆实感，色泽乌润绿亮，无杂色	梗、片、朴、异杂物青硬条、褐红条、死条、茶团、结块茶、松条、扁条	砂绿紧结条	尖蒂条切蒂，折去扁片部分
一级	条索卷曲较沉重、较平伏，无青红条，色泽一致	梗、片、朴、松扁条、青红条、死条、茶团、结块茶、脱皮梗、异杂物	砂绿条、黄绿条	长直条折断、带红筋的折蒂片
二级	条索较匀整，略沉重，色泽略一致	梗、片、朴、脱皮梗、异杂物	青绿色紧结条、一厘米以下嫩梗可少量保留	长直条折断
三级	条索较结实，带松直条，色泽不均匀	梗、片、不结实的茶朴、异杂物	一厘米以下嫩梗	粗黄长条折断
四级	条形较粗松，夹有褐红点，青绿条	梗片、异杂物、小白梗	茶朴、嫩梗	

表 2-24　色种手工拣剔标准

级别	拣剔后外形要求	应　拣	不　拣	应整理
特级	条索结实、整齐、沉重，色泽乌绿均匀一致	梗、片、朴、异杂物、青条、红条，死条、茶团，结块茶、松条、扁平条	黄绿亮茶条	茶条带片的应去片
一级	条索结实，较整齐沉重，无青苍条，褐红条，色泽较一致	梗、片、朴、青条、死条、茶团、异杂物、松条、枯黄条	绿条，少量红筋条，一厘米以下嫩幼梗	
二级	条索较匀整，色泽较一致	梗、片、朴、异杂物、松扁条	一厘米以下嫩梗	
三级	条索略整齐，色泽稍花杂	梗、片、粗朴、异杂物		
四级	条索松直，有轻感、色泽花杂	梗片、异杂物		

二级以下中低档茶，只要求拣剔茶梗、粗片和杂物，不影响本级茶叶品质、规格的茶叶不予剔除以免影响制率、原料成本和增加拣剔工工资。所以各档次的茶叶拣出率也不一样：参加茶王赛的毛茶拣出率为33%～30%；特一级的拣出率为50%～60%；二级以下的拣出率为80%～85%。

识别级外茶（副脚茶）次级茶、杂物。

级外茶（也叫副脚茶）即茶梗、粗茶（黄片、赤片）碎末茶，茶梗是鲜叶采摘时带进初制加工的，毛茶的梗分为粗梗和嫩梗，粗梗较粗壮，呈褐色或黄绿色，稍木质化，粗纤维含量多，内含物质量少、香气清淡、滋味平淡。嫩梗外形细小，色泽稍乌绿，稍带茶香味，滋味稍显，手工拣剔出来的茶梗茶叶含茶量不得超过5%。

经过筛分分离出来的茶梗分有一号梗和二号梗，它不是以粗嫩来区分，而是以茶梗中茶叶的含量来区分的，即一号梗茶叶含量28%，二号梗茶叶含量40%，手工拣剔出来的茶梗含茶量不得超过5%，归入一号梗。一号梗、二号梗可以分别加工出口。

粗茶是鲜叶采摘时把粗老叶片带进初制加工的，粗茶外形粗松、轻质、浅黄色，香气微，滋味淡，也可单独加工作为级外茶出口，拣剔出来的粗茶正茶含量不超过5%。

碎茶（细茶）是在茶叶初制过程、运输、毛茶投放筛分和拣剔过程中产生的。碎茶经加工后可用棉纸打包成（7克/每包）袋泡茶小包装产品，其品质香气略低同级正茶，滋味相似同级茶，浓度比同级茶好。碎茶也可单独加工出口。

次级茶：红条、死条、青条、焦条、茶团（块）。次级茶产生于茶叶初制加工过程，数量虽不多，但对高档茶的品质影响极大，所以在拣剔高档茶时一定要把次级茶拣剔出来。

红条、死条：上午露水未干采摘或下雨天采摘的茶青没有先晾干露水和雨水时放到水泥地板上晒青，被晒伤的鲜叶经过摇青、晾青形成不正常发酵，轻者为红条，重者为死条。红条和死条外形松冇，失油润，褐红色、馊黄味、滋味淡黄。

青条:青条是从茶树下地里直接长出来的新芽梢,没晒过太阳,很幼嫩,含水量大,做青过程不易消青,毛茶条索细长,乌嫩、带有青味,滋味稍苦涩。

焦条:是在茶叶初制烘焙时因温度过高或烘焙时间过长,或在焙干时茶叶沾在机具上多次烘焙后再脱落下来的茶叶(也称过失茶)外形色泽黑暗,失油润,呈火焦味。

茶团(块):茶团是在茶叶初制包揉后进入烘焙时没有全部解散的茶团(块)进入初烘和烘焙。其外形呈团(块)状,滋味青浊。

夹杂物:夹杂物分有茶类夹杂物和非茶类夹杂物。茶类夹杂物:茶枝、枝皮、茶花、茶籽。

非茶类夹杂物:一般常见的有树叶、杂草夹杂物,毛发、烟头、铁梢、蛾虫尸及虫粪便、金属类属恶性夹杂物。

(2)茶叶拣剔的现场管理

拣剔工应进行上岗前技术培训,培训的内容主要有:成品茶各级别的净度质量要求;识别级外茶、次级茶;什么该拣出的,什么是不该拣出的;怎样拣出夹杂物等知识。

高档茶的拣剔一般按天计工资或者计时工资,中低档茶一般是采用计件(按公斤)工资,采用计件工资的应及时验收,每人每拣完1公斤就验收一次,出现问题及时纠正,防止拣剔工为拣剔数量,捏碎茶叶影响质量,降低制率,造成损失。

10.茶叶拼配加工

毛茶拼配付制是在毛茶定级归堆的基础上,根据成品茶质量要求,将所要付制的毛茶进行合理的选配与拼和。其目的是调剂品质,保证产品质量,控制成本,充分发挥毛茶的最高经济价值,并使全年出厂产品前后期品质保持基本一致。

在生产通知单的备注栏里应注明:生产措施、拼配方案、成本核算和交货日期。

10.1　季节拼配

传统的闽南乌龙茶成品茶产品只有春茶和秋茶,毛茶生产季节又分为：春茶、夏茶、暑茶、秋茶和冬茶。各季的毛茶品质存在着很大的差异。春茶的条索肥壮结实，香高味醇、叶底肥厚，夏暑茶条索较瘦小，含梗、粗片多，略带苦涩味，香低味淡，秋茶和冬茶条索也较瘦小，带有秋绿色、香气高，滋味稍淡。根据春茶特级、一级的品质要求必须是条索重实、油润、香气高滋味醇厚的特点，只允许拼入前年少量的秋茶可提高香气，不得拼入夏暑茶。夏茶、暑茶是加工二级、三级、四级的主要配料，秋茶和冬茶应单独加工，不再拼入其他季茶叶，突显秋香的品质风格。

表 2-25　生产通知单

AC/QR～02～001

序号	品名	等级	唛号	批别	件净重（公斤）	件数	包装物	完成日期
备注								

主管：　　　　编制：　　　　签收：

10.2　品种拼配

闽南乌龙茶的品种资源丰富，且各品种都有较突出的品种香和品种滋味的风格，所以除了特级、一级安溪铁观音、安溪黄金桂、永春佛手、平和白芽奇兰、诏安八仙茶，应确保品种纯度，突显优异的品质风格外，安溪色种、永春色种、漳州色种，包括以上五个品种的中低档茶都可以采用多品种拼配，闽南乌龙茶还可以与闽北乌龙茶拼配，更能发挥品质优势。

10.3　产区拼配

各地区的毛茶，因自然条件和初制技术等不同，品质也有差

异。有的地区香高味浓，有的地区香低味淡；有的内质好，外形差，有的外形好，内质差，各有特长。毛茶按产地，大体可分为高山茶和低山平地茶。高山茶常因生态环境优越，又海拔较高，气候温和，生产出来的毛茶条索壮实，香高滋味浓厚。低山平地茶条索较细秀，香气滋味较平和。高山和低山平地茶拼和后，就能互相取长补短，调剂品质，调剂成本。

10.4　单级拼配

毛茶(包括毛净茶)验收时都是按等级归堆，虽是同一等级的毛茶，由于批次和产区不一样，品质结构各有长处，有的批次是外形较好，有的批次是香气较高，有的批次是滋味较醇厚，所以在单级拼配时应充分发挥不同批次的原料优点选配拼和，才能达到最佳的品质效果。

10.5　多级拼配，单级收回

多级拼配是指每批付制的原料由二个以上级别的毛茶拼和加工，制成的基本产品是一个级别，这就是多级拼配、单级收回。正常用多级拼配、单级收回的方式付制生产(特别是中低档产品，应用多级别、多季别、多品种、多产区、多批次的原料拼和)这种拼配方式的好处是毛茶原料的品质和价值空间更大。

10.6　半成品茶拼配

每批毛茶投放筛分后形成的各子口号茶，筛头茶和各段茶根据本批次等级净度要求用手工把茶梗、茶片拣剔后，再根据本批次的等级产品规格要求，按比例与各子口茶进行拼和，还有企业直接向供货商收购半成品茶(也就毛净茶)，可按产品规格要求拼和制作小样。

10.7　当年原料与陈茶拼配

毛茶精制加工，经过密封包装进仓后，储存时间 18 个月以上的成品茶叫陈茶，由于氧化作用，经过再次烘焙形成了特有的陈香味香气、滋味醇和的品质风格，是加工中低档产品不可缺少的主要原料，传统产品的生产企业都要有相当数量的库存，规模较大的茶叶生产企业陈茶的库存量都要千吨以上，新茶与陈茶拼配加工，其产品香气平和，滋味醇和，全年品质稳定。

10.8 成品茶拼配

成品茶拼配是利用现成各花色品种和各等级的成品茶拼和出市场和客户所需要的产品。成品茶拼配简单，生产周期短。

10.9 高档茶拼配

高档茶的产品规格和品质要求较高，在拼和时应以内质的香气和滋味为主，兼顾外形的条索和色泽，同时叶底应软亮匀整，不得有花杂现象出现。在拼配时可采用单级拼和与多级拼配的两种做法。

10.10 中低档茶拼配

中、低档茶的拼配，应按各级别的产品规格和品质要求，从各级别和各花色品种选配原料拼和付制。确保产品质量和全年品质稳定是做好拼配工作的目的。

10.11 清香型铁观音拼配

清香型铁观音是采用轻发酵做青工艺制成的毛茶，目前清香型铁观音成品茶是内销市场的主流产品占80%。因为清香型铁观音的香气高长，滋味鲜爽醇和，深受广大消费者的喜爱，应市场消费者偏好，现已形成三种品质风格的清香型铁观音产品。

一是清香型正味铁观音：外形重实，乌油润，香气高长，滋味鲜纯，音韵明显。汤色金黄，叶底肥厚软亮，汤色金黄。

二是清香型消青铁观音：外形紧结，稍绿润，香气稍高，滋味尚醇较淡，有韵味，汤色稍青黄。

三是清香型稍酸铁观音：条索尚紧结，色泽金绿黄、香气高，滋味重欠醇正，稍有酸味，汤色金黄，欠清澈。

清香型铁观音不与浓香型铁观音拼和，以免影响汤色变红，叶底花杂。

清香型正味铁观音是茶王赛的选料，宜单独归堆付制，不宜与消青、稍酸型的铁观音拼和，消青铁观音可以与稍酸铁观音相互拼和加工。

11. 茶叶烘焙、冷却、摊凉

乌龙茶精制加工的筛分、风选、拣剔等作业的作用是整理外形，分出老嫩，剔除次杂。茶叶烘干是在火功的作用下，使茶叶的内含物发生一系列热化反应，从而引起质的变化。因此，合理掌握火功，是提高精制茶品质的关键，所以古人云："茶为君，火为臣。"也就是说好的毛茶原料，也要有好的烘焙技术，才能做出高品质的成品茶，更说明了火功与茶叶品质的密切关系。

11.1　火功与茶叶品质的关系

初制出厂的毛茶水分含量一般都在5%～7%左右，经过收购、运输和一段时间仓储，再经过筛分、风选、拣剔后半成品茶的含水量多达8%～10%，由于茶叶吸湿性强，茶叶外形膨胀、松泡。在烘焙时，火功掌握恰当，茶叶随着水分的减少逐渐收缩，使精制茶条索紧结美观。

由于茶叶储存和加工过程水分在增加加速了茶叶的氧化，所以茶叶的色泽变得稍褐色、花杂，经过烘焙后，茶叶外形色泽较为一致，呈浅黄褐色。

在茶叶烘焙前，由于水分含量大，多酚类化合物的氧化及陈味逐渐增加，通过烘焙，一方面使茶叶适度干燥，减缓了陈化速度，另一方面在热的作用下，茶叶内含物可以进行有利于品质的热物理化学变化，如芳香物质可以从茶叶的内层扩散到表层，使香气透发，形成品种茶香和火香。

经过烘焙某些具有苦涩味的多酚类化合物也会转化而使苦涩味减弱；对于那些带有青浊味、水闷味、闷黄味、陈味、烟味、油味、馊味的劣变茶，通过火功处理也会有一定程度的减弱和消除。烘焙后的茶叶滋味爽口醇厚。

乌龙茶烘焙后泡出来的汤色呈金黄和橙黄，清澈明亮，叶底少花杂，色泽较明亮。

11.2　闽南乌龙茶烘焙技术

因乌龙茶的档次、类型、品种、发酵程度、嫩度、季节、形状、产地及市场消费者的嗜好的差异应采取不同的烘焙温度及烘焙时间，才能达到最佳效果，即“看茶用火”。以下是乌龙茶精制烘焙“十看”：

一看茶叶的等级档次高低用火。高档茶的质地细嫩，耐火力差，火温高会使茶叶的自然花香、品种香、地域香散失，宜低温烘焙保留其天然的香气和滋味。低档茶有的较为粗老，且吸水性较强，含水量较大。有的带有苦涩味、青浊味、闷黄味、馊味等不良味道，只有通过高火烘焙，排除异味，纯净茶叶香气和滋味。中档茶火候掌握在高、低档茶之间，称为中等火。

二看茶叶的类型用火。安溪铁观音以发酵程度分为清香型铁观音和浓香型铁观音；永春佛手以发酵程度分成品茶和佛手精制成品茶。

轻发酵的清香型乌龙茶适宜采用轻火烘焙排除多余水分和异杂味，以保留香气和鲜度。发酵较好的浓香型可按等级火候进行烘焙。

三看茶叶品种用火。乌龙茶的品种繁多，有大叶种、中叶种和小叶种，还有厚叶和薄叶之分，如铁观音、大叶乌龙、梅占、佛手等品种叶张大而肥厚，做出来的毛茶条形也比较粗大、沉重，较耐火；烘焙时温度应稍高。而黄金桂、奇兰、小叶乌龙叶张小而薄，做出来的毛茶条形较小，身骨较轻，耐火力差，烘焙时温度应稍低。

四看茶叶嫩度用火。偏嫩的茶叶内含物质丰富，烘焙温度可稍高，烘焙时间可稍长，消除部分苦涩味，使滋味更为清醇；嫩度适中的茶叶可按等级温度烘焙；较粗老的茶叶有效成分含量少，粗纤维含量多，香气低滋味淡薄（带茶头味），火候要足，促使滋味醇和。

五看茶叶发酵程度用火。如果是以浓香型成品茶为加工目标的，发酵较轻的茶叶，低沸点的芳香物如青叶醇等含量多，俗称“苦涩没去”，烘焙温度应较高，才能去除青气、苦涩味；发酵稍好的茶叶，火候可稍轻，才能提高香气和确保滋味醇和；发酵程度适中的

茶叶，火候应掌握中火，使产品色、香、味俱全。

六看茶叶的季节用火。春茶的生长周期较长，叶张肥厚，蛋白质、氨基酸、茶多酚、糖类等有机物含量丰富，火温可适当稍高使滋味甘醇；秋茶生长期短，叶张稍薄，内含物含量少，耐火力差，火温可稍低，才能保留芳香物质；夏暑茶“苦涩味”重，宜高火烘焙，使滋味平和。

七看茶叶的形状用火。闽南乌龙茶和台湾乌龙茶多数是圆结形的，较为受火、烘焙温度可稍高；闽北乌龙茶、广东乌龙茶多数是条形茶，形状稍松，烘焙温度可稍低。

八看半成品茶基础火候程度用火。半成品茶原料基础火候较轻的，精制加工时烘焙的火候可稍重些；基础火候较重的，精制加工时烘焙的火候应稍轻些。使不同火候的半成品茶经过烘焙匀堆后的成品茶火候均匀，滋味清醇，外形色泽协调一致。

九看不同产地的茶叶用火。“高山出好茶”高海拔地区的茶叶烘焙的火候可稍轻，多保留茶叶的香气；低海拔地区的茶叶烘焙火候可稍重些，使滋味更为醇和。又如闽北水仙比闽南水仙烘焙火候掌握要重些，才能显示出闽北水仙与闽南水仙各自的品质风格。

十看茶叶销售市场客户嗜好用火。不同市场不同客户对火候有不同的要求，有的客户喜欢轻火，有的喜欢中火，有的喜欢足火，要按不同市场客户要求掌握不同的火候烘焙。

11.3　茶叶烘焙技术要领(以立柜式烘干机为例)

茶叶投放量：在火温及干燥时间相同的情况下，投放量过多，干燥速度慢，水分及异味不易排除，往往达不到干燥效果，而且茶叶在温热作用下，容易产生闷蒸现象，影响茶叶色、香、味。投放量过少，操作稍有不慎，容易出现老火和焦味。投放量应根据茶叶烘干机的机型及茶叶的品质规格(品种等级)来掌握。

干燥时间：干燥时过长，不但影响工效，若火温稍高会产生老火。若火温稍低，异味难去除，香气将散失。更谈不上滋味醇厚。失去成品茶爆米香、品种香和滋味醇厚的品质风格。

火温：在茶叶烘焙中，为了方便操作，都将各干燥机的投放量和干燥时间基本固定，以调节火温高低来达到干燥的品质要求，因此，火温是影响茶叶干燥效果的主要因素。

总之，每批茶叶在投入烘焙前都要先用小机烘出小样，得出烘焙温度和烘焙时间数据，结合小机与大机的参数差设定烘焙温度与烘焙时间，才能投入批量烘焙。

乌龙茶的火功要求较为饱足，如特级铁观音一般分为两个阶段用火。第一阶段属烘焙阶段，因为茶叶水分含量大，为了消除多余水分和异杂味，需用较高温度烘焙，假设特级铁观音第一阶段火功 125℃，烘焙 90～120 分钟；第二阶段为“控焙”阶段，第一阶段的火功已使茶叶的多余水分与异杂味基本去除，应以停止使用高火，可降低 10℃左右，即 115℃进行“控焙”。控焙时间 90 分钟，小机 180～240 分钟；中间不能停止，应连续烘焙至产品最佳状态。

乌龙茶干燥不宜采用“长时间低温慢焙”方法，它将使茶叶香气散失，影响茶叶品质。

乌龙茶干燥时不宜采用“先低温、后高温”的方法，它不利于弃除异杂味，影响茶叶滋味的醇厚。

茶叶在干燥期间，应每隔半小时取样泡一次，了解品质变化情况，以便调整火温和烘焙时间。在茶叶烘焙用火时，应照顾到市场消费者需求的因素。

清香型铁观音烘焙技术：清香型铁观音烘焙时应注重保留香气和鲜度，宜采用“低温快焙”方法，俗称“走水焙”。去除茶叶的异杂味和水分。不适宜大机型烘焙，可用柜式 15 层烘干机烘焙，台机茶叶投放量不超过 30 公斤（每层 2 公斤），火温控制在 70～85℃左右，烘焙时间控制在 40～70 分钟左右。

12. 茶叶摊凉冷却

茶叶烘干后立即进入摊凉冷却的目的是能及时、快速地降低茶叶温度，散发茶叶内热气，茶叶呈香蕉色，滋味醇厚。稳定茶叶烘干后的品质水平，防止焖堆，热气无法散发，使茶叶变为褐灰色

和老火味，影响茶叶品质。

茶叶的摊凉冷却有两种方法：

一是另配备一台同类机型的烘干机作为冷却机，将烘干后的茶叶直接送入冷却机，然后吸取地下冷气冲入冷却机，使茶叶降温散热。

二是烘干后的茶叶及时薄摊在筛篱中进行冷却，加速冷却。茶叶摊凉冷却的时间一般在10分钟左右，摊晾冷却后的茶叶水分应控制在3%～5%以内，及时收回装箱。

13. 茶叶的匀堆与装箱

匀堆是把前后烘焙的茶叶及按比例将各号茶均匀拼和，使本批成品茶的品质规格均匀一致。匀推的方法有两种：一是规模较大的茶厂都采用微机拼配匀堆。二是一般茶厂则采用人工拼配匀堆。

微机拼配匀堆是茶叶烘干摊晾冷却后通过输送带将茶叶直接输送到匀堆房，电脑按上段茶、中段茶、下段茶及细茶的比例，设定控制程序，匀堆装箱时开动各储茶斗下的拼配带和振动槽，使各段茶叶分别送到装有电子秤的输送带上，使茶叶粗细拼和均匀，再通过漏斗将茶叶送入人工拣杂流水线，在完成人工拣杂作业后，茶叶就直接进入自动装箱系统进行自动装箱打包。

人工拼配匀堆是本批茶叶全部烘焙完并经摊晾冷却后采用人工匀堆拼和进行人工装箱打包。

茶叶包装材料及规格：目前茶叶包装多数采用纸箱加塑料内袋包装，纸箱和塑料袋的供货方应提供食品专用的商检报告，包装材料应干燥清洁、无毒、无异味、防潮，应符合SB/T10035的规定。

产品的标签符合GB7718的规定，并标示相应的类型与级别。

产品的包装储运图示标志应符合GB/T191的规定。

纸箱规格设计应适应货柜空间：37.5厘米×37.5厘米×57.5厘米的纸箱40尺的货柜可装运700件。同样规格的纸箱，装茶的净含量不一是取决于各类型、各等级茶叶的外形松、紧结重实情况所决定(见表 2-26)。

表 2-26　37.5×37.5×57.5 箱装茶叶净含量:公斤/件

	铁观音	色　种	级外茶	
特级	22	22	粗茶	15
一级	22	21	细茶	30
二级	22	21	一号梗	15
三级	21	20	二号梗	15
四级	21	18		

茶叶装箱时,特别是人工装箱,应采用摇箱振动,不宜直接挤压茶叶,减少断碎茶,在打包时应注意整齐,美观和牢固。

14. 成品茶的感官审评及检验

成品茶在出厂前必须进行感官审评及检验后才能出厂,出厂产品应品质正常,无异味、无霉变、无劣变;应洁净,不着色,不添加任何添加剂,不得夹杂非茶类物质。感官审评的主要内容包括外形的条索、色泽、整碎、净度四项因子。内质的香气、滋味、汤色、叶底四项因子。要求各品种、各等级的茶叶品质必须符合标准(有的产品是执行国家标准,有的是执行地方标准,有的是执行行业标准,有的是执行企业标准)或生产样的品质要求。

非茶类夹杂物检验:非茶类夹杂物包括沙子、石块、零碎金属(如铁钉、螺丝等)竹木纸片、动物尸体粪便等,要求不得检出。

理化指标检验:理化指标包括水分、灰分、碎茶、粉末含量的测定及其他项目,必须按 GB2763 规定的检验方法测定。

闽南乌龙茶铁观音、安溪乌龙茶、永春佛手、平和奇兰、诏安八仙茶感观指标、理化指标如下。

中华人民共和国国家标准

(GB/T19598-2006)

清香型安溪铁观音感官指标

清香型安溪铁观音按感官指标分为特级、一级、二级、三级，各级感官指标应符合下表的要求(表 2-27)。

表 2-27 清香型安溪铁观音感官指标

项目		级别			
		特级	一级	二级	三级
外形	条索	肥壮、圆结、重实	壮实、紧结	卷曲、结实	卷曲、尚结实
	色泽	翠绿润、砂绿明显	绿油润、砂绿明显	绿油润、有砂绿	乌绿、稍带黄
	整碎	匀整	匀整	尚匀整	尚匀整
	净度	洁净	净	尚净、稍有细嫩梗	尚净、稍有细嫩梗
内质	香气	高香	清香、持久	清香	清纯
	滋味	鲜醇高爽、音韵明显	清醇甘鲜、音韵明显	尚鲜醇爽口、音韵尚明	醇和回甘、音韵稍轻
	汤色	金黄明亮	金黄明亮	金黄	金黄
	叶底	肥厚软亮、匀整、余香高长	软亮、尚匀整、有余香	尚软亮、尚匀整、稍有余香	稍软亮、尚匀整、稍有余香

浓香型安溪铁观音感官指标

浓香型安溪铁观音按感官指标分为特级、一级、二级、三级、四级，各级感官指标应符合下表的要求。

表 2-28 浓香型安溪铁观音感官指标

项目		级别				
		特级	一级	二级	三级	四级
外形	条索	肥壮、圆结、重实	较肥壮、结实	稍肥壮、略结实	卷曲、尚结实	稍卷曲、略粗松
	色泽	翠绿、乌润、砂绿明显	乌润、砂绿较明	乌绿、有砂绿	乌绿、稍带褐红点	暗绿、带褐红色
	整碎	匀整	匀整	尚匀整	稍整齐	欠匀整
	净度	洁净	净	尚净、稍有嫩幼梗	稍净、有嫩幼梗	欠净、有梗片
内质	香气	浓郁、持久	清高、持久	尚清高	清纯平正	平淡、稍粗飘
	滋味	醇厚鲜爽回甘、音韵明显	醇厚、尚鲜爽、音韵明	醇和鲜爽、音韵稍明	醇和、音韵轻微	稍粗味
	汤色	金黄、清澈	深金黄、清澈	橙黄、深黄	深橙黄、清黄	橙红、清红
	叶底	肥厚软亮、匀整、红边明、有余香	尚软亮、匀整、有红边、稍有余香	稍软亮、略匀整	稍匀整、带褐红色	欠匀整、有粗叶及褐红叶

理化指标

理化指标应符合以下规定。

表 2-29 安溪铁观音理化指标

项目	水分≤	碎茶≤	粉末≤	总灰分≤
指标	7.5	16	1.3	6.5

福建省地方标准

（DB35/405-2000）

表 2-30　安溪乌龙茶色种茶叶产品感官品质要求

项目		特级	一级	二级	三级	四级
外形	条索	紧结、重实、卷曲	结实	尚结实	微结实	稍松
	色泽	沙绿、翠润	油润	尚油润	尚润	欠油润、枯褐
	整碎	匀整	匀整	尚匀整	尚匀整	稍欠匀整
	净度	洁净	匀净	尚匀净夹细梗	尚匀净夹细梗	稍欠匀净略有梗片
内质	香气	清香	清醇	尚浓欠长	稍淡	稍粗淡
	滋味	清醇甘爽、火候轻微	尚醇厚火候轻	尚醇带涩火候较足	尚浓稍粗火候足	平淡带粗火候充足
	汤色	金黄、清澈明亮	金黄清澈	金黄	深金黄	深黄暗红
	叶底	肥厚软亮、匀整、红边明显	软亮尚匀红边明显	尚软亮尚匀整	软硬不匀欠匀整稍亮	粗硬欠亮

本山

本山茶叶产品感官品质应符合以下的规定。

表 2-31　安溪乌龙茶本山茶叶产品感官品质要求

项目		特级	一级
外形	条索	紧结较重实	结实、略重
	色泽	翠绿、乌润	乌绿润、红点略明
	整碎	匀整	匀整
	净度	洁净	净

续表

项目		特级	一级
内质	香气	清高、持久	清高、纯正
	滋味	醇厚、甘鲜、火候轻微	清纯较鲜、火候轻
	汤色	金黄	淡金黄
	叶底	软亮、红边明显、有余香	软亮、红边明显

黄金桂

黄金桂茶叶产品感官品质应符合以下的规定。

表 2-32　安溪乌龙茶黄金桂茶叶产品感官品质要求

项目		特级	一级
外形	条索	细秀、紧卷	尚细秀、尚紧卷
	色泽	黄绿、有光泽	黄绿
	整碎	匀整	匀整
	净度	洁净	净
内质	香气	清香持久	清纯
	滋味	清醇、鲜爽、火候轻微	清醇、火候轻
	汤色	金黄清澈	橙黄
	叶底	软亮、红边明显、有余香	尚软亮、红边明显

根据《地理标志产品　福建乌龙茶》(DB35/T 943-2009)，福建乌龙茶分为闽南乌龙茶和闽北乌龙茶，闽南乌龙茶分为闽南色种和闽南铁观音；闽北乌龙茶分为闽北乌龙和闽北水仙等。各花色、等级品质要求如下。

闽南色种按感官指标分为特级、一级、二级、三级，各级感官指标应符合下表的要求。

表 2-33　闽南色种感官指标(DB35/T 943-2009)

项目		级别			
		特级	一级	二级	三级
外形	条索	紧结、卷曲	壮结实	较壮结	尚壮结
	色泽	砂绿、油润	砂绿、油润	稍砂绿、尚油润	尚乌润
	整碎	匀整	匀整	尚匀整	稍整齐
	净度	洁净	匀净	尚匀净	尚匀净
内质	香气	清香	清纯	尚浓欠长	稍淡
	滋味	鲜醇甘爽	尚醇厚	尚醇	尚浓稍粗
	汤色	橙黄清澈明亮	橙黄清澈	橙黄	深橙黄
	叶底	肥厚软亮、匀整	软亮尚匀整	尚软亮尚匀整	欠匀亮

闽南铁观音按感官指标分为特级、一级、二级、三级，各级感官指标应符合下表的要求。

表 2-34　闽南铁观音感官指标(GB/T 943-2009)

项目		级别			
		特级	一级	二级	三级
外形	条索	肥壮、圆结重实	较肥壮、结实	稍肥壮、略结实	卷曲、尚结实
	色泽	翠绿、乌润砂绿明显	乌润、砂绿较明显	乌绿有砂绿	乌绿稍带褐红点
	整碎	匀整	匀整	尚匀整	稍整齐
	净度	洁净	净	尚净有嫩茎	稍净有嫩茎

续表

项目		级别			
		特级	一级	二级	三级
内质	香气	浓郁、持久	清高持久	尚清高	清纯平正
	滋味	醇厚鲜爽回甘音韵明显	醇厚、尚鲜爽、音韵明	醇和鲜爽音韵稍明	醇和、音韵轻微
	汤色	金黄、清澈	金黄、清澈	橙黄、深黄	深橙黄、清黄
	叶底	肥厚、软亮匀整、红边明、有余香	尚软亮匀整有红边、稍有余香	稍软亮略匀整	稍匀整带褐红色

闽北乌龙按感官指标分为特级、一级、二级、三级，各级感官指标应符合下表的要求。

表 2-35　闽北乌龙感官指标

项目		级别			
		特级	一级	二级	三级
外形	条索	壮结	尚壮结	稍粗松	粗松
	色泽	乌润	较乌润	尚乌润、稍带枯	稍枯
	整碎	匀整	匀整	尚匀整	稍整齐
	净度	洁净	匀净	尚匀净	尚净
内质	香气	清幽细长	清纯	尚纯	稍淡
	滋味	浓醇	醇厚	尚浓	稍粗
	汤色	橙黄清澈	橙黄	深橙黄	深橙黄稍暗
	叶底	柔软明亮，红边显	软亮、红点尚显	尚软欠亮	稍暗

闽北水仙按感官指标分为特级、一级、二级、三级，各级感官指标应符合下表的要求。

表 2-36 闽北水仙感官指标

项目		级别			
		特级	一级	二级	三级
外形	条索	壮结	较壮结	尚紧结	较粗壮
	色泽	乌油润、间带砂绿蜜黄	较乌润	欠油润	稍带褐色
	整碎	匀整	匀整	尚匀整	稍整齐
	净度	洁净	匀净	尚匀净	尚净
内质	香气	浓郁清长	清香细长	清纯	稍淡
	滋味	鲜锐醇浓爽	醇厚	尚浓	稍淡
	汤色	橙黄清澈	橙红	深橙红	深橙红稍暗
	叶底	肥厚软亮、红边显明	肥厚较软亮，红边显	尚软亮，红边稍暗	欠亮

中华人民共和国国家标准

(GB/T 21824-2008)

表 2-37 永春佛手成品茶感官特征

项目		级别			
		一级	二级	三级	四级
外形	条索	肥壮、圆结、重实、匀整	肥壮、紧结、匀整	卷曲结实、稍匀整	尚卷曲、略粗松
	色泽	砂绿油润	砂绿尚油润	乌绿稍带褐红	暗绿带褐红

续表

项目		级别			
		一级	二级	三级	四级
内质	香气	浓郁,品种香明显	清高、品种香明显	清纯,品种香尚显	清淡、略带粗飘
	汤色	金黄清澈明亮	橙黄清澈	橙黄尚清澈	橙黄略深
	滋味	醇厚甘爽,品种特征明显	尚醇厚甘爽,品种特征尚明显	醇和、品种特征略显	清淡略粗
	叶底	肥厚、软亮、匀整、边鲜红	尚肥厚、稍软亮、匀整、红边明	黄绿有红边、尚软、尚匀整	暗绿略带褐色,稍粗硬

永春佛手精制成品茶感官特征

永春佛手精制成品茶按其感官特征从高到低分为五个级别,即:特、一、二、三、四级。各等级的感官特征见下表。

表 2-38　永春佛手精制成品茶感官特征

项目		级别				
		特级	一级	二级	三级	四级
外形	条索	壮结重实	较壮结	尚壮结	稍粗松	粗松
	色泽	表褐,油润	青褐,尚油润	尚润稍带乌褐	乌褐稍润	乌褐
外形	整碎	匀整	匀整	尚匀整	欠匀整	欠匀整
	净度	匀净	匀整	尚匀整	带细梗轻片	带细梗轻片

续表

项目		级别				
		特级	一级	二级	三级	四级
内质	香气	浓郁，品种香极显	清高，品种香明显	清纯，有品种香	纯正	平淡略粗
	滋味	醇厚甘爽，品种特征极显	醇厚，品种特征明显	尚醇厚，品种特征尚显	醇和	平淡略粗
	汤色	金黄、清澈明亮	金黄、清澈	尚金黄清澈	橙黄	橙黄泛红
	叶底	肥厚软亮，匀整，红边明显	肥厚软亮，匀整，红边明显	尚软亮	稍花杂粗硬	粗硬，暗褐

理化指标

理化指标见下表。

表 2-39　理化指标

项目	水分	碎茶	粉末	总灰分
成品茶/%　≤	7.0	—	1.3	6.5
精制成品茶/%　≤	7.0	12.0	1.3	6.5

卫生指标

应符合 GB 2762 和 GB 2763 的规定。

净含量允许误差

单件定量包装茶叶的净含量允许误差，应符合国家质量监督检验检疫总局令[2005]第 75 号《定量包装商品计量监督管理办法》的规定。

试验方法

感官品质

按 NY/T 787 规定的方法，对照永春佛手国家标准样品进行审评。

福建省地方标准

(DB35/T 825-2008)

感官指标

表 2-40　白芽奇兰茶茶叶感官指标

项目		级别				
		特级	一级	二级	三级	四级
外形	条索	圆结，重实	紧结，壮实	卷曲结实	比较卷曲	输粗松，尚弯曲
	色泽	砂绿，乌润	砂绿油润	乌绿尚润	乌绿稍带褐红点	暗绿带褐红色
	整碎	匀整	匀整	尚匀整	稍匀整	欠匀整
	净度	洁净	洁净	尚净	尚洁净，稍有细梗	欠净，有梗片
内质	香气	浓郁悠长，品种香突出	清高细长品种香明显	香气纯品种香显	香气纯正、有品种香	香气粗短
	滋味	清醇、鲜爽回甘	醇厚、尚鲜爽	醇和尚爽	醇和、味浓	味浓、稍涩
	汤色	金黄艳亮	金黄明亮、清澈	橙黄清澈	深黄或带橘红	稍带红、欠清澈
	叶底	柔软明亮、匀整、红边明、有余香	柔软尚亮、匀整、红边明	稍软亮、略匀整稍带红点	稍匀整带褐红色	欠匀整、有粗叶及褐红片

理化指标

表 2-41　理化指标

项　目	指　标		
	特　级	1级、2级	3级、4级
水分,%(m/m)	精茶≤6.毛茶≤7		
总灰分,%(m/m)	≤6.5	≤7.0	≤7.5
茶梗,%(m/m)(1cm以内)	≤2	≤3	≤5
碎末茶,%(m/m)	≤3	≤6	≤10
水浸出物,%(m/m)	≥40	≥38	≥35
粗纤维,%(m/m)	≤16	≤18	≤20

福建省地方标准

(DB35/T 978-2006)

表 2-42　八仙成品茶感官指标

项目＼级别		要　求				
		特级	一级	二级	三级	四级
外形	珠形	坚结重实	紧结尚重实	紧实	尚卷结	粗松成条
	色泽	乌褐油润	乌绿油润	乌黑尚亮	乌赤欠匀	枯燥黄或暗黑
	整碎	匀整	匀整	尚匀整	欠匀整	带短梗小片叶
	净度	净	净	净	尚净	带短梗
内质	香气	浓郁锐长品种香幽雅	浓郁细长品种香突出	香气清爽品种香明显	香气纯正有品种香	香气粗短品种香不显
	滋味	醇厚鲜爽	浓厚甘爽	浓厚带爽	味浓	浓带涩感
	汤色	金黄艳亮	金黄明亮	橙亮清澈	深黄或带橘红	青黄或带红欠清澈
	叶底	柔软明亮红边显明	柔软、红边显明	较柔软带红点	叶色浅黄	红、青条,叶质较硬挺质

表 2-43　理化指标

项　目	指　标		
	特　级	1 级、2 级	3 级、4 级
水浸出物,(m/m)%	精茶≤6.毛茶≤7		
总灰分,(m/m)%	≤6.5	≤7.0	≤7.5
茶梗,(m/m)%(1cm 以内)	≤2	≤3	≤5
碎末茶,(m/m)%	≤3	≤6	≤10
水浸出物,(m/m)%	≥40	≥38	≥35
粗纤维,(m/m)%	≤16	≤18	≤20

副茶(级外茶)的品质规格

粗茶:由各品种各等级拣剔出来的粗茶拼和后经拣杂和烘焙后成为粗茶成品,粗茶的品质要求:外形要整齐,大小均匀,足火,水色深红,叶底虽硬挺,但不能有焦条。粗茶不分等级,唛号为 S106。

细茶:细茶是取 16 孔以下的碎茶和粉末合成为细茶,经拣杂筛除灰分,烘焙后成为细茶成品,细茶又分为铁观音细茶和色种细茶,细茶的品质要求:细小灰褐色,水色清红,滋味醇和,但不能含有尘土,细茶不分等级,铁观音细茶唛号为 K107;色种细茶唛号为 S107。

茶梗:茶梗是从筛分车间选出和手工拣出的茶梗,以含茶量区分一号梗和二号梗,一号梗含茶量在 28%以内,二号梗含茶量在 40%以内。经拣杂烘焙后成为茶梗成品,茶梗的品质要求:外形长短均匀,色泽深红、赤亮,但不能有脱皮;内质滋味粗厚,但不能老火焦味,茶梗不分等级,一号梗唛号为 S108,二号梗唛号为 S109。

福建乌龙茶成品茶唛号(见表 2-44)

表 2-44　乌龙茶精制产品唛号

品名	级别	唛号(秋茶)	品名	级别	唛号
铁观音	特级	K100(K110)	闽北水仙	特级	Y300
	一级	K101		一级	Y301
	二级	K102		二级	Y302
	三级	K103		三级	Y303
	四级	K104		四级	Y304
色种	特级	S100(S110)		粗茶	Y306
	一级	S101		细茶	Y307
	二级	S102	漳州色种	特级	S200
	三级	S103		一级	S201
	四级	S104		二级	S202
黄金桂	特级	H100(H110)		三级	S203
	一级	H101(H111)		四级	S204
花茶	大花二级	TS102	永春色种	特级	S400
	大花三级	TS103		一级	S401
	桂花二级	KS102		二级	S402
级外茶	粗茶	S106		三级	S403
	色种细茶	S107		四级	S404
	观音细茶	K107			
	一号梗	S108			
	二号梗	S109			
备　注	唛号中字母,“K”—铁观音,“S”—色种,“Y”—水仙。 三位阿拉伯数字,第一位表示产地,“1”为安溪;“2”为漳州;“3”为建瓯;“4”为永春。第二位表示季别,“0”表示春季,“1”表示秋季;第三位表示级别,“0”表示特级别,1—4 表示一至四级。				

福建乌龙茶成品茶唛号是根据品种、产区、产茶季节和茶叶级别编制的，目的是方便贸易。

四、乌龙花茶窨制

花茶是茶与鲜花窨制而成的香型茶，它既保持纯正的茶香，又兼备鲜花馥郁香气，具有“引花香、益茶味”的特殊品质特征。

我国花茶生产历史悠久，早在宋初(960 年)，就在上等茶叶中加入龙脑香以增茶香。到 12 世纪以后，花茶窨制已较普遍。现在花茶生产已遍及全国主要产茶省区，以福州、苏州为主要产地。

花茶因鲜花不同，可分为桂花乌龙茶、大花茶(栀子花茶)、茉莉花茶、白兰花茶、玫瑰花茶等。品名和茶名连在一起，如茉莉烘青、珠兰大方、玫瑰红茶、闽南乌龙茶主要是窨制桂花乌龙茶和大花(栀子花)茶。花茶的品质是花香持久，茶味醇和鲜爽，高级花茶则要求香气鲜灵，滋味浓醇鲜爽。

1. 花茶窨制原料

1.1　茶坯

闽南安溪乌龙茶成品茶色种二级、三级成品茶作为窨制桂花和大花(栀子花)茶的茶坯。

传统的花茶窨制前，茶坯要经过复火干燥。茶坯复火要求干燥机进风口温度 120～140℃之间。既要使茶坯达到所要求的干燥程度，又不能产生老火或烘焦。含水量标准：高级茶坯 4.0%～4.5%；中级茶坯为 4.2%～4.5%，低级茶坯为 4.5%～5.0%；头窨前茶坯含水量为 4.0%～5.0%；复火待二窨的为 5.0%～6.5%，待三窨的为 6.0%～7.5%，待提花的为 7%～8%。

茶坯复火后，温度一般高达 80～90℃。需经冷却降温后才能窨花。茶坯温度，茉莉花茶要求坯温 30～33℃；白兰花茶坯温 34～36℃。如果温度过高，不仅鲜花“热死”，吐香能力丧失，而且茶坯本身吸收香气能力也减弱。坯温过低，降低高沸点芳香物质的挥发，窨制效果也不好。

新的研究认为茶坯水分含量高低不影响茶叶对香气的吸附，水分含量在一定范围内高一些，有助于保持鲜花的生机，有利于鲜花充分吐香，达到提高鲜花香气的利用率。因此，茶坯在窨花前不需要复火干燥。

1.2　香花

香花是窨制花茶的主要原料。凡有香无毒或对人体有益之花皆可用来窨茶。早在南宋赵希鹄所著《调爕类编》中即载有："木樨、茉莉、玫瑰、蔷薇、南蕙、桔花、栀子、木香、梅花皆可作茶"。现代花茶主要采用茉莉、白兰、珠兰、玳玳、桂花、玫瑰、柚花等 7 种香花窨制花茶，其中以茉莉花为主。

各种香花都含有各自的芳香物质，成熟的香花在适宜的外界条件下，吐放挥发芳香物质，为人们所利用。按各种香花所含芳香物质形成和挥发的特性不同，可分为"气质花"和"体质花"。

1.2.1　气质花　气质花的特点是，花不开不香，微开微香，盛开盛香，开过以后就不香，花干无香，开放吐香延续期较短。茉莉花属于气质花，它的香精油是随着鲜花的开放而不断形成和挥发的。所以，茉莉花不开不香，半开旺盛吐香。在正常情况下，茉莉花自然吐香可延续 24 小时左右。茉莉花的芳香物质主要是以甙类形态存在，以外因的作用下，随着花蕾的成熟开放，酶活性加强，甙类水解为香精油和葡萄糖而放出芳香。

茉莉花，木樨科，茉莉属，长绿灌木，品种很多。我国窨制茉莉花茶品种，有别于欧洲提取香精油用的大花茉莉。我国的茉莉花按植株和花朵性状分为单瓣茉莉和双瓣茉莉两种。前者植株略呈蔓藤状，生长力和抗逆性较弱，花蕾呈椭圆形，顶端略尖，花冠单层，白色，裂片一般 7～11 片。当天成熟的花蕾，夜晚 6—7 时开放吐香，香气芬芳清甜，品质优良。后者植株性状较直立而丛生，枝干坚韧，抗逆性较强，产量较高，花蕾较圆而短，花冠双层，裂片较多，一般有 13～18 片。产花期较集中，当天成熟的花蕾，开放吐香较单瓣迟 2 小时左右，夜晚 8—9 时才开放吐香。

1.2.2 体质花 体质花特点是，其香精油以游离状态存在于花瓣中。成熟的香花虽未开放而已吐香，微开则香盛，开过后还有香气，吐香延续期达 2～3 天以上，花干乃有余香。如桂花、栀子花等属于体质花。

桂花 桂花属木樨科木樨属，为常绿乔木，产花期 8 月底至 10 月中旬，约 40～50 天。花朵细小，有细花梗，丛生叶腋间，有白、黄、黄赤等色，花冠四裂，分裂达于基部，花冠筒部极短，裂片长椭圆形，花香浓烈清雅。主要品种有三种：①金桂，又名丹桂，叶较大，厚而刚，边缘有锯齿，花橙黄色，香味最浓；②银桂，叶较小，无锯齿，花繁，黄白色，香味亦浓；③四季桂，叶通常有锯齿，花黄白色，秋季开花最多，其他季节都能陆续开放少量花。以金桂即丹桂的花窨制桂花茶品质较优。

大花（栀子花） 栀子花在闽南称为大花，茜草科，栀子属。亚热带绿灌木耐寒性强，生长健壮。喜阴湿，根发达，枝直立、丛生、灰色，嫩枝绿色。叶为单叶对生或三叶轮生，椭圆形，合缘。在安溪地区，三月初出现花蕾，四月下旬开始开花，五月下旬至六月上旬为盛花期，开花期经历 30～40 天左右。花单生于枝顶，无柄。花蕾花瓣作螺旋排列，迭合卷曲。开花足时，直径 8 厘米，萼管微圆锥形有纵棱。顶部 18 或 24 裂，呈 3 或 4 层排列，每层 6 片，裂片长椭圆形。花瓣洁白色，肥厚，香气浓郁，可延续 4～5 天。雄蕊花药线形，雌蕊柱头棒状，橙黄色，每朵重约 6.5 克。

1.2.3 鲜花处理

鲜花采收后，在一定时间还是一个活的生命体，呼吸作用乃在进行，因此，进厂的鲜花必须经过一定的处理，控制一定的温、湿度，促进鲜花开放吐香。

摊放和堆积 “摊放”过程具有降低花温、蒸发水分，提高芳香油浓度的作用。鲜花由于在采摘、运送过程中的盛装或堆积，呼吸作用产生的热量积蓄，使花温上升，若不及时摊放，花温过高，时间又稍长，就会使鲜花“热死”，新鲜度降低，香气丧失。但摊放又不

能过久，摊放过久会因水分蒸发过度而使鲜花凋萎变色和失香。“堆积”过程可以产生热量的积累，使花温升高。维持花温在一定范围内，有促进鲜花开放和吐香的作用。摊放和堆积是鲜花管理中必要的处理措施。通过摊和堆的交替，控制花温在一定范围内促进鲜花开放和吐香。

摊花场地要求清洁、阴凉、通风。摊放厚度宜薄不宜厚，并要及时付窨。

筛花　由于鲜花体型大小不一，开放程度存在差异，经过摊堆的鲜花，要进行筛分。剔除小花、生花、花托和杂质，分别头花和二花，同时散发热量，以利窨制。

2. 桂花茶窨制技术

桂花是最受人们喜爱的一种香花，属木樨科木樨属。西湖桂花，古有“天竺桂子”之称，至清代满觉陇桂花已享有盛名。张云璈词曰：“西湖八月清游，何处相通鼻观幽？满觉陇旁金粟遍，西风吹堕万山秋。”

桂花品质优良，香气馥郁持久，汤色黄绿明亮，滋味浓醇爽口。桂花香味浓厚，有怡神醒脑，清心明目，化痰散瘀的作用。

桂花茶加工工艺大体为：茶坯与鲜花处理→窨花拌和→通花散热→复火→匀堆装箱。

2.1.1　茶坯与鲜花处理

茶坯处理　窨花的茶叶一般采用中下档的毛茶，经过精制而成的素坯。窨花之前，茶坯必须进行复火烘干，其目的：一是使茶坯达到一定的干燥度，以便最大限度吸收花香；二是使茶坯具有一定的坯温，以促进鲜花香气的挥发。

茶坯复火干燥程度，高中低档茶坯，含水量分别控制在4%～4.5%、4.5%、5%～5.5%。一般含水量掌握在5%左右，高档茶含水量可略低些，中低档茶可略高些，但不超过6%。窨花坯温在31～35℃之间。

鲜花处理　桂花品种有金桂、银桂、丹桂、四季桂和月月桂。

金桂香气最浓，窨后的桂花茶比其他香浓味醇。

优质桂花还取决于鲜花的开放程度，开放度不过，芳香物质尚未成熟，香气不高。花柄不一脱落，窨品香气淡薄。鲜花全部开放，香气自然挥发，窨品透素。经观察测定，桂花从微开至全开，一般约经 8～9 天。全开放的鲜花粒径 12～13 毫米之间，以微开后 45 天，花蕾裂口 5～9 毫米的鲜花，其形呈虎爪状，金黄色，是鲜花吐香旺盛时期。这时采花窨茶，花茶香气高，同时花朵重实，产量高。鲜花采收时间，最迟不得超过六天，否则无香气。

表 2-45　不同桂花茶的比较

鲜花名称	鲜花含水量%	配花量%	茶叶增重%	鲜花失重%	茶叶含水量%	成品茶含水量%	品质	
							评语	位次
金桂	81.6	30	21.9	62	25.4	6.7	香高清爽	1
银桂	83	30	22.7	59.2	26.5	6.4	香气淡雅	3
丹桂	85	30	23.6	58	27	6.5	香气高	2

注：茶坯含水量 4.7%。

鲜花采收时，应轻采轻放，勿压快送。采收季节，时常遇到连绵阴雨，为了及时采摘吐香最浓的鲜花，应在小雨或阴天抢收采集。摘下的鲜花应放在通风阴凉处或用电风扇排湿，待花朵表面水散失后，方能窨茶。

鲜花进厂后，应及时剔除筛去花柄、叶及杂物。摊放在阴凉干净地上，厚度 5～7 厘米，防止堆积过厚和阳光暴晒。桂花比较娇嫩，堆沤易增湿，易损伤变质，应及时付窨。当日花当日窨完。不窨隔夜花、雨水花、劣变花。摊放时间要适当，时间过长，香气挥发，水分极易损失，品质下降。经测定，桂花采收后，摊放中含水量

随时间延长，水分散失越多。水分与香气是同步减少。

表 2-46　桂花开放度与花茶品质的关系

开放度粒径（毫米）	间隔日期（天）	鲜花色泽	花重（克/百朵）	容重（克/100毫升）	品质审评	
					评语	位次
微开（1～2 毫米）	1	淡黄	0.80	15.54	青气	6
小开（3～5 毫米）	3	黄	1.10	15.60	鲜	4
半开（5～7 毫米）	4	金黄	1.32	15.67	鲜锐芬芳	1
大半开（7～9 毫米）	5	金黄	1.44	15.71	鲜灵	2
大开（9～11 毫米）	6	金黄	1.55	15.71	鲜	3
全开（11～1 毫米）	8	黄白	1.50	15.71	淡薄	5

表 2-47　桂花采收后摊放中含水量变化

摊放时间（小时）	6	12	24	48
鲜花失重（%）	4.3	9.7	18.1	31.7

配花量　不同茶坯级别，不同鲜花开放度，以及消费者对花茶品质的要求不同，配花量也不同。高档茶配花量适当多些，中低档茶略少些。一般一至二级茶配花量 5～10 公斤。提花 0.75～1.25 公斤；三、四级茶配花量 4.5～7.5 公斤；五级、六级茶配花量 4.5～5.0 公斤，不提花。好茶用好花，次茶窨次花。优质鲜花配花量可以适当少些，次质花配花量要多些。经试验，用开放吐香最浓的鲜花与全开放后的花窨茶比较，其配花量相差 2～2.5 公斤，尚不能达到花茶品质的一致。

表 2-48 不同开放度鲜花、配花量对花茶品质的影响

开放度	配花量	对比	
		增加	增加率%
半开(5～7 毫米)	16	—	—
大半开(7～9 毫米)	17	1	6.2
大开(9～11 毫米)	19	3	18.7
全开(11～13 毫米)	24.5	8.5	53.1

提花是提高花茶鲜灵度的关键。提花应选择开放吐香最浓，花色最鲜艳，金黄色的花朵。由于桂花期短，并且，开放集中，给花茶窨制带来一定困难。另者一般年份开二次花，根据这一习性，可采取先开的做窨花，后开的花做提花；头批花作窨花，二批花做提花。

2.1.2 茶花拌和

将鲜花均匀铺在茶坯上，把茶与花充分拌和均匀，然后根据茶叶等级进行箱窨或堆窨。一般是大批量采用堆窨；小批量采用箱窨；三级以上茶用箱窨；三级以下用堆窨。堆窨堆成宽 150～180 厘米，高 40～50 厘米，窨堆不宜过高。以免产生水闷气或变质，同时，要根据当时的室温高低而定，温度高，堆要小些；温度低，堆可大些。最后在堆面上再复一层茶坯，以减少花香散失。桂花开放期在 9—10 月份，气温变化大，如室温偏低，为了保持一定坯温，促进堆内鲜花正常吐香，窨花的堆子可稍加宽加高，上用布袋覆盖，以提高堆内温度。

2.1.3 通花散热

当茶花拌和窨堆后，堆内温度开始上升，不同开放度的鲜花窨茶，其堆温上升的幅度不同，开放吐香盛期的鲜花，生命力旺盛，热量大，窨后堆温上升快，反之，已全开放的花朵，堆温上升慢且低。

不同窨制工具和窨花量，升温也有差异。相同窨花量，箱窨比堆窨升温快。在堆窨中，大堆比小堆升温快些；堆厚比堆薄的升温快些。

通花　桂花吐香是在一定的温度范围内进行的。堆温上升快，窨后花茶香气高。为了防止闷堆而降低花茶鲜爽度，堆内温度达45～50℃时，应及时通花散热，使鲜花保持新鲜，避免产生水闷气与茶叶黄热。鲜花开放度小，生命力强，通花温度可掌握在40～50℃；鲜花开放度大，生命力弱，通花温度可掌握在40～45℃。通花时，箱窨的可将茶叶倒出，摊晾降温；堆窨的茶叶自内向外，由上而下翻堆散热，通花时摊放厚度8～10厘米，摊放10～20分钟后，坯温下降至25℃时，即可收堆续窨。对于坯温不到40℃时，室温又较低时，可以不通花。中间进行翻花。经测定，桂花在窨制中，各部位的温度是不同的，堆中心温度与堆边温度相关4～7℃。中心点温度较高，鲜花已在变色；四周及表面由于受到外界冷空气侵袭，温度较低，花尚鲜，茶坯吸香少，要采取快速翻堆，使上、中、下及四周翻转、翻匀、翻后立即合堆，减少花香损失，使整堆花茶品质一致。

窨花时间　经窨花后茶叶含水量可达18%左右，茶叶含水量多少是随配花量的多少与窨花时间长短而变化。茶叶含水量偏少时，则花香浓度不足，说明窨花时间过短；茶叶含水量过多。说明配花量与窨制时间过多过长，不仅使茶叶发黄，香气也欠佳。

桂花的开放度不同，窨花时间也不同。用半开花窨茶，窨花时间以16～18小时为宜，大半开花窨制，掌握在14～16小时；大开花窨制，掌握在12～14小时。

总之，应看花窨茶，看茶窨花。在窨制中，发现鲜花香气吐尽，变暗退色；手握茶坯柔软，捏之成团，松手散开不粘手，花渣含水量在20%～30%等现象时，即为适度，应及时上烘复火，防止花茶出现闷味，降低花茶鲜爽度。

2.1.4　复火

窨花结束即应起花。因配花量在20%以上，成品茶含花渣较多，冲泡后悬浮于杯中，有碍品饮。但由于桂花花朵细小，不易剔除干净，配花量少时，可不起花。

窨制后，茶坯含水量较高，应及时进行复火，复火应保持适温。烘干机复火，热风口温度掌握在90～100℃，烘8～12分钟；焙笼烘干，笼心温度掌握在70～80℃，每笼上温坯2～2.5公斤，烘30～40分钟，每隔5～7分钟翻动一次，烘至茶叶含水量7%～7.5%时下烘摊晾。复火应掌握高档茶先烘，中低档茶后烘；含水量高的先烘，低的后烘。不论何种工具烘焙，火温都要控制一致。

2.1.5　匀堆装箱

复火后的茶坯，坯温仍有70～80℃，须经冷却方可装箱。采用吹风散热，降温速度快，可避免自然冷却摊放中吸潮，有利于保持花茶品质，香气鲜灵且持久。比高温装箱，自然冷却为优。复火冷却或提花后应立即匀堆装箱进仓。

3. 大花茶（栀子花茶）窨制技术

栀子花茶又称大号花茶，采用中低档乌龙茶与栀子花窨制而成，有利于改善中低档茶叶香气低淡的特点，适应市场的需要。因此，在港、澳和东南亚颇受欢迎。

大花乌龙茶能否具有香气浓郁的品质特点，窨制技术关键在于窨制工艺是否恰当。工艺程序为：茶、鲜花处理→窨制拌和→通花匀窨→起花→干燥→冷却装箱。

3.1　茶与鲜花的处理

茶坯　窨制用的茶坯，选用中低档色种茶，按规格标准精制成型，以待窨花。茶坯含水量以5%～6%为宜，超出6%，须进行复火，降低含水量，经冷却后方能付窨。

鲜花采收与处理　清晨露水干后，采回已开放但未开足的鲜花。装载运输时切忌挤压破损，进厂经分级分等后分别堆放。

采回的鲜花，用人工剥下花瓣，并拆散之。忌叠合，除去花梗、花萼和雌雄蕊。然后将花瓣过筛，去杂去劣。筛净的瓣片堆在阴湿地面上后5～6厘米，促进花香充分挥发，处理过程应注意两个问题。

雨天采回的鲜花含水量多，应先薄摊，使表面水消失。晴天采回的鲜花，含水量少，为防止鲜花过早失去生机，可进行喷水处理。每百斤鲜花喷5公斤左右，使花瓣保持湿润状态。

鲜花堆放过程，温度控制在25℃左右，最适于香气形成。低于15℃则延缓其进程，而超过30℃则花香失鲜，乃至产生不良气味。

大花剥瓣后薄摊堆放，历时5～6小时后，花瓣略成萎凋状态，并散发出鲜爽浓郁的香气，此时，最适宜窨茶，过早过迟窨制，产品的质量均较逊色。

3.2 窨花拌和

(1)配花量的选定 配花量是指每100公斤茶拌和鲜花的用量。一般用花30～40公斤，若直接饮用，不作拼料，可掌握10～15公斤的花量。从表2-49可以看出，50公斤配花量的花茶，香气鲜灵度反而不及40公斤的，因此，配花量过多反而对品质无益。

表2-49 不同配花量的窨制效果比较

配花量/审评项目	香　气	滋　味	汤　色
30	尚浓	醇和	橙黄略红
40	高浓	浓醇	橙
50	浓浊	浓厚	深橙红

(2)窨制方法 窨花有堆窨、箱窨、囤窨等多种方式。可根据数量、气候条件而选用窨制方式，以堆窨为例，茶与花按选定的比例要求拌和均匀后，堆成30～50公斤的长方形块堆，气温低于25℃，堆高可高些；气温高于30℃，堆高可控制低些。随后用净茶盖面，并于堆上加盖一层帆布，以防香气散失。

3.3 通花匀窨 堆窨约经 8～12 小时后，进行翻堆通花处理。由于鲜花的生机较强，释放热量多，如不及时散热，鲜花因此而“热死”。第一次通花时间，一般掌握在堆中温度达 40℃左右时进行，此时花瓣边缘皱缩，但中间乃清白。第二次通花及以后各次通花处理，因花的生机逐渐减弱堆中温度升高缓慢，翻堆的主要目的是为了取得匀窨的效果。一般以间隔 8～16 小时，即行翻堆。气温高，间隔时间可缩短；气温低，间隔时间可适当延长。堆温一般保持在 38～40℃之间，以免损害花香的鲜爽度。

3.4 起花 窨制过程，经 3～4 次通花处理，当花瓣萎焉变成黄褐色以至枯干状态时，总历时 42～48 小时左右，可进行翻堆摊晾处理，并用人工拣剔花渣，此时，茶叶含水量高达 29%左右，应尽快转入干燥工序处理，以防变质。

3.5 干燥、冷却、装箱

拣去花渣后，应迅速进行烘干处理。温度可掌握在 110～120℃左右，(若用 513 型烘干机，采用中盘全程干燥，时间 10 分钟)，摊叶厚度 1.2～2 厘米左右，烘至含水量约 4%左右，经摊晾后贮藏，以待匀堆装箱。

4. 影响窨制花茶品质的因素

花茶窨制，在鲜花吐香和茶坯吸香的过程中，发生了一系列较为复杂的理化变化。茶坯在吸附花香增益茶味的同时，改变汤色，涩味减弱，从而提高茶叶品质。花茶窨制原理主要是了解香茶吐香和茶叶吸香特征。同时外界条件会制约香花的吐香和茶叶的吸香。

4.1 茶叶吸香特征

茶叶是一种多空隙的物质，并含有一定量的棕榈酸和萜烯类化合物，因而具有很强的吸附性能。这种吸附性具有无选择性和解吸性。

4.1.1 茶坯含水量对吸附性和解吸性的影响 茶叶内部的孔隙数目越多，孔隙表面积就越隙率降低，吸附能力相应减弱，一般茶坯的含水量要控制在4%～5%之间。然后每次窨前均需复火，以利于吸香。但为了限制前窨次已吸香气的解吸性，含水量应逐窨提高1%。茶叶吸香特性研究新发现，茶叶在其含水量2%～5%左右，都有明显吸香能力，茶叶着香效果主要决定于鲜花的吐香能力，而且较高含水量的茶坯，再窨制过程中能保持鲜花较好的生机，能明显提高吐香能力，因而对花茶的香气浓度和鲜灵度等品质指标有良好的效果。

4.1.2　茶坯孔隙性质对吸附性的影响　茶坯的吸附性能与孔隙的孔径大小、孔隙长短密切相关。孔径小、孔隙短，吸附能力强，吸收香气量多，但吸香速度慢。相反，孔径大、孔隙长，吸香能力弱，吸收量少，但吸香速度快。因此，细嫩的茶坯窨花时配花量多，且须多次窨制。而粗老茶坯窨制配花量少，窨次少。

4.1.3　棕榈酸和萜烯类含量对吸附性的影响　茶坯含有萜烯类和棕榈酸等吸附异气味能力较强的物质，它们和香花挥发出来的香气相作用，吸附在自身组织内，这也是窨制时配花量、窨次多少不同的原因。

4.2　香花吐香的特征

鲜花香气的浓度、芳香油挥发与存在的方式、窨制的温度与茶坯吸附作用有关。香气浓度加大，茶坯吸附量增大。茉莉花属“气质花”，它的芳香油以糖甙的形式存在于花朵中，在糖甙酶的作用下水解成糖和香精油，随花朵开放不断形成和挥发，而珠兰、白兰、玳玳花等属“体质花”，它的芳香油以游离态存在于花瓣中，要在较高的温度下才能挥发。

4.2.1　温度对香花吐香的影响　窨花温度包括气温度和茶坯温度两个方面。虽然两者密切相关，但茶坯温度是主导方面。

窨花温度控制有多方面的意义。其一，有利于糖甙水解酶的活性增强，促进芳香油水解；其二，促进鲜花开放吐香；其三，有利于芳香油的挥发、扩散；其四，有利于鲜花组织内的水分蒸发，提高芳香油浓度。一般说来，在一定温度范围内，随温度上升，酶的活性提高，鲜花开放吐香加快，芳香油挥发扩散作用加强。但是不同花种对温度要求不同。茉莉花在45℃以下酶的活性、鲜花开放速度、芳香油的挥发等，均随温度升高而增强，而玳玳花则要求在60℃左右，香精油才能挥发。倘若不看花类，温度过高除导致“热死”花朵，降低花香外，还会促使花坯已吸收的芳香油的挥发，“解吸”作用加剧。同时，过高温度更不利于芳香油在茶坯孔隙表面黏附和吸收。因此，在花茶窨制过程中要注意及时通花散热，降低茶坯温度，防止“解决”作用的加剧。

窨茶后湿坯烘干温度须逐窨降低，而且茶坯含水量掌握逐窨提高1%，保证产品含水量控制在9%以下。

4.2.2　通花供氧对香花开放吐香的影响　采摘下来的含苞欲放的鲜花，虽然离开母体，可溶性的营养物质供应被终止，但花组织内的有机物质的转化和再合成芳香物质的作用仍在不断进行。芳香油随着花朵的生理代谢不断挥发出来，即所谓开放吐香。这一过程完成快慢和好坏，决定于花朵呼吸作用产生的能量供应状况。如果供氧足，花朵呼吸强度大，生理成熟快，开放吐香早；在缺氧情况下就会产生无氧呼吸，花朵不但不能完成生理成熟，开放吐香，而且还会产生酒精味。所以，窨制花茶时不能完全封闭。但是，密闭窨制可防止花香向空气中逸散，有利于茶坯的吸收。故生产上为了满足鲜花开放对氧气的需求和散发窨制所产生的热量、水蒸气，窨制过程应半密闭状态。同时，还要控制茶堆厚度。窨花堆放厚度一般为40～50厘米，如果堆大，则在2米距离处加设通风筒。

4.2.3　香花开放度与吐香性的关系　鲜花开放才开始吐香。微开只微香，盛开才有盛香。所以，当花已开始开放，吐香逐渐趋向旺盛时立即迅速完成窨花和窨制。

4.3　窨制技术对花茶品质的影响

4.3.1　窨花　茶、花拼和使茶坯和鲜花充分均匀接触。鲜花的香气伴随着水分的散失而挥发，茶坯通过吸附渗透作用，吸收鲜

花中的水分和香气。茶坯含水量由5%左右增加到15%左右，由不香转化为香，鲜花含水量则相应减少，由香转为不香。因此，茶与花之间接触面积越大，距离越近，扩散、渗透、吸附的速度越快，对茶坯吸附花香越有利。

在茶、花拼和之后，必须控制在一定的温度和时间条件，才能不断促进鲜花的香气充分形成和发展，尽可能地延长鲜花的生命。低于25℃，鲜花就可能不开放，若温度过高，超过50%，也会破坏酶的活性，使鲜花"烧死"，不再产生香气。因此，在茶、花拼和时，应掌握花温不能高于坯温。

在茶、花拼和的窨花过程中，鲜花由于呼吸作用产生热量，茶坯吸收水分。在这种温热条件下，多酚类发生自动氧化，不仅产生热量，使坯温逐渐上升，促进鲜花香气的形成和发展。同时也由于多酚类的自动氧化，使花茶滋味变得更醇和，特别是对低级茶，还可以减轻茶汤的涩味和粗老味。另外，部分不溶于水的蛋白质和淀粉，在一定温度条件下，水解为可溶性的氨基酸和糖，这是花茶滋味变为鲜醇的道理所在。

4.3.2　通花　茶、花在窨品在静置状态窨花期间，由于鲜花呼吸作用放出二氧化碳和能量，加上茶坯在吸收鲜花水分后，内含物质在较高温度下发生氧化产生的热量，使在窨品温度逐渐上升。适宜的温度有利于鲜花吐香和茶坯吸香。但是，如果坯温上升超过50℃，对品质则产生不利的影响。所以在窨花的过程中，要特别注意：当坯温将达到50℃时，必须进行通花散热，控制坯温的上升。通花散热约经1小时，坯温逐渐下降到35～36℃左右时，再收堆复窨。

通花要适时。过早通花，茶味与花香不调和，浓度就差，以后即使再窨也很难改变，这种现象俗称"透花口"。通花过迟，茶坯吸香不清，俗称"香气糊涂"，不但没有灵度，而且香气不纯，甚至产生劣变气味。

通花时间要由茶坯上升温度状况、花、茶类别、花的形色和窨花时间决定。温度不超过临界线是有助于花香吸收的。因此，必须充分利用这段时间，使花香吃得透。根据长期生产实践经验，茉莉花从茶、花拼和到通茶，一般相隔 4～5 小时，堆温在 48～50℃，这时鲜花已基本开放。但这段时间内，茶坯吸收水分和香气约 70%左右，通花收堆后，尚可吸收 30%。所以要求通花通得透，但收堆的温度不能太低，目的是使鲜花继续吐香。茉莉花吐香最强烈的时间是 22—0 时，所以通花必须在 0 时以后。通花 30～60 分钟后，坯温下降到 35～36℃时，就要收堆复窨，在较高的坯温下，继续促进香气的形成和发展。

4.3.3　起花复火　窨花后经过一段时间，花的香气已大部分为茶坯所吸收，花呈萎缩状态直至死亡，这时如不及时起花，在水热的条件下，花会腐烂、发酵，影响花茶品质。所以起花时，就必须筛去花渣。但也有的花渣留在茶叶内，没有不良的影响。如桂花就可以不必起花，随茶叶一起上烘复火。

起花时间依各类花茶、各等级及窨次的不同而略有差异。如窨制茉莉花茶，特级、一级、二级头窨 10～12 小时，二窨 9～11 小时，三窨 10～11 小时。白兰烘青在窨后 18～22 小时起花。柚花烘青头窨经 8～11 小时进行通花散热后，再经 5 小时起花。二窨自窨花后 9～11 小时上通花，再经 4～5 小时即可起花。珠兰烘青和玳玳烘青，在窨后通花，复窨后即带花复火。起花时间应尽量缩短。对大规模生产起花作业必须掌握多次窨的先起，提花先起，按品质顺序起的原则。用抖筛出来的花渣，用高温烘干。

湿坯应及时摊开散热，进行复火。经过窨花后的茶叶，水分含量由窨前 4.5%～5.5%增加到 13%～16%。如果不及时进行复火，在水热作用下容易引起质变，会影响再窨和提花吸香的能力。因此，每次窨花后，都必须进行一次复火，以达到除去粗老气和闷气，固定香气的目的。

4.3.4　再窨和提花　再窨和提花基本相似，目的是在窨花的基础上，进一步提高香气。两者不同之点，再窨主要是提高香气的

浓度，提花主要是提高香气的鲜灵度，从而使花茶成品达到浓郁鲜灵，因此，提花必须选择优质鲜花。

提花后一般不再进行复火，目的是防止花茶香气在复火时损失，所以提花配花量较少。茉莉烘青一般每100公斤茶坯需用花7～8公斤，并加白兰花0.5公斤。白兰烘青5公斤，柚花烘青为5公斤左右，提花后含水量不超过9％的指标。

为了保证产品规定的含水量，提花用量需要根据提花前产品含水量进行计算。公式如下(以提花前每100公斤产品计算)：

$$成品茶含水量=提花前含水量+\frac{提花配茶量\times鲜花减重率}{100}$$

根据提花实践经验，一般鲜花减重率为40％，提花前含水量为8.5％，则

$$提花时配花量=\frac{100\times(8.5\%-5.3\%)}{40\%}=8\ 公斤$$

4.3.5　配花量　窨花时茶坯与鲜花拼和应有一定比例，称之配花量。花量过多，不能使茶坯全部吸收，造成浪费。花量过少，花茶香气不浓，降低产品质量。

理论上认为，配花量应逐窨增加，但实际生产中掌握“头窨吃足，逐窨减少，轻花多窨”的原则，就能达到底花足，香气长。否则影响花茶品质。所以配花量在总量不变的前提下，逐窨减少比逐窨增加的香气质量好。

根据试验各窨次配花量，无论从多到少或从少到多。鲜花的减重率都是逐窨减少的，即利用率逐窨降低。因为鲜花的减重率可以认为是茶坯吸收水分和香气的结果。但配花量从多到少各窨次的利用率都比从少到多的为高，这说明茶坯吸收水分和香气的能力逐窨降低；如配花量逐窨增加，利用率低。

窨制后湿坯水分应与配花量成正比。一般湿坯的含水量不能超过16％。否则茶叶吸水过多，采取逐窨缩短时间减少不必要的水分增长，保持产品香气浓度和鲜灵度。

第二节　闽北乌龙茶

闽北乌龙茶主要生产于福建省北部的武夷山市、建瓯市和建阳市，闽北是我国茶树品种资源最丰富的地区之一，素有品种王国之称，特别是武夷山市，品种名目繁多，除水仙、肉桂为无性系品种之外，名岩种植多半为本地原有的菜茶，系种子繁殖的有性群体。由于长期自然杂交，生成许多变种。从中选育的名丛如大红袍、铁罗汉、白鸡冠、水金龟、白瑞香、素心兰、金锁匙、不知春、白牡丹、不见天、半天夭等有数百种之多。

一、武夷岩茶

（一）武夷岩茶茶树品种及生物学特征

1. 乌龙茶茶树品种资源丰富的武夷山

武夷山历史上有许多名丛，即选自优良菜茶有性群体单株，单独采制而成，被视为武夷岩茶的珍品。

据林馥泉 1943 年调查记载的武夷慧苑岩茶树品种有 279 个品种：铁罗汉、素心兰、并蒂兰、正玉兰、白吊兰、白奇兰、庆阳兰、莺爪兰、石吊兰、四季兰、白苍兰、岩中兰、初伏兰、正墨兰、正竹兰、绿蒂梅、正碧梅、桃红梅、粉红梅、瓶中梅、岭上梅、山墙梅、白玉梅、向天梅、水洋梅、正唐梅、夜来香、金丁香、正瑞香、白麝香、白瑞香、石乳香、满树香、奇兰香、一枝香、月上香、八步香、四季香、千里香、满山香、金沉香、正束香、虎耳草、龙须草、金钱草、英雄草、灵芝草、精神草、沉香草、凤尾草、十八草、还魂草、正萱草、忘忧草、白月桂、红月桂、月月桂、正肉桂、蟾宫桂、小玉桂、太阳菊、渊明菊、半畔菊、东篱菊、蟹爪菊、正玉菊、铁观音、金观音、石观音、万年红、日日红、老来红、状元红、叶下红、满地红、满江红、虎爪红、月月红、正石红、不见天、醉西施、正太仓、水葫芦、金狮子、瓜子仁、醉贵妃、赛文旦、正

雪梨、巡山猴、过山龙、醉海棠、碎毛猴、正太阳、仙人掌、正碧桃、瓜子金、醉洞宾、白雪梨、正太阴、正芍药、绿芙蓉、白杜鹃、副独占、碧桃仁、绿莺歌、正蔷薇、红孩儿、金柳条、绿牡丹、正黄龙、罗汉松、正毛球、正珊瑚、水金钱、莲子心、石中玉、不知春、正木瓜、万年青、水金龟、正梅占、四方竹、观音竹、水沙莲、午时莲、佛手莲、千层莲、八角莲、金蝴蝶、金石斛、金英子、金不换、玉狮子、玉麒麟、玉连环、红海棠、红鸡冠、红绣球、虎爪黄、玉孩儿、绿芙蓉、大桂林、水中蒲、绿菖蒲、水中仙、老君眉、老来娇、老翁须、点点金、向日葵、剪春罗、剪秋罗、国公鞭、孔雀尾、万年松、关公眉、马尾素、七宝塔、珍珠球、人参果、石莲子、吊金龟、双凤冠、威灵仙、过江龙、佛手柑、双如意、提金钗、一枝春、一叶金、翠花娇、蓝田玉、洛阳锦、节节青、王母桃、花藻石、紫金冠、石钟乳、隐士笔、同心结、竹叶青、洞宾剑、天明冬、不老丹、马蹄金、五经魁、芭蕉绿、西园柳、虞美人、夹竹桃、香茗涩、天南星、小桃仁、云南碧、絮柳条、梧桐子、宋玉树、步步娇、笑牡丹、莲花盏、夜明珠、绣花针、观音掌、紫金锭、名橄榄、紫木笔、迎春柳、野蔷薇、山上臻、墨斗笔、醉和合、胭脂米、醉水仙、白豆蔻、白杜鹃、金紫燕、白玉荀、白玉簪、王母桃、白茉莉、赛龙齿、赛羚羊、赛球旗、赛玉枕、赛洛阳、出林素、玉如意、玉美人、正水枝、正玉盏、正斑竹、正玛瑙、正参须、正荔枝、正松罗、正白毫、正紫锦、正长春、正琉璃、正坠柳、正浮萍、正银光、正唐树、正荆棘、正罗衣、正棋楠、红豆叩、玉兔耳、七宝丹、五彩冠、白玉霜、向东葵、海龙角、倒叶柳、番芙蓉、玉堂春、正青苔、正白果、正凤尾、正桑葚、正次春、正山栀、正石蟹、正郁李、正蟠桃、大夫板、万年木、君子竹、紫荆树、千年矮、九品莲、金锁匙、水底月、月中仙、四季竹、玉女掌、苦瓜、玉蟾、大绿独占。

2. 武夷岩茶茶树品种

2006 年武夷山市科技局邀请省市茶叶专家对武夷岩茶名丛进行鉴定，最后确定不见天、白鸡冠、白牡丹等 70 个品种收入《武夷岩茶名丛录》。

不见天　原产九龙窠九龙涧峡谷凹处，石壁梯层两层相连共

8株老茶，以终日极少阳光直射而得名。悬崖高处留有石刻“不见天”三字，相传该茶系神仙所栽，高层第三丛为正丛，树龄百年以上。无性系。灌木型，中叶类，晚生种。植株较高大，树姿半开张，分枝较密，叶片水平状着生。叶片长7.8厘米，长椭圆形，叶色深绿，叶身平张，主脉粗显，叶脉沉，叶面微隆或隆，叶质较厚软，叶缘波，叶齿较稀深锐，叶尖骤尖。芽叶黄绿色，稍背卷，茸毛较密。花冠直径4.0厘米，花瓣6～7瓣。花柱3裂。芽叶生育力强，发芽较密，持嫩性强。春茶适采期5月初。

白鸡冠 武夷山传统五大名丛之一。原产慧苑火焰峰下之外鬼洞(武夷宫白蛇洞和隐屏峰蝙蝠洞有与白鸡冠齐名之树)，相传白鸡冠早于大红袍，明代已有白鸡冠，“朝廷敕寺僧守株，年赐银百两，粟四十石，每年封制以进，遂充御茶，至清亦然。”无性系。灌木型，中叶类，晚生种。植株中等，树姿半开张，分枝较密，叶片呈稍上斜状着生。叶片长8.2厘米，长椭圆形“叶色略呈淡绿，幼叶薄绵绵如绸，其色浅绿而微显黄色，白鸡冠由此而得名”。叶面开展，叶肉与叶脉之间隆起，叶质较厚脆，叶缘平或微波，叶齿较稀浅钝，主脉粗显，叶尖渐尖或稍钝。芽叶肥壮、黄绿色，叶背茸毛厚密。花冠直径3.8厘米，6～7瓣。柱头比雄蕊稍长，3裂。芽叶生育力强，持嫩性较强，春茶适采期5月上旬。制乌龙茶，品质优异，品种特有香型突出，“岩韵”显。蝙蝠洞、白蛇洞齐名白鸡冠，形态特征有明显区别，茶农多有栽培。国内一些科研、教学单位有引种。

白牡丹 又名武夷白牡丹。原产马头岩水洞口，兰谷岩也有齐名之树，已有近百年栽培历史，主要分布在内山(岩山)，有一定面积栽培。国内一些科研、教学单位有引种。无性系。灌木型，中叶类，晚生种。植株较高大，树姿半开张，分枝密，叶片呈水平状着生。叶片长7.9厘米，长椭圆形，叶色绿，有光泽，叶身稍内折，叶主脉粗显，叶面微隆起，叶质较厚脆，叶缘稍平或微波，叶齿浅稍锐密，叶尖钝尖，有小浅裂。芽叶淡紫绿色。花冠直径5.5厘米，多为7瓣。柱头比雄蕊稍长，3裂。芽叶生育力强，发芽密，持嫩性

较强。春茶适采期5月上旬初，制乌龙茶，条索紧结，色泽黄绿褐润，香气浓郁悠长似兰花香，滋味醇厚甘甜，"岩韵"显。扦插繁殖力强，成活率高，抗寒性、抗旱性较强。

雀舌 原产九龙窠，20世纪80年代初从大红袍第一丛母株有性后代中选育而成，当地茶农多有引种，已有较大栽培面积。无性系。灌木型，小叶类，特晚生种。植株中等，树姿较直立，分枝密，叶片呈稍上斜状着生。叶片长5.5厘米，披针形，叶色深绿，叶身稍内折，叶质厚脆，叶脉显，叶缘微波，叶齿细密深锐，齿间有小朱砂点，叶尖锐尖。芽叶紫绿色，节间较短。花冠直径3.5厘米，花瓣6瓣。柱头比雄蕊稍长，3裂深。芽叶生育力中等，发芽密度较密，持嫩性强。春茶适采期5月中旬。制乌龙茶，品质优异，条索紧实，制优率高，香气馥郁芬芳悠长，滋味醇厚甘甜，"岩韵"显。扦插繁殖力强，成活率高。在低湿处种植易罹病，选择土层深厚肥沃、排灌条件好的土地栽培，适当缩小行距，合理密植。

瓜子金 原产北斗峰，天游岩也有齐名茶树。无性系。灌木型，小叶类，晚生种。植株中等，树姿半开张，分枝密，叶片呈水平状着生。叶长6.9厘米，长椭圆形，叶色淡绿，叶身平张，叶脉稍沉，叶肉微隆起，叶缘平，叶齿密浅，叶尖锐尖。叶质较脆。芽叶淡紫绿色，呈稍背卷状。花冠直径3.4厘米，6～7瓣。柱头比雄蕊稍长，3裂。芽叶生育力中等，芽头密而整齐，持嫩性中等，春茶适采期5月上旬初，制乌龙茶，品质优异，香气浓郁细长，似熟瓜囊香，滋味醇厚鲜爽，"岩韵"显。扦插繁殖力强，成活率较高。

半天妖 原名半天鹞，又名半天夭、半天腰。无性系。灌木型，中叶类，晚生种。武夷山传统五大名丛之一，原产三花峰之第三峰绝顶崖上。相传此茶非人所植，系古时飞鸟由他山喙衔茶籽，落此生成，清代岩主因权属一度公堂讼涉，诉讼费耗金千余。20世纪80年代以来逐年扩大栽培，国内一些科研、教学单位有引种。植株较高大，树姿半开张，分枝密，叶片呈水平状着生。叶长7.0厘米，长椭圆形或椭圆形，叶色浓绿或绿，叶身稍内折，叶主脉粗显，叶面微隆起，叶缘平，叶齿稍钝浅稀，叶尖钝尖，叶质较厚脆。芽叶紫红色、茸毛少、节间较短。花冠直径4.0厘米，6～7瓣。柱头比雄蕊稍长，3裂。芽叶生育力强，发芽密，持嫩性较强。春茶适采期5月上旬，制乌龙茶，品质优异，条索紧实，色泽绿褐润，香气馥郁似蜜香，滋味浓厚回甘，“岩韵”显。扦插繁殖力强，成活率高。

玉笪　原产北斗峰。无性系。灌木型，小叶类，晚生种。植株中等，树姿半开张，分枝较密，叶片呈水平状着生。叶长6.8厘米，披针形或长椭圆形，叶色绿，叶身平展，有光泽，叶质较薄软，叶缘微波，叶齿密浅，叶尖锐尖，稍下弯垂。芽叶黄绿色。花冠直径3.3厘米，6～7瓣。柱头比雄蕊稍长，3裂。芽叶生育力较强，发芽较密，持嫩性较强，春茶适采期5月上旬。

石中玉　原产刘官寨。无性系。灌木型，小叶类，晚生种。植株中等，树姿半开张，分枝密度中等，叶片呈水平状着生。叶长5.0厘米，椭圆或长椭圆形，叶色深绿，叶身稍内折，主脉显，叶脉稍沉，叶面微隆，叶质较厚脆，叶缘平或有微波，叶齿疏深锐，叶尖渐尖，微下弯垂。芽叶紫绿色。花冠直径3.5厘米，6～7瓣。柱头比雄蕊稍长，3裂。芽叶生育力较强，持嫩性强。春茶适采期5月上旬末。

岭上梅　原产状元岭。无性系。灌木型，小叶类，晚生种。植株中等，树姿半开张，分枝密度中等，叶片呈水平状着生。叶长6.8厘米，长椭圆或椭圆形，叶色深绿，有光泽，叶面平，叶缘平，叶质较厚脆，叶齿密浅锐，叶尖稍钝。芽叶紫绿色。花冠直径4.0厘米，7～8瓣。柱头比雄蕊稍长，3裂深。芽叶生育力中等偏强，持嫩性较强。春茶适采期5月上旬初。

老来红　原产外九龙寨。无性系。灌木型，小叶类，晚生种。植株较高大，树姿较开张，分枝密度中等，叶片呈水平状着生。叶长4.5厘米，椭圆形，叶色深绿，部分老叶呈现紫红色。叶身稍平张，叶缘平直或微波，主脉较显，叶质厚脆，叶齿密浅锐，叶尖骤尖，

有小开裂。芽叶紫绿色。花冠直径3.9厘米,6～7瓣。柱头与雄蕊等长,3裂。芽叶生育力强,持嫩性强,春茶适采期5月上旬末。

醉水仙 原产刘官寨,外形与水仙近似。无性系。灌木型,中叶类,特晚生种。植株较高大,树姿半开张,分枝中等偏稀。叶片呈稍上斜状着生。叶长7.7厘米,长椭圆形或椭圆形,叶片深绿,叶身稍内折,叶质厚软,叶面平或微隆,叶齿密浅锐,叶尖钝尖,有开裂。芽叶肥壮、淡紫绿色。花冠直径3.9厘米,7～8瓣。柱头比雄蕊稍长,多为4裂。芽叶生育力强,发芽较稀,持嫩性较强,春茶适采期5月下旬。

灵芽 原产刘官寨。无性系。灌木型,小叶类,中生种。植株适中,树姿较开张,分枝较稀。叶片呈水平状着生。叶长5.9厘米,长椭圆形或椭圆形,叶色深绿,叶身平直,叶缘平,叶齿浅钝,叶主脉显,叶脉稍沉,叶质厚脆,叶尖钝尖。芽叶紫绿色,稍背卷。花冠直径3.9厘米,多为8瓣。柱头比雄蕊稍长,3裂深。芽叶生育力强,发芽较密,持嫩性较强,春茶适采期4月下旬。

玉蟾 原产刘官寨。无性系。灌木型,小叶类,特晚生种。植株尚高大,树姿半开张,分枝较密。叶片呈稍上斜状着生。叶长6.5厘米,椭圆形或长椭圆形,叶色淡绿,叶身较平,主脉较粗,叶肉微隆,叶质较厚软,叶缘平或微波,叶齿较深锐,叶尖钝尖。芽叶紫绿色,稍背卷。花冠直径4.0厘米,7～8瓣。柱头比雄蕊稍长,3裂深。芽叶生育力较强,发芽密,持嫩性强。春茶适采期5月中旬。

状元红 原产状元岭。无性系。灌木型,中叶类,晚生种。植株较高大,树姿半开张,分枝中等偏稀,叶片呈水平状着生。叶长6.3厘米,长椭圆形,叶色淡绿,叶身不平稍内折,叶缘波,叶脉沉,叶面微隆,叶质厚脆,叶齿浅密钝,叶尖钝尖有小开裂。芽叶紫红色,茸毛较密,节稍长。花冠直径3.3厘米,6～7瓣。柱头比雄蕊稍长,3裂。芽叶生育力强,发芽较密,持嫩性较强。春茶适采期5月上旬。

正玉兰　原产状元岭。无性系。灌木型，小叶类，特晚生种。植株大小适中，树姿半开张，分枝密度中等。叶片水平状着生。叶长 6.5 厘米，椭圆形或长椭圆形；叶色淡绿色，叶脉沉，叶面微隆，叶缘平直，叶齿浅密锐，叶质厚软，叶尖较尖，有小开裂。芽叶紫绿色。花冠直径 3.8 厘米，花瓣 6～7 瓣。柱头明显长于雄蕊，3 裂。芽叶生育力强，发芽较密，持嫩性较强。春茶适采期 5 月下旬。

九龙兰　原产外九龙窠。无性系。灌木型，小叶类，特晚生种。植株中等，树姿半开张，分枝密度中等。叶片水平状着生。叶长 6.9 厘米，长椭圆形，叶色淡绿色，叶面平滑富光泽，叶质厚脆，叶主脉粗显，叶缘平直，叶齿较稀深而锐，叶尖稍钝、有小裂。芽叶黄绿色，有背毫。花冠直径 4.5 厘米，7～8 瓣。花柱与雄蕊平，3 裂较深。芽叶生育力强，着生较稀，持嫩性较强。春茶适采期 5 月中旬。

小叶柳　原产九龙窠。无性系。灌木型，中叶类，特晚生种。植株较高大，树姿半开张，分枝较密。叶片呈上斜状着生。叶长 7.8 厘米，披针形。叶色深绿，叶身较平张，叶质厚软。主脉沉，叶缘平，叶齿稀浅锐，叶尖锐尖、有小裂。芽叶紫绿色，背有白毫。花冠直径 4.8 厘米，6～7 瓣。柱头比雄蕊稍长，3 裂。芽叶生育力强，发芽较疏，持嫩性强。春茶适采期 5 月下旬末。

玉麒麟　原产外九龙窠，群体已扩大引种栽培。无性系。灌木型，小叶类，中生种。植株较高大，树姿较直立，分枝较密，叶片呈稍上斜状着生。叶色绿而有光泽，叶长 6.7 厘米，椭圆形，叶身平张，叶脉沉，叶面微隆，似龟背纹。叶质厚软，叶缘平直，叶齿稀浅钝，叶尖钝尖。芽叶黄绿色或淡紫色。花冠直径 3.9 厘米，7～8 瓣。花柱与雄蕊等长，3 裂较深。芽叶生育力强，发芽密，持嫩性强，春茶适采期 4 月下旬。制乌龙茶，品质优异，条索紧结，色泽绿褐润，特有的品种香气浓郁悠长，滋味醇厚甘爽，“岩韵”显。扦插繁殖力较强，成活率高。

石观音　原产钟鼓岩。无性系。灌木型，中叶类，特晚生种。

植株中等，树姿较开张，分枝较密。叶片稍上斜状生长。叶长8.2厘米，长椭圆形。叶色深绿，叶面平有微隆，叶质稍薄而软，叶缘微波，叶齿稀浅钝，叶尖稍钝。芽叶紫绿色，背有白毫。花冠直径3.5厘米，6～7瓣。柱头比雄蕊稍长，3裂。芽叶生育力较强，发芽较稀，持嫩性较强，春茶适采期5月下旬。

月桂 原产霞宾岩下溪仔边。无性系。灌木型，小叶类，晚生种。植株适中，树姿半开张，分枝较稀。叶片水平状着生。叶长7.0厘米，椭圆形或长椭圆形，叶色绿，叶面平或稍内折，叶质厚脆，叶缘平直，叶齿密浅锐，叶尖渐尖。芽叶淡绿色，较平张。花冠直径4.0厘米，6～7瓣。柱头比雄蕊稍长，3裂。芽叶生育力较强，发芽较稀，持嫩性较强。春茶适采期5月上旬初。

广奇 原产广灵岩。无性系。灌木型，小叶类，特晚生种。植株中等大小，树姿较直立，分枝较稀。叶片水平状着生。叶长4.5厘米，椭圆型，叶色绿，叶身较平，叶脉沉，叶面微隆，有光泽，叶质厚脆，叶缘平直，叶齿较稀浅锐，叶尖渐尖。芽叶黄绿色。花冠直径3.5厘米，6～7瓣。柱头比雄蕊较长，3裂。芽叶生育力中等，发芽密度较稀，持嫩性较强，春茶适采期5月下旬。

玉观音 原产钟鼓岩。其群体已在岩山引种栽培。无性系。灌木型，小叶类，特晚生种。植株较高大，树姿半开张，分枝较密。叶片水平状着生。叶长6.7厘米，椭圆形，叶色深绿，叶身平展、有光泽，叶质稍厚脆，叶缘平直，叶齿密浅钝，叶尖钝尖。芽叶淡紫绿色。花冠直径3.9厘米，6～8瓣。柱头比雄蕊稍长，3裂。芽叶生育力强，发芽较密，持嫩性强。春茶适采期5月中旬。制乌龙茶，品质优异，条索紧实，制优率较高，色泽绿褐润，香气悠长馥郁，滋味甘爽，“岩韵”显，扦插繁殖力强，成活率较高。

向天梅 原产北斗峰。其群体已引入生产栽培。无性系。灌木型，中叶类，中生种。植株较高大，树姿半开张，分枝较密。叶片呈稍上斜状着生，叶长7.2厘米，椭圆形或长椭圆形，叶色深绿，叶主脉粗显，叶面光滑，叶身稍内折，叶缘平直，叶齿浅钝密，叶质厚软，叶尖渐尖或锐尖。芽叶绿色、有茸毛。花冠直径 4.5 厘米，6～8 瓣。柱头比雄蕊稍长，3 裂。芽叶生育力强，发芽较密，芽叶肥壮，持嫩性强，长势旺，产量高。春茶适采期 4 月下旬。制乌龙茶，品质优异，条索肥实，色泽绿褐润，香气高雅，馥郁悠长，滋味浓厚甘鲜。“岩韵”显。扦插繁殖力强，成活率较高。

醉贵妃 原产内鬼洞（又称蜂窠坑）。无性系。灌木型，小叶类，特晚生种。植株较高大，树姿较开展，分枝较密。叶片呈水平状着生。叶长 6.8 厘米，椭圆形或长椭圆形，叶色深绿，叶身平展，主脉显，叶缘平直，叶面平滑，叶质厚脆，叶齿钝密浅，叶尖渐尖或钝尖。芽叶黄绿包。花冠直径 3.6 厘米，多为 6 瓣。柱头比雄蕊稍长，3 裂。芽叶生育力较强，发芽较密，持嫩性较强。春茶适采期 5 月中旬。

金丁香 原产野猪槽。无性系。灌木型，小叶类，晚生种。植株较高大，树姿半开张，分枝较密。叶片呈水平状着生。叶长 7.0 厘米，长椭圆形或椭圆形，叶色淡绿、光亮，叶身稍内折，叶面平滑，叶质厚脆，叶缘平直，叶齿钝密浅，有小朱砂点，叶尖钝尖。芽叶紫绿色。花冠直径 4.1 厘米，7～8 瓣。柱头与雄蕊平，3 裂。芽叶生育力强，发芽密，产量较高，芽叶持嫩性强。春茶适采期 5 月上旬初。

紫罗兰 原产九龙窠。母株现已无存，无性系分植于桂林岩和九龙窠等处。无性系。灌木型，小叶类、晚生种。植株较高大，树姿半开张，分枝较密。叶片水平状着生。叶长 6.2 厘米，椭圆形，叶色青绿，叶身较平展，主脉较显，叶质厚脆，叶缘平直，叶齿密浅钝，叶尖钝尖。芽叶紫绿色，有茸毛。花冠直径 3.4 厘米，7～8 瓣。柱头比雄蕊稍长，3 裂。芽叶生育力较强，发芽较密，持嫩性较强。春茶适采期为 5 月上旬初。

醉贵姬 原产内鬼洞，其群体已在岩山引种。无性系。灌木型，小叶类，中生种。植株大小中等，树姿半开张，分枝较细密，叶片水平状着生。叶长 4.9 厘米，椭圆形，叶色深绿、光亮，叶较平展，叶缘少有微波，叶主脉显，叶面平滑，叶质厚软，叶齿密浅锐，叶尖钝尖。芽叶黄绿色，背有茸毛。花冠直径4.3厘米，7～8瓣。柱头比雄蕊稍长，3裂。芽叶生育力强，发芽较密，持嫩性强，春茶适采期4月下旬末。制乌龙茶，品质优异，条索紧结，色泽绿褐润，特有的香气浓郁，滋味醇厚甘鲜，"岩韵"显，制优率较高。扦插繁殖力强，成活率较高。栽培地忌低湿积水。

金鸡母　原产九龙窠，桂林岩也有齐名之树，母株现已无存，现存群体为原母株有性后代的无性系，岩山有引种栽培。无性系，灌木型，中叶类，中生种。植株高大，树姿半开张，分枝密，叶片呈稍上斜状着生。叶色深绿，叶长7.0厘米，叶形卵圆或椭圆形，叶身平张或稍内折，叶缘平或微波，叶脉稍沉，叶面微隆，叶质厚脆，叶齿密浅钝，叶尖钝尖。芽叶肥壮，黄绿色，有茸毛。花冠直径4.8厘米，7～8瓣。柱头比雄蕊稍长，3裂。芽叶生育力强，发芽密，产量高，持嫩性较强。春茶适采期4月下旬。制乌龙茶，品质特优，条索肥实，桃仁香气高强，滋味醇和甘爽。扦插繁殖力强，成活率高。

紫竹桃　原产牛栏坑。无性系。灌木型，小叶类，晚生种。植株中等，树姿半开张，分枝较密。叶片呈上斜状着生。叶长6.6厘米，长椭圆形，叶色淡绿，叶身稍平展，叶脉沉，叶面微隆，叶质较厚脆，叶缘平直，叶齿稀浅锐，叶尖渐尖。芽叶紫红色，较细长，有茸毛。花冠直3.4厘米，6～7瓣，呈半开张状。柱头与雄蕊等长，3裂。芽叶生育力强，发芽密，持嫩性较强。春茶适采期5月上旬。

王母桃　原产青狮岗。无性系。灌木型，小叶类，晚生种。植株适中，树姿半开张，分枝中等，叶片水平状着生。叶长6.1厘米，椭圆形、叶色绿，叶身较平展，主脉较显，叶面平滑，叶质较厚脆，叶缘平，叶尾部稍下垂，叶齿浅锐，叶尖钝尖。芽叶淡紫绿色，背有茸毛。花冠直径4.4厘米，7～8瓣，开张稍后卷。柱头比雄蕊稍长，3裂。芽叶生育力强，发芽较密，持嫩性较强。春茶适采期5月上旬。

香石角 原产水帘洞。无性系。灌木型,小叶类,晚生种。植株较高大,树姿较直立,分枝较密。叶片呈水平状着生。叶长5.9厘米,卵圆形,叶色青绿,叶身较平展,叶主脉粗显,叶面平滑,叶质厚脆,叶缘平直,叶齿密浅锐,叶尖骤尖。芽叶黄绿色,有茸毛。花冠直径4.3厘米,8～9瓣,较开张或稍背卷。柱头比雄蕊稍长,3裂浅。芽叶生育力强,发芽较密,持嫩性较强。春茶适采期5月初。

关公眉 原产内鬼洞。无性系。灌木型,中叶类,晚生种。植株较高大,树姿半开张,分枝密度中等。叶片水平状着生。叶长8.9厘米,披针形,叶色淡绿光亮,叶身不平,主脉粗显,叶质较厚脆,叶缘起波,叶齿稀浅钝,叶尖渐尖。芽叶稍长而粗壮,紫绿色,背有茸毛。花冠直径3.7厘米,较开张,7～8瓣。柱头比雄蕊稍长,3裂深。芽叶生育力强,发芽较稀,持嫩性强,春茶适采期为5月上旬。

胭脂柳 原产北斗峰。其群体已在岩山引种栽培。无性系。灌木型,小叶类,特晚生种。植株中等,树姿半开张,分枝较密。叶片水平状着生。叶长6.2厘米,长椭圆形,叶色深绿,叶身较平展,叶脉稍沉,叶面有凹凸,叶质较厚软,叶缘平或微波,叶齿密浅锐,叶尖渐尖。芽叶紫红色,背有茸毛。花冠直径3.8厘米,6～7瓣,较开张或稍背卷。柱头比雄蕊稍长,3裂深。芽叶生育力强,发芽密,持嫩性强,春茶适采期5月中旬。制乌龙茶,品质优,条索细而紧实,特殊香气芬芳悠长,滋味醇厚甘鲜,"岩韵"显。扦插繁殖力较强,成活率较高。

醉八仙 原产北斗峰。无性系。灌木型,小叶类,特晚生种。植株中等,树姿开张,分枝较稀。叶片呈水平状着生。叶长6.4厘米,长椭圆或椭圆形,叶色深绿,富光泽,叶身平展,叶面平,叶质较厚脆,叶缘平直,叶齿较锐浅稀,叶尖渐尖。芽叶黄绿或淡紫绿色。花冠直径3.6厘米,较平展,6～7瓣。柱头比雄蕊稍长,3裂深。芽叶生育力较强,发芽较密,持嫩性较强。春茶适采期5月中旬。

红鸡冠 原产内鬼洞。无性系。灌木型，小叶类，特晚生种。植株尚高大，树姿半开张，分枝密。叶片呈稍上斜状着生。叶长6.2厘米，椭圆形或长椭圆形，叶色深绿富光泽，叶身稍平，主叶脉粗显，叶面微隆，叶质较厚脆，叶缘较平直，叶齿较密浅锐，叶尖渐尖或钝尖。芽叶较细，紫红色。花冠直径3.8厘米，7～8瓣。柱头比雄蕊稍长，3裂深。芽叶生育力强，发芽较密，持嫩性较强，春茶适采期5月中旬。

金罗汉 原产内鬼洞。现已多处引种栽培示范。无性系。小乔木型，中叶类，晚生种。植株较高大，树姿半开张，分枝较密，叶片呈水平状着生。叶片长7.5厘米，长椭圆形或椭圆形，叶色淡绿，叶身较平展，叶脉沉，叶面微隆，叶质较厚软，叶缘平，叶齿深稀锐，叶尖钝尖或渐尖。芽叶肥壮，黄绿色。花冠直径3.8厘米，7～8瓣。花柱与雄蕊等长，3裂深。芽叶生育力强，发芽密，长势旺，多发性强，一年中比肉桂多发芽1轮，产量高，持嫩性强。春茶适采期5月上旬初。制乌龙茶，品质优异，色泽乌绿润，条索紧结重实，特有香气浓郁悠长，滋味醇而回甘，"岩韵"显。扦插繁殖力较强，成活率较高。幼苗期抗寒力稍弱，注意防止干冻。

红海棠 原产内鬼洞。无性系。灌木型，小叶类，中生种。植株较高大，树姿半开张，分枝较密。叶片水平状着生。叶片长5.7厘米，椭圆形或长椭圆形，叶色深绿，叶平展或稍内折，主脉粗显，叶面平滑光泽，叶质较厚脆，叶缘平，叶齿较稀浅锐，叶尖圆钝或钝尖，有小开裂。芽叶紫红色。花冠半开张，直径3.0厘米，6～7瓣。柱头比雄蕊稍长，3裂深。芽叶生育力强，发芽密，持嫩性较强，春茶适采期4月下旬末。

红杜鹃 原产内鬼洞。无性系。灌木型，小叶类，特晚生种。植株中等，树姿半开张，分枝较疏，叶片水平状着生。叶片长6.8厘米，短披针形，叶色淡绿，叶身平或稍内折，叶主脉粗，叶脉沉，叶面微隆，形如山杜鹃叶，叶质较厚脆，叶缘平，叶齿稀浅锐，叶尖渐尖。芽叶紫红色，茸毛较密。花冠直径3.7厘米，6～7瓣。柱头比雄蕊稍长,3 裂。芽叶生育力较强,发芽密度中等,持嫩性强。春茶适采期 5 月中旬。

红孩儿 原产内鬼洞。无性系。灌木型,小叶类,晚生种。植株尚高大,树姿较直立,分枝较密,叶片水平状着生。叶片长 5.5 厘米,椭圆形,叶色淡绿,有光泽,叶身较平展,叶尾稍下弯垂,叶脉沉,叶面微隆或隆,叶质厚软,叶缘平,叶齿密浅锐,叶尖钝尖。芽叶稍背卷,紫红色。花冠半开张如梅花状,直径 3.1 厘米,6～7 瓣。柱头比雄蕊稍长,3 裂。芽叶生育力强,发芽密,持嫩性强。春茶适采期 5 月上旬初。

不知春 原产流香涧,天游岩、佛国岩也有齐名茶树。无性系。灌木型,小叶类,特晚生种。植株较高大,树姿半开张,分枝较密。叶片呈水平状着生。叶片长 4.7 厘米,椭圆形,叶色深绿,叶面较平滑有光泽,主脉显,叶质厚脆,叶缘平直,叶齿密浅钝,叶尖钝尖。芽叶绿色。花冠直径 3.8 厘米,多为 7 瓣。柱头比雄蕊稍长,3 裂。芽叶生育力较强,发芽密,持嫩性较强。春茶适采期 5 月下旬末。

山栀子 原产外鬼洞。无性系。灌木型,中叶类,晚生种。植株中等,树姿半开张,分枝较稀,叶片水平状着生。叶片长 8.1 厘米,长椭圆形或椭圆形,叶色深绿,叶身平展,主脉粗,叶脉沉,叶面微隆,叶质厚脆,叶缘平直,叶齿较密浅锐,叶尖骤尖。芽叶绿色。花冠直径 3.5 厘米,6～7 瓣。柱头比雄蕊稍长,3 裂。

芽叶生育力较强,发芽较稀,持嫩性较强。春茶适采期 5 月上旬初。

肉桂 原产马枕峰,慧苑等处也有与此相同之树。已有 100 多年栽培历史,1985 年福建省农作物品种审定委员会认定为省级品种,现已成为武夷山主栽茶树品种之一,省内外多有引种。无性系。灌木型,中叶类,晚生种。植株尚高大,树姿半开张,分枝密。叶片水平状着生。叶长 7.1 厘米,长椭圆形,叶色深绿富光泽,叶面平,叶身内折,叶尖钝尖,叶齿较浅钝稀,叶质较厚软,芽叶紫绿

色，茸毛少。花冠直径3.0厘米，花7瓣。花柱3裂。芽叶生育力强，发芽密，持嫩性强，春茶适采期5月上旬，制乌龙茶，品质优，条索紧实，色泽乌润砂绿，红点明，香气浓郁辛锐似桂皮香，滋味醇厚甘爽，“岩韵”显。抗寒性、抗旱性强，扦插繁殖力强，成活率高。

铁罗汉 武夷山传统五大名丛之一。原产内鬼洞，竹窠也有与此齐名之树。相传宋代已有铁罗汉名，为最早的武夷名丛之一。在武夷山已扩大栽培，国内一些科研、教学单位有引种。无性系。灌木型，中叶类，中生种。植株较高大、树姿半开张，分枝较密，叶片水平状着生。叶长8.1厘米，长椭圆形或椭圆形，叶色深绿色，有光泽，叶面微隆起，叶缘微波，叶身平，叶尾稍下垂，叶尖钝尖，叶齿稍钝浅密，叶质较厚脆。芽叶黄绿色，有茸毛。花冠直径3.5厘米，6～7瓣，柱头比雄蕊稍长，3裂。芽叶生育力较强，发芽较密，持嫩性较强，春茶适采期4月下旬末。制乌龙茶，品质优，色泽绿褐润，香气浓郁悠长，滋味醇厚甘鲜，“岩韵”显。抗旱性与抗寒性强。扦插繁殖力强，成活率高。

小红梅 原产九龙窠，原始母株生长在与大红袍相对应处，有近百年历史。岩山多有引种栽培。无性系。灌木型，中叶类，晚生种。植株高大，树姿开张，分枝较密，叶片呈水平状着生。叶片长7.8厘米，椭圆形或长椭圆形，叶色绿，叶身平展富光泽，主脉显，叶面平或微隆，叶质厚而柔软，叶缘平或微波，叶齿较稀浅锐，并有小红点，叶尖渐尖，较钝。芽叶肥壮，紫红色，稍背卷，有茸毛。花冠较开张，直径3.6厘米，6～7瓣。柱头与雄蕊等长，3裂。芽叶生育力强，发芽密，产量高，持嫩性强。春茶适采期5月上旬。制乌龙茶，品质优异，条索粗壮紧结，制优率较高，特有的香气浓郁，滋味醇厚甘鲜，“岩韵”显。扦插繁殖力强，成活率高。幼龄期管理上应注意及时修剪定型。

老君眉 原产九龙窠，有近百年历史。原系天心永乐禅寺一寺僧所选育，并单独管理采制。1980年经由该寺僧的弟子（俗名“妹仔”，当时综合农场守护大红袍的职工）指引，在原种植处查得幸存原始母株。该茶现已扩大群体植于岩山。无性系。灌木型、小叶类、中生种。植株中等，树姿半开张，分枝较密，叶片水平状着生。叶片长 6.8 厘米、长椭圆形，叶色深绿光亮，叶身较平展、叶质厚硬，主脉粗显，侧脉稍沉，叶缘直或微波，叶齿较钝稀浅，叶尾稍弯下垂，叶尖钝尖。芽叶绿色或淡黄绿色，有茸毛。花冠直径 3.0 厘米，花瓣 7～8 瓣。柱头紫红、比雄蕊稍长，3 裂。芽叶生育力强，发芽密，持嫩性强。春茶适采期 4 月下旬。扦插繁殖力强，成活率高。

正太阴 原产外鬼洞上部一圆形茶地，水沟从中间拐弯流下，左边上角处长一名丛正太阳，右边下角处长名丛正太阴，形似八卦，而正太阴、正太阳恰似阴阳鱼之眼，料想古人取该茶名盖由此原因。无性系。小乔木型，中叶类，晚生种。植株较高大，树姿半开张，主干较显，分枝较密。叶片呈水平或稍上斜状着生。叶片长 7.1 厘米，长椭圆形或椭圆形，叶身平展，叶主脉粗，叶脉沉，叶面微隆，似龟背纹，叶质厚脆，叶缘平直，叶齿较稀钝浅，叶尖圆尖或钝尖。芽叶肥大，绿色或黄绿色，茸毛较密。花冠直径 3.6 厘米，6～7 瓣。柱头稍短于雄蕊，3 裂。芽叶生育力强，发芽密，产量高，持嫩性强。春茶适采期 5 月上旬。制乌龙茶，品质特优，条索肥实粗壮，色泽乌绿润，特有香气明显而悠长，滋味醇厚回甘，“岩韵”显。扦插繁殖力强，成活率较高。

大红袍 武夷山传统五大名丛之首。原产九龙窠，相传清代已有大红袍茶名。在名丛中，大红袍声望最高，传说颇多，被尊为神物和茶王，各种有关大红袍的描述和记载也不少，誉满中外。原有母株 4 丛，植于九龙窠悬崖一石砌平台上，岩边峭壁上留有摩崖石刻“大红袍”三字为记。1980 年建九龙窠名丛圃的同时，在大红袍原处连接石砌填土梯层，补植母株大红袍 2 丛，使得大红袍现有母株共 6 丛。大红袍曾有正、副本之分，现代以第 2 丛、第 6 丛及其无性系为大红袍茶树代表群体。20 世纪 80 年代以来，大红袍群体在岩山有较大面积扩大栽培，国内一些科研、教学单位有引

种。无性系。灌木型,小叶类,晚生种。植株适中,树姿半开张,分枝较密,叶片呈水平状或稍上斜状着生。叶片长 6.5 厘米,椭圆形,叶色深绿,有光泽,叶脉沉。叶面微隆起,叶缘平或微波,叶身稍内折,叶质较厚脆,叶齿较锐深密,叶尖钝尖。芽叶紫红色,茸毛尚多,节间短。花冠直径 3.5 厘米,多为 6 瓣。花柱 3 裂。芽叶生育力较强,发芽较密,持嫩性较强。春茶适采期 5 月上旬末至中旬初。制乌龙茶,品质优异,条索紧实,色泽绿褐润,香气高雅、清幽馥郁芬芳、微似桂花香,滋味醇厚回甘,“岩韵”显,香味独特,是武夷岩茶之珍品。抗寒性与抗旱性强,扦插繁殖力强,成活率较高。与其他名丛相比,大红袍对生态环境和生产工艺要求特别严格,栽培上宜选择与原产地相同或相类似的优质岩山地种植,施用有机肥,适时深翻、客土,效果更佳。

玉井流香 原产内鬼洞。无性系。灌木型,中叶类,晚生种。植株适中,树姿较开张,分枝较密、叶片水平状着生。叶片长 7.3 厘米,长椭圆形或椭圆形,叶色深绿,叶身平展,叶脉沉,叶面微隆,叶质厚软,叶缘直少有微波,叶齿较稀深锐,叶尖渐尖。芽叶黄绿色、稍背卷,茸毛稀。花冠直径 3.7 厘米,6～7 瓣。柱头比雄蕊稍长,3 裂深。芽叶生育力强,发芽较稀,持嫩性强。春茶适采期 5 月初。制乌龙茶,品质优异,条索紧实,色泽绿褐润,香气馥郁芬芳,扦插繁殖力较强,成活率较高。

水金龟 武夷山传统五大名丛之一。原产牛栏坑杜葛寨之半崖上,相传清末已有此名。据林馥泉记载:“此茶原系天心庙产,植于杜葛寨下,一日大雨倾盆,峰顶茶园边岸坍塌,此茶被水冲至牛栏坑头之半岩凹处,兰谷山主于是处凿石设阶,砌筑石围,壅土以蓄之……闻民国八、九年间,磊石寺(其时兰谷系属磊石寺)与天心寺双方费金数千,也曾一度严重之公堂讼涉,后公判因树非人之盗窃,实系天然力所造成,判归兰谷所有”。可见水金龟由来之一斑。20 世纪 80 年代以来,武夷山有一定的面积栽培。国内一些科研、教学单位有引种。无性系。灌木型,中叶类,晚生种。植株较高大,树枝半开张,分枝较密。叶片呈水平状着生。叶片长 7.2 厘米,长椭圆形,叶色绿,有光泽,叶面微隆起或平,叶缘平或微波,叶身平或稍内折,叶尖渐尖或骤尖,叶齿稍锐浅密,叶质较厚脆。芽叶肥厚,黄绿色,茸毛较少,节间较短,花冠直径 3.8 厘米,7～8 瓣。柱头比雄蕊稍长,3 裂。芽叶生育力较强,发芽较密,持嫩性较强。春茶适采期 5 月上旬,制乌龙茶,品质优,色泽绿褐润,香气高爽,似腊梅花香,滋味浓醇甘爽,“岩韵”显。抗旱性与抗寒性强,扦插繁殖力较强,成活率较高。

留兰香 原产九龙窠。其群体已扩大生产栽培。无性系。灌木型,小叶类,晚生种。植株较高大、树姿半开张,分枝较密,枝干较粗壮,叶片呈水平状着生。叶片长 6.0 厘米,椭圆形,叶色深绿,叶身较平,主脉粗显,叶脉稍沉,叶面光滑,叶质厚脆,叶缘平,叶齿较稀浅锐,叶尖渐尖或钝尖。芽叶肥壮,绿色。花冠直径 5.2 厘米,6～7 瓣。柱头比雄蕊稍长,3 裂深。芽叶生育力强,发芽密,产量高,持嫩性较强。春茶适采期 5 月上旬。制乌龙茶,品质优异,条索紧实,色泽乌褐润,兰花型香气浓郁,滋味醇而甘鲜,“岩韵”显,抗旱性和抗寒性强。扦插繁殖力强,成活率高。

小玉桂 原产九龙窠。无性系。灌木型,小叶类,中生种。植株中等,树姿半开张,分枝较稀,叶片水平状着生。叶片长 7.3 厘米,长椭圆形,叶色深绿,叶身不平稍内折,叶面较平滑,叶质较厚脆,叶缘有波,叶齿浅密锐,叶尖渐尖。芽叶淡紫绿色。花冠直径 4.1 厘米,8～9 瓣。柱头与雄蕊等长,3 裂。芽叶生育力较强,发芽稍稀,持嫩性较强。春茶适采期 4 月下旬末。

九龙奇 原产十八寨。无性系。灌木型,小叶类,中生种。植株适中,树姿半开张,分枝较密,叶片水平状着生。叶片长 6.5 厘米,椭圆形或长椭圆形,叶色深绿,叶身平,叶缘平,叶质较厚软,叶齿浅密钝,叶尖渐尖。芽叶黄绿色,茸毛较密。花冠直径 4.0 厘米,7～8 瓣。柱头比雄蕊稍长,3～4 裂。芽叶生育力较强,发芽较密,持嫩性较强。春茶适采期 4 月下旬末。

岭下兰 原产慧苑狗洞。无性系。灌木型，小叶类，中生种。植株中等，树姿半开张，分枝较稀，叶片水平状着生。叶片长7.5厘米，长椭圆形，叶色绿，叶身平，主脉粗显，叶脉稍沉，叶质较厚软，叶缘直或有波，叶齿较锐稀浅。叶尖钝尖。芽叶黄绿色，有茸毛。花冠直径3.0厘米，6～7瓣。柱头短于雄蕊，3裂浅。芽叶生育力较强，发芽较稀，持嫩性较强。春茶适采期4月下旬末。

正柳条 原产九龙窠。据记载，宋朝就有此茶树，是武夷山较早的名丛之一。无性系。灌木型，中叶类，晚生种。植株较高大，树姿半开张，分枝中等偏稀，叶片稍上斜状着生。叶片长9.5厘米，披针形，叶色深绿，叶身平直，主脉粗显，叶面富光泽，叶质较厚软，叶缘平，叶齿较稀浅钝，叶尖钝尖。芽叶紫绿色，节间稍长，茸毛较密。花冠直径3.6厘米，6～7瓣。柱头比雄蕊稍长，3裂。芽叶生育力强，发芽较密，持嫩性强。春茶适采期5月上旬。

九龙珠 原产九龙窠。无性系。灌木型，小叶类，中生种。植株较高大，树姿半开张分枝较密，叶片水平状着生。叶片长6.5厘米，椭圆形，叶色淡绿或绿，叶面稍平，主脉粗显，叶缘平少有微波，叶齿密浅锐，叶质厚而软，叶尖钝尖。芽叶黄绿色，较细长。花冠直径4.2厘米，6～7瓣。柱头比雄蕊稍长，3裂深。芽叶生育力强，发芽密，持嫩性强。春茶适采期4月下旬。

正太阳 原产外鬼洞，与正太阴同一茶地左上边、如八卦图之阳鱼眼处。其主要特征恰与正太阴相对应。无性系。小乔木型，中叶类，中生种。植株较高大，树姿较直立，主干较显，分析较密，叶片呈水平状着生。叶片长6.5厘米，近圆形或椭圆形，叶色深绿，叶身稍内折，叶面富光泽，叶质厚脆，主脉粗显，叶缘平直，叶齿密浅稍锐，叶尖圆钝。芽叶肥壮，绿色，有茸毛，花冠直径4.0厘米，6～7瓣。柱头比雄蕊稍长，3裂深。芽叶生育力强，发芽密，产量高，持嫩性较强。春茶适采期为4月下旬。

素心兰 原产开游岩。九龙窠也有齐名之树。无性系。灌木型，小叶类，中生种。植株中等，树姿半开张，分枝较密，叶片水平状着生。叶片长 6.9 厘米,椭圆形,叶色绿或青绿,有光泽,叶身较平,叶脉稍沉,叶质厚软,叶缘平直,叶齿密浅稍锐,叶尖钝尖或园钝,稍下垂。芽叶黄绿色或绿色,节间短,稍背卷,有茸毛。花冠直径 4.1 厘米,7～8 瓣,柱头与雄蕊等长,3 裂。芽叶生育力强,发芽密,持嫩性较强。春茶适采期 4 月下旬初。

醉墨 原产九龙窠,系原始大红袍母株有性分离株,树龄近百年。无性系。灌木型,中叶类,特晚生种。植株较高大,树姿较直立,分枝较密,叶片呈水平状着生。叶形如桃叶。叶片长 8.4 厘米,披针形或长椭圆形,叶色深绿,富光泽,主脉粗显稍凸,叶身平或稍内折,叶质较厚脆,叶缘稍有波,叶齿稀深而锐,叶尖渐尖且锐。芽叶粗壮,紫红色,茸毛较密。花冠直径 3.7 厘米,6～7 瓣。柱头比雄蕊稍长,3 裂深。芽叶生育力强,发芽较密。持嫩性较强。春茶适采期 5 月中旬。

过山龙 原产宝国岩,内鬼洞也有齐名之树。无性系。灌木型,中叶类,特晚生种。植树适中,树姿半开张,分枝密,叶片水平状着生。叶片长 6.5 厘米,椭圆形,叶色淡绿或绿色,有光泽,叶身平展,叶质较厚脆,主脉显,叶缘平直,叶齿密浅锐,叶尾稍下垂,叶尖锐尖有小裂。芽叶黄绿色,节间较短,有茸毛。花冠直径 3.4 厘米,6～7 瓣。柱头比雄蕊稍长,3 裂。芽叶生育力强,发芽密,持嫩性较强。春茶适采期 5 月上旬。

绿绣球 原产弥陀岩,系红绣球对应母株。无性系。灌木型,中叶类,晚生种。植株较高大,树姿半开张,分枝较密,叶片水平状着生。叶片长 7.7 厘米,椭圆形,叶色绿,叶身较平展,叶脉稍沉,叶面隆或强隆,叶缘平直或微波,叶质厚软,叶齿密浅锐,叶尖钝尖。芽叶绿色或黄绿色。花冠直径 4.9 厘米,6～7 瓣。柱头比雄蕊稍长,3 裂。芽叶生育力强,发芽密,持嫩性强。春茶适采期 5 月上旬。

金锁匙 原产弥陀岩,山前等多处亦有齐名之茶树,岩山多有栽种,有近百年历史。20 世纪 80 年代以来,武夷山有一定面积栽

培，国内一些科研、教学单位有引种。无性系。灌木型，中叶类，中生种。植株适中，树姿半开张，分枝密，叶片水平状着生。叶片长7.0厘米，椭圆形，叶色绿，叶面较平张，富光泽，主脉较显，叶质稍厚脆，叶齿密浅稍钝，叶尖钝尖，有小浅裂。芽叶黄绿色，有茸毛，节间较短。花冠直径3.9厘米，6～7瓣。柱头比雄蕊稍长，3裂。芽叶生育力强，发芽密，持嫩性强，春茶适采期4月下旬，制乌龙茶，品质优异，条索紧实，色泽绿褐润，香气高强鲜爽，滋味醇厚回甘，"岩韵"显。扦插繁殖力强，成活率高。抗寒性与抗旱性较强。

北斗 原产北斗峰，系姚月明于20世纪60年代所选育，曾名北斗一号。岩山多有引种栽培，国内一些科研、教学单位有引种。无性系。灌木型，中叶类，中生种。植株尚高大、树姿半开张，分枝较密，叶片水平状或稍下垂状着生。叶片长7.3厘米，椭圆形，叶色绿，富光泽，主脉较显而沉，叶面平或微隆起，叶质较厚软，叶缘平或微波，叶齿较钝深密，叶尖骤尖或圆尖。芽叶黄绿色或淡紫绿色，茸毛较少，节间较短。花冠直径4.1厘米，7～8瓣。柱头比雄蕊稍长，3裂。芽叶生育力强，发芽密，持嫩性强。春茶适采期4月中旬末至下旬初。制乌龙茶，品质优，色泽绿褐润，香气浓郁鲜爽，滋味浓厚回甘，"岩韵"显。抗寒性与抗旱性强，扦插繁殖力强，成活率高。

竹叶青 原产马头岩。其群体已在马头岩等地扩大栽培。无性系。灌木型，中叶类，晚生种。植株较高大，树姿半开张，分枝较密，叶片呈水平状着生。叶长7.6厘米，椭圆形，叶色深绿，叶片较平展或稍内折，主脉较显，叶缘微波，叶质厚脆，叶齿较稀深锐，叶尖钝尖，芽叶较粗壮，黄绿色，茸毛较少。花冠直径4.4厘米，6～7瓣。柱头比雄蕊稍长，3裂。芽叶生育力强，发芽密，产量高，持嫩性较强。春茶适采期5月上旬初。制乌龙茶，品质优，条索紧结，色泽绿褐润，品种特有香型浓郁芬芳，滋味醇厚甘鲜，"岩韵"显。扦插繁殖力强，成活率高。

白瑞香 原产慧苑岩，已有100多年栽培历史。20世纪80

年代以来，武夷山有一定面积栽培，国内一些科研、教学单位有引种。无性系。灌木型，中叶类，中生种。植株较高大，树姿半开张，分枝较密，叶片稍上斜状着生。叶片长9.1厘米，椭圆形，叶色绿，叶面较平张，主脉粗显，叶脉沉，叶质较厚脆，叶缘平，叶齿稍钝深密，叶尖钝尖。芽叶黄绿色或微紫色，茸毛少，节间较短。花冠直径3.2厘米，6～7瓣。柱头与雄蕊等长，3裂深。芽叶生育力强，发芽密，持嫩性较强。春茶适采期4月下旬。制乌龙茶，品质优，色泽黄绿褐润，香气高强，滋味浓厚似棕叶味，“岩韵”显。抗旱性与抗寒性强。扦插繁殖力强，成活率高。

金桂 又名金观音，原产白岩莲花峰，相传已有近百年历史，岩山多有栽培，国内一些科研、教学单位有引种。无性系。灌木型，中叶类，晚生种。植株适中，树姿半开张，分枝较稀，叶片水平状着生。叶片长8.4厘米，卵圆形，叶色绿，富光泽，叶身平或稍背卷、叶脉沉，叶面微隆，叶缘平，叶齿密浅锐，叶尾稍下垂，叶质较厚脆，叶尖圆尖或钝尖，有小裂。芽叶肥壮，黄绿色或紫绿色，有茸毛。花冠直径4.2厘米，7～9瓣，花柱与雄蕊等长，3裂深。芽叶生育力强，发芽密度较稀，持嫩性较强。春茶适采期5月上旬。制乌龙茶，品质优异，条索肥壮、紧结重实，色泽绿褐润，香气浓郁悠长似桂花香，滋味醇厚甜爽，“岩韵”显。抗旱性与抗寒性强，扦插繁殖力强，成活率高。

百岁香 原产慧苑岩。岩壁上刻有“百岁香”三字，古时单独垒石壁壅土栽种。母株年久，但长势旺盛，树高3.2厘米，冠幅3.5厘米。无性系。灌木型，中叶类，晚生种。植株高大，树姿半开张，分枝较密，叶片水平状着生。叶片长8.1厘米，长椭圆形，叶色深绿富光泽，叶身稍平，主脉粗显，叶面有微隆，叶缘平或微波，叶质较厚脆，叶齿稍稀浅锐，叶尖渐尖或钝尖。芽叶较肥壮，黄绿色，茸毛较少。花冠直径3.9厘米，6～7瓣。柱头比雄蕊稍长，3裂。芽叶生育力强，发芽较密，持嫩性强，春茶适采期5月上旬初。

正白毫 原产岚谷乡岭阳。20世纪80年代初，曾有一外国人士专程到此寻访该茶。茶树母株高 5.9 厘米，树冠宽幅 6.3 厘米，主茎基部的直径 16.9 厘米，树龄近百年，是现存的茶树母株中最大的一株。在当地，群众也称其为“茶娘”，已有引种栽培。无性系。小乔木型。小叶类，早生种。茶树主干较明显，树姿较直立，分枝较密，叶片水平状着生。叶片长 6.7 厘米，椭圆形，叶色深绿，有光泽，叶身较平张，叶质较厚软，主脉粗显，叶缘平直，叶齿较密浅锐，叶尖钝尖、小裂浅。芽叶淡绿色或黄绿色，茸毛密。花冠直径 3.8 厘米，7～8 瓣。花柱与雄蕊平，3 裂深。芽叶生育力强，发芽较密，持嫩性强。绿茶采摘期在清明前后，乌龙茶适采期 4 月中旬末。抗旱性抗寒性强。扦插繁殖力强，成活率较高。

仙女散花 原产天游峰顶麻石坑。无性系。小乔木型，中叶类，晚生种。母株双主干，基部直径 13～14 厘米，灰白色，株高 3.5 厘米，宽幅近 6 米，树龄百年以上。树姿较开张，分枝较疏，叶片呈水平状着生。叶长 12.2 厘米，长椭圆形或近披针形，叶色绿，叶面平展有光泽，主脉显而稍沉，叶缘平直，叶齿较疏浅锐，叶肉稍薄，叶质较厚脆，叶尖渐尖。芽叶绿色或黄绿色。花冠直径 3.5～4.0 厘米，花瓣 6～7 瓣。花柱 3 裂。芽叶生育力强，着芽密度稍疏，芽叶质地较脆，易采摘，持嫩性较强。春茶适采期 5 月上旬初。

3. 武夷岩茶命名分类

武夷山选育名丛历史悠久，种类繁多，茶名琳琅满目，但都以优异品质为先决条件，然后按茶树生长环境、茶树形态、茶树叶形、茶树叶色、茶树发芽迟早、茶树传说栽种年代、成品茶香型、神话传说，区别名丛分类类型而命名。以茶树生长环境命名的，如不见天、岭上梅、过山龙、石角、九龙珠；以茶树形态命名的，如醉贵姬、醉海棠、醉洞宾、钓金龟、凤尾草、玉麒麟、一枝香、醉八仙；以茶树叶形命名的，如瓜子金、金钱、金柳条、倒叶柳、向天梅；以茶树叶色命名的，如白吊兰、红海棠、大红梅、绿蒂梅、黄金锭；以茶树发芽迟早命名的，如不知春、迎春柳；以传说栽种年代命名的，如正唐树、正唐梅、宋玉树；以成品茶香型命名的，如肉桂、白瑞香、夜来香、金丁香；以神话传说命名的，如大红袍、铁罗汉、水金龟、半天妖、白牡丹、红孩儿、状元红；以区别名丛分类类型命名的，如正太仓、付独占、正芍药、正柳条、正玉兰、正蔷薇。

4.武夷四大名丛

大红袍 四大名丛之首，是四大名丛后起之秀，在铁罗汉、白鸡冠之后，有关大红袍最早的文字记载是清代道光年间，郑光祖撰《一斑禄杂述》(1839年)卷四云："……若闽地产'红袍'建旗，五十年来盛行于世"。原天心寺僧云："该树以嫩叶呈紫红色而得名"。大红袍原产地传说不一，蒋叔《南游记》称："如大红袍，其最上品也，每年收取天心不能满一斤，天游亦十数两耳。"现今九龙窠之大红袍，据林馥泉1941年调查认为系名丛"奇丹"之误，并得寺僧信任，看到了一株真本大红袍在九龙窠的岩脚下，树根终年有水从岩壁涓涓流下，树干满生苔藓，树及衰老。曾作记载：树高135厘米，主干八根，粗者5.5厘米，一般1.5～2.5厘米，干色灰暗，树形老态，枝条弯曲斜生，分枝颇盛，枝干着生角50～70度，枝叶着生角70度，节间距较短仅1～2厘米，叶色深绿，叶缘斜上伸展，叶断面呈阔口"V"字形，光滑发亮，近似水仙形，全叶呈长圆形，幼叶呈紫红色，叶脉细而不显露，5～7对，锯齿浅而稍显露，20～25对，叶尖钝，略下垂，叶长5.3厘米，幅2.8厘米，叶肉厚而脆，嫩叶生有短绒毛等。另一传说为北斗峰和火焰峰，崇安茶场曾调查过，火焰峰的已衰败，北斗及九龙窠的于60年代末均曾于衰老茶树上剪穗扦插，成活三株，北斗峰的称北斗1号，九龙窠的称北斗2号，十余年试制结果，均证明制优率极高，香气滋味极受赞赏，现已较大量繁殖栽种于武夷不同山岩，进一步适应性试制。

铁罗汉 是武夷历史最早之名丛，郭柏苍《闽产录异》记述："别有松际，色浅香淡。老君眉，叶长味郁，然多伪。为铁罗汉、坠柳条，皆宋树，又仅止一株，年产少许。"是否为宋树，无据可考，但成名较早可以肯定。1949年前传该树有三处，一说在慧苑岩内鬼洞内；二说在竹窠岩长窠内；三说在马头岩，前二说较普遍。内鬼洞(又称蜂窠坑)两边崖壁甚高,茶树在狭长如带地段,树旁有小涧流水,滋润茶树。在竹窠岩的,系长窠西端最后一梯园之北角外侧,正位于三仰峰下,靠风化石剥落,以肥沃土质,石旁有涧水,终年流润根部。品质不仅超越内鬼洞之树,且具有特殊香味,尤胜大红袍。两处茶除叶色稍异,有相似之处,特别表现在叶形上,都是较狭长的柳叶形,与所称"宋树"之铁罗汉、坠柳条之名靠近。叶长而大,平均 8.1 厘米×3.3 厘米,叶色鲜绿有光,叶面平展,叶尖钝,叶尖端弯曲略下垂,叶肉隆起略皱,脉粗显露,侧脉八对,锯齿约 28 对,钝略显露。枝干直立性明显,着生角 40 度左右,花期迟。目前铁罗汉亦已少量繁育,生长良好。

白鸡冠 相传明代某知府下榻武夷,其子忽染恶疾,腹胀如牛,医药罔效,有一寺僧端一小杯茗,啜之极佳,遂将所余授其子,问其名,则为"白鸡冠"也。知府离山赴任,中途子病愈,及悟为茶之功,奏于帝,并商其僧索少许献于帝,帝尝之大悦,敕寺僧守株,年赐银百两、粟 40 石,每年封制以进,遂充御茶,至清代亦然。白鸡冠原产地有二说,一说在武夷宫止止庵白蛇洞口;二说在慧苑岩火焰峰下外鬼洞;近说在文公洞后亦有发现(据调查系"白观音"之误),但以慧苑的被较普遍公认。该树叶色呈淡绿,幼叶浅绿面微黄,叶面开展,色素无光,春梢顶芽微弯,茸毫显露似鸡冠,是其命名的主要特征,现已少量繁育。

水金龟 初传于清末,与半天妖有相关类似传说,皆因为茶树引起公诉,双方耗资千金仅为了一株茶树而出名。该树原产在杜葛寨峰下半岩上,属天心寺庙产,一日倾盆大雨,峰顶茶园边梯崩塌,此茶被水冲至牛栏坑近坑底的半岩石凹处停住,后水流成沟于茶侧流下,当时该地的兰谷岩主于该处设阶砌筑石围,壅土蓄之,因系水冲来的,故为水金龟命名,于 1919—1920 年曾公诉于堂,耗资甚大而使茶更出名,施棱慨叹题字"不可思议"摩崖石刻于侧以记之。水金龟皮色灰白,枝条略弯,枝干着生角 70 度,枝叶着生角 70～80 度,叶形长圆,质薄而脆,叶面平展,翠绿色有光泽,叶缘略起波状，叶尖稍钝，叶肉略隆起，主脉稍粗露，侧脉细而显 8～10 对，叶锯凿深而疏，21～29 对不等，叶大 7.2 厘米×2.8 厘米，叶缘斜向上，该树生长在约 2 米见方的石座中，中壅沙质壤土，旁有水沟流过，地颇湿润，共 3 株丛生一处，极衰老，近已加强培育及抽穗繁育，已有产品上市。

最早的武夷岩茶为武夷菜茶原始品种的有性群体，以后经历代劳动人民反复单株选育，以单丛—花名—普通名丛—四大名丛为主体，制造的乌龙茶称武夷岩茶。以前茶树纯系育种技术尚未突破，无性繁殖未推广应用，原有的有性繁殖又不能稳定其品质的优良性状，故只停留在“丛”字上。清末引进了外来品种建阳水仙（无性系压条繁殖），建瓯乌龙等以后，品种状况才有了改变，以后又从安溪等地引进铁观音、毛蟹、梅占、奇兰、雪梨（佛手）、黄旦等适制乌龙茶的品种（其生化成分详见表 2-50～53）。90 年代前当家品种还是菜茶（奇种），次为水仙。近年当家品种已为水仙所替代，肉桂次之，奇种已退居次要地位。为了能继续在有性群体的“菜茶”中找到一些高产优质的原始材料，已建立了种质资源圃，以便进一步研究。从名丛中选育的肉桂，最早为慧苑岩的名丛，马枕峰亦有发现。在近 20 年的品质试制过程中，通过无性繁殖已逐步扩大，证明是武夷岩茶中不可多得的高香品种，已通过科学鉴定，是福建省高产优质良种。

表 2-50　武夷岩茶主要品种茶内含物质化学分析表

项目＼品种	乌　龙	佛　手	水　仙	奇　种
多酚类化合物(%)	29.58	22.67	21.96	23.41
其中：醚溶性	1.47	1.21	0.97	1.21
醚浸出物(%)	5.74	5.84	5.53	5.37

续表

项目 \ 品种		乌　龙	佛　手	水　仙	奇　种
儿茶多酚类（毫克/克）	LEGC	27.42	36.40	39.80	23.54
	DL-GC	11.94	18.13	16.29	13.21
	L-EC＋DL-C	13.35	18.17	15.37	15.65
	L-EGCG	70.80	72.50	59.74	61.61
	L-ECG	24.39	27.13	22.52	30.45
	总　量	147.90	172.91	153.73	144.46
糖类（%）	还原糖	0.94	1.07	0.96	1.24
	非还原糖	1.88	1.36	1.70	0.34
	总　量	2.82	2.43	2.66	1.61
水溶性果胶（%）	水溶性果胶	1.47	2.18	1.78	2.37
	原果胶	3.71	1.91	1.58	1.27
	总　量	5.18	4.09	3.36	3.64
含氮化合物（%）	全氮量	5.11	5.26	4.61	4.93
	氨基酸	0.41	0.49	0.21	0.57
	咖啡碱	3.47	3.65	3.45	3.22

表 2-51　各种氨基酸组成（毫克/100 克）

项目 \ 品种名称	乌　龙	肉　桂	水　仙	佛　手	奇　种
天冬氨酸	106.03	82.43	112.84	93.71	96.33
丝 氨 酸	41.11	35.26	22.14	25.08	26.28
谷 氨 酸	89.67	71.76	76.85	58.37	63.87

续表

项目 \ 品种名称	乌　龙	肉　桂	水　仙	佛　手	奇　种
丙氨酸	17.91	15.36	17.49	16.75	18.58
半胱氨酸	31.44	31.06	29.43	30.39	30.88
缬氨酸	32.55	38.89	25.81	28.52	28.81
亮氨酸	9.95	9.14	11.17	10.09	10.61
苯丙氨酸	61.25	66.81	53.61	56.69	54.45
赖氨酸	14.62	9.93	7.2	6.47	11.92
精氨酸	36.32	42.12	39.75	14.37	44.59
茶氨酸	595.08	476.29	435.81	186.99	437.67
小　计	1036.43	878.45	832.10	527.37	823.99

表 2-52　肉桂、水仙毛茶生化成分分析表

成　分	肉　桂	水　仙
水浸出物(%)	38.91	38.62
茶多酚(%)	23.22	20.10
儿茶素总量(毫克/克)	124.12	118.84
氨基酸(%)	1.68	1.74
咖啡碱(%)	4.65	4.15
可溶糖(%)	3.38	3.66
水溶果胶(%)	3.71	2.65

表 2-53　肉桂水仙毛茶中氨基酸及儿茶素组成分析

成　　分		肉　桂	水　仙
儿茶素（毫克/克）	EGC	30.18	34.51
	DLGC	4.97	3.11
	EC+DLC	10.84	11.12
	EGCG	69.14	62.39
	ECG	9.09	7.71
	总　量	124.22	118.84
氨基酸总量(%)		1.68	1.74
主要氨基酸（%）	茶氨酸	0.50	0.51
	谷氨酸	0.07	0.06
	天冬氨酸	0.11	0.12
	苏氨酸	0.015	微量
	谷胱酰胺	0.025	微量

5. 武夷岩茶有关名词注解

花名：各类名丛、单丛及其成品茶名称的统称。

单丛：从武夷茶有性群体中采用单株选择法选育的优良茶树。

名丛：从单丛中优中选优选育出的优良品种。

有性系：世代采用种子繁衍后代的品种，个体间特征性状有差异。

无性系：世代采用无性方法（扦插、压条等）繁衍后代的品种，个体间性状相对一致。

早生种、中生种、晚生种、特晚生种：以武夷山茶区茶树春茶达到乌龙茶采摘标准时间先后区分，以标准品种为对照。

早生种：春茶采摘期 4 月中旬，如黄旦；

中生种：春茶采摘期 4 月下旬，如毛蟹、梅占；

晚生种：春茶采摘期 5 月上旬，如水仙、肉桂；

特晚生种：春茶采摘期 5 月中旬及 5 月中旬以后，如雀舌、不知春。

（二）武夷岩茶的采摘与初制技术

闽北乌龙茶、武夷岩茶的初制工艺与其他乌龙茶初制工艺基本相似，比闽南乌龙茶少了一道包揉工序，即：鲜叶→萎凋→摊晾→挫青→做青→杀青→揉捻→烘干→毛茶。

1. 采摘

岩茶品质的优次，是以鲜叶色、香、味的物质为基础。香与味的形成，是鲜叶所存在的内含物，通过加工技术综合作用的结果。鲜叶质量是决定茶叶品质的重要因素，鲜叶质量包括鲜叶内在物质含量和外观质量两部分。

（1）采摘标准

武夷岩茶要求鲜叶采摘标准为新梢芽叶生育较成熟（开面三四叶），无叶面水、无破损、新鲜、均匀一致。茶树新梢伸育至最后一叶开张形成驻芽后即称开面；当新梢顶部第一叶与第二叶的比例小于 1/3 时即称小开面，介于 1/3 至 2/3 时称中开面，达 2/3 以上时称大开面。茶树新梢伸育两叶即开面者称对夹叶。武夷岩茶要求的最佳采摘标准为开面三叶。不同的品种略有差异，如肉桂以中小开面最佳，水仙以中大开面最佳等等。每个品种的最佳适采期都较短，在同样的山场位置和栽培管理措施下适采期为 3～4 天，同一品种在适采期加工不完时则掌握在茶园内茶青有一半以上开始小开面时开采，到大部分中开面，小部分大开面时全部采摘结束，采摘标准控制在一芽四叶至中大开面三叶，采摘期可延长到 6～8 天。

武夷岩茶要求鲜叶达到一定的成熟度时再采摘是有一定科学道理的。当鲜叶达到一定的成熟度时，鲜叶内的叶绿体趋向衰老，

衰老的叶绿体产生原生质体，使类胡萝卜素增加，而类胡萝卜素是乌龙茶香气的先质，乌龙茶的特殊风味可能与此有关；其次，在成熟叶片中，叶肉细胞分化，叶绿体片层清晰并具有一个至多个的巨型淀粉粒，随淀粉粒的扩大，使基质充满淀粉，大量的淀粉在乌龙茶初制的萎凋与做青过程中逐渐水解，使毛茶中可溶性糖有所增加，而可溶性糖一方面参与乌龙茶香气的形成，另一方面可增加滋味的浓厚与甘醇。在较成熟的叶片中脂类颗粒增多，这种生理结构在一芽一叶的嫩梢中是没有的，这些能溶于乙醚的脂类物质是乌龙茶初制中形成浓郁香气的物质基础。

(2)采摘时间

茶叶开采期主要由茶树品种、当年气候、地理位置和茶园管理措施等因素决定，武夷山现有主栽品种的春茶采摘期约为 4 月中旬至 5 月中旬，特早芽种在 4 月上旬，特迟芽种在 5 月下旬，以后每季(即夏秋茶)间隔时间为 45 天左右(采后有修剪会延长下一季的时间)。采摘当天的气候对品质影响较大，晴至多云天露水干后采摘的茶青较好，雨天和露水未干时采摘的茶青最差。一天当中以下午 2—5 时的茶青质量最好，露水青最次。因此春茶加工期宜选择晴至多云的天气采制，阴雨天不采或少采制，则有利于提高茶叶的品质。

(3)采摘方式

有人工和机械两种方式。使用采茶机采摘，每台应配备 5 个采茶工，每人每天可采茶青 250 公斤。但长期连续使用采茶机采摘会使茶树芽梢多而瘦小，干茶外形变细而欠肥壮，影响茶青外观质量，可用人工采摘和机械采摘交替使用来防止该项的缺陷。

采用定高平面(或略弧形)采摘法，即在每季萌发的新梢，确定合理的留养高度与采摘面高度，并以此为标准，从树冠中往外采。高于额定采摘面以上的新梢芽叶一律采摘、采齐；低于额定采摘面以下的新梢芽叶一律留养。严格留采摘面以下的侧枝、低梢及树冠稀疏处的芽梢，等每季采摘后期，再轻度摘去留养新梢的顶芽，以促进下季新梢伸育。投产茶园一般树冠高度 80～120 厘米。

幼年茶树:以养为主,控制顶端优势,促进分枝,以“壮、宽、密、茂”为目标培养丰产型树冠。幼龄树经 2～3 次定剪后,采用定高平面采摘法。成年茶树:盛产期采用抑顶挟侧以采为主,以留为辅的定平面采摘法,适当嫩采,控制树冠高度在 80～120 厘米。冬季封园,再剪除个别突出枝和病虫枝,保持采摘面整齐一致。老年茶树:对要更新的老茶树,可把拟定修剪高度以上芽梢全部采摘,然后及时修剪改造。

(4)茶青储运

鲜叶采下后应及时运送至加工厂,以便进入下道萎凋工序。储运期间应尽量缩短时间,并注意通风散热,避阳薄摊,减少搬动次数,防止青叶堆放过厚、过紧、过久而造成机械损伤和堆渥烧伤。储运时间过久将会使鲜叶质量下降。

(5)茶青基本要求

合格的茶青应肥壮、完整、新鲜、均匀,每个芽梢为两个“定型叶”,且应符合下列要求之一:

a) 小开面(顶叶面积为第二叶的 30%～40%)采四叶;

b) 中开面(顶叶面积为第二叶的 50%～70%)采三叶;

c) 大开面(顶叶面积为第二叶的 80%～90%)采两叶;

d) 一芽四叶(壮树带芽采四叶)及对夹叶。

(6)茶青质量分级

茶青质量分为一级、二级、三级,分级指标见表 2-54。

表 2-54　茶青质量分级

等　级	质 量 要 求
一　级	合格的茶青质量占茶青总质量≥90%
二　级	合格的茶青质量占茶青总质量≥80%
三　级	合格的茶青质量占茶青总质量≥70%

茶青要严格分开，不同名丛、不同品种、不同产地（不同岩、山阴山阳）、不同批均需分开，有专职师傅负责处理，分别付制，不得混淆。

2. 萎凋

萎凋是指鲜叶散失部分水分的过程。

萎凋标准：感官标准为新梢顶端弯曲，第二叶明显下垂且叶面大部分失去光泽，失水率约为10%～15%。大部分鲜叶达此标准即可。鲜叶原料不同其标准也不同，如叶张厚的大叶种萎凋宜重、鲜叶偏嫩时萎凋宜重，反之宜轻。

萎凋方式：有日光萎凋、加温萎凋和室内自然萎凋三种方式。生产上主要采用前两种方式。加温萎凋又可分综合做青机和萎凋槽萎凋两种方式，日光萎凋历时短（约几十分钟），节省能源，萎凋效果最佳；加温萎凋历时长（2～4小时不等），不均匀，茶青损伤严重，萎凋质量较差。

操作方法：日光萎凋要求将鲜叶置于谷席、布垫或水筛等萎凋器具上进行，特别是中午光照强时不可直接置于水泥坪上萎凋，否则极易烫伤青叶。摊叶厚度为1～2公斤/平方米，萎凋全过程应翻拌2～3次，总历时30～60分钟，以达到萎凋标准为止。综合做青机萎凋用90型长机慢档萎凋比用120型大机萎凋的效果更好，热风温度在30～32℃为宜（手感为手触机芯热而不烫），过高会烧伤青叶，过低萎凋时间会加长。每隔10～15分钟翻动几转，总历时无水青为1.5～2.5小时，雨水青为3～4小时。萎凋槽热风温度为28～30℃，每隔30分钟左右翻动一次，摊叶厚度为10～15厘米，越厚越慢越不均匀。

3. 做青

做青工艺是形成武夷岩茶特有品质风格的关键工艺。全过程由摇青和静置发酵交替进行组成。

做青原理：在适宜的温湿度等环境下，通过多次摇青使茶青叶片不断受到碰撞和互相摩擦，使叶片边缘逐渐受损，并均匀地加深，经发酵氧化后产生绿底红镶边，而在静置过程中，茶青内含物逐渐进行氧化和转变，散发出自然的花果香，形成武夷岩茶特有的品质。

做青方式：生产上主要有综合做青机和手工做青两种方式，有时也有将两者结合起来的半手工做青方式。综合做青机适应于大生产的要求。

操作方式：不论何种做青方式，操作上均是摇青和静置多次交替进行来完成，需摇青 5～10 次，历时 6～12 小时，摇青程度先轻后重，静置时间先短后长。

①手工做青：将萎凋叶薄摊于 900 毫米水筛上，每筛首次青叶重约 0.5 公斤，操作程序为摇青←→静置重复 5～7 次；摇青转数从少到多，逐次增加，从十转到一百多转不等，每次摇青程度视茶青发酵进展情况而定，一般以摇出青臭味为基础，再参考其他因素进行调整。静置时间每次逐渐加长，摊叶厚度逐次加厚，可两筛并一筛或三筛并两筛，四筛并三筛等等。直至做青达程度到符合要求时结束做青。

②综合做青机做青：萎凋青叶装进综合做青机容量的 2/3 左右，或茶青在机内萎凋达到要求后，按吹风→摇动←→静置的程序重复进行 6～10 次，历时为 6～10 小时，吹风时间每次逐渐缩短，摇动和静置时间每次逐渐增加。直至做青程度符合要求时结束做青。

做青原则：做青过程目前主要采用看青做青，在做青过程中气味变化主要表现为：青气→清香→花香→果香；叶态变化主要表现为：叶软无光泽→叶渐挺、红边渐现→汤匙状三红七绿。做青前期为 2～3 小时，操作上应注意以茶青走水为主，需薄摊，多吹风，轻摇，轻发酵。中期 3～4 小时，操作上应注意以摇红边为主，需适度发酵，摊叶逐步加厚，吹风逐步减少。后期 2～3 小时，以发酵为主，注意红边适度，香型和叶态达到标准。

做青叶适度的基本标准为：青叶呈汤匙状绿叶红镶边，茶青梗皮表面呈失水皱褶状，香型为低沉厚重的花果香，手触青叶呈松挺感。

做青的环境控制：环境因素主要指室内温度，湿度和空气新鲜度。三因素均会互相影响，需协调到适宜状态。温度范围为20～30℃，以24～26℃最适宜。相对湿度范围为50％～90％，以70％～80％为最适宜。做青过程前期温度相对高而湿度低，随着做青的进行，后期需相对较低的温度和较高的湿度。做青过程中鲜叶继续进行呼吸作用，消耗氧气，释放出二氧化碳，因此应保持青间空气新鲜，以利于鲜叶呼吸作用进行。

在实际中，除采用看青做青外，也应根据鲜叶的质量及品种进行调整。叶片较厚和大叶品种，宜轻摇，延长走水期，多停少动，加重静置发酵。叶薄和小叶种需少停多动，摇青加重，到后期方需注意发酵到位。茶青较嫩时，做青前期走水期需拉长，总历时也更长，注意轻摇，多吹风。茶青较成熟时，做青总历时缩短，前期走水期缩短，需重摇重发酵少吹风。萎凋过重时，宜轻摇重发酵，做青时间短，注意防止香气过早出现和发醇过头。萎凋偏轻时，用综合做青机做青可用加温萎凋，并注意多吹风多失水，重摇轻发酵，并延长做青时间，调整好温湿度，需高温低湿，否则易出现“返青”现象（即做青叶到后期出现涨水，叶片和茶梗含水状态均接近新鲜茶青状，梗叶一折即断，无花果香，为做青失败现象）。温度偏低时，应注意少吹风，提早开始保温发酵。湿度偏大时有条件者可使用除湿机，并注意通风排湿，适度加温。

总之，做青过程需时时观察青叶变化，以看、嗅、摸、照综合观察来判断青叶是否在正常地变化，一出现异常现象即需分析原因，并及时调整，使青叶达到最佳的做青标准。

4. 杀青

杀青是固定做青叶质量和形成毛茶品质的重要工序。主要采取高温破坏做青中的酶活性，防止做青叶继续氧化，同时使做青叶失去部分水分呈热软态，为后道揉捻成形工序创造条件。

杀青方式:大生产上主要采用滚筒杀青机(110 型和 90 型)。

操作要点:杀青机在初次使用或长时未用后,每季制茶的首次使用前均需将筒内用细沙石和湿茶片清洗干净。进青前筒温需升至 230℃以上,手感判断:手背朝筒中间伸入 1/3 处要感觉明显烫手即可。每次进青量为:110 型为 40～50 公斤,90 型为 25～30 公斤。杀青时间为 7～10 分钟。杀青标准为叶态干软,叶张边缘起白泡状,手揉紧后无水溢出且呈粘手感,青气去尽呈清香味即可。出青时需快速出尽,特别是最后出锅需快速,否则易过火变焦,使毛茶茶汤出现浑浊和焦味,即俗称"拉锅"。杀青火候需要掌握前中期旺火高温,后期低火低温出锅。

5. 揉捻

揉捻是形成武夷岩茶外形和影响茶叶制率的主要因素。

揉捻方式:生产主要使用 30 型、35 型、40 型、50 型、55 型等专用揉茶机,其棱骨比绿茶揉捻机更高。

操作要点:杀青叶需快速盛进揉捻机趁热揉捻,以便达到最佳效果;装茶量需达揉捻机盛茶桶高 1/2 以上至满桶;揉捻过程掌握先轻后重压的原则,中途需减压 1～2 次,即采用轻—重—轻,以利桶内茶叶的自动翻拌和整形,压力轻重可观察揉捻机上的指示器;全程需 5～8 分钟。35 型、40 型等小型机揉捻程度更重,应注意加压和揉捻时间不可过度,以免造成碎末和底盘偏多,50 型、55 型等大型揉捻机揉茶力度更轻,特别是青叶过老时,需注意加重压,以防出现条索过松,茶片偏多,"揉不倒"现象。

6. 烘干

烘干的主要作用是进一步散发水分,巩固茶叶品质,使茶叶得以长时间储存而不变质。

烘干方式:传统焙笼烘干和烘干机烘干两种方式。焙笼烘干时间长,劳动强度大,生产效率低,初制烘干时较少使用。初制毛茶以烘干机为最佳烘干方式。揉捻成条的茶叶快速解团后,马上进行烘干,不宜置放过久,否则易使干茶产生闷味,降低茶叶品质。

烘干要点：揉捻叶一般要求在30～40分钟内烘完一道，手触茶叶需带刺手感，而后可静置2～4小时，再烘二道，一般烘2～3道即可足干。烘干机第一道烘干温度视机型面积、走速风量等实际情况而定，一般为130～150℃，要求温度稳定。第二道烘干温度比第一道略低些，约低10℃，直至烘干为止；在实际大生产中、为弥补摊晾场地的不足，也可采用一次烘干法，即毛、足火连用，以先稳定质量，高峰期过后再付拣而后足火。两种烘干方式各有利弊，可根据实际生产情况而全面考虑。

焙笼烘干要求第一道明火"抢水焙"至茶叶有刺手感后，下笼摊晾2～4小时后稳火再焙干。毛茶烘焙干后不可摊放长久。一般冷却至近室温时即装袋进库。

（三）武夷岩茶的精制加工

武夷岩茶精制主要流程为毛茶→初拣→分筛→复拣→风选→初焙→匀堆→拣杂装箱。

1. 毛茶拼配和付制

（1）拼配

应根据拟生产的成品茶的要求，制订不同产地、不同季别、不同等级的毛茶配料比例的正式方案。拼配应遵循执行标准、稳定质量、兼顾全局、统筹安排、充分利用、提高效益的原则。

拼配时可制订1～3个方案、配制小样、检验验证、成本测算、从中选择最佳方案审核批准等程序后付制。

（2）付制

应按批准的拼配方案投入毛茶精制加工。

2. 筛网组合

滚筒式圆筛机筛网组合

滚筒式圆筛机筛网组合见表2-55。

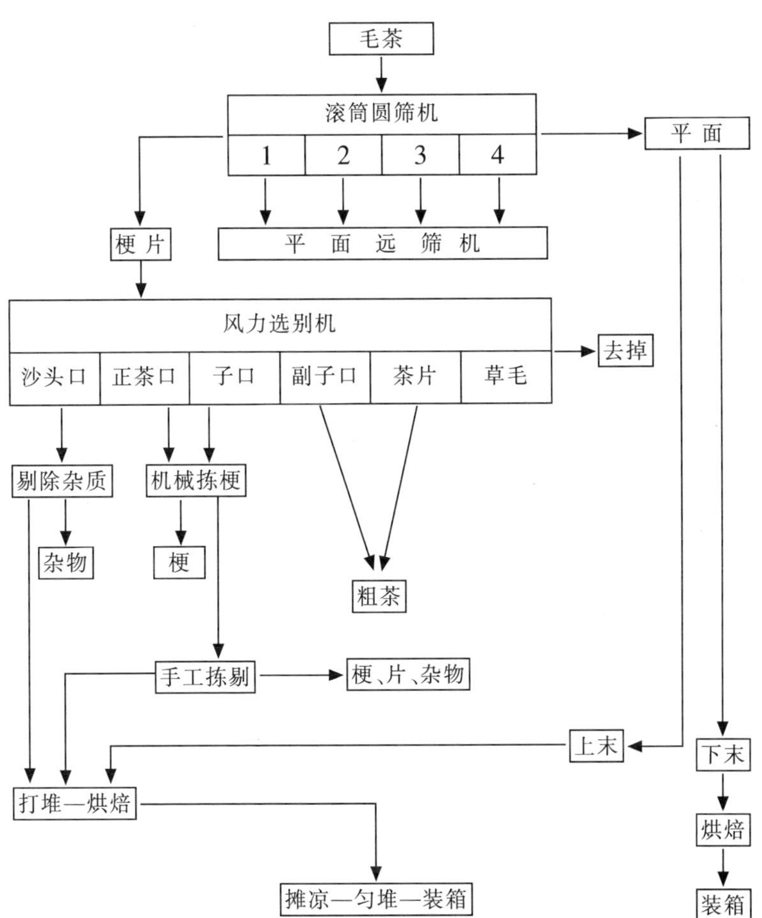

图 2-1 武夷岩精制加工工艺流程图

表 2-55 滚筒式圆筛机筛网组合

单位:个/2.54 厘米

序 号	1	2	3	4	备 注
方孔数	2.1	2.5 或 3	4	5	

平面加转式圆筛机筛网组合

平面回转式圆筛机筛网组合见表 2-56。

表 2-56　平面回转式圆筛机筛网组合

单位:个/2.54 厘米

序 号	1	2	3	4	5	备　注
方孔数	4	5	6	7	10	

73 型跳跃式拣梗机筛网组合

73 型跳跃式拣梗机筛网组合见表 2-57。

表 2-57　73 型跳跃式拣梗机筛网组合

单位:个/2.54 厘米

段(号)茶	筛头	上段	中段	下段	备　注
方孔数	5(5.5)	5.5(6)	6～7	7～8	

下段茶平面圆筛机筛网组合

下段茶平面圆筛机筛网组合见表 2-58。

表 2-58　下段茶平面圆筛机筛网组合

单位:个/2.54 厘米

序　号	1	2	3	备　注
方孔数	10(12)	16(18)	22(24)	也可用括号内孔号

3. 筛分号茶取料

取料方法:分号茶进行生产,采取单等级和多等级两种拼配付制形式,单级收回成品。

毛茶投放:按滚筒式圆筛机的最佳台时产量均匀连续投放。

号茶筛分:滚筒式圆筛机初步分号茶生产,平面回转式圆筛机细分别茶生产。

号茶风选：所有的号茶均需经风选后分出正茶进入取梗机，并分出重质沙头，轻质草毛等。将沙头茶剔除出杂物后归正茶，轻质茶剔除出杂物、草毛后，归作下脚茶。

正茶取梗：各号茶先经机械取梗，梗口含茶超过10%，必须重新加工。机械取梗后，还应再进行手工拣剔，拣去粗片、梗和杂物。下段茶均应风选坠沙去杂物。

4. 拣剔质量要求

(1)手工拣剔，按武夷岩茶等级净度质量的标准样要求拣剔；

(2)手工拣剔内销茶，按武夷岩茶客户要求的净度质量标准样要求拣剔；

(3)对样验收正茶净度，正茶应达到三清，即茶叶中的梗、片、杂物清。

5. 干燥

(1)号茶按比例拼配和匀堆，要求粗细均匀。

(2)烘焙时投放茶叶应均匀，茶叶摊烘厚度2～3厘米，摊层厚薄应一致。

(3)武夷岩茶烘焙有两种方法：一是采用传统的焙笼；二是采用木炭烘焙，这种方法成品茶品质较好，但能源成本和用工成本高，劳动强度大，产量低，适应不了大生产。目前多数采用卧式烘干机烘焙。

烘焙时茶叶投放要均匀，茶叶摊烘厚2～3厘米，每层的厚薄应一致。

武夷岩茶、闽北乌龙茶、闽南乌龙茶，精制烘焙火温度的掌握控制基本相似，在烘焙时应根据茶叶的等级、季别、品种、采用不同的烘焙温度和不同的烘焙时间进行烘焙，仍然是“看茶用火”。

茶叶烘干机的机型不同，温度也不一样，在烘焙时应经常取样冲泡审评及时了解茶叶品质变化情况，才能及时调节温度及烘焙时间。

正茶的烘焙温度一般是130～150℃,烘焙时间时为150分钟左右,具体应根据茶叶品质及机械情况灵活掌握。高档茶最好分两次烘赔。

目前,武夷岩茶、闽北乌龙茶烘焙成品茶分有:中火、足火和高火。

中火:茶叶烘焙的温度稍低些,茶叶品种香突显,滋味鲜香。但退火后即返青,不利储存。

足火:采用传统“火功”,火温饱足,其产品1～3个月后,岩骨花香的岩茶品质风格尽呈现出来,滋味醇厚回甘。耐储存。

高火:高火茶的烘焙温度要求较高,以不烧焦为原则,隔年后方能泡饮,滋味醇和耐储存。

目前,烘焙“足火”的成品茶是武夷岩茶的主流产品也是生产的主流产品。

6. 摊晾

(1)烘焙后应摊晾,掌握适宜摊晾层厚度。

(2)根据气候特点合理调节冷却机的进风量及变速电机转速。

7. 匀堆

摊晾后,茶叶分成粗、中、细三号后进入储茶堆房,并初步匀堆。

8. 拣杂装箱

拼配后的茶叶经手工拣剔杂物后,按各级茶叶装箱重量要求进行装箱,密封。

(四)武夷岩茶的产品品质感官

武夷岩茶各品级感官质量要求、感官审评各因子给分加权、小包装名称、毛茶和精茶等级、理化分析资料等,见表2-59至表2-66。

表 2-59 武夷水仙、奇种品质感官要求表

项目 \ 级别			特级	一级	二级	三级	四级
武夷奇种	外形	条索	紧结重实	结实	尚结实	尚壮实	尚壮实
		色泽	翠润	油润	尚油润	尚润	枯褐
		整碎	匀整	匀整	尚匀整	尚匀整	欠匀整
		净度	洁净	匀净	尚匀净夹细梗	尚匀净夹细梗	稍欠匀净
	内质	香气	清高	清醇	尚浓	平正	平
		滋味	清醇甘爽	尚醇厚	尚醇正	欠醇	粗淡
		汤色	金黄清澈	金黄清澈	尚金黄稍深	橙黄稍深	深黄带红
		叶底	软亮匀整红边明显	软亮尚匀红边明显	尚软亮匀整	软硬不匀稍亮	较粗硬欠亮
武夷水仙	外形	条索	壮结	壮实	壮实	尚壮实	稍松
		色泽	油润	尚油润	稍带褐色	褐色	稍带花杂
		整碎	匀整	匀整	尚匀整	尚匀整	欠匀整
		净度	洁净	洁净	尚洁净	尚洁净	欠洁净
	内质	香气	浓郁鲜锐特征显	清香特征显	尚清纯特征尚显	特征少显	杂夹纯
		滋味	浓爽鲜锐香韵明	浓原特征显香韵明	尚醇厚特征香韵尚显	有浓厚特征	欠浓厚
		汤色	金黄清澈	金黄	深黄	深黄泛红	清黄
		叶底	肥嫩软亮红边显	肥厚软亮红边显	软亮红边尚明	软亮红边欠匀	较杂

表 2-60　武夷肉桂品质感官要求表

项目		特　级(上堆)	一　级(中堆)	二　级(下堆)
外形	条索	肥壮紧结沉重匀整	尚肥壮结实沉重匀整	尚结实、卷曲、稍沉重
	色泽	油润、砂绿明、红点明显	油润、砂绿红点较明	乌润稍带褐红或褐绿色
	整碎	匀整	匀整	尚匀整
	净度	洁净	洁净	尚洁净
内质	香气	浓郁嫩有乳香、蜜桃香、桂皮香	清高悠长	清香
	滋味	醇厚鲜爽,岩韵明显	醇厚尚鲜,韵明	醇和韵尚显
	汤色	金黄清澈明亮	橙黄清澈	橙红黄或浅橙色尚清澈
	叶底	肥厚软亮匀整,红边显明	尚肥厚软亮匀整红边显明	黄红绿边欠匀

注:凡肉桂品种无肉桂特征或达不到上述要求,不能列入肉桂堆,另归品种或奇种堆。

表 2-61　武夷岩茶感官审评给分表

项目	外　形　30		内　质　70				小计
	条索	色泽	香气	汤色	滋味	叶底	
得分	20	10	25	5	30	10	100

表 2-62　小包装武夷岩茶名称与毛精茶等级对照表

项目＼等级	毛　茶	精　茶
大红袍	不低于名岩名丛一级(中堆)	极　品

续表

项目＼等级	毛　茶	精　茶
肉桂	不低于普通名丛特级(上堆)	极　品
其他名丛号	不低于普通名丛二级(下堆)	极　品
各品种号	不低于品种二级(下堆)	一级半
老丛水仙	不低于水仙3～5等	一级半
正岩水仙	不低于水仙5～7等	二级半
武夷水仙	不低于水仙8～11等	三级半或四级
老丛奇种(乌龙)	不低于奇种3～5等	一级半
正岩奇种(乌龙)	不低于奇种5～7等	二级半
武夷奇种(乌龙)	不低于奇种8～11等	三级半或四级

注:以上感官审评标准,给分是福建省标准计量局1994年4月20日发布,5月20日实施。

表2-63　各级水仙奇种内含物含量表

项目＼品种级别		一级水仙	二级水仙	三级水仙	一级奇种	二级奇种	三级奇种
多酚类化合物	总　量	28.54	27.31	23.59	26.46	24.76	21.95
	水溶性浸出物	25.52	24.71	21.54	23.66	22.27	19.76
	碱溶性浸出物	1.88	1.73	1.31	1.79	1.64	1.49
	醚溶性浸出物	1.14	0.87	0.74	1.01	0.85	0.70
醚浸出物		5.67	5.5	5.37	4.96	4.60	4.70

续表

项目 \ 品种级别		一级水仙	二级水仙	三级水仙	一级奇种	二级奇种	三级奇种
儿茶多酚类(毫克/克)	总　量	157.96	153.05	158.89	150.76	124.89	121.29
	L-EGC	32.97	26.39	2.88	28.28	23.13	21.12
	DL-GC	14.28	14.38	13.38	13.18	10.50	11.65
	L-EC+DL-C	11.31	18.11	16.35	12.74	13.13	15.78
	L-EGCG	67.26	61.67	66.63	69.41	59.50	43.62
	L-ECG	32.14	32.52	33.75	27.35	18.63	29.12
糖类	总　量	1.64	1.39	1.24	1.63	1.59	1.25
	非还原糖	0.68	0.54	0.51	0.63	0.63	0.48
	还原糖	0.96	0.85	0.73	1.00	0.96	0.77
果胶	总　量	2.09	1.98	1.56	2.24	2.12	2.05
	水化果胶	1.09	0.99	0.80	1.15	1.06	1.03
	原果胶	1.00	0.99	0.76	1.09	1.06	1.02
含氮化合物	全氮量	5.18	5.00	4.70	4.20	5.01	4.44
	氨基氮	0.48	0.41	0.37	0.60	0.39	0.47

表 2-64　水仙奇种香气浓缩物得率比较和感官香气表

项　目	茶样重(克)	香气浓缩物重(克)	得率(%)	感官香气
水仙	1600	0.9241	0.06	香气清细,青气挥发后,带兰花香气
奇种	1600	0.4827	0.03	香气浓郁,带咖啡香气

表 2-65 肉桂及水仙毛茶香气组成比较表

成　　分	Rt(分)	肉　桂	水　仙
氧化芳樟醇(Ⅰ)	0.66	1.04	0.28
氧化芳樟醇(Ⅱ)	0.71	0.32	0.16
苯甲醛	0.77	0.21	0.77
芳樟醇	0.84	2.14	1.17
正丁酸	0.95	2.45	1.21
顺-3-乙烯酸乙烯酯	1.03	2.19	1.13
a-萜品醇	1.05	1.66	0.84
氧化芳樟醇(Ⅲ)	1.14	1.06	0.66
水杨酸甲酯	1.18	5.14	4.21
香叶醇	1.34	3.02	2.34
苯甲醇	1.36	0.41	0.22
Z-苯乙醇	1.42	0.28	0.039
苯乙腈	1.43	1.67	0.25
B-紫萝酮+Z-茉莉酮	1.46	0.97	0.92
正辛酸	1.64	28.9	9.85
雪松醇	1.71	0.86	0.63
吲哚	2.30	1.10	3.07

(中国农业科学院茶叶研究所生化室分析)

表 2-66 武夷水仙、奇种香气成分鉴定结果 KWi 值及含量

峰号	香气成分	KWi	含量(%)	
			水仙	奇种
2	乙 醛	3.08	0.15	/
4	乙 醚	1.72	34.04	41.65

续表 1

峰号	香气成分	KWi	含量(%)	
			水仙	奇种
5	乙-甲基丙醛	1.68	3.54	6.75
6	异丙醇	1.86	1.29	8.43
7	丁酮-Z	1.68	0.75	4.22
8	乙酸乙酯	1.64	4.92	7.52
16	正丁醇	1.27	0.75	0.4
17	噻　吩	1.47	0.21	0.11
19	正戊醛	1.51	0.45	0.15
49	戊醛-Z	1.44	3.91	/
80	苯甲醛	1.23	/	0.26
99	苯甲醇	1.18	0.15	0.66
105	苯乙酮	1.2	0.06	0.11
108	反-芳樟醇氧化物(呋喃型)	1.36	0.42	1.03
109	苯甲酸甲酯	1.22	/	0.04
110	顺-芳樟醇氧化物(呋喃型)	1.36	0.33	1.25
111	3F-甲基-157-辛烯醇-3	1.09	0.75	1.72
112	B-苯乙醇	1.15	0.12	1.61
113	苯乙醛	1.2	0.27	1.71
116	橙花醇	1.14	/	0.15
119	反-芳樟醇氧化物(吡喃型)	1.36	0.12	0.15
120	壬醇-1	1.2	0.06	0.59
123	水杨酸甲酯	1.41	0.3	2.71
124	辛酸乙酯	1.23	0.36	/

续表 2

峰号	香气成分	KWi	含量(%)	
			水仙	奇种
129	5-苯-戊酮-Z	1.13	0.03	0.07
130	橙花醛	1.18	/	0.11
131	香叶醇	1.14	0.39	1.69
132	香叶醇	1.18	0.18	0.07
134	吲哚	1.13	0.51	1.47
135	香荆芥酚	1.07	0.03	0.11
141	乙酸醇花酯	1.16	/	0.04
142	乙酸顺-3-2 烯酯	1.18	0.02	0.05
143	乙酸香叶酯	1.16	0.03	0.07
144	顺、茉莉酮	1.15	0.3	0.33
145	A-古巴烯	1	/	0.04
146	β-榄香烯	1	/	0.04
147	B-紫罗兰酮	1.12	0.06	0.18
149	B-古竹烯	1	/	0.11
152	茉莉酮内酯	1.47	0.12	/
155	Γ-摩罗烯	1	/	0.11
156	A-摩罗烯	1	0.03	0.15
159	橙花叔醇	1.05	0.51	1.80
162	二苯胺	1.02	/	0.29
163	茉莉醇酸甲酯	1.33	0.12	0.84

此表系四川日用化学工业研究所和四川省茶叶科学研究所分析。

武夷岩茶2001年开始制定"地理标志产品"国家标准，获得国家质量监督检验检疫总局，国家标准化管理委员会批准发布，2002年实施即GB18745-2002。2006年12月执行修改后的标准即GB/T18745-2006同时代替GB18745-2002。

武夷岩茶产品感官品质

武夷岩茶产品应洁净，不着色，不得混有异种植物，不含非茶叶物质，无异味，无异臭，无霉变。各类产品还应符合相应的感官品质。

大红袍产品感官品质

表2-67 大红袍产品感官品质

项目		级别		
		特级	一级	二级
外形	条索	紧结、壮实、稍扭曲	紧结、壮实	紧结、较壮实
	色泽	带宝色或油润	稍带宝色或油润	油润、红点明显
	整碎	匀整	匀整	较匀整
	净度	洁净	洁净	洁净
内质	香气	锐、浓长或幽、清远	浓长或幽、清远	悠长
	滋味	岩韵明显、醇厚、回味甘爽、杯底有余香	岩韵显、醇厚、回甘快、杯底有余香	岩韵明、较醇厚、回甘、杯底有余香
	汤色	清澈、艳丽，呈深橙黄色	较清澈、艳丽，呈深橙黄色	金黄清澈、明亮
	叶底	软亮匀齐、红边或带朱砂色	较软亮匀齐、红边或带朱砂色	较软亮、较匀齐、红边较显

名丛产品感官品质

表 2-68 名丛产品感官品质

项目		要求
外形	条索	紧结、壮实
	色泽	较带宝色或油润
	整碎	匀整
内质	香气	较锐、浓长或幽、清远
	滋味	岩韵明显、醇厚、回甘快、杯底有余香
	汤色	清澈艳丽，呈深橙黄色
	叶底	叶片软亮匀齐，红边或带朱砂色

表 2-69 肉桂产品感官品质

项目		级别		
		特级	一级	二级
外形	条索	肥壮紧结、沉重	较肥壮结实、沉重	尚结实，卷曲、稍沉重
	色泽	油润，砂绿明，红点明显	油润、砂绿较明，红点较明显	乌润，稍带褐红色或褐绿
	整碎	匀整	较匀整	尚匀整
	净度	洁净	较洁净	尚洁净
内质	香气	浓郁持久，似有乳香或蜜桃香、或桂皮香	清高悠长	清香
	滋味	醇厚鲜爽、岩韵明显	醇厚尚鲜，岩韵明显	醇和岩略显
	汤色	金黄清澈明亮	橙黄清澈	橙黄略深
	叶底	肥厚软亮、匀齐红边明显	软亮匀齐，红边明显	红边欠匀

水仙产品感官品质

表 2-70　水仙产品感官品质

项目		级别			
		特级	一级	二级	三级
外形	条索	壮结	壮结	壮实	尚壮实
	色泽	油润	尚油润	稍带褐色	褐色
	整碎	匀整	匀整	较匀整	尚匀整
	净度	洁净	洁净	较洁净	尚洁净
内质	香气	浓郁鲜锐、特征明显	清香特征显	尚清纯、特征尚显	特征稍显
	滋味	浓爽鲜锐、品种特征显露、岩韵明显	醇厚、品种特征显、岩韵明	较醇厚、品种特征尚显、岩韵尚明	浓厚、具品种特征
	汤色	金黄清澈	金黄	橙黄稍深	深黄泛红
	叶底	肥嫩软亮、红边鲜艳	肥厚软亮、红边明显	软亮、红边尚显	软亮、红边欠匀

奇种产品感官品质

表 2-71　奇种产品感官品质

项目		级别			
		特级	一级	二级	三级
外形	条索	紧结重实	结实	尚结实	尚壮实
	色泽	翠润	油润	尚油润	尚润
	整碎	匀整	匀整	较匀整	尚匀整
	净度	洁净	洁净	较洁净	尚洁净

续表

项目		级别			
		特级	一级	二级	三级
内质	香气	清高	清纯	尚浓	平正
	滋味	清醇甘爽、岩韵显	尚醇厚、岩韵明	尚醇正	欠醇
	汤色	金黄清澈	较金黄清澈	金黄稍深	橙黄稍深
	叶底	软亮匀齐、红边鲜艳	软亮较匀齐、红边明显	尚软亮匀整	欠匀稍亮

表 2-72　武夷岩茶理化指标

项目	水分	总灰分	碎茶	粉末
指标(%)≤	6.5	6.5	15.0	1.3

表 2-73　武夷岩茶卫生指标

项目	指标	引用标准	试验方法
铅/(mg/kg)≤	5	GB2762	GB/T5009.12
稀土/(mg/kg)≤	2	GB2762	GB/T5009.94
六六六/(mg/kg)≤	0.2	GB2763	GB/T5009.19
滴滴涕/(mg/kg)≤	0.2	GB2763	GB/T5009.19
三氯杀螨醇/(mg/kg)≤	0.1	NY5244	GB/T5009.176
联苯菊酯/(mg/kg)≤	5	NY5244	GB/T5009.146
氯氰菊酯/(mg/kg)≤	0.5	NY5244	GB/T5009.110
溴氰菊酯/(mg/kg)≤	5	NY5244	GB/T5009.110

续表

项　　目	指　　标	引用标准	试验方法
顺式氰戊菊酯/(mg/kg)≤	2	GB2763	GB/T5009.110
氟氰戊菊酯/(mg/kg)≤	20	GB2763	GB/T5009.146
氯菊酯/(mg/kg)≤	20	GB2763	GB/T5009.146
乙酰甲胺磷/(mg/kg)≤	0.1	GB2763	GB/T5009.103
乐果/(mg/kg)≤	0.1	NY5244	GB/T5009.20
敌敌畏/(mg/kg)≤	0.1	NY5244	GB/T5009.20
杀螟硫磷/(mg/kg)≤	0.5	GB2763	GB/T5009.20
喹硫磷/(mg/kg)≤	0.2	NY5244	GB/T5009.20
大肠菌群/(个/100g)≤	300	NY5244	GB/T4789.3

注:1. 根据《中华人民共和国农药管理条例》,剧毒、高毒和禁用农药不得在茶叶生产中使用。
2. 检验项目可以根据产品质量安全状况和监督抽检工作需要调整。

二、闽北水仙

闽北水仙为历史名茶,属乌龙茶类,创制于清光绪年间。产于闽北建瓯市、建阳市、南平市、顺昌县等地,主产区位于建瓯市城南南雅一带,故又名南路水仙、南雅水仙。

1. 自然环境

闽北地区(现称南平市)位于福建省北部,武夷山脉的东南坡,闽江上游,南与三明市交界、东与宁德地区相邻,西与江西接壤,东北与浙江毗连。位于北纬 26°14′～28°20′,东经 117°02′～119°17′。境内峰峦起伏,森林密布,建溪、富屯溪流贯其境,地形复杂,山地和丘陵地占80%以上。茶区土壤多数为红壤与砖红壤，海拔较高处也分布有黄壤和山地棕壤，由于森林覆盖面大，土壤表层有机质含量较丰富。一般含量为1%～2%，pH值4.5～6.5，矿质营养较多，土层较深厚，属亚热带和中亚热带常绿阔叶林山地红壤区。一般年份是夏无酷暑，冬无严寒，四季分明，冬短夏长，秋温高于春温。最热月为7月，月平均温度28～29℃，极端最高温为41.4℃，最冷月是1月，月平均气温6～9℃，极端最低温～9℃。夏天多东南风，冬天多西北风，属温带海洋性兼大陆性气候。年平均温度17.4～19.3℃，高山、半高山地区在14～17℃之间。年降雨量在1596～1848毫米，北部山区在1800～2000毫米。年平均日照量1700～2000小时。有霜期南部50～70天，中部80～90天，北部100～110天，北部山区可达125天，早霜一般在11月中下旬，终霜一般在3月上旬。

2. 采制技术

闽北水仙外形要求茶条先端扭结，条索带曲或弯形，中部以下至近柄处，部分叶色暗绿并显现白点。色泽油润暗沙绿，近似青蛙皮。俗称“蜻蜓头，青蛙腿”。茶汤香气浓郁芬芳，颇类似兰花的愉快香气。滋味醇厚鲜爽，有回甘味，汤色清澈橙黄，叶底匀整，肥软亮，叶缘部位有朱砂红边或红点，俗称“青底红边”。

采摘　采摘鲜叶质量好坏，直接影响毛茶品质，过嫩带有毫芽，香低而苦涩感重，过老则味粗淡，梗朴多而制率低，老嫩混合则难以做青，故必须及时、合理、按标准采摘，鲜叶力求均匀一致，并注意保鲜，避免折断嫩梗及叶片，使做青时不会“走水”而形成死青。采摘标准以顶芽形成驻芽后采3～4叶为适度。

萎凋　分室外与室内两种。室外日光萎凋，即将鲜叶铺放在晒青坪或竹席上，均匀薄摊，萎凋时间视阳光强度和鲜叶含水量而定，一般在日照温度40℃以下，约40～45分钟，中间翻青1～2次，以鲜叶失去光泽，叶边略收缩，举梗叶前端下垂，叶边略收缩，叶茎不易折断，失水量为8%～12%即为适度。室内萎凋则用萎

凋槽，现今又大部分利用综合做青机，于机内鼓热风萎凋后，再鼓冷风后摇青，使萎凋和摇青同一机内完成。

摇青　一般摇青需历时 8～12 小时，摇 4～5 次，每次间隔时间为 1～2 小时。如用综合做青机，则萎凋和摇青结合在一起，加温和降温结合在一起，蒸发水分和发酵结合在一起。冷风和热风交替。摇青中均以香气由青变熟，叶色由浓转淡，叶质由软变挺，叶缘有部分红边或红点出现即为适度。闽北水仙在传统上还有一个“发篓”过程，即将已摇青结束的青叶，集中在大竹篓中，稍加紧压，以提高叶温，促进发酵加快的目的，这是在设备不足或气温较低的情况下使用，发篓时间 1～2 小时。

杀青　用转筒杀青机中进行杀青，筒温要超过 200℃以上，每筒投叶量为 10～12.5 公斤，炒至青味已除，握叶柔软成团，稍有黏性，叶不弹开，香气透鼻，即为适度，出筒下青。

揉捻　因原料较成熟，纤维化程度高，失水亦较多，容易脆化，故杀青叶要热捻，要快速成条，故机型不宜过大，操作加压，应掌握重、轻、重、轻的原则，揉捻时间一般历时 8～10 分钟。

烘干　分两次进行，第一次初烘（俗称“走水焙”），要高温焙火，机烘一般进风温度要 140℃左右，掌握低风压，大风量的原则，用冷风门补充风量，力求达到初烘茶条均匀一致，以七八成干为适度，但若要再包揉的，干度应掌握在六七成即可。稍经摊晾即可足火，足火温度比初烘要稍低 10～20℃，烘至足干。

3. 品质感官

福建省质量技术监督局 2001 年 5 月批准闽北水仙毛茶、闽北水仙成品茶为福建省地方标准，即：DB35/T121. 8-2001。2001 年 10 月实施。标准制定了毛茶等级标样、毛茶感官指标、毛茶理化指标、毛茶卫生指标等。在五个级十个等的标样中，以三级六等为中等样，制样和审批过程都以六等样为中心再顺序上推出二级中等样，一级二等样，下推出四级八等样，五级不再设样（见表 2-74）。

表 2-74 闽北水仙毛茶标样设置表

级别	等级	标样设置
一级	一等	
	二等	设样
二级	三等	
	四等	设样
三级	五等	
	六等	设样
四级	七等	
	八等	设样
五级	九等	
	十等	

表 2-75 闽北水仙毛茶感官指标

项目		等级			
		一级二等	二级四等	三级六等	四级八等
外形	条索	壮结沉重，匀整	壮结，匀整	尚紧结，尚匀整	粗壮稍松
	色泽	油润，沙绿蜜黄(鳝皮色)	尚油润，沙绿	稍带褐色	色褐稍枯
外形	香气	浓郁，鲜爽具花香	浓纯，稍有花香	平淡	稍粗
	滋味	醇厚，鲜爽甘滑	醇厚	尚浓	稍淡带粗
	汤色	金黄，清澈	橙红	浓红	暗红
	叶底	肥软黄亮，红边鲜艳	软亮，红边明显	软亮，红边尚明显	粗硬稍杂红边欠显

闽北水仙毛茶理化指标:水分含量≤8%。

闽北水仙毛茶茶叶卫生指标按 GB9679 执行。标准制定了成品茶感官指标、理化指标、卫生指标等(见表 2-76、表 2-77)。

表 2-76 闽北水仙成品茶品质感官指标

项目		级别				
		特级	一级	二级	三级	四级
外形	条索	壮结重实	壮结	尚紧结	粗壮稍松	粗松
	色泽	油润,具鳝黄条	油润	欠油润	稍带褐色	色褐稍枯
	整碎	匀整	尚匀整	尚匀整	尚匀整	稍欠匀整
	净度	洁净	匀净	尚匀净略夹细梗	尚匀净夹细梗	稍欠匀整有梗片
内质	香气	浓郁鲜爽	清香细长	清纯	稍淡	稍淡带粗
	滋味	鲜醇浓爽	醇厚	尚浓	欠浓稍粗	淡带粗
	汤色	金黄清澈	橙黄清澈	深橙黄	浓红	暗红
	叶底	肥厚黄亮,红边鲜艳	肥厚软亮、红边明显	软亮、红边尚明显	欠软亮红边欠明显	粗硬稍杂带暗张

表 2-77 闽北水仙成品茶理化指标

单位:%

项目	水分≤	总灰分≤	碎茶≤	粉末≤
指标	7.5	6.5	16	1.5

闽北水仙成品茶卫生指标按 GB9679 执行。

第三章　广东和台湾乌龙茶

第一节　广东乌龙茶

广东省地处热带、亚热带，属热带亚热带气候。从北到南年平均气温19～23℃，年平均降雨量1500毫米以上，冬无严寒，夏无酷暑。属“七山一水两分田”的土地结构。除珠江和韩江下游的平原外，其余多为山地、丘陵和台地。山地达700万公顷，25度以下的缓坡山地也达70万公顷。这些山地多数为花岗岩或砂贝岩发育而成的黄壤土和红壤土，土层深厚、土壤肥沃，适宜茶树生长发育。由于全省4个茶区的自然生态环境条件不同，茶叶种类的分布也有明显的差异。

一、广东茶区分布

广东茶区分为粤北、粤东、粤中、粤西四大产茶区。

粤北茶区：包括仁化、乐昌、南雄、始兴、翁源、英德、曲江、韶关市郊区、乳源、连县、阳山、连南、连山、清远、佛冈等15个县市区，主要茶类是绿茶和红茶；如岭南白毛茶、广北银针、仁化银毫、英德金毫、英德红茶等。

粤东茶区：包括汕头、潮阳、潮安、揭阳、揭西、普宁、陆丰、海丰、紫金、五华、丰顺、兴宁、龙川、和平、焦岭、大埔、梅州市、梅县、饶平、南澳、澄海、平远等24个县市区。主要茶类是乌龙茶和绿茶。如潮安凤凰单丛、饶平岭头单丛、兴宁大叶奇兰、大埔西岩乌龙茶等。

粤中茶区：包括连平、新丰、龙门、博罗、惠州、惠阳、深圳、开平、东莞、番禺、增城、广州郊区、从化、花县、四会、三水、南海、中山、顺德、珠海、台山、新兴、恩平、斗门、鹤山、新会、河源、惠东等28个县市区。多数属平原区，主要以生产红茶为主。

粤西茶区：包括云浮、郁南、肇庆、高要、高阳、广宁、罗定、怀粤、封开、信宜、高州、电白、阳江、茂名、仕洲、廉江、海康、吴川、湛江、遂溪、徐闻等21个县市区。主要生产绿茶和红茶。如信宜合罗茶、鹤山古劳茶、雷州海鸥大叶茶、罗定连洲茶、阳江红茶、天子茶等。

二、广东乌龙茶主要品种品质

1.凤凰单丛。600年前，由潮安县凤凰镇乌岽村农民从山茶选育而成，并培植成大茶树。现该山仍存在4000余株百岁以上的古茶树，这些优异单株，品味、形态各异，自成80多个株系。采取单株采摘、单株制作，故称单丛。随着无性繁殖技术的进步，对品质优异的单株进行短穗扦插繁殖。

2.岭头单丛。又名铺埔白茶，由饶平县坪溪镇岭头村许木溜等从凤凰水仙群体品种中分离选育而成，具有开采期早、采摘期长，适应性广、高产优质等特点。是乌龙茶区主要品种。

3.兴宁大叶奇兰。兴宁市大叶奇兰是1985年从饶平县引进种植、占全市茶园面积茶产量20%，灌木型中叶类迟芽种，适应性广，产量中等，成品茶品质优异。

4.兴宁大叶黄旦。兴宁市大叶黄旦是1985年从饶平县引进种植，属半乔木型中叶类中芽种，占全市茶园面积茶叶产量20%，成品茶品质优异。

5.大埔西岩乌龙茶。大埔县西岩乌龙茶源出西竺寺小叶种茶，相传是寺僧惭愧祖师从福建引进种植、为种子繁殖群体品种，多属紫芽种，抗性较强，发芽和芽梢数百芽重中等，成品茶品质优异。

6. 大埔西岩白叶单丛。大埔西岩白叶单丛是 1981 年饶平县引进种植，其树型高大，树势丰展，属半乔木型早熟中叶种。叶张椭圆形，芽叶黄绿色，芽毛少，叶片着生状态约 12.0℃。适应性广，抗逆性强。发芽早，生长快，生长期长，育芽和分枝能力强。成活率高，产量高，制优率高，约占全县茶园总面积六成以上。

7. 铁观音。18 世纪从福建引进种植，属无性繁殖系。

8. 毛蟹。1956 年从福建引进种植，属无性繁殖系。

9. 梅占。1956 年从福建引进种植，属无性繁殖系。

10. 本山。1956 年从福建引进种植，属无性繁殖系。

11. 桃仁。1956 年从福建引进种植，属无性繁殖系。

12. 福建水仙。1956 年从福建引进种植，属无性繁殖系。

13. 佛手。1956 年从福建引进种植，属无性繁殖系。

14. 小叶黄旦。1995 年从福建引进种植，属无性繁殖系。

15. 八仙茶。1995 年从福建引进种植，属无性繁殖系。

16. 奇兰。1995 年从福建引进种植，属无性繁殖系。

由于广东和福建山水相连，同属热带、亚热带地区，环境气候相似，所以广东的部分乌龙茶品种从福建引进繁殖。

（一）凤凰单丛

广东省潮安县凤凰镇位于国家历史文化名城以北的凤凰山之中，镇因山而得名，凤凰单丛茶叶也因山而得名。

凤凰镇在由几百座大大小小山峰组成的凤凰山之中，地势由东北向西南倾斜，山脉纵横，连绵不断，溪涧在峡谷中奔流。发源于饶平、丰顺、大埔三县岽的凤凰溪，贯穿凤溪水库和凤凰水库，直下凤南镇，经归湖镇注入韩江，全长 54 公里，沿途 8 座水力发电站，20 多台机组终日轰鸣，为制作凤凰单丛提供了能源保障。

凤凰镇是单丛茶的发源地，是广东省种茶历史最悠久，保留古茶树多，茶叶品质特征最优，生产茶叶的专业镇。凤凰单丛茶属我国六大茶类之一的乌龙茶，是传统历史名茶，据史书记载（明清《潮

州府志》)凤凰“待诏茶(待诏山生产的茶)亦名贡茶”,是明清时代的贡品之一,享有一定的声誉。早在公元1915年,已获巴拿马万国商品博览会银奖。

凤凰是美丽的吉祥之鸟,成为祥瑞的象征,是人们对幸福吉祥的希望和寄托。凤凰山,古称翔凤山,古人将凤凰鸟的形象与堪舆学的“观形察势”法的风水理论相结合,堪舆家(俗称为地师)把主峰定名为凤鸟髻(头冠)山,腹地至山形似飞翔之凤,称为飞凤岭,东北三山坡斜似凤尾,称为凤美岭,故此,将众多山峰看作成一只飞翔的凤。唐代,堪舆家在南方发现双髻樑山似凤凰鸟之头冠之后,认为这片山地应称为凰,凤与凰双双飞翔,故此,改为凤凰山。唐《元和郡县图志》载:“凤凰山,在海阳县(即今潮安县)北一百四十里。”山名彼此沿袭至今。

凤凰山是粤东地区最古老的山,山上乌褐色的岩石裸露,悬崖峭壁,奇山异峰十分壮观。相传古时候,凤凰鸟髻山、乌岽山是神仙嬉游的地方,天池是王母娘娘沐浴之处,因此产生了神仙与名茶、皇帝与名茶、驸马爷与名茶的传说。现在凤鸟髻山顶还有仙井、仙脚迹;乌岽山顶也有仙井、仙脚迹、仙交椅,飞凤垭有仙人池等遗迹,这些都给凤凰名茶披上神奇美妙的面纱,加上那沁人心脐的茶香,令人遐思万千,飘然欲仙。正如古云:“高山出好茶”。常言道:“山上有仙则名”,这里更是有茶则名,“名山出名茶”。

1. 凤凰单丛茶树的由来

相传凤凰山是畲族的发祥地,也是乌龙茶的发源地。在隋、唐、宋时期,凡有畲族居住的地方,就有乌龙茶树的种植、畲族与乌龙茶树结下不解之缘,同样地生殖繁衍。隋朝年间,因地震引起山火,凤鸟髻山狗王寮(畲族始祖的居住地)一带的茶树被烧死,仅存乌岽山、待诏山等地仍有种植。随着部分畲族人向东迁徙,乌龙茶被带到福建等地种植。凤凰镇石古坪村目前居住以畲族人口为主,石古坪村主产的石古坪乌龙是凤凰名茶之一。

宋代时,凤凰山民发现了叶尖似鸟嘴的红茵茶树,烹制后饮用，觉得味道比乌龙茶好，便开始试种，时逢宋帝赵昺被元丘追赶，南逃入潮州。于是，民间产生并流传“赵昺路往乌岽山，口渴难忍，山民献红茵茶汤，赵昺饮后称赞是好茶”的故事。因此，后人称它为“宋种”。据这种说法，凤凰茶应起源于南宋末年。更有神化了的凤凰鸟闻知赵昺等人口渴，口衔茶枝赐茶的传说，因此，“鸟嘴茶”的名称也在民间便渐渐地叫开来。

另一传说是凤凰山民闻知宋帝逃难到凤凰山，煮茶迎接圣驾。说明凤凰茶在南宋以前就有了。有的说凤凰茶已有900多年的种植历史，有的说1000多年的历史……从华南农业大学严学成教授对凤凰茶叶细胞的分析化验中，得出茶叶的角质层是原始类型的。由此，可以推断，凤凰茶的历史远远地走出1000多年。

红茵茶 从宋代开始，凤凰山民发现红茵茶树鲜叶时，烹制后饮用，觉味道很好，便开始从山上挖掘实生苗，移回厝前屋后种植。从此开始凤凰人民就开始种植茶树。红茵是野生型茶树，是栽培鸟嘴(即凤凰水仙)茶树的前阜，因嫩梢新叶的前端呈现斑斓的浅红色而得名。

水仙茶 凤凰水仙茶品种，也称鸟嘴茶。系从红茵品种培育而成。有史料记载，凤凰水仙早在1915年就得名；1956年全国茶专家们才命名为“凤凰水仙茶”；1965年，国家将原称“鸟嘴茶”正式定名为“凤凰水仙”。鸟嘴茶这个名称的由来众说纷纭，但归纳起来有两种说法：一是因鲜叶尖的形状，从旁侧看酷似鸟嘴，因而得名；另一传说，南宋末代小皇帝赵昺被元兵追逐，南逃至凤凰山，口渴思茶，哭闹不休。时有一只凤凰鸟驾着彩云，口衔树枝赐茶，赵昺止渴后传种。因是凤凰鸟嘴叼来的茶叶，遂称鸟嘴茶。

凤凰单丛 凤凰单丛是凤凰水仙品种优异单株，各个单株中品味各有特点，它们与所有茶类不同的显著特点是，以香味特征分类。是历代茶农不断地从凤凰水仙群体中，经过单株培育、单株采制、单株品质鉴定。根据各自的香味类型自成品系，故称单丛。实际上，凤凰单丛是众多优异单株的总称，凤凰单丛即是茶树的品种名，又是茶叶商品和级别名。如今，仍按茶树的形态，成品茶的外形特征，品质特点，或以生长环境，时代背景或以事件、人物喻名等给这些茶树冠上名字。自古至今，形成了上百个单丛株系、品系和品种名称。

以下介绍部分茶人们“自选”、“自育”、“自用”的方式中保留、传承凤凰单丛的珍贵资源。

(1)以树型定名：

①大丛茶：因树体高大(乔木型)茂盛。

②望天茶：因树高8米而耸立在众多茶丛之中，翘首望天。

③香丛茶：是名丛茶之后代，成品茶香气特别浓郁。

④团树：因树长得像个大圆团。

⑤鸡笼“刊”：因树长得像一只农家关养鸡的笼子)。

⑥娘仔伞：因树长得像姑娘撑着一把绿伞。

⑦大草棚：树长得像储备别致耕牛的稻草堆一样的大蓬。

⑧草棚仔：因树长得比大草棚茶树矮小的。

(2)以叶色而定名：以叶色而定名白叶(浅绿色或黄绿色)、乌叶(深绿色)。

(3)以青叶形状相似某种树叶的而定名：柚叶、柿叶、油菜叶、木仔(番石榴)、杨梅叶、柑叶、山茄叶、仙豆叶、竹叶。

(4)以叶大小区分而定名：大乌叶、乌叶仔、大白叶、白叶仔。

(5)以成品茶外形而定名：大骨杠、大蝴蜞(像蚂蟥一样中间大首尾小)、丝线茶、面线茶、胶纸翅(像蟑螂翅膀，既薄又张开)。

(6)以成品茶香气相似某种花香而定名：栀子花香、芝兰香、玉兰香、桂花香、柚花香、夜来香、茉莉香、米兰香、橙花香。

(7)以滋味定名：香番薯、咖啡香、杏仁香、肉桂香、杨梅香、苹果香、水蜜桃味。

(8)以事件时代背景而定名：东方红、棕蓑挟。

(9)以产地命名：乌岽单丛、狮头黄栀香、中坪芝兰、坡头芝兰、库门、去仔寮。

(10)特殊命名:八仙过海、老仙翁、似八仙。

凤凰单丛在不同的时期有不同的含义和品质要求。

清代光绪年间至民国时期,凡采用优良的凤凰水仙品种单株采摘,单株制作,以至成品茶单独贮藏、单独销售,具有一定的山韵、清香、甘味的凤凰茶,就是单丛茶。

20世纪的50年代至80年代,单丛茶制定有严格的标准,凡采用茶农经过七八十年精心培育,品质优良凤凰水仙品种的鲜叶做原料,单株采制运用传统工艺精工制作而成的茶叶,具有外形美观,香气清高,汤色金黄,韵味独特,回甘力强,耐冲泡的特点,就是单丛茶。

20世纪90年代,随着短穗扦插育苗和嫁接换种技术的广泛应用,单丛茶的观念也随之改变。单丛茶的鲜叶不再是单株采摘了,而是纯粹的一个大集体株系,它的标准要求是成品茶的条索紧卷匀整、壮直重实;色泽黄褐或灰褐滑润;有自然的花香;汤色橙黄,清澈明亮;滋味鲜爽,回甘力强;韵味独特持久、耐冲泡,叶底柔软明亮,绿腹红镶边。

2. 凤凰单丛十大株系及品质特征

凤凰水仙品种从野生型过渡到栽培型,从自然杂交到人为的选育,从有性繁殖到无性繁殖,从一般品质升为国家级优良品种,种质不断地发展、更新、优化、丰富。尤其是近20年来,在单株培育、单株采制、单株品质鉴定的不断总结中,结合市场消费的需求,概括性地提出凤凰单丛的十大香型,初步规范了单丛茶的品质。

3. 凤凰单丛采摘与制作

凤凰单丛的采摘初制工艺,是手工或手工与机械生产相结合。其制作过程是晒青—晾青—做青—杀青—揉捻—烘焙六道工序。其中环环紧扣相关,稍有疏忽,其成品非单丛品质,而降为浪菜或水仙级别,品质价格相差甚远。

(1)鲜叶采摘

凤凰单丛茶的制作程序,是从鲜叶采摘开始的。当新梢出现

驻芽，一般采2～5叶。不能过嫩采摘，因鲜叶太嫩，其所含苦涩味物质多；也不能过老采摘，鲜叶粗老，叶细胞老化，纤维素多，制成干茶外形及滋味都差。所以，掌握芽叶生长在一定的成熟度（嫩对夹叶），适时采摘。

采摘时间。要选择晴天下午1时至4时。制单丛茶，鲜叶一定要经过晒青，晴天采摘有利于晒青。选择下午采摘，对鲜叶晒青有利因素是：下午4时以后，阳光的漫射不强烈，可避免灼伤鲜叶；适宜鲜叶轻度萎凋，水分适度挥发，增进鲜叶有效成分。

鲜叶采摘要求：做到手快、眼快；轻采轻放；松堆、分类隔开；及时晒青。所谓轻采轻放，即采摘时防止折断叶片，避免芽叶损伤；防止叶片在采摘时，被手温传热影响红变。松堆，即采下来的鲜叶不能压实，防止叶温升高；鲜叶采摘后要分类隔开，因茶树品种不一，采下来的茶青有乌叶、白叶、厚叶、薄叶、大叶、小叶之分，应分别置放茶筐，以利于分类加工；采回来的茶青，要及时晒青，如果阳光强烈，或当天采青叶数量多，不能马上晒青的鲜叶，应及时薄摊置放，为晒青程序作准备。

（2）晒青

将采来的青叶，利用日光萎凋叫晒青。晒青的目的，是通过阳光照射，使茶青中一部分水分和青草气散发，增强茶多酚氧化酶的活性，促进茶青内含物及香气的变化，为后续做青的发酵过程创造条件。这是凤凰单丛优异品质形成的第一个环节。

晒青工序：一定要按各种茶青的叶质情况，合理、均匀晒青。按“一薄、二轻、二重、一分段”的原则操作。一薄，即晒青时，要做到叶片薄摊不重叠，使茶青叶受阳光照射后，达到水分蒸发一致和叶温一致。二轻，即茎短叶，薄叶片含水分少的应轻晒；在干旱天气，空气湿度小，采摘的青叶要轻晒。二重，即茎叶肥嫩，含水分多的叶片要重晒；在雨后采摘，空气湿度大的要重晒。一分段，即茎长叶多，老叶多的青叶要分段晒，即晒一段时间后，放置阴凉处，让其水分平衡再晒。如果一次重晒，会造成水分失调，形成干茶后，香气不高带苦涩味。

晒青工具：一是用竹篾编织成的竹筛，茶农们称谓“水筛”，直径约120厘米，边高4厘米，筛孔直径0.66厘米，用于摊放鲜叶。每水筛摊放鲜叶约0.5公斤，摊放厚度越薄越好。晒青工具之二有晒青架，架高80～90厘米，宽约80厘米，用于承放多层水筛。晒青架应置于厂房外阳光充足处，薄摊好的茶青叶置于水筛中，承放在晒青架上，让阳光照射，不宜翻动。

制作凤凰单丛，晒青最佳时间为下午4时至5时，掌握晒青时间长短，应视叶张的厚薄、含水量多少、阳光强弱等因素来决定。在气温25℃左右条件下，晒青时间约15～20分钟。在生产中，制茶能手凭综合经验，掌握晒青程度。

晒青程度要掌握：①叶片失去原有鲜绿光泽，转为暗绿色；②青叶基本贴筛，叶质柔软已失去弹性；③茶青略有水香形成；④茶青失水率约为10%～15%左右。

晒青工序注意事项有：①阳光强烈时不能晒青，避免灼伤叶片；②避免晒青不足或晒青过度。晒青不足时，茶青含水量过多，少数叶张会变软，多数叶张呈紧张状态，导致成茶青条多，滋味苦涩；若晒青过度，因叶子失水过多，部分嫩叶会变红起皱，茶青就会还阳不起来，导致晾青时叶子不能恢复紧张状态，影响下一步的生化变化。

(3)晾青

将晒青后的茶青连同水筛搬进室内晾青架上，放在阴凉通风透气的地方，使叶子散发热气，降低叶温和平衡调节叶内的水分，以恢复叶子的紧张状态，称为晾青。

随着晾青时间增长，叶了又会呈萎凋状态。晾青，要做到薄摊，即一般青叶堆摊厚度不高于3厘米，如果堆摊过高，会造成叶温升高而致发酵加快，出现早吐香现象。

(4)做青

做青是香气形成关键的工序，关系到成茶香气的鲜爽高低，滋

味的浓郁淡薄。做青是由碰青、摇青和静置三个过程往返交替数次进行。在整个做青过程。要密切关注青叶回青、发酵吐香、红边状况,结合当天天气的温湿度,看茶做青。这是一个积聚相当丰富经验的综合判断,许多制茶能手,是以铁锤磨针之工夫,非一日之功。

做青间要求室温20℃左右,相对湿度以80%为宜。碰青原理是:用双手从筛底抱叶子上下抖动,使茶青相互碰击,起到摩擦叶缘细胞,产生发酵作用。在多次碰青过程中,青叶的气味从青草气味→青香气味→青花香味→逐渐转为凤凰单丛茶各品种特有的自然花香微轻香气。

碰青的原则:必须视原料、品种、时间、晒青程度和天气情况而灵活掌握。碰青次数,一般是5次。每次碰青后,通过静置,会产生回青状态。在整个做青工序,以感官判断"看青碰青",一般掌握手的力度应先轻后重,次数由少到多,叶片摊放先薄后厚的原则。做青工序技术性较强,有五个关键技术要点:

①夜间进行做青在夜间做青的茶叶,通常是在下午一时左右开始采摘的鲜叶,具备的水分较平衡,有效物质多;夜间空气湿度大,有利于茶叶的回青;二是夜间气温低,便于制茶操作,凤凰人的思想有一个概念,"过夜"是好茶,因而,在操作方面比较细致,综合这几个因素,在夜间进行做青较有利于白天制作。

②做青工序中,要考虑如何保证茶青回青,茶青在碰青后如果不能按时回青,其制成的干茶一定带苦涩味。

茶青的回青原理是:在晒青过程中,叶片受日光照射水分消失快,而枝条叶脉水分消失慢,形成叶片与枝条的含水量不同。在碰青过程中,通过振动刺激,枝条叶脉的水分在循环流动,不断补充到叶片细胞中,使枝、叶水分协调平衡,形成茶叶的回青。通过水分的相互间流动,把枝条叶脉里所含的有效成分,输送到叶片细胞,同时,可减少苦涩味。因此,在做青过程中,一定要解决好水分的平衡,达到按时回青,在正常的加工中,通过第三次碰青,就要达到回青。

③做青叶吐香时间的掌握关系到成茶的香气高低、品质优次。做青过程中，常出现先吐香，慢吐香，不吐香的现象，而相应制成的干茶香气表现为香气不高、不清、无香。出现这些现象的原因，主要是受温度的影响，引起茶青的发酵，在操作过程中温度愈高，芳香物质的分解越快，形成先吐香，相反就慢。所以，在做青过程中，一定要结合气温操作，控制青叶适时吐香。

在第三、四次碰青、静置阶段，感觉香气转变明显加快，从淡淡的水香逐渐转微花香至花香显露。此时，是转接下一工序的邻界点。随着做青、杀青、揉捻、烘干过程，品种的自然香型特征越发明显。

④做青叶的红边程度，是判断发酵的依据。其原理是：在碰青过程，给予茶青一定力度的碰损，使边缘叶细胞在酶的活动下，氧化而形成红边状态。其发酵适度与否，直接影响茶叶的质量。在碰青过程中，如果红边不够就要通过摇青，给予一定的力度摩擦叶片边缘；如果红边过多，就要减少摇青力度，控制氧化。

⑤发酵过程。必须有一定的适宜温度，正常 20℃左右是制好茶的最佳温度。如果气温偏低，就必须把摇青时间延长，反之，温度过高，应把青叶松堆、薄摊，降低叶温，控制叶发酵。在做青过程中，如果遇到北风干燥天气，室内湿度低，影响青叶回青。此时，必须及时采取措施保持一定湿度，控制青叶水分消失过快。现代科技的发展，推动茶产业的进步。今天，一部分凤凰茶农，应用现代空调设备，保证做青过程的温湿度适宜，精心加工各种香型的名优单丛茶。

加工过程中，做青（摇青）分为两个阶段：第一阶段为青叶的回青阶段，就是从第一、第二次碰青之间，每次间隔时间掌握 1.5～2 小时，在这过程中重点解决青叶回青。

在操作时要均匀，轻碰，松放、薄摊。青叶经过晒青后水分消失，形成柔软状态。如果碰青力度重，易使叶脉和叶细胞断折破

损，影响水分循环补充，形成水分失调，不利于回青。

青叶的发酵阶段为第二阶段。第三次碰青到杀青，每次碰青间隔时间掌握 2～2.5 小时，这一过程重点注意发酵、吐香、红边现象。

在正常情况下，青叶从第三次碰青时就出现吐香，如没有出现吐香，就是温度偏低，发酵慢。应采取措施提高温度，加快发酵吐香。另外，从第三次碰青时青叶开始出现轻微红边状态。第四和第五次碰青后，两手紧握筛沿，用力做回旋转动，使叶梢在筛面作圆周旋转与上下跳动，使叶与叶之间相互碰撞、叶片与筛篾相互摩擦，这就叫摇青。

通过五次碰青后，发酵程度已达到出现红边，叶形呈汤匙状，香气显清花香味，即为碰青、摇青适度。

(5)杀青

杀青，也叫炒青。杀青的目的，是用高温抑制做青叶的酶促氧化，促进茶叶色、香、味的形成。

杀青方法：手工杀青，用口径 72～76 厘米的平锅或斜锅，锅温掌握在 200℃左右，青叶投入锅时，发出均匀的响声。每锅投叶量 1.5～2 公斤。通过均匀翻动，开始以扬炒，让其青臭味挥发，以后转为闷炒，防止水分蒸发太多。炒至叶色渐变浅绿，略呈黄色，叶面完全失去光泽；无青臭气味，气味变成微花香(品种香)，即为杀青适度。目前，机械杀青在凤凰茶区已广泛应用，制茶能手不用打开杀青锅门，以贴近锅旁嗅闻气味，即可判断杀青适度出锅时间。

杀青工序注意事项有：

①乌叶与白叶要分开杀青，根据青叶不同形态、茎细嫩、叶质厚薄、含水量的不一，掌握时间及火温要求应不同。

②火温控制适当，温度应先高后低，防止青叶烧焦。扬炒时间不宜太长，防止出现失水太多，叶片干枯、碎裂。火温不宜太低，闷炒时间不宜太长，防止出现叶片氧化红变。杀青适度的叶质柔软，便于揉捻成条形。

(6)揉捻

揉捻的目的:是使茶条成型,外形美观;使叶细胞破碎,茶叶内含物渗出黏附于叶面,经过生化作用,使茶叶色泽油润,滋味浓、汤色艳亮,耐冲泡。

揉捻过程的掌握要领如下:(1)青叶出锅后,应稍透散水汽,随即进行温揉,温揉叶质柔软易卷曲成条造型。(2)揉捻的力度应掌握先轻后重,宜逐渐加压,以揉出茶汁为适度,不宜用力过重。(3)如外形不壮直紧结,要进行第二次复炒、复揉以增强外形条索紧结。(4)揉捻过程,避免叶温升高,防止水闷产生。揉好的茶叶要及时拆松、薄摊,并及时进行烘焙,防止茶叶继续氧化,导致成茶滋味欠爽,汤色暗红。

(7)烘焙

凤凰单丛烘焙方法分为初烘、摊晾、复烘三个阶段。其目的是蒸发叶内多余水分,促使叶内含物起热化、构香作用,增进和固定品质,以利贮藏。

初烘:将揉捻叶置于烘笼内进行第一次初焙,火温要掌握在134～140℃,时间5～10分钟,中间要翻拌两次,翻拌要及时、均匀,摊放厚度不能高于1厘米,烘至六成干则可起焙摊晾。

摊晾:1～2小时,摊晾厚度不能高于6厘米,待初烘茶叶晾透,梗叶水分分布均匀为适度。

复烘:将初烘叶进行第二次复焙,火温掌握在100℃左右,摊放厚度不能高于6厘米,烘至八成干则可起焙摊晾。

最后,进行第三次烘干,火温掌握在70～80℃,烘至足干一般需2～6小时。

凤凰单丛茶不能一次烘干。烘干是茶叶品质优劣的关键性环节之一,在烘焙过程中一定要根据茶叶变化情况,注意调节温度,初烘火温宜高一些,复烘火温宜低,烘笼上要加盖,以免香气散失。烘焙过程及时翻拌、坚持薄焙,多次烘干,促进茶叶色泽和香气、滋味综合显优。

(8)贮藏

烘干完成茶叶要摊晾后及时贮藏,防止吸湿和发生杂味。贮藏时包装物应不带其他杂味并起防潮作用,装后置于干燥处。是用白布袋内衬塑料袋,或用大铁锌桶或不锈钢桶贮装,可起到防光和防潮作用。

(二)岭头单丛茶

岭头单丛茶,为新创名茶,属乌龙茶类,创制于 1961 年,产于饶平县岭头村。

1. 自然环境及茶叶的历史

饶平县位于广东省南部,与福建省接壤。地处北纬 23°30′～24°14′,东经 116°14′～117°11′。北高南低,依山傍晚,北部海拔 500～12.00 多米的高山连绵相接,环绕于西、北、东三面,形成中间长 35 千米、宽 5.5 千米的狭长谷地。中部多丘陵台地,南部河海冲积平原,沿海列卧着海山、汛洲、西澳诸岛,形成良好的港湾。

饶平县属南亚热带季风气候。年平均气温 21.4℃,日照 2114 小时,平均降雨量 1475.9 毫米,雨日 190 天,相对湿度 79%,北部有海拔 12.55 米的西岩山为屏障。阻截着北方冷空气的南侵,故山区气候温暖,霜冻不多。南部受海洋性气候的影响,风和日丽,夏无酷暑。

饶平茶区主要分布于北部的低山、谷地以及中部的丘陵、台地带,土壤多为赤红壤,土层深厚,酸碱度适中(pH 值 4.2～5.6),土壤有机质含量 1.89%。得天独厚的天时(温、光、水、气)和地利,为饶平茶区名茶生产创造了优越的自然环境。

据史志载,饶平产茶始于清代,距今 300 多年。清康熙二十五年(1687 年)《饶平县志》载:“粤中旧无茶……近饶中百花、凤凰山多有植之,而其品亦不恶。……茶种地宜风宜露,宜微云,采宜微口,宜去梗叶落病蒂,炒宜缓急火,宜善揉,生气宜净锅,宜密封收贮,兼此者不须借赊邻妇矣。”

2. 茶树品种

饶平历史上茶树品种有二类，一是百花山茶区的“鸟嘴茶”，即凤凰水仙种；二是饶北柏峻、西岩茶区的小叶乌龙种，当地称种籽茶，也称台湾茶。

关于种籽茶，据考源自台湾，故又称台湾茶。传说柏峻村第六代先人，有兄弟俩于1685年前往台湾当农师。当地有一种名叫乌龙的茶树，其叶可作消食止渴的饮料。约于1690年前后，兄弟俩回家乡时带回乌龙茶籽种植于该村大崇山一带。而西岩茶的种籽则由戏班捎来。据说清道光年间，上饶堡陈坑村(今饶洋镇西岩山下的陈坑村)“彩华香”戏班往台湾南投县鹿谷乡演出，饮用该乡自产茶叶，演戏时精神顿作，声色俱佳，遂于返乡时带回茶籽植于西岩山分水坳牛寮岗。

小叶乌龙种为灌木型小叶种，叶形近卵圆，成熟期早，春茶于4月中旬开采。成茶内质以花香气清新细锐著称，滋味醇和。小叶乌龙种采制的柏峻乌龙和西岩乌龙，是饶平历史名茶，50年代以前已有盛誉，出口东南亚诸国。

3. 岭头单丛的由来

岭头单丛种源出坪溪镇岭头村，遂以此得名。因其芽叶色泽黄绿，又称白叶单丛。坪溪是饶平历史茶区之一。境内双髻娘岭海拔1036米，与大质山南北相望。清末时茶农于双髻娘岭下垦地种茶，因其地处高山，加之制作精细，茶叶品质颇佳。30年代引进福建诏安奇兰品种，创制出香气浓郁喷发、独具“人参”韵味的“岭头奇兰”名茶。

岭头单丛种原种出自凤凰水仙群体品种。1961年，岭头村许木溜、许嘉顺等人，在该村1957年种植的凤凰水仙品种茶园中，发现一株发芽特早，芽叶黄绿的茶树，1961—1963年连续三年对这株茶树单独采制，样茶送汕头茶叶公司、汕头地区农业局(时茶叶由农业局管理)、饶平县农业局和饶平县茶叶收购站的专家审评鉴定，认为该茶树所产茶叶质量稳定，具有花蜜香特点，品质达到单

丛茶级档,可与凤凰单丛茶媲美。1977 年以后,县林业局对岭头村扦插繁育的子代的生育习性及品质特点进行系统观察、测定、总结,确认茶树是优质高产的乌龙茶良种。1981 年 10 月广东省农业厅,审定同意将岭头单丛株茶树单列为一个品种,定名"岭头单丛种",在全省推广。1988 年,广东省农作物品种审定委员会认定为广东省茶树良种。

岭头单丛种属小乔木型大叶种,树势半开张,分枝角度中等(40 度)。叶片斜生,呈长椭圆形;叶色黄绿,叶面微隆,质地柔软。新梢萌芽早,清明前 10～15 天即可开采。生长齐,冠芽和侧芽伸育成熟度比较齐匀,顶端优势明显。生长期长,年生产期 250 天以上,个别地方配以良好的管理条件,全年基本有茶可采。产量高,适应性广,引种环境无明显的限制条件。

岭头单丛种于 70 年代末期已为潮安县铁铺镇引种,其品种和品质特性很快为茶农认可,广为繁育推广,自成一体,称为"铺埔白叶单丛"。进入 80 年代,陆续为原汕头地区各县引种,随后传入粤东北(兴宁、丰顺等)、粤北(英德、佛冈等)、粤中(从化、鹤山等)、粤西(罗定、化州等)茶区,以及闽南茶区,海南、广西部分地方。90 年代以来,梅州市大规模、高标准建设岭头单丛茶生产基地。各地引种后,均冠以地方名号,如兴宁白叶单丛、大埔白叶单丛等。

4. 采制技术

岭头单丛种应用短穗扦插无性繁育技术繁殖。在水田或平地种植时,多采取起畦条植,以利排涝或灌溉。对于熟地,在根部加添生土,能有效提高成活率。近年来,饶平茶区把冬剪改为春剪,即春茶采后才修剪,对提高春茶产量有良好效果。

岭头单丛茶采制讲究、细腻,制作工艺为:采青→晒青→做青→杀青→揉捻→烘干。

采青　顶芽形成对夹后 3 天采 3～4 叶梢,适当嫩采。

晒青　以叶色转暗绿无光泽,柔软下垂,失水率 8%左右为宜。然后晾青 1～1.5 小时。

做青　方式是先碰青二次，再筛摇 2～3 次，最后机摇 1～2 次，碰青力度由轻渐重，摇青次数由少渐多。每次碰（摇）青后，须静置一段时间，为一次重复。静置时间由短渐长，并且摊叶厚度逐渐增加，最后一次可达 15 厘米厚。做青适度的标准是：红边约 15％，叶脉透红，叶片成汤匙状，有果甜香味形成。

杀青　掌握看色（叶色变暗绿）、捏叶（手捏之无水分，放则松而不散）、折梗（折而不断）、嗅香（清甜香味出现）相结合原则。

揉捻　温揉。

烘干分段干燥，即初烘和复焙。

现时岭头单丛茶初制基本为半机械或机械化，其基本设备包括：摇青机、滚筒杀青机（杀青锅）、揉捻机、热风焙橱（手拉式烘干机、箱式电热烘干机）。

岭头单丛茶容易制作，只要遵循制作流程，均能制出具备品质风格的茶叶。

岭头单丛茶的品质特点：外形紧结尚直，色泽黄褐油润。内质自然花蜜香气清高持久，滋味醇爽回甘力强，汤色橙黄清澈明亮，叶底黄绿腹朱边，柔软明亮。

（三）兴宁大叶黄旦、奇兰茶

兴宁大叶奇兰茶，是新创名茶，属乌龙茶类，创制于 1986 年，产于兴宁市东部海拔 400 多米高的南蛇岗上。

1. 自然环境及茶叶的历史

兴宁市，古称齐昌县，后改名为兴宁县，1994 年撤县设市。位于广东省东北部，东江和韩江上游，是连接广东、江西和福建三省的重镇。境内四面高山环抱，中为平（盆）地，形似扁舟，是梅州市唯一平原。宁江自北而南穿越盆地中央，南北两端重峦叠嶂，东西两境山丘绵延，山间盆（谷）地星罗棋布，地势东高西低。

兴宁市地跨北纬 23°50′～24°37′，东经 115°30′～116°。南北长 100 公里，东西最大宽度 36 公里，总面积 2104.85 平方公里。

属海洋性季风气候，春季冷暖多变，低温阴雨；秋季多台风；冬季寒冷少雨，日照多，有霜冻。据兴宁市气象局资料，年均气温19.4～21.4℃，7月份最高均气温27.3～28.5℃，1月份最低均气温9.0～11.8℃，年均降雨量1540.3毫米，年均日照时数2009.8小时，日照率47%；年均霜日8～11天。全市山地面积149万公顷，其中坡度在25度以下的近33万公顷，多为赤红壤微酸性土，土壤pH值4.5～6.5，土层深厚肥沃，质地疏松，宜于茶树生长。

据明崇祯《兴宁县志》记载：县内手工业产品有蕉布、葛布、茶和草席等。据1986年版《兴宁农业志》和1992年版《兴宁县志》记载，兴宁县种植茶树制作茶叶有500年的历史。

2. 茶树品种

1949年前，茶树品种单一，采用小叶乌龙品种，制作炒青绿茶，成茶条索紧结。色泽银灰，香气清芬，滋味醇厚，耐冲泡。

1949年后，引进云南大叶、梅占、水仙等优良大、中叶茶树良种，并按茶树品种适制性和茶青质量，实行多茶类生产，制作炒青绿茶，红碎(条)茶和乌龙茶。随着改革开放的深入，人民消费观念的改变，由喝传统炒青绿茶转为喝半发酵乌龙茶，80年代中期对新引进的适制乌龙茶的大叶奇兰、大叶黄旦和岭头单丛等良种，按品种的发芽迟早和不同消费层次的需求.合理搭配种植，一般岭头单丛、单叶黄旦、大叶奇兰的比例为6∶2∶2或6∶3∶1。从而有效地调节了采制劳力、减少茶青洪峰、促进了精工制作，提高茶叶品质。当前该市推广三个品种的特征是：

岭头单丛：半乔木型中叶类早芽种，1985年兴宁县茶林场从饶平县坪溪镇岭头村引进种植，经茶林场多年观察认为：适应性强，产量高，品质好。一般于2月中旬鱼叶初展，3月上旬开采，11月下旬停采，成品茶自然花蜜香气浓郁，滋味鲜醇浓厚，汤色橙黄明亮，经久耐冲泡。

大叶黄旦：原名八仙茶，半乔木型中叶类中芽种，1985年兴宁县茶林场从饶平县引进种植，一般于2月下旬鱼叶初展，3月中旬开采,11 月下旬停止采摘,生长期 9 个月。春梢 1 芽 3 叶长 8.3 厘米,每平方米有茶芽 98 个,3 龄茶园每公顷产干茶 1875 千克。成品茶汤色金黄,有独特的黄皮香气,滋味甘爽,有“黄金桂”之称。

大叶奇兰:灌木型中叶类迟芽种。1985 年兴宁县茶林场从饶平县坪溪镇岭头村引进种植,表现良好,适应性广,产量中等,成茶品质优异。春梢一般于 3 月中旬鱼叶初展,4 月上旬开采,11 月上、中旬停采。其品质特点:条索紧结壮实,色泽沙绿油润,汤色橙黄明亮。

3. 采制技术

1949 年前,采用手工制作炒青绿茶。需经炒青、研茶、炒干、辉锅、筛末、拣剔等工序,制成香、甘、滑的优质炒青绿茶。1949 年后,改手工制茶为半机械化制茶,茶叶品质得到提高。80 年代中期后,人们由饮炒青绿茶转为饮半发酵乌龙茶,乌龙茶特别是大叶奇兰茶的制作工艺有了明显的改进。制茶工艺亦随之改变。

大叶奇兰茶属半发酵乌龙茶,需经采摘、晒青(室外晒青和晒青后室内晾青)、做青(摇青和静置交替进行)、杀青、初揉、初焙、复揉(团袋)二焙和三焙等工序,加工工艺特别细腻,每道工序必须从严掌握,彼此扣紧,不能马虎,不论那道工序处理不当,都会影响成茶香气和品质。全年以春茶最好,秋茶次之,夏茶较差。但如能早采嫩采,选晴天采制茶,夏茶质量也会提高。

其品质特点:条索紧结壮实,色泽砂绿油润,汤色橙黄,清澈明亮;香气高长,似兰花香浓郁,滋味醇厚,甘滑爽口;耐冲泡。

(四)大埔西岩乌龙茶、白叶茶

大埔西岩乌龙茶,为新创名茶,属乌龙茶类,创制于 70 年代末,产于大埔县,主产区位于西岩山一带。

1. 自然环境与茶叶历史

大埔县境处于莲花山脉北端,位于广东省的东北部,韩江的中上游,地处北纬 24°01′~24°41′,东经 116°18′~116°56′之间。东

北面紧靠福建省平和县、永定县，东南连接饶平县，西依梅县，南邻丰顺县。县境北狭南广，东西宽62.75公里，南北长74公里，面积2467平方公里。

县境群山环抱，峰峦重叠，素有“山中山”之称。山地面积21.5万公顷，占总面积87.22%。大部分山脉为北南走向，山体庞大；多层地形明显，峡谷不发育；大部分山地海拔在500米以上，海拔千米以上的山峰有27座，均布列于四周边陲。其中海拔500米以上的中低山占总面积的10%；海拔100～500米之间的高、中丘陵约占总面积的80%；海拔100米以上的低丘陵、小盆地约占总面积的10%。全县以红壤、黄壤、赤红壤、南方山地草甸土为主的自然土21.5万公顷。大埔处于北回归线略偏北，中亚热带和南亚热带的过渡地带，具有亚热带季风气候特点，属于海洋性气候。平均年日照时数为1774.1小时。夏秋光照充足，为1224.5小时，占全年光照时数的68%，冬春日照较少，为565.4小时，占全年光照时数的32%。平均每天光照时数4.8小时，其中春季3.6小时，夏季5.9小时，秋季5.4小时，冬季3.9小时。年平均气温16.5～21.9℃（沿河村区20.8～21.9℃；低山区19.1～20.6℃；高寒山区16.5～19.0℃）；极端最高气温40℃（沿河村区40℃，低山区38.7℃，高寒山区37℃）；极端最低气温－8.48℃（沿河村区－4.6℃，低山区－5.6℃，高寒山区－8.4℃）。年平均降雨量1473.8毫米、多集中于4—9月，全年雨日约150天。全年平均相对湿度9%。年平均无霜期约312天，霜期53天，雾霜日出现一般在12月15日前后，在2月上旬结束。土层深厚、肥沃，pH值在4.5～6之间。以上条件有助于提高制作中、高档茶叶的自然品质。

据民间相传，埔邑种茶始于唐代，从唐遗迹—枫朗西岩山西竺寺考证，当时寺僧就曾在山间辟园植茶。1992年《大埔县志》载：清康熙进士杨之徐《西岩朝翠》诗云：“望到西岩不尽峰，连天翠色意何浓；一朝雷雨绕云气，却怪深山有伏龙。”清代孝廉饶溶登咏诗云：“闲步岩山试觅茶，浓荫漠漠护人家，忽闻树杪清风起，疑是新烹雨后芽。”

2. 茶树品种

大埔西岩乌龙茶源出西竺寺小叶种茶，相传是寺僧惭愧祖师从福建引进种植，为种子繁殖群体品种，多属紫芽种，抗性较强，发芽和芽梢数、百芽重中等；成品茶外形条索紧结，油润美观，茶汤澄黄明亮，自然花蜜香气高锐，滋味醇厚、甘冽清爽，以其清、香、甘、滑、醇的品质，蜚声于世。

1963 年以后，先后向福建、饶平、潮安引种梅占、大叶乌龙、大叶奇兰、毛蟹、铁观音、桃仁、大叶黄旦、凤凰水仙等品种。品种从有性到无性繁殖，种性连年提纯复壮，讲究辟园种植，植后管理由粗管到精管，力求扩大采摘面，增加芽梢数和百芽重，采制工艺不断改进提高，特别讲究因品种、季节、鲜叶老嫩的不同，而采用不同的制作方法，从而大大提高了茶叶的质量和产量。1981 年从饶平引种岭头白叶单丛茶成功后，通过无性繁殖提纯复壮选育成新品种，大埔西岩白叶单丛茶从 80 年代后期开始以来已成为大埔茶的型较高大，树势丰展，属半乔木型早熟中叶种。叶长椭圆形，芽叶黄绿色，茸毛少，叶片着生状态约 12 度。适应性广，抗逆性较强。发芽早，生长快，生长期长，育芽和分枝能力强。一般在惊蛰前后萌芽，春分前后采制，一年可采 6～7 轮茶 20 次左右，芽头密度每平方米 240～270 个，百芽重 12.5～13.2 克，六年生树幅宽达 225 厘米，一般每公顷产 3000～6000 公斤。品质稳定，易制高、中档茶。种植成活率高，生长快，植后二年可采制，三年可投产。

3. 采制技术

采摘　一年四季均可采摘，年可采制 6～7 轮 20 次左右，标准应掌握采摘适制的 1 芽 3 叶至 4 叶的。成熟芽叶，做到随采随送进厂。

晒青　把采摘进厂鲜叶摊在阳光下晒，时间约 20～25 分钟左右，失水减重约 12%，然后收放在室内阴凉处架上竹筛内晾青。

晾青　散发叶面温和叶面水，保持梢叶新鲜，把晒青鲜叶转入

晾青架上晾青一个小时左右，待叶片回阳时转入摇（碰）青。

摇（碰）青　通过摇（碰）青和静置（晾青）五、六次交错进行的工序，一般历时10～16小时，具体根据品种、气候、茶青老嫩、晒青程度等不同而灵活掌握，白叶单丛茶的茶多酚含量较高，做青时间比其他品种长；另外应根据高山茶青与低山茶青的特点，采取不同的做青技术。高山茶青，表皮组织较薄嫩，茶多酚含量较少，做青相对要轻、少、短；低山茶青，表皮组织较厚硬，茶多酚含量较多，做青时相应重、多、长；当摇青叶的叶片成汤匙状，花香气清纯时，便可投锅杀青。

杀青（炒青）　杀青机炒每锅投青15公斤左右。人工手炒，每锅投青1.5公斤左右。杀青要求炒至叶质柔软，叶色暗绿，稍有粘手感，气味清纯，茎折不断为宜，可出锅待揉捻。

揉捻　将杀青出锅茶青，经短暂散热，放进揉捻机内进行揉捻。通过揉捻破坏茶叶的细胞，鲜叶流出茶汁（果胶）附着表面，使叶子成条，外形美观，品质高，方便包装储运和冲泡。将半成品茶条转入烘焙（俗称水焙），焙至茶条六成干左右时，转入第二次揉捻（传统叫团袋），把条形整理至紧结的条索，然后解袋松团待焙。

烘焙　目的是进一步固定成茶最后转化形成的色、香、味，彻底散发水分和青气，熟化茶叶久藏不变质，此为制作的最后工序。将团袋后的茶条，放在竹制的焙笼筛内，在完全燃烧后的木炭火炉上初焙，约六七分钟，起筛翻拌一次再焙，初焙至八成干时下焙，摊晾一小时后再进行复焙。焙至茶梗折之即断，气味清纯，茶条手捏成碎末时即可出焙，完成烘焙全过程。出焙摊晾后便包装入箱（袋），以防吸潮变质。

成品茶自然花香高锐，滋味清醇爽口带蜜味，有黄枝香韵，且香气悠长盈溢，甘味久存，耐冲泡，耐贮藏。

表 3-1　黄枝型(栀子花香)九株具有代表性茶树简介(一)

项　　目	茶树名称			
	1.宋种黄枝香	2.宋种黄茶香	3.大白叶	4.黄茶香
别名	因树叶大叶香、岩上珍黄栀香、宋种单丛茶、东方红、丰产茶老茶王	宋种黄茶香,因成茶香味似黄茶而得名	因叶色比其他茶较浅绿,叶幅较大而得名	因成茶香味似黄茶而得名
产地	乌岽李仔坪村泰石鼓下。海拔1150米	乌岽李仔坪村中厝的左上方茶园里。海拔1160米	乌岽李仔坪村下厝后的茶园里。海拔1150米	乌岽李仔坪下厝村后的茶园里。海拔1160米
户主	文振南	文振南	文衍国(祖传)	文国安(祖传)
殖性	无性	有性	无性	有性
树龄	600年	600年		400年
树高	5.8米	6.28米		3.6米
主干周长	0.92米	1.3米	1米	1.08米
树幅	树姿开张,树幅6.5米×6.8米	树姿半张开,树幅6米×5.3米	树姿开张树冠如伞形	树姿半开张树幅5.3米×5米
鲜叶形状	叶形椭圆,叶面微隆叶色绿有光泽,叶质厚实,叶身稍内折。主脉明显侧脉10对。叶缘微波状,叶齿细、浅、钝,有33对,叶尖锐尖。	叶片上斜状着生,叶形倒卵圆形较多,叶纯尖,叶面平滑,叶色深绿,叶平展,叶肉厚,叶绿微波状,锯齿浅钝	叶片上斜状着生,成叶长椭圆形,叶面平滑,叶色绿有光泽。	叶片上斜状着生,叶形椭圆,叶面平滑,叶色绿,叶身微内折,叶质厚实
单株年春茶、干茶产量(公斤)	春茶占80%。2.4~3.05	2.1~2.5	3.5~4.0	春茶3.2~4.5

续表

项目	茶树名称			
	1.宋种黄枝香	2.宋种黄茶香	3.大白叶	4.黄茶香
成品茶品质特征	条索卷曲、沉重、色泽乌褐油润；香气浓郁；滋味甘醇鲜爽；韵味独特，回甘力强，耐冲耐泡；汤色金黄明亮。	条索卷曲、短小，呈灰褐色油润；香气细腻；山韵独特，味道甘醇，回甘力强；耐冲泡，汤色金黄。	条索紧卷，色泽清褐油润；香气细腻；滋味甘醇，山韵味重，回甘力强，耐冲泡；汤色橙黄稍带浅绿。	条索紧卷，色泽清褐油润；香气细腻；滋味甘醇，山韵独特，耐冲泡；汤色金黄。

表 3-1　黄技型（栀子花香）九株具有代表性茶树简介（二）

项目	茶树名称				
	5.老仙翁	6.宋种2号	7.佳常种	8.棕蓑挟	9.特选黄枝香
别名	因树龄老，成茶香气高，滋味好，可与八仙单丛茶媲美	又名宋种仔，母树1928年枯死杂交传代	又名狮头黄栀香，母树1992年死亡杂交传代	又名“通天香”、“一代天骄”、“主席茶”	又名粗香黄枝香，因成茶冲泡时，栀子茶香特别浓郁而得名
产地	乌岽李仔坪村前茶园里。海拔1100米	乌岽中心寅村老宋种大草棚单丛。海拔950米	乌岽狮头脚村。海拔1100米	乌岽中心寅村	康美田寮埔村东南的大山宅茶园内。海拔480米
户主	文锡（祖传）	黄娘庆	魏佳常	柯平镇	曾大智
殖性	有性	有性	有性	无性	无性
树龄	400年	340年	50年		
树高	2.72米	5.5米	2.2米	2.7米	2.6米
主干周长	1.04米			0.53米	0.52米
树幅	树姿半开张，树幅3.1米×3.45米	主干不明显，树姿开张，树幅5.6米×6.5米	主干不明显，树姿开张，树幅2.7米×2.9米	树姿直立，树幅1.73米×2.7米	树姿开张，树幅3.15米×3.3米

续表

项　　目	茶树名称				
	5. 老仙翁	6. 宋种 2 号	7. 佳常种	8. 棕蓑挟	9. 特选黄枝香
鲜叶形状	叶片上斜状着生，椭圆形，叶面微隆，叶色深绿，叶身稍内折，叶肉厚，叶质硬脆，主脉明显，叶缘微波状，叶齿细浅利。	叶片上斜状着生，长椭圆形、面平滑，叶色绿有光泽；叶质中等，叶身平展，叶尖钝尖，叶缘微波状，叶齿细、浅、钝。	叶片上斜状着生，长椭圆形，叶面平滑、色深绿，叶身内折，叶质柔软，叶缘波状，锯齿粗、浅、钝。	叶片上斜状着生，卵圆形，叶尖钝尖，叶面微隆，叶色黄绿，有光泽，叶身内折，叶质硬度中，主脉明显，叶缘微波状，锯齿细、浅、利。	叶片上斜状着生，长椭圆，叶尖渐尖，叶面微隆，叶色绿，嫩叶尖呈淡红色，叶身稍背卷，叶质中等，主脉明显，叶缘微波状，前端锯齿细、浅、钝
单株年春茶、干茶产量(公斤)		春茶 4.25～6.4	春茶 1.75	春茶 0.5～0.7	
成品茶品质特征	条索紧卷、纤细、色泽黑褐油润；香气清高，滋味醇厚、爽口、山韵特持久，回甘力强，耐冲泡，汤色金黄。	条索紧卷，壮直，色泽黑褐油润；香气高锐；滋味醇厚鲜爽，山韵味浓且持久，回甘力强；耐冲泡，汤色橙黄明亮。	条索紧卷，灰褐色，有硃砂点，香气高锐；韵味独特；滋味甘醇持久，回甘力强，耐冲泡；汤色金黄明亮。	条索紧卷，鳝鱼色油润；香气高锐持久，韵味独特；滋味鲜爽，回甘力强，耐冲泡，汤色金黄明亮。	条索紧卷，色泽黄褐油润，香气清高悠长；韵味独特，滋味鲜爽持久；汤色金黄淡绿。

表 3-2　芝兰香型五株具有代表性茶树简介

项　目	茶树名称				
	1.八仙	2.宋种芝兰香	3.竹叶	4.鸡笼“刊”	5.芝兰香
别名	“八仙过海”	“东方红之父”	“芝兰王”。圆叶形狭长，形似竹叶而得名。又因成茶兰花香气高锐而称芝兰王	因树姿形态似农家关鸡之笼而得名	因成茶具有自然芝兰花香而得名
产地	乌岽管区李仔坪村下厝下路脚的茶园里。海拔1050米	乌岽中心寅村后山顶上葫底。海拔1180米	凤西管区大庵村厝后茶园里。海拔950米	凤西管区中坪村茶园里。海拔831米	管头峯村北山腰茶园里。海拔895米
户主	文统涛	文统涛	黄国安	张世民	文初旺
殖性	无性	有性	无性	有性	有性
树龄	100年	400年	40年	300年	100年
树高	4.8米	4.7米	2.98米	4.77米	4.07米
主干周长	0.92米	1.58米	0.54米	1.3米	0.83米
树幅	树姿半开张，树幅5.3米×4.8米	树姿开张形似蘑菇状树幅5.5米×5.7米	树姿半开张　树幅2.55米×2.8米	树姿开张树幅4.86米×1.84米	树姿半开张　树幅3.6米×4.6米
鲜叶形状	叶片上斜状着生，叶形长椭圆，叶尖钝尖，叶面隆起，叶色深绿，有光泽，叶身内折，叶质硬度中等，叶脉明显，叶缘波状，锯齿细浅利。	叶片上斜状着生，叶形椭圆或卵圆，叶尖钝尖。叶面平滑，叶色深绿，叶身内折，叶质硬度中等，主脉分明，叶齿细浅、钝，叶缘微波状。	叶片上斜状着生，长披针形，叶尖渐尖。叶面微隆，叶色绿，叶身内折，叶质中等，主脉明显，叶龄细、浅、钝，叶缘微波状。	叶片上斜状着生，叶形长椭圆。叶尖渐尖，尖端下垂。叶面微隆隆或平滑，叶身平展。叶质硬脆，叶色常绿；主脉明显，叶齿细、浅、利，叶绿微波状。	叶片上斜着生，叶形椭圆，叶尖渐尖，叶面微隆，叶身内折，叶质柔软，叶色深绿。主脉明显，叶齿细浅利，叶缘微波状。

续表

项　　目	茶树名称				
	1.八仙	2.宋种芝兰香	3.竹叶	4.鸡笼"刊"	5.芝兰香
单株年春茶、干茶产量(公斤)	4.5～4.75	6.5～9.75	1.0～1.25	3.4～4.25	2.5～2.9
成品茶品质特征	条索紧卷壮实,色泽黑褐有光泽;具有自然的芝兰花香,香气高锐持久;韵味独特,甘醇鲜爽,耐冲泡,汤色金黄清澈明亮。	条索紧卷,较细直、重实;色泽灰褐油润;芝兰花香清高持久;山韵味浓;滋味醇厚持久,耐冲泡;汤色金黄明亮。	条索紧卷状直,色泽黄褐,具有天然芝兰花香,香气清高;滋味鲜爽,回甘力强,耐冲泡;汤色橙黄明亮。	条索紧卷,黑褐色,具有自然芝兰花香,香气清高持久;山韵独特,滋味甘醇爽口,耐冲泡。汤色金黄,明亮。	条索紧结,硕大,黑褐色;具有自然的芝兰花香,香气尚高;有山韵,滋味鲜爽持久,耐冲泡,汤色橙黄带赤。

表 3-3　蜜兰香型

项　　目	茶树名称		
	1.蜜兰香	2.白叶单丛	3.香番薯
别名	因成茶蜜味特别香浓,且带有兰花香味而得名	又名蜜兰香。因叶色较为浅绿而得名。又因成茶有蜜味和兰花香	成茶冲泡时香气似香番薯香气而得名
产地	母树系凤凰水仙杂交后代单株,选育有 150 年历史,1978 年母树枯死,已由短穗扦插和嫁接繁殖后代,由于单产高,现已在凤凰镇大面积推广	福南管区坎头村北山行茶园里。海拔 343 米	乌岽管区狮头脚村茶园。海拔 1150 米
户主	魏见智(母树)	黄文革	魏维光
殖性		无性	有性
树龄		8 年	600 年

续表

项　　目	茶树名称		
	1.蜜兰香	2.白叶单丛	3.香番薯
树高		1.47 米	4.39 米
主干周长		0.18 米	0.52 米
树幅		树姿半开张，树幅1.12 米×1.07 米	树姿开张，树幅6.5 米×6.3 米
鲜叶形状		叶片上斜状着生，叶形长椭圆，叶面微隆，叶色绿，叶身内折，叶质柔软，主脉明显，叶齿粗、浅、利，叶缘波状。	叶片上斜状着生。叶形长椭圆，叶面隆起，叶色深绿，叶身平展，叶质硬脆，叶尖渐尖，叶齿细、浅、利，叶缘微波状。
单株年春茶、干茶产量（公斤）		春茶 1.7	5.5～6.9
成品茶品质特征		条索紧卷，壮直硕大，呈鳝鱼色油润；兰花香，蜜味浓、苹果香，滋味浓醇，耐冲泡，汤色金黄明亮。	条索紧结硕大，色泽灰褐油润；具有番薯香，蜜兰香；香气清高持久，滋味浓厚甘醇，山韵蜜味较浓，回甘力强，耐冲泡；汤色橙黄清澈。

表 3-4　桂花香、玉兰花香型

项　　目	茶树名称	
	1.桂花香	2.玉兰
别名	因成茶具有桂花香而得名。	因成茶具有自然玉兰花香而得名，又名“立民种”
产地	凤溪管区字矛村	福北官目石村。海拔 400 米
户主	李金鹏	魏立民
殖性	无性	无性

续表

项　　目	茶树名称	
	1.桂花香	2.玉兰
树龄	40 年	36 年
树高	2.94 米	2.8 米
主干周长	0.46 米	0.69 米
树幅	树姿直立，树幅 2.3 米×2.2 米	树姿直立，树幅 2.9 米×3 米
鲜叶形状	叶片上斜状着生。叶形椭圆，叶面平滑，叶色黄绿，叶身背卷，叶质硬度中等，叶尖渐尖，叶齿细、浅、利。	叶片水平或上斜状着生，长椭圆形。叶面微隆，叶色深绿，叶身内折，叶质厚实硬脆，叶尖渐尖，叶齿粗、浅、利。叶缘波状。
单株年春茶、干茶产量（公斤）		
成品茶品质特征	条索紧卷，呈鳝鱼色，油润；具有自然桂花香，香气浓郁；滋味甘醇持久，韵味独特。	条索紧卷，乌褐色；具有自然的玉兰花香，香气清高持久；滋味醇厚，汤色淡黄明亮。

表 3-5　姜花香型

项　　目	茶树名称			
	1.柚叶	2.杨梅叶	3.姜母香	4.火辣茶
别名	因叶片形似柚树叶而得名	因茶树叶形似杨梅树叶而得名	因茶汤滋味甜爽中带有轻微的生姜辣味而得名	因成茶冲泡时，冒出近似咖啡的火辣味而得名
产地	凤西管区大庵村庵陵茶园里。海拔 950 米	凤西管区大庵村黄陵的茶园里。海拔 870 米	凤西管区中坪村东南的茶园里。海拔 831 米	乌崠管区桂竹湖村西北的茶园里。海拔 1150 米
户主	张民春	黄娘庆	张直信	柯礼光
殖性	有性	有性	有性	有性

续表

项　　目	茶树名称			
	1.柚叶	2.杨梅叶	3.姜母香	4.火辣茶
树龄	100 年	150 年	100 年	300 年
树高	3.8 米	2.68 米	3.86 米	5.05 米
主干周长	0.62 米	1.0 米	1.1 米	1.18 米
树幅	树姿开张，树幅 2.45 米×2 米	树幅 2.44 米×1.7 米	树姿半开张，树幅 4.26 米×3.76 米	树姿直立，树幅 3.45 米×3.55 米
鲜叶形状	叶片上斜状着生，叶卵圆形，叶面平滑，叶色绿，叶身平展，叶质柔软，叶肉厚实，叶尖渐尖，叶齿细、浅、利。叶绿微波状	叶片上斜状着生，叶形长椭圆，叶面平滑，叶色浅绿，叶身稍内折，叶质中等，叶缘微波状	叶片上斜状着生，叶缘波状	叶片上斜状着生，叶倒卵圆形，叶尖钝尖且下垂，酷似鸟嘴，叶面平滑，叶色绿，叶身平展，叶质柔软，叶脉分明，叶齿细浅利，叶缘微波状
单株年春茶、干茶产量(公斤)		0.25	0.65～1.6	
成品茶品质特征	条索紧，卷硕大，灰褐色，油润；具有自然的姜花香。香气浓郁；滋味甘醇爽口，耐冲泡，汤色橙黄，明亮。	条索紧卷纤细，重实。呈鳝鱼色，油润；香气高锐；杨梅滋味浓，鲜爽，山韵独特，汤色金黄。	条索紧卷，浅黄褐色，油润；香气清高持久；滋味鲜爽，微甜中带生姜味，山韵味浓，耐冲泡；汤色金黄明亮。	条索紧卷，重实，灰褐色，油润；香气清高；具有独特的香蜜韵；滋味鲜爽醇厚持久，有姜花香感，耐冲泡，汤色金黄清澈。

表 3-6　夜来香、茉莉香、肉桂香型

项　目	茶树名称		
	1. 夜来香	2. 茉莉香	3. 肉桂香
别名	因成茶具有自然夜来香的花香而得名	因成茶冲泡时有茉莉花香而得名	因成茶冲泡时有肉桂香气而得名
产地	乌岽管区狮头脚村后大园顶茶园内。海拔 1150 米	凤溪管区字矛庵角村松柏脚茶园里。海拔 810 米	凤溪管区顶东郊坑墘村左边茶园里。海拔 650 米
户主	文明乔	黄伟健	韦明辉
殖性	有性	有性	无性
树龄	300 年	150 年	26 年
树高	5.0 米	3.4 米	2.8 米
主干周长	0.86 米		0.6 米
树幅	树姿半开张，树幅 4.3 米×3.0 米	树姿半开张，树幅 3.2 米×2.5 米	树姿半开张，树幅 3.9 米×3.4 米
鲜叶形状	叶片上斜状着生，叶椭圆形，叶面平滑，叶色浅绿，叶身平展，叶质硬度中等，叶尖渐尖，侧脉不明显，叶齿细、浅、利，叶缘微波状	叶片上斜状着生，叶形椭圆，叶面平滑，叶色绿，叶身稍内折，叶质较厚实，叶尖渐尖，叶齿细、浅、利，叶缘微波状。	叶片水平或上斜状着生，长椭圆形。叶面微隆，叶色深绿，叶身内折，叶质厚实硬脆，叶尖渐尖，叶齿粗、浅、利。叶缘波状。
单株年春茶、干茶产量（公斤）	0.95～1.25	1.5～1.85	3.95～4.15
成品茶品质特征		条索紧卷，乌褐色，较油润；有茉莉花香，香气清高；滋味甘醇，山韵味较浓，耐冲泡；汤色橙黄明亮。	条索紧直、匀齐、色泽乌润微带黄褐，有浓郁肉桂香；滋味醇厚、甘滑，汤色橙黄明亮。

表 3-7 杏仁香型

项目	茶树名称	
	1.锯剁仔	2.杏仁香
别名	因叶齿小、深、利,形似小铁锯而得名	因成茶冲泡有杏仁香而得名
产地	乌崠管区葫香村北的茶园里从母树取苗扦插繁殖。	凤溪管区庵脚村东南山腰茶园里。海拔 650 米
户主	柯少正	
殖性	无性	有性
树龄	39 年	40 年
树高	2.31 米	2.0 米
主干周长		
树幅	树姿开张如伞,树幅 2.91 米×2.31 米	树姿半开张
鲜叶形状	叶片上斜状着生,叶形长椭圆形或披针形,叶面平滑,叶色浅绿,叶身内折,叶质柔软较薄,叶尖渐尖,顺脉不大明显,叶齿细、浅、利,叶缘微波状。	叶片上斜状着生,叶形长椭圆形,叶面平滑,叶色绿,叶身稍内折,叶质硬脆,叶脉不明显,叶齿细、浅、利,叶缘微波状。
单株年春茶、干茶产量(公斤)	2.1～2.3	
成品茶品质特征	条索紧卷纤细,重实,黑褐色,油润;具有杏仁香,香气尚浓;滋味鲜爽,回甘力强,汤色金黄明亮。	条索紧卷,色泽灰褐;有杏仁香,香气尚高;韵味独特持久,滋味甘醇;汤色橙黄。

第二节　台湾乌龙茶

台湾乌龙茶与福建乌龙茶“树同根、种同源、艺同师、技同门”。

台湾种植茶叶至今已有180年的历史，台湾的茶种是从福建引进种植的，1796—1820年福建柯朝先生从福建引进茶苗种植于台湾北部鳞鱼坑，由于生长良好，接着又运茶籽二斗在该地区播种，因茶农得到好的收获，附近农民广为传播种植，可以说是台湾北部茶叶种植的起源。

1948年台湾茶园面积40231公顷，茶叶产量8452吨，特别是60—70年代后，台湾茶叶进入了全新的发展时期，到1973年茶园面积32866公顷，茶叶产量达28581吨，台湾由于工业、科技先进等因素到2003年茶园面积降至18184公顷，茶叶产量降至18717吨，台湾茶叶由出口演变成进口，2003年进口茶叶18531吨，由于台湾人民收入的增加和生活水平的提高，岛内内销从原来的3000～4000吨，现在已增加到33000吨。台湾茶叶消费市场前景十分看好。

一、台湾茶叶分类

表3-8　台湾茶叶分类

发酵程度	不发酵茶	半发酵茶	全发酵茶
茶类名称	绿茶类	青茶(乌龙茶)类	红茶类
成品茶名　称	龙井、碧螺春、明前茶（又名珠芽）、珠茶、眉茶、煎茶。 “00绿茶”属一般绿茶	轻发酵：文山包种茶、宜兰包种、南港包种。 冻顶茶、松柏长青茶、明德茶、铁观音、武夷茶、水仙、白茶。 重发酵：乌龙茶、普洱茶	按品种分为小种红茶和阿萨姆红茶(大叶种)。 按形状分为条状红茶和碎形红茶。 “00红茶”属一般红茶

台湾茶叶主要生产于基隆、台北、桃园、新竹、宜兰、苗栗、台中、花莲、南投、台东。

二、台湾茶树品种

台湾大部分茶树品种由福建引进种植，再加上台湾茶叶改良场新研发的新品种，目前已有几十个品种，但大宗乌龙茶的产品也只有10多种。

1. 乌龙茶

台湾乌龙茶是1796年至1820年由福建省移植台湾，属福建茶系，发酵程度达70%，是半发酵中的重发酵茶。

2. 冻顶乌龙茶

冻顶是山名，位处南投县鹿谷乡，居于海拔700米的高岗上，为凤凰山支脉，山下原来住有两处人家，一家养猪，另一处是茶农，且住在羌子寮（彰雅村）大水窟（凤凰、永隆二村）的居民，上山采茶都要绷紧趾尖，台湾俗话称（冻脚尖），才能上得了山头，那是因为山坡多雨而滑溜的缘故，所以才称这座山为（冻顶）表示（冻脚尖）到山顶的意思。关于冻顶得名的由来有人以其字面的含义来判断，认为（冻顶）是因严寒冻冷而得名，其实冻顶山年平均气温约20℃左右，可说是凉爽温和，况且茶树并不喜欢寒冷的气候。（冻顶台地有四十余公顷），连彰雅、永隆、凤凰三处所产的茶，都名为（冻顶茶），不过现在其他地方产的，也有叫冻顶茶，其实真正的冻顶茶产量并不很多。冻顶茶以春茶最好，秋冬次子，夏茶最苦涩。

关于冻顶茶的来源，有段颇富人情味的小故事，话说在140多年前，即清道光十一年，鹿谷一举人林凤池，欲往福建参加科举考试，无奈缺乏川资不能成行，他的宗族林三显见他有志难展，于是伸出援手，助他旅行的盘缠，林凤池果然不负众望，一举成功，为了报答林三显的恩德，特到武夷山带回36株乌龙茶苗，其中24株分送小半天及大坪顶种植，均告失败。另12株赠给冻顶山的林三显，因其地土质排水良好，气候适宜，茶树生长旺盛，渐渐繁殖成大规模的茶园，这是一种传说。

有关冻顶茶的来源，另一说法。冻顶山上原只有野生茶树，清嘉庆间由福建移民柯朝引入茶种，植移北县文山，因为中部土壤富有机质，雨量充沛均匀，空气潮湿，尤其是冻顶山常有云雾笼罩，全年平均气温在20℃左右，土质是红色，油质土壤含水量大，天然泉水水质特佳，野生茶树早已闻名。据《台湾通史》记载："水沙连之茶，色如松萝，能辟瘴去暑，而以冻顶为佳，惟出产无多。"后来又从北部引进乌龙种，乌龙茶树移植于此，更有后来居上之势，竟造成冻顶乌龙茶的盛名。自从茶树移植成功后，乡民百年来有一个好客的习俗，家家户户经常准备滚热的开水，只要有客来访，一定泡上一杯热腾腾的香茶招待客人。

冻顶乌龙茶以采用青心乌龙制造为最多，因产于冻顶山，故名"冻顶乌龙茶"，冻顶是山名，乌龙则为品种名，但若按其发酵度或制作方式应归为"包种茶"，文山包种和冻顶乌龙原是姐妹品种，制作也属同系统，文山重清香，冻顶以滋味醇厚，喉韵强劲，具浓香见长，其间的差别在焙火时间和团揉程度的不同。因焙火程度不同，香味及汤色均会变浓。包种茶是专指(文山清茶)而言，多少年来大家都称它为"冻顶乌龙"，因此就定名了。因此，它和"乌龙茶"是不同的概念，不可混为一谈。

3. 松柏长青茶

康熙六十二年《赤崁笔记》载："水沙连在深谷中，众木蔽荫，云雾蒙密，晨曦晚照，总不能及，茶树色如松萝，性极寒，疗热症最有效。"《赤崁笔记》中提到的"水沙连茶"，可能是野生的茶，而"水沙连"就是指今天的名间乡和竹山镇一带。松柏坑茶原名"埔中茶"，或叫"松柏坑乌龙茶"，产地遍布于名间乡松柏岭的台地，松柏岭原名松柏坑，是海拔500多米的山坡地，这里重峦叠翠，景色秀丽，和风徐徐，气候凉爽，且常年云雾弥漫，滋润茶树，是茶树生长的优良场所。

"埔中茶"早已小有名气，自然是因为这里具有良好的地理环境，而且这里的茶树是移植品种优良的"青心乌龙"，除了良好的茶树品种及生长环境外，于1937年时，更聘请百年前由安溪受聘来台的名茶师王贤的侄儿王德到埔中指导制茶技术。1939年，又得

王泰友指导安溪制茶法，由于得到他们两人的指导，很快就将制茶技术改良为布球形的制茶法，即仿“安溪铁观音”的制造方法，因此在制茶技术上获得进一步改良，加上品质优良的“青心乌龙”及生长条件，使“埔中茶”声誉更高，近年来，茶农制茶技术愈来愈高，名间乡农会每年都举办茶叶竞赛，相互观摩，学习与改进，提升了茶农的制作水准，松柏岭现在处处可见茶园，制茶所林立，每到制茶季节茶香随风飘散，令人如入芝兰之室，精神顿觉清爽宜人。由于制造技术高明，其成茶具有特殊的风味，上选品的滋味并不逊于冻顶茶，很受消费者青睐。

“埔中茶”产地遍布于松柏岭的台地，松柏岭原名松柏坑，是海拔五百余公尺的山坡地，这里峰峦叠翠，景色秀丽，故将“埔中茶”改名为“松柏长青茶”。“松柏长青茶”因此而得名。

4. 明德茶

苗栗的老田寮茶的发源地即在苗栗县明德水库周围的山间，茶种以青心大有，青心乌龙及黄心乌龙等为主，成茶外观及其制法，均属半球形的轻发酵制法（属包种茶类），品质亦有其特色。如南投名间乡的“埔中茶”一样，也将“老田寮茶”改名为“明德茶”。除此之外，苗栗县除“明德茶”外，其他各种茶类也有生产。

5. 文山包种茶

台湾的包种茶于清嘉庆年间，由柯朝从福建移植 67 种茶树到台湾，由淡水沿岸到新店枫子林，试种各品种的茶树，以“青心乌龙”种长得最好，于是又从福建安溪请来制茶高手，教以包种茶的制法（属轻发酵的制法），所制成的茶就称为“包种茶”，即使现在的制法已有所改变，但一般仍将轻发酵茶总归属于包种茶类。包种茶产区以台北七星山最早发展，文山区次之，然以文山的品质最佳。坪林、深坑、石碇、海山、七星、基隆、新店、淡水所产的品质次之。其繁殖的范围，也由台北拓展到大溪、新竹、竹东、竹南、苗栗。因为文山所产的品质最好，故通称“文山茶”为包种茶，也有人称为“清茶”，故“清茶”是专指“文山包种”。文山茶大多采用“青心乌龙”制造，其他茶种如武夷种、台茶 5 号、台茶 12 号、台茶 13 号也是制包种茶的上乘茶种。若进一步细分，用中火焙制者才称清茶，清茶重清香，用重火焙制者则称“熟火包种”或称“奇种”。

6. 水仙

水仙茶种是从福建移植于台湾，水仙茶青叶大，呈深绿色，耐泡，香味并重，属半发酵茶系。

7. 青心乌龙

又称青心、乌龙、种仔、正枞、软枝乌龙等，过去曾分布于台湾各茶区，种植最多时占全台湾茶园面积的 40%，目前主要分布于文山、海山、南投县名间乡及鹿谷乡。

树型矮小，属横张型，枝叶茂密，但抗逆性较弱容易发生枝枯病，叶脉色淡而明显，宜制包种及乌龙茶。

8 青心大冇

又称青心、大冇。它和青心乌龙是台湾茶种两大宗，栽种的范围较青心乌龙更广，因为其好照顾，鲜叶产量又多于乌龙，甚得茶农宠爱。主要分布于北埔、竹东、文山、峨眉一带。其树身并不高大，然抗逆性强，不易染枝枯病，枝叶向外横张且茂密鲜叶产量大，叶属长椭圆形，叶基钝叶尖微向内凹锯齿锐利且向上，中脉大且明显，侧脉则不甚明显，适宜制包种及乌龙茶。

9. 软枝乌龙

软枝乌龙是青心乌龙的一种，其制成的品质亦佳，树丛矮密，叶片较小是其主要特征。在台湾各产茶地区都有分布，宜制包种与乌龙。

10. 铁观音

台湾多数的茶农及茶商，其祖先都是从福建安溪迁入台湾，尤其是桃园、文山一带占大部分。

1919 年由茶师张乃妙兄弟自福建安溪引进铁观音在木栅区试种，分“红心铁观音”及“青心铁观音”两种，主要产区在文山，其树属横张型，枝干粗硬，叶较稀疏，芽小叶厚，产量不高，但制包种

茶品质很高，产期较青心乌龙晚五天。其抗逆性稍强，叶呈椭圆形，叶厚肉多，叶片平展，适宜制包种茶铁观音。

11. 台茶十二号

别名金萱。树身属横张型，叶面呈浅绿色，椭圆形，叶片比青心大有大，萌芽期较青心乌龙早七天，抗病虫害的能力强，全年鲜叶的采收量较青心乌龙多20%～50%，所制包种茶及乌龙茶具有特殊香气。

12. 台茶十三号

又名翠玉，树型稍为直立，叶片绿色呈椭圆形，又较台茶12号大，萌芽期比青心乌龙早七天，抗病性较金萱弱，所制包种茶的香味亦较金萱差。

台茶12号和台茶13号是茶叶改良场所改良出来的新品种，其品质好且生产量高，又不需太多的管理。

13. 武夷茶

台湾的武夷茶是福建崇安（现在的武夷山市）县移植于台湾的，主要分布于台北县、宜兰县及南投县松柏坑，其树型中等，树势强劲枝干粗壮，不易染患病虫害，抵抗力强，易于茶园管理。其叶呈长菱形状，叶肉薄不如乌龙的肥厚，叶脉较稀疏且直，侧脉不明显，适于制包种茶、武夷茶等，其制品有特殊的清香，汤色浓，又耐储藏。

14. 大红袍

大红袍是从福建崇安县（今武夷山市）移植到台湾的，其成茶品质优异、滋味醇厚。

三、台湾乌龙茶采制

1. 茶叶采摘

台湾茶叶采摘有机械采摘，但新丛都以手工采摘。采摘一般是掌握“一心一叶”。一天的采摘时间分为：上午7:00时至10:00时采摘的鲜叶为“上午菜”；上午10:00时至下午1:00时左右采摘的鲜叶为“中午菜”；下午2:00时至5:00时采摘的鲜叶为“二五菜”。三个时间段采摘的鲜叶因含水量不同所以要分开加工。

鲜叶送回厂后应立即进行摊晾，以免造成“死叶”。且当天采回的茶青应当天全部做完。

2. 日光萎凋

从茶园采回的鲜叶，应即刻摊晾散热，以免鲜叶闷坏，然后再将鲜叶均匀地薄摊在筛笠或布幕上，以让每片叶子都能受到阳光的照射最好，不宜摊多摊厚，此时日晒的温度30～40℃为宜，萎凋时间10～30分钟不等，得视阳光强弱而定，强时萎凋时间短些，弱时萎凋时间长些，如果温度过强，通常不把鲜叶放到阳光下暴晒，以免晒伤鲜叶造成死叶，晒青时还要及时观察茶青的变化，以决定萎凋的程度，这需要凭经验来判断。

文山包种、冻顶、松柏长青茶、明德茶等因发酵度较轻，晒青时约10～20分钟，晒青时需翻茶叶1～3次，目的是日晒均匀，萎凋的程度以茶芽的第二叶或对口叶之第一叶的光泽消失，而叶面呈波浪状起伏，且有柔软感，并发出一股青香，这才是理想的日光萎凋程度。

乌龙茶的萎凋晒青时间可稍长些，在适宜的温度下晒20～30分钟，其间需翻动2～4次，萎凋的程度，待其第二叶、第三叶及嫩梗起皱时，则第一叶绿有些微“红变”，且叶面失去光泽，有些微清香飘散时，即可收入厂内，进行“室内萎凋”。

3. 室内萎凋

萎凋及搅拌的技巧与包种茶类的香气及滋味有密切的关系。

鲜叶经日光萎凋后，细胞膜的半透性已遭破坏，于是叶内开始进行化学及物理变化，然后移入常温的萎凋室内继续萎凋，室内萎凋及搅拌是承继日光萎凋所引发的发酵作用，使生叶的发酵持续进行，直至叶片产生浓郁的清香后即停止发酵，这是半发酵茶类之所以滋味甘醇、香气清扬的最重要步骤。

茶青日光萎凋过后，即移入屋内（萎凋室），进行“室内萎凋”，连带搅拌（摇青）的程序也同时进行着搅拌是用双手执茶，微力翻

搅，使鲜叶因相互摩擦而破坏叶缘的细胞，促进发酵作用。另外借着翻动搅拌的动作也有助于茶叶"走水"（即蒸发散失）的平均。

文山、冻顶、松柏长青与明德茶等发酵度较轻的包种茶类，通常得在室内静置一至二小时，等叶缘因水分蒸散，呈萎凋而起微波纹时，才进行第一次搅拌，且每隔 60～120 分钟，搅拌一次，随着搅拌次数的增加，动作渐次加重，时间也随之增长，摊叶量也增厚，一般约搅拌 3～5 次。包种茶因发酵轻，故第一、二次的搅拌动作宜轻，时间宜短；如下手过重，则鲜叶易受伤而引起"包水现象"，使成茶的色泽昏暗，滋味苦涩，但若搅拌不足，则半发酵茶类特有的香气，也就较不明显了，甚至有草（臭）青味出现。最后一次搅拌后静置 60～180 分钟，等到青味消失，且散出香气即可杀青。

乌龙茶发酵度较包种重，有时在茶青移入室内，待其冷却后即行搅拌；有时则静置 20～30 分钟后才搅拌；或是等叶缘呈萎缩状时再行第一次搅拌，然后每隔约一小时即搅拌一次，大约搅拌四、五次，等叶缘（红变）约三分之一左右，叶中心呈淡绿，发出一股熟果香时即可杀青。

4. 炒青（杀青）

茶青在室内静置与搅拌，直至草（臭）青味渐失，而香气微扬时，且认为发酵已适中后，即可准备杀青（或称为炒青）。杀青的目的，就是以高温来破坏酶的活性，抑制酶促氧化，以免使香气完全散失；而保有半发酵茶类特有的香味。同时，也因杀青时叶中水分的大量蒸散，使叶质变柔软，以利于揉捻成型及干燥的处理。

现在都用杀青机杀青，其温度约在 160～180℃左右，可以随意调整，温度也较易控制，但仍需要相当的经验。炒青的时间必须控制得恰好，茶青要炒透，才可使香气高、水色清；起锅太早，茶青未熟透，则成茶将带有草青味；炒青过度，叶缘即有刺手的感觉，已经炒焦，茶汤会有焦味。

一般包种茶的炒青—揉捻（或团揉）—解块—烘焙等重复程序都不止一次，条型包种茶（如文山包种）通常是 1～2 回，半球形或半球形包种茶(如冻顶茶、松柏长青茶、明德茶及铁观音等),通常均须 3～5 回的团揉与复炒(焙)、一直炒到叶片柔软,香味接近成熟时,即可起锅。

乌龙茶类因萎凋及发酵(搅拌)的程度较包种为重,所以茶叶在炒青前的水分含量较包种少,因此炒青的火候就较包种茶低,大约是包种火力的八成左右。再加上乌龙茶(尤其是高级品的膨风茶)重视白芽之有无,且不重视外形条索的紧结与否,所以炒青—揉捻(或团揉)—解块—再烘焙等动作的火候及力度就较低。乌龙茶一直炒到茶芽呈银白色,叶缘稍干略脆,有些微刺手感时即可起锅。然后再以清净的湿布袋盛装起来,或放入谷斗内,上覆湿布巾,将茶叶稍压实,以进行“闷热静置”的回润作用,约经一二十分钟,等茶芽变白,叶呈红、黄、绿色后即取出揉捻。这个动作是乌龙茶特有的步骤,包种则无,因此归入“杀青”工序。

5. 揉捻

茶叶经过“杀青”以后,茶身虽已柔软疏松,但仍旧片状,尚未形成条索状,所以须再经“揉捻”或“团揉”的步骤,使茶叶紧结成条,并增加外形的美观。且茶叶可因受压揉之力,逼迫稍许汁液渗出黏附于表面,冲泡时,可使茶叶内含物较容易溶解于热水中,以加强茶汤的滋味。一般直接将茶叶放入揉捻桶内,加以压揉的动作为“揉捻”,而另一种方式是以布巾包紧成圆团状,再以手工或揉捻机压揉,这就叫“团揉”。半发酵茶类中的条形包种(文山茶)只有“揉捻”而无“团揉”,所以条索成自然微弯状;半球形包种,因经再三的“团揉”,所以条索形成球弯状。

不论“揉捻”或“团揉”,在揉好告一段落后,均须解散茶叶经压揉后的团块,以使茶叶能干燥均匀,这个动作就叫“解块”。这种一连贯的程序是半发酵茶类形成的独特风味的重要步骤。

属于高香类的文山包种与浓味类的冻顶茶、松柏长青茶及明德茶,其发酵程度均很轻微,且从萎凋到杀青的步骤也都相差无几,而造成他们别树一帜的原因,揉捻的方法及程度的不同,是个

重要的关键。

文山包种的揉捻法是在炒青起锅后，用手翻动二、三次使热气消散，然后再放入揉捻机压捻六、七分钟，若茶叶较粗大，为使其外形美观与品质统一，可于初揉后稍放松解块以扬去热气，再加压揉三、四分即可，因它不再布巾包揉，故外观呈自然微弯状。

冻顶茶、长青茶与明德茶，在炒青起锅后，先放入揉捻机，初揉以后加以解块，然后再焙至半干(即走水焙)此时茶叶含水量约30%～35%左右，走水焙后先将茶叶摊晾，再以一条四方形的布巾，包裹成圆形，再加以揉捻，这个步骤即为“团揉”，团揉后又松团解块，接着又再焙火(再焙)，然后再包裹起来团揉(再揉)，如此反复三至五次，使水分慢慢消散，直到焙干为止。原来条形的茶叶，经过三番五次的团揉后，逐渐卷曲成半球形，条索也因此愈紧结，而发酵度因此略为加重形成冻顶茶、长青茶与明德茶特殊的外形与风味。其实这种团揉法，乃承自安溪铁观音的制法，但铁观音茶的发酵度更高，而外形更圆形球状，所以更有其特殊的“铁观音风味”。

乌龙茶重视茶芽叶的完整，不注重外形条索的紧结，为了揉捻时不损及茶芽，须放入袋中揉捻，揉后解块即可进行干燥了。

6. 焙火、干燥

目前大多使用干燥机来干燥，为了提高品质，使条形美观，均采用“二次干燥法”，即初干后先予以摊晾使茶叶回潮后再进行一次干燥，以避免外干内湿的现象。茶叶如果干燥不足，则不利贮藏保存，容易发霉变质。高级乌龙茶宜用焙笼干燥，分二次焙干，如此品质则更佳。

经过数次揉捻(团揉)及热力的烘焙后，茶叶外形逐渐紧结，水分也慢慢消散，此时应立即进行干燥。这是最后的一个步骤，乃是利用高温抑制炒青后残留酶的活性，以固定茶叶的品质。同时，利用焙火的火候改善茶叶的香气、滋味，去除臭青味及减轻涩味，使其芳香甘润可口，并使茶汤水色橙黄艳丽。经过干燥后茶叶的含水量低于4%，同时体积量都减少，以便于包装贮存及运输销售。

第四章　茶叶包装与贮藏

第一节　茶叶包装

茶叶是一种吸湿性很强的农产品，为了确保质量必须有严格的包装才能进入流通渠道。茶叶包装应执行国家的有关规定。在设计造型图案方面，要美观、大方、牢固、密封、防潮防湿、避光。茶叶的包装代表了企业的形象，要有文化素养，有时代感，同时还应注意包装成本与产品价值成比例。

一、茶叶包装材料选择

塑料薄膜、纸、金属及玻璃、陶瓷材料的各种特性，都有其优缺点。茶叶包装保鲜对包装材料的总体要求是，具有良好的阻气性（氧气透过率＜$20ml/m^2$ · 24 小时大气压）、防潮性（水蒸气透过率＜$1\sim2ml/m^2$ · 24 小时）、保香性、遮光性、热封性、印刷性能良好，价格便宜，无毒、无异味。因此，单层的塑料薄膜不适合用做茶叶的包装。二层的复合膜，如双方向拉伸聚丙烯/聚乙烯（OPP/PE）、双向拉伸聚丙烯/非拉伸聚丙烯（OPP/CPP）虽具有较好的防潮性能。但阻气性能一般，只可作为短期包装（3 个月左右），聚酯/聚乙烯的防潮性能、阻气性能均较佳，而且二层复合薄膜中间都复合一层绿油墨，起到遮光的作用，因此，作为茶叶包装材料，其保质性能较佳。

三层及三层以上的薄膜，最适合作为茶叶的包装材料，可较长时间（半年至一年以上）保持茶叶的色香味。特别是复合铝箔的复合材料最佳。如双向拉伸聚丙烯/EVAI/铝箔/聚乙烯、双向拉伸聚丙烯/聚偏二氯乙烯/聚乙烯/非拉伸聚丙烯等。

金属、铝、锡罐及玻璃、陶瓷、复合纸罐，作为包装材料本身，具有良好的性能，但由于罐盖通常是活动的，不密封，因此，防潮、阻气性能受到一定的影响。在短时间内(3 个月以内)一般可保持茶叶原有的色香味。这类包装材料最显著优点是能保持茶叶原有的外形的风格。若能采用类似饮料三片罐的易拉盖，采用机械封口，则可长时间保持茶叶品质不变。

当然，复合层数越多的材料，虽然保持性能好，但价格也较高。目前我国茶叶包装材料多采用具有绿色保护色的 2～3 层复合材料。

二、茶叶包装标识

茶叶包装上应有国家标准的标志，即标签。标签是指茶叶包装容器上的标记，包括附签、品牌、文字、图形、符号，以及一切表明茶叶状态的说明。国家对食品标签的标志有严格规定，并作为国家法规执行。主要是为了加强食品的规范管理，防止和打击假冒、伪劣产品，保护生产者及消费者的利益，保护人民的身心健康。因此，国家技术监督局于 2004 年 5 月 9 日发布了 GB7718—2004《预包装食品标签通则》，并于 2005 年 1 月 1 日正式实施，茶叶作为食品，在包装上应遵守这些标准。

1.食品包装标签的基本原则

①食品标签的所有内容，不得以错误的，或引起误解的或欺骗性的方式描述或介绍食品。作为茶叶的标签，只能对该茶的产茶历史、产地、品质特点作简要的描述。不能标明或暗示该茶具有减肥、抗衰老、抗癌等保健或医疗效用的说明，也不能标上诸如“健康”、“低热量”、“无糖”等专用名词，除非该产品经过有关卫生部门检查审核后被批准为保健食品或特殊营养食品。

②食品标签的所有内容，不得以直接或间接暗示性的语言、图

形、符号导致消费者对该食品或食品的某一性质与另一产品混淆，如安溪乌龙茶产品分为铁观音和色种等，安溪铁观音是驰名中外的名茶，而色种则是除铁观音外由各名优品种拼配成的茶叶。由于铁观音的价格要高出同等级其他品种好几倍，因而有些生产单位或经营单位，则在标签上统称为“铁观音”，而不标明具体的产地，花色品种，欺骗消费者，这是不允许的。

③食品标签的所有内容，必须符合国家法律和法规的规定，并符合相应产品标准的规定。如国家法令规定的，国旗、国徽不能作为商品的标记等。而且国家颁布了《茶叶卫生标准》必须严格执行。

④食品标签的所有内容，必须通俗易懂、准确、科学。

凡经绿色食品、有机茶认证组织颁发证书的产品，可以标志绿色食品、有机食品的图案和文字。但其标志的印刷必须按正式发布的式样和颜色按比例放大或缩小制作。

2. 标签基本内容

《预包装食品标签通则》规定了食品外包装标签必须标注 10 项基本内容。

(1)食品名称。茶叶的名称，必须采用该茶叶真实属性的专用名称。

如果国家标准或行业标准或产品标准以规定了 1 个或几个名称时，至少使用这些名称中的 1 个。无上述规定的名称时，必须使用不使消费者误解或混淆的常用名称或俗称。我国茶叶生产，具有明显的区域性、批量小、品种多的特点。因此，名优茶的名称，常用产地、品种、名茶外形、色泽等命名，无论那一种形式，都必须固定，并且不与其他名称重复。

外销乌龙茶产品的商标号(唛号)按下列顺序编制：花色品类代号、生产单位代号、季别、等级代号组成。如铁观音的唛号由 1 个字母、3 个阿拉伯数字组成。字母代表品类，紧接字母的第一个阿拉伯数字代表生产单位；第二个代表季别；第三个代表级别。如

“K101”即表示安溪地区生产的春季一级铁观音茶。商标号刷于包装外。除用商标号标明产品的名称级别外，还要标明批号、件数、净重等。

(2)配料表。茶叶基本是由单一原料(鲜叶)制成，因此在标签上可不标明配料。但如果在加工过程中，添加其他食品添加剂，则必须按加入量的递减顺序——排列。

(3)净含量及固形物重量。必须标明名优茶包装容器中茶叶的净重量(克或千克)。在同一包装中如果含有几件小包装，并且分别包装几种名茶时，则在注明总净重的同时，还应注明各种小包装量及件数。

(4)制造者、经销者的名称和地址。必须标明茶叶制造(或生产厂)单位、包装、分装或销售单位，任一单位依法登记注册的名称和地址。此外，为了方便联系，最好能标上电话、邮编等。

(5)日期标志和贮藏指南。必须标明该包装的生产日期、保质期或保存期，日期标注顺序为年、月、日。保质期的标明可以采用“最好在……之前食用”或“最好在……之前饮用”或“……之前食用最佳”或“……之前饮用最佳”的说明。保存期的标明可以采用“……之前饮用”，也可以采用“保质期至……”或“保质期至……个月”，“保存期……个月”或“保存期至……”的标注方法。

茶叶由于是易受吸潮、吸附异味、易受光照氧化等因素的影响而陈化劣变，因此，应该在包装上介绍并注明贮藏方法，如“防潮”、“避光”、“密封”等方法，以便确保名优茶的保质期或保存期。

(6)质量(品质)等级。茶叶如已在产品标准(国家标准、行业标准、地方标准、企业标准)中明确规定了质量(品质)等级的茶叶，必须在包装标签上标明该茶叶的质量等级。

(7)产品标准号。如果该茶叶是已经有国家标准、行业标准、地方标准的，则必须标明该标准的代号和顺序号。没有标准的名优茶，生产单位或经营单位应及时编写、申报产品的企业标准。经地方标准计量部门审核批准后，在包装标签上标明产品标准代号和顺序号。

(8)其他标注内容。GB7718-2004《预包装食品标签通则》中还推荐在标签上标注内容：

①批号。由名优茶生产企业或分装单位自行确定，标明该批茶叶的生产或分装批号。

②引用方法。为指导消费者正确引用名优茶，可以在标签上标明容器的开启方法、引用法(如泡茶水温、茶水比例等)，对消费者有帮助的说明。必要时可以在标签之外单独附加说明。

此外，商标及条形码也是包装上不可少的内容。商标在现代经济活动中起着越来越重要的作用，在某种程度上是企业和产品品牌的象征。因此，名优茶生产企业应积极申请注册商标，以免产生不必要的经济损失。条形码也是商品进入超级市场和国际市场的必要条件，因此，申请使用条形码也是非常必要的。

(9)标签基本要求。GB7718-2004《预包装食品标签通则》中规定了标签六个方面的基本要求：A. 标签不得与包装容器分开。B. 食品标签的一切内容，不得在流通环节中变得模糊甚至脱落；必须保证消费者购买和食用时醒目、易于辨认和识读。C. 食品标签的一切内容，必须清晰、简要、醒目。文字、符号、图形应直观、易懂，背景和底色应采用对比颜色。D. 食品名称必须标在醒目位置。食品名称和净含量应排在同一视野内。E. 食品标签所用的文字必须是规范的汉字。可以同时使用汉语拼音，但必须拼写正确，不得大于相应汉字，可以同时使用少数民族文字或外文，但必须与汉字有严密的对应关系，外文不得大于相应汉字。F. 食品标签所用的计量单位必须以国家法定计量单位为准，如 g 或克，kg 或千克。以上六个方面的要求，在茶叶的包装标签上应严格执行。

三、茶叶保鲜与包装

1. 石灰除湿保鲜法

石灰除湿保鲜法是我国民间在长期的实践中总结出来的有效

的贮藏保鲜方法。其方法是:用陶土罐或铁质箱,在底部放一定量的生石灰,茶叶用牛皮纸包装好,置于缸内或箱内,缸口或箱口用密封性好的复合薄膜或其他无毒无味的材料捆扎密封即可。此法利用生石灰有较好的吸水性能,吸附茶叶中的水分及容器内的潮气,从而使茶叶含水率降低于或保持在5%以下。容器内相对湿度低于30%～50%,而且由于容器内湿度较低,其温度也较通常气温低3～8℃,茶叶在这样低湿的条件下,可在一定时间内保持新鲜状态。

石灰除湿保鲜法优点是投资少、效果明显;不仅可吸附茶叶中的水分,而且可以去除新茶的青草气,非常适合于小批量茶叶的贮藏。缺点是要经常更换石灰。此外,由于不密封,故长期贮藏,茶叶的色泽易黄变。

石灰除湿保鲜法应注意的事项:①若发现部分石灰已潮解,即表明需更换石灰;②不能采用异常气味的生石灰或已潮解的石灰;③容器要尽量密封,否则生石灰失效过快,影响保鲜效果。

目前,有的单位采用变色硅胶代替石灰,其保鲜原理与生石灰是一样。采用硅胶的优点是变色硅胶当吸附水分较高时,可取出晒干或烘干后重复使用,可减少更换及污染的现象。

2. 低温贮藏

低温贮藏保鲜技术,通常是采用制冷机组使贮藏容器及场所的气温降到低温条件来实现的。冷库的类型通常可分为组合式冷库和土建式冷库。组合式冷库结构合理、保温性能好,安装、移动方便,库房容积有不同规格(10～100立方米),库房温度可在～18～2℃范围内选择。土建式冷库。是固定式冷库。这种冷库具有容积大,可有不同温区设计等优点,但机动性差,设备安装较复杂。

低温贮藏保鲜技术,经过多年的生产实践证明,名优茶的保鲜效果十分明显。只要采用密封性能良好的包装材料,在5℃以下贮藏8～12个月,品质基本不变。在～10℃以下贮藏,可保持2～3年基本不变。冷库贮藏既适合大包装,又适合小包装茶使用,其效果同样显著。

使用注意事项:(1)采用冷库贮藏茶叶,由于冷库内相对湿度通常高于80%以上,因而一定要采用透水性差的包装材料,才能保持茶叶处于干燥状态。在贮存过程中,相对湿度较高时,应及时换气排湿。(2)茶叶是导热性较差的物质,在冷库存放时,应该分层堆放在隔板或架上,每件之间要留一定间隙,使茶叶能均匀快速降温。(3)茶叶从冷库提出前,最好经过几个温区,逐渐升高温度后才出库,以免因温度突然升高,茶叶表面出现凝结水,极易引起茶叶色泽变褐。(4)茶叶出库后,如要分成小包装,则最好与脱氧、充氮或真空包装方法结合起来,能更好地保持茶叶的新鲜。

3. 充气包装

充气包装是采用惰性气体,如二氧化碳或氮气来置换包装袋内的空气,取代活性很高的氧气,阻滞茶叶化学成分与氧的反应,从而防止茶叶的陈化和劣变。另外惰性气体本身也具有抑制微生物生长繁殖的功能,从而达到保鲜的目的。据中国茶叶研究所试验,采用铝箔包装袋充氮包装绿茶,经6个月贮藏,维生素C含量可保持96%以上,保鲜效果十分显著。日本也证明充氮包装的保鲜效果最佳。

充氮包装,首先将袋内空气抽掉,形成真空状态,然后充入氮气,最后严密封口。全程以专用的抽气充氮包装机来完成。

充氮包装保鲜方法也有不足之处。一是充入惰性气体后,包装容器(如复合薄膜袋)略微膨胀,体积增大,增加了外包装箱的体积。另外,膨胀包装承受重压易破裂漏气,从而失去保鲜作用。在充气操作过程中,一定要注意包装袋密封的可靠性,并防止真空不足(抽气未尽)或充氮不足及漏气现象发生。

4. 真空包装

真空包装是采用真空机,将袋内空气抽出后立即封口,使包装袋内形成真空状态。使茶叶袋内保持较低的氧含量,阻滞茶叶氧化变质达到保鲜目的。

由于茶叶疏松多孔，表面积较大，且由于设备操作因素，一般很难将空气完全排尽，因而，真空包装的效果比充氮包装差，同时由于真空状态的包装袋收缩成硬块状，对茶叶的外形产生一定的影响。

不管是采用充氮包装还是真空包装，选用的包装容器必须是阻气(阻氧)性能好的铝铂或其他二层以上的复合膜材料，或铁、铝质易拉罐包装。

5. 脱氧包装

脱氧包装是指采用气密性良好的复合膜容器，装入茶叶后再加入一小包脱氧剂(或称除氧剂)，然后封口。脱氧剂是经过特殊处理的活性氧化铁，该物质在包装袋内与氧气发生反应，从而消耗掉容器内的氧气。一般封入脱氧剂 24 小时左右。容器内的氧气浓度可降低到 0.1%以下。当容器内呈无氧状态时，氧化反应就自动停止，并非脱氧剂失去活性，当薄膜渗入微量氧气时，乃能发生反应吸收掉这些氧气，所以，能在很长时间内保持茶叶处于无氧状态。

采用脱氧包装的茶叶，在香气滋味品质略优于充氮包装，维生素含量在 80 天后基本上无变化，而充氮包装则保留 84.6%。中国茶叶研究所 1992 年研究生产的 FTS 茶叶专用保鲜剂，是适合茶叶专用的除氧剂，具有效果显著、使用方便、价格低廉的优点。已被广泛应用。

FTS 茶叶专用保鲜剂的使用方法：①首先选用阻气性好的复合薄膜或其他容器，氧气透过率小于 20 毫升/24 小时 101.325 千帕(1 个大气压)。②根据袋内茶叶重量，选用不同规格的保鲜剂。如茶叶重量 100 克以下，选用 I 型保鲜剂；茶叶重量 100～250 克，选用Ⅱ型保鲜剂；茶叶重量 250～500 克，选用Ⅲ型保鲜剂。③装入保鲜剂后采用宽边封口机，将复合薄膜袋封口，并仔细检查，不能有丝毫漏气现象。包装前，茶叶含水率须控制在 5%以下。此外，已拆封的 FTS 茶叶专用保鲜剂，若用不完，须在 1 小时内用原包装封好口，以免失效。

6. 防潮包装

防潮包装是选择防潮性能优良的包装材料和加入干燥剂而防止茶叶水分增加的方法。常用的防潮包装材料，如聚酯/聚乙烯、玻璃纸/聚乙烯、尼龙/聚乙烯、聚酯/铝箔/聚乙烯或玻璃瓶、铁罐、陶瓷罐等。

干燥剂通常采用硅胶或特制纯度较高的石灰。茶与硅胶的比例为 10∶1，茶与石灰的比例为 3∶1 左右。

综上所述，茶叶的保鲜技术，各有优缺点。从保鲜效果看，以脱氧包装、充氮包装冷藏效果最好，其次，真空包装、石灰除潮贮存和防潮包装。如果将脱氧包装、充氮包装、真空包装或防潮包装与低温贮藏结合起来，其效果是最佳的。从应用方式来说，低温冷藏或石灰除潮贮存技术，比较适合大中型的名优茶生产或经营单位大量地保鲜贮存，即在生产期间至销售之前或销售期间的保鲜贮存。而脱氧包装，充氮包装、真空包装和防潮包装较适合于流通过程中小包装的保鲜，它随着流通过程的各个环节，始终保持着新鲜状态。从使用成本说，以脱氧包装、真空包装、防潮包装、石灰除湿保鲜的成本较低，而充氮包装、低温冷库贮存的使用费较高。因此，用户可根据保鲜的要求、货架期的长短、成本等方面考虑采用不同的包装保鲜技术。坚持保质保量为消费者服务的宗旨，让消费者能品尝到新鲜风味的名优茶。

第二节　茶叶贮藏与保管

茶叶生产包括两个方面：产量和质量。不仅要高产，而且要优质。茶叶是生产加工季节很强的商品。而消费则是常年性的，一年四季均需供应，因此还需要贮藏。在加工和贸易过程中，从毛茶到精制、转运到消费者饮用，就是一个贮运过程。在贮藏或运输过程中，尽可能地保持茶叶新鲜，既保证消费者对茶叶的品质要求权

益，同时也可充分发挥茶叶的最高经济价值，取得较高的经济效益。

一、茶叶贮藏过程中物质的变化

茶叶在贮藏过程中，各种物质或多或少地会起变化。轻微的变化，对品质的影响较小；较深的变化，常使香气消失，滋味变陈，汤色加深，正如人们通常所指的茶叶“陈化”。俗话说：“茶叶出气，有茶无味”便是这种情况。更深的变化，茶叶就会质变，即通常所指的“劣变、霉变”，以致不堪饮用。

1.叶绿素的变化

叶绿素是茶叶色泽的主要成分，包括干茶色泽和叶底色泽。它是很不稳定的物质，遇光褪色，遇热分解，其中尤以紫外线对叶绿素褪色的作用更为强烈。叶绿素分解，茶色黄变。有直接原因和间接原因。前者是由于绿色的成分减少，当然绿色要减退，间接方面，是由于叶绿素减少后，呈橙黄色的胡萝卜素和叶黄素显露出来的缘故。叶绿素还会转化成脱镁叶绿素，从而使绿色减退，褐色成分增加，使色泽褐变。据测定，绿茶中如叶绿素转化成脱镁叶绿素的转化率在40%时，茶叶色泽影响不大，但达到70%以上时，就会出现明显的褐变。

2.茶多酚的变化

茶多酚与茶叶色、香、味密切相关。尤其对红绿茶滋味的浓度和收敛性有很大关系，茶多酚与红碎茶品质的相关系数高达0.92；适宜的茶多酚含量有助于增进茶汤滋味的浓度和鲜爽度，茶叶贮藏不当，茶多酚含量下降，致使滋味变淡，失去鲜爽性。

茶叶存贮藏过程中茶多酚的变化，主要是非酶性的自动氧化，就是在一定的湿度和温度下，促使茶多酚的氧化，这种氧化虽然没有像酶促氧化那样激烈，但贮藏时间长了也会感到显著变化，尤其是含水量高的茶叶。贮藏中茶多酚含量的减少更为明显；贮藏环境温度高，茶多酚含量下降幅度更大。

3. 氨基酸的变化

茶叶在贮藏过程中,氨基酸的含量是有所减少的。茶叶在贮藏中,氨基酸能与茶多酚起反应而生成褐色物质;氨基酸在一定的温度条件下会氧化、降解和转化。氨基酸是茶叶鲜味的主要成分,同时与茶多酚物质混合在一起,能使茶味"鲜爽"。因此,氨基酸含量下降,对茶叶品质会起到直接不良影响。

4. 抗坏血酸的变化

在贮藏过程中,茶叶的变质与抗坏血酸的氧化密切有关。日本茶叶工作者原利男等实验结果认为:绿茶在贮藏过程中,如果抗坏血酸尚保留原含量的80%以上,茶叶品质几乎不变;如果抗坏血酸下降到原含量的60%以下,则茶叶便明显变质。因此,日本绿茶的贮藏,常以抗坏血酸的保留量来衡量茶叶品质变化的程度。

5. 脂类及胡萝卜素的变化

把脂类物质置于空气之中,与空气中的氧会起缓慢的氧化作用,形成不饱和脂肪酸,会产生腐臭气味。

茶叶在贮藏过程中游离脂肪酸的含量是不断增加的,而且贮藏温度愈高,游离脂肪酸含量增加的速度愈快。不仅香味陈化,汤色也会加深变暗,因此,茶叶品质下降。

茶叶中含有黄色色素的类胡萝卜素,也会在贮藏不好的条件下起氧化作用,氧化后也会产生变质气味。

总之,茶叶在贮藏过程中变质气味的形成,与脂肪氧化衍生物的难闻气味的产生分不开的。

6. 香气成分的变化

茶叶在贮藏过程中香气方面总的情况是香气明显降低,失去鲜爽性,陈味显露,甚至产生不愉快的异味。据原利男的研究,茶叶在贮藏当中,正壬醛、顺－3～乙烯乙酸脂,以及一些未知成分的含量明显减少,其中尤以正壬醛减少幅度最大,这些物质都具有新茶香的成分,尤其是正壬醛,是一种有愉快的玫瑰香和杏子香的成分。与此相反,在贮藏过程中,新产生了戊烯醇、庚二烯醛、辛二烯酮以及丙醛等成分，这些成分大都是难闻的气味，在新茶叶是不存在的，随着贮藏时间的延长，这些成分逐渐产生，含量不断增加，这就致使茶叶香气的改变。

二、茶叶贮藏条件与贮藏方式

茶叶贮藏过程中品质的改变，主要与贮藏环境条件密切相关。贮藏条件直接影响茶叶品质的因素是：温度、湿度、氧化、光线以及其他卫生条件。

1. 温度

影响茶叶品质的有效成分含量，是随着环境温度的增高而减少的，无论是芳香物质、维生素 C 以及氨基酸的含量变化，均与温度有关。因此低温贮藏是有效的方法。

茶叶贮藏环境分有三种情况：一是大容量的毛茶仓库及成品茶仓库，如果能有 10℃以下的温度贮藏茶叶，可以减慢褐变进程，茶叶的芳香物质，维生素 C 及氨基酸的含量变化较小。二是冷库贮藏茶叶，特别是安溪清香型铁观音、永春佛手成品茶，如果能贮藏在零下 10～15℃的冷库里，茶叶的色泽、鲜度、香气、滋味等品质特征几乎不会改变。三是贮藏茶叶的冰柜，温度可以控制在 0℃至零下 5℃，即能保证茶叶的品质，又能方便提取使用。

2. 湿度

湿度是指茶叶贮藏环境的空气相对湿度和茶叶本身含水量。茶叶在贮藏运输过程中，各种成分的变化以及霉菌的产生与环境相对湿度及茶叶含水率密切相关。

茶叶适宜在相对温度 40％的环境中存放，茶叶的含水量不宜过高或过低，一般绿茶为 3.4％，乌龙茶为 4％；红茶为 4.9％，茶叶含水率应控制在 6％以下。

3. 氧气

空气按体积论，约 80％是氮气，氧气约 20％。氧气几乎能够与所有元素相化合成为氧化物，茶叶中的茶多酚、维生素 C、脂类、醛类、酮类等物质都能自动氧化。因此，在包装容器内充以氮气，把氧气的含量降到最低限度(即1%)是茶叶有效的保鲜方法。

4. 光线

光线能够促使茶叶色素、叶绿素、脂类、芳香物质氧化，产生不愉快的异臭气味，而使茶叶变质。因此，茶叶贮藏时应注意避光。

5. 卫生、干净

卫生、干净应贯穿茶叶采制贮藏全过程，特别是生产加工、贮藏环境，要求清洁、卫生、无异味，避免茶叶吸附有毒、有异常气味及受有害微生物的污染。

综上所述，茶叶贮藏保鲜条件是：茶叶本身的含水量应控制在3%～6%以内，采用低温、低湿、避光、脱氧、卫生、干净的环境条件贮藏茶叶，将有利于保持茶叶品质。

第五章　茶叶审评技术

我国茶叶的花色品种繁多，有绿茶、乌龙茶、红茶、黑茶、黄茶、白茶六大茶类，每个大茶类又有很多花色品类。还有再加工的花茶、砖茶以及深加工的速溶茶、液体罐装茶水等，每个大类每个等级的商品茶都有自己的品质特征及品质标准，只有经过全面、客观的审评检验，才能反映出茶叶的品质及价值，才能作为商品进入流通渠道。

茶叶审评，是一项实践性很强的技术，要紧密结合生产实践，要注意经验的积累，把一些经验性的东西记录下来，进行理性分析，由感性认识上升为理论。实践出真知，多评茶，多进行各项理化检验工作，多参加专业生产，把各种生产上出现的茶叶品质特征，色、香、味形成的变化，进行经常性的记录和记忆，为感官审评的准确性打下良好的基础。

第一节　茶叶分类及品质

一、茶叶化学成分与品质

所谓品质，是指外形和内质的综合反映，茶叶品质是茶叶物理性状和主要的化学成分的具体表现。

毛茶的品质好坏，表现在色、香、味、形等方面。而这些都是由鲜叶化学成分的含量及其不同制造技术处理下，经过一系列的物理化学反应所形成的。因此，要从根本上了解茶叶品质的形成和茶叶色、香、味本质，就必须首先了解鲜叶各种化学成分。

茶叶中的化学成分到目前为止,经过分离鉴定的已知化合物约有500种,其中有机化合物有450种以上,主要成分有水分、灰分、茶多酚、蛋白质和氨基酸、生物碱、芳香物质、色素、糖类、维生素、酶等。而组成这些化学物质的基本元素已发现有29种:碳、氢、氧、氮、磷、钾、硫、钙、镁、铁、铜、铝、锰、硼、锌、钼、铅、氯、硅、钠、钴、铬、镉、镍、铋、钛、钒,其中前面十种是大量存在的元素,故称大量元素,而后面几种在茶叶中含量甚微,统称为微量元素。茶叶中的化学成分虽如此复杂,但是,将其主要成分归纳起来只有十几种。现将茶叶中化学成分的分类及品质介绍如下。

(一)水分

水是一切生命活动的基础。植物体内发生的各种化学变化、物质的形成和转变,都离不开水。同样,水也是茶树生命活动不可缺少的物质。幼嫩的茶树新梢中一般含水75%~78%,叶片老化以后含水量减少。不同茶树品种、自然条件以及农业技术措施,鲜叶的水分含量也不相同。

茶树体内水分可分为自由水和束缚水两种。自由水主要存在于细胞液和细胞间隙中,呈游离状态。茶叶中的可溶性物质如茶多酚、氨基酸、咖啡碱、无机盐等都溶解在这种水里。水分在制造过程中参与一系列生化反应,也是化学反应的重要介质。因此,控制水分含量是一项重要的技术指标,茶叶中除自由水外还有一种束缚水,它与细胞原生质相结合,呈原生质胶体而存在。

鲜叶在制茶过程中,水分都有不同程度的减少。由于水分减少,解除了叶细胞的膨压,细胞液浓缩,从而激发了细胞内各种化学成分的一系列变化,使鲜叶适合于加工要求。因此,正确控制制茶过程中的水分变化,是制茶的一项重要技术指标,是保证制茶品质的关键。

鲜叶经过加工制成干茶以后,绝大部分水分都已蒸发散失,最后一般只要求保留4%~6%的水分。因此,通常需要2kg多鲜叶

才能制造 0.5kg 干茶。成品茶含水量根据茶类不同要求而异。一般认为，成品茶含水量控制在 3%～5%以内，在合理的贮藏条件下，品质比较稳定，不易劣变。

广义而言，茶叶中除了水分以外，其余都是干物质，作为饮料的茶叶，其干物质中约有 35%～45%的物质是能溶于沸水的，这部分能溶于沸水的物质统称为"水浸出物"，由于鲜叶的老嫩不同，其所制成的茶叶的水浸出物含量也不相同。水浸出物中包含着各种各样的物质，诸如茶多酚、咖啡碱、氨基酸、可溶性糖、果胶、无机成分、维生素、水溶色素和芳香物质等。茶汤品质好坏就决定于各种物质的种类，数量及其组成比例。

（二）茶多酚

茶多酚是茶叶中酚类物质的总称。主要由 30 多种酚类物质组成，根据其化学结构可分为儿茶素，黄酮类物质，花青素和酚酸等四大类。其中儿茶素的含量最高所占比例最大，约占茶多酚总量的 70%左右，不同品种有所差异，高的可达 80%以上，低的也有 50%左右。

茶叶的儿茶素类物质一般含量为 10%～25%，主要由以下六种儿茶素组成：L-EGC；D. L-GC；L-EC；D. L-C；L-EGCG；L-ECG。最后两种儿茶素一般又称为酯型儿茶素，前四种通常称为非酯型儿茶素。茶叶鲜叶中酯型儿茶素含量最多，所占比例也最大，L-EC 和 D. L-C 含量最少。各种儿茶素的含量和比例是随品种、老嫩、季节、栽培条件不同而变化的。儿茶素在制茶过程中的变化相当显著，也相当重要，与茶叶的色、香、味均有密切关系。酯型儿茶素收敛性较强，带苦涩味；非酯型儿茶素收敛性较弱。在制茶过程中，儿茶素被氧化聚合，形成茶黄素（TF）、茶红素（TR）、茶褐素（TB）等一系列氧化聚合产物，对红茶的品质特征起着决定性作用。茶黄素橙黄明亮，味辛辣，与咖啡碱结合，使滋味变得更为鲜爽；茶红素呈棕色，是茶汤红艳的主要成分，与蛋白质结合，生成难溶的棕红色物质，使叶质变红。在茶黄素和茶红素两者含量多、茶黄素含量高时，茶汤红亮，"金圈"明显，滋味浓鲜；茶红素比例高时，汤色红暗、滋味浓醇。

黄酮类物质又称花黄素，多以糖甙的形式存在于茶叶中，属于黄酮和黄酮醇类。绿茶中存在的黄酮及其糖甙有21种，其中较重要的有牡蛎甙皂草甙等。黄酮醇物质有十多种，由于分子结构不同可分为三类：山柰酚及其糖甙、槲皮素及其糖甙和杨梅酮及其糖甙。茶叶中黄酮类物质总含量为1%～2%。黄酮类物质是构成绿茶汤色黄绿的主要物质，据研究绿茶汤中已发现有19种。

花青素又称花色素。茶树在高温干旱季节不少品种大量的紫色芽叶出现，这就是花青素形成积累的缘故，紫色芽叶中花青素含量往往高达0.5%～10%以上。花青素具有明显的苦味，对品质不利。

茶叶中酚酸的含量较少，主要包括有没食子酸、茶没食子素、鞣花酸、绿原酸、咖啡酸、对香豆酸等，其中以没食子酸和茶没食子素含量较多。

茶多酚的总量约占鲜叶干物质的1/3，是形成茶叶品质的重要成分之一。茶多酚还是一类生理活性物质，茶多酚具有维生素P的功能，能调节人体血管壁的渗透性，增强微血管的韧性。与维生素C协同作用，效果更为明显，对某些心脏病有一定疗效，可预防动脉和肝脏硬化，还有解毒、止泻、抗菌等药理作用。

（三）蛋白质和氨基酸

氨基酸和蛋白质都是茶叶中的重要含氮物质，很多氨基酸是组成蛋白质的基本单位，茶叶中的蛋白质含量最高达22%以上，但绝大部分不溶于水，所以饮茶时，人们并不能充分利用这些蛋白质。能溶于水的蛋白质通常称为"水溶蛋白"，其含量仅有1%～2%。

茶叶中的蛋白质由谷蛋白、白蛋白、球蛋白和精蛋白所组成，

其中以谷蛋白所占比例最大，约为蛋白总量的80%，其他几种蛋白含量较少。能溶于水的是白蛋白，这种蛋白质对茶汤的滋味起着积极作用。

茶叶中的氨基酸种类甚多，已发现的有25种以上。主要有：茶氨酸、天门冬氨酸、天门冬酰胺、谷氨酸、甘氨酸、谷氨酰胺、精氨酸、丝氨酸、丙氨酸、赖氨酸、组氨酸、苏氨酸、缬氨酸、苯丙氨酸、酪氨酸、亮氨酸和异亮氨酸。氨基酸的总含量因品种、季节、老嫩等因素的不同而有较大的变化，幼嫩的茶叶中一般含有2%～4%，上述的十几种氨基酸中，以茶氨酸、谷氨酸、天门冬氨酸、精氨酸等含量较多，其中尤以茶氨酸的含量最为突出，约占游离氨基酸总量的50%～60%，嫩芽和嫩茎中所占比例更大；谷氨酸次之，约占总量的13%～15%；天门冬氨酸又次之，约占总量的10%。这三种氨基酸占游离氨基酸总量的80%左右。

氨基酸大多具有鲜味。有的氨基酸还带有香气，如苯丙氨酸类似玫瑰花香，丙氨酸、谷氨酸类似花香，茶氨酸类似焦糖香。氨基酸与邻醌作用，能生成具有香气的醛类物质，如缬氨酸转化为异丁醛，亮氨酸转化为异戊醛，丙氨酸转化为乙醛等。在制茶过程中，部分蛋白质在酶的作用下水解为氨基酸，有利于提高茶叶品质。

（四）芳香物质

芳香物质是茶叶中种类繁多的挥发性物质的总称，习惯上称为芳香油。芳香物质在茶叶中含量并不多，但对茶叶品质起着重要的作用。

一般鲜叶中的含量不到0.02%，绿茶中约含0.005%～0.02%，红茶叶含量较多，含有0.01%～0.03%，茶叶中芳香物质的含量虽然不多，但由于组成各类茶叶香气的芳香物质多达三百余种，这些物质不同的组合就构成了各种类型的香气。经分析鉴定，组成茶叶香气的芳香物质，归纳起来可分为十一大类：碳氢化合物、醇类、酮类、酯类、内酯类、酸类、酚类、含氧化合物、含硫化合物和含氮化合物。各种香气物质，由于分别含有羟基、酮基、醛基等发香基团而形成各种各样的香气。

上述芳香物质，其沸点差异很大，低的只有几十度至 100 多℃，高的可达 200 多℃，例如占鲜叶芳香物质 60%的青叶醇，具有强烈的青臭气，但由于其沸点只有 157℃，高温杀青时，绝大部分挥发散失，而高沸点的芳香物质，如沉香醇(即芳樟醇)，香叶醇、苯乙醇、茉莉酮酸、香叶酯等就保留较多，从而使茶叶形成特有的清香，花香和果香等等。

(五)生物碱

茶叶中含有多种的嘌呤碱，其中主要成分是咖啡碱，它所占的比例相当大。此外，还含有少量的茶叶碱、可可碱等。

茶叶中咖啡碱约含 2%～5%，咖啡碱的生物合成途径与氨基酸、核酸、核苷酸的代谢紧密相连，所以咖啡碱也是在茶树生命活动活跃的嫩梢部分合成最多，含量最高。咖啡碱是含氮物质的一种，属氮代谢产物，因此，含量多少与施用氮肥的水平有关。

在制茶过程中，咖啡碱略有减少，由于咖啡碱在 120℃时开始升华，如果烘焙温度超过 120℃时，损失量可能要多些。

咖啡碱在茶汤中与茶多酚、氨基酸结合形成络合物，具鲜爽味，有改善茶汤滋味的作用。这种络合物在茶汤冷却后，能离析出来，形成乳状的“冷后浑”，这是茶汤优良的标志。

咖啡碱作为药用，具有兴奋中枢神经，加强肌肉收缩的能力，消除疲劳的作用。在药理上具有利尿强心和防高血压的作用。此外，还有加速肝的解毒作用，减轻烟碱和酒精的毒害。

(六)糖类

茶叶中糖类包括单糖、双糖和多糖三类，有几十种之多，其含量为 20%～30%。茶叶中的糖类化合物都是由光合作用合成、代谢转化而形成的，因此，糖类化合物的含量与茶叶产量密切相关。

茶叶中的单糖包括葡萄糖、甘露糖、半乳糖、果糖、核糖、木酮糖、阿拉伯糖等，其含量约为0.3%～1%；茶叶中的双糖包括麦芽糖、蔗糖、乳糖、棉子糖等，其含量约为0.5%～3%。单糖和双糖通常都易溶于水，故总称可溶性糖，具有甜味，是茶叶滋味物质之一。茶叶中的单糖和双糖不仅是滋味物质，而且在制茶过程中参与茶叶香气的形成。某些茶叶具有“板栗香”、“甜香”或“焦糖香”，这些香气的形成往往与糖类的变化、糖与氨基酸、有机酸、茶多酚等物质相互作用有关。

茶叶中的多糖通常指的是淀粉、纤维素、半纤维素和木质素等物质，它们约占茶叶干物质的20%以上，其中淀粉只含有1%～2%，含量较多的是纤维素和半纤维素，约含9%～18%。茶叶中的多糖类物质一般不溶于水，含量高是茶叶老化，嫩度差的标志。

茶叶中的糖类化合物，除上述糖类物质外，还有很多与糖有关的物质，其中主要包括：果胶、各种酚类的糖甙、茶皂甙、脂多糖等。

（七）茶叶色素

广义而言，茶叶色素是指茶树体内的色素成分和成茶冲泡后，形成茶汤颜色的色素成分。包括叶绿素、胡萝卜素、黄酮类物质、花青素及其他茶多酚的氧化产物，TF（茶黄素）、TR（茶红素）、TB（茶褐素）等。叶绿素、叶黄素和胡萝卜素不溶于水，统称为脂溶性色素，黄酮类物质，花青素、TF、TR和TB能溶于水，统称为水溶性色素。脂溶性色素对干茶的色泽和叶底色泽均有很大的影响，而水溶性色素决定着茶汤的汤色。

茶叶中的叶绿素的含量一般为0.3%～0.8%，叶绿素主要是由蓝绿色的叶绿素a和黄绿色的叶绿素b所组成。胡萝卜素在茶叶中含量为0.02%～0.1%，叶黄素为0.01%～0.07%，为黄色—橙黄色物质。这类色素在茶叶中大约有15种，统称为类胡萝卜素，含量较多的有β-胡萝卜素、叶黄素、堇黄素、α-胡萝卜素等。类胡萝卜素也能吸收光能，对叶绿素进行光合作用起着辅助作用。

在制茶过程中，类胡萝卜素易氧化，损失较多，叶黄素变化较小，当叶绿素受到破坏后，就显出黄色。它们都不溶于水，不影响茶汤汤色，是构成叶底和干茶色泽的色素之一。

胡萝卜素对人体具有维生素 A 的作用，可治眼疾如角膜炎。在制茶中经降解后，可形成某些芳香物质，如二氢海葵内酯，提高茶叶品质。

黄酮类物质和花青素属多酚类化合物，呈黄色和黄绿色，不仅是绿茶汤色的主要组分，其氧化聚合物与红茶汤色也有密切的关系。

茶多酚在红茶制造中氧化聚合形成的有色产物统称为红茶色素。红茶色素一般包含茶黄素，茶红素和茶褐素三大类物质，茶黄素呈橙黄色，是决定茶汤明亮的主要成分。茶黄素形成的数量决定于制茶工艺，也决定于品种的生化特性。如何最大限度地提高茶黄素的含量，是一个值得研究的课题。

（八）有机酸

茶叶中含有多种数量较少的游离有机酸。其中主要的有苹果酸、柠檬酸、草酸、鸡纳酸和对－香豆酸等。有些有机酸是香气成分，如乙烯酸；有的本身虽无香气，但在氧化或其他作用影响下，可转化为香气成分，如亚油酸；有的是香气成分良好的吸附剂，如棕榈酸。茶叶香气成分中已发现的有机酸有 25 种，有些挥发的，有些非挥发的。没食子酸等酚酸物质是茶多酚代谢的产物，参与制茶过程的生化变化，对形成红茶色素有直接影响。

茶叶中的草酸钙，其含量约为 0.01%。在茶树体内，它与钙形成草酸钙晶体，在对茶树叶片进行解剖显微观察时，可见到这种晶体。用此可作为鉴定真假茶的依据。

（九）酶和维生素

酶是一类具有生理活性的蛋白体，是生物体进行各种化学反

应的催化剂,它具有功效高、专一性强的特点。离开这类化合物,一切生物包括茶树在内就不能生存,茶树物质的合成与转化,也依赖于这种物质的催化作用。制茶中,多酚氧化酶能促使茶多酚氧化聚合形成茶黄素;蛋白酶能使蛋白质水解成氨基酸;淀粉酶能使淀粉水解成葡萄糖;乌龙茶加工主要技术都与酶的控制和利用有关。

茶叶中的酶类很多而且复杂,归纳起来有几大类:水解酶、糖甙酶、磷酸化酶、裂解酶、氧化还原酶、移换酶和同分异构酶等。茶叶中的多酚氧化酶在制茶过程中起着重要的作用,对形成各种茶类的品质风格关系极大。不同品种鲜叶发酵性能的差异,以及适制性上的差异,都与多酚氧化酶同功酶的组成与比例有关。乌龙茶加工的主要技术环节都与酶的控制和利用有关,最新研究结果表明,与乌龙茶品质成因有关的酶类主要有水解酶类和氧化还原酶类,如多酚氧化酶、过氧化物酶、果胶酶、糖苷酶、蛋白酶和淀粉酶等,尤其是糖苷酶与乌龙茶香气的形成有着密切的关系,茶叶中的β～樱草糖苷酶被认为是香气形成的主要底物。蛋白酶可将茶叶中的蛋白质水解成各种氨基酸,不仅能改善茶叶的香气和鲜爽度,而且可减少不溶性复合物的产生,提高茶汤的质量。在乌龙茶新工艺加工过程中,尽管蛋白水解酶不能使氨基酸和可溶性蛋白在量上有较多的积累,但是就其进一步参与各种反应、转化形成一系列芳香物质来看,蛋白酶对乌龙茶特有品质的形成,尤其是香味的发挥起着十分重要的作用。

酶的反应速度各有自己最适的温度和pH值,当条件适宜时,就显示出最大的活力;条件不适宜时,活力就受到影响或停止。温度逐渐升高,活性随之增强。一般温度达到45～55℃时,作用最为强烈,超过此温度,活性开始被抑制,在70～80℃温度下,呈钝化状态;80℃以上,酶蛋白质开始变性,活性受到破坏。虽不同的酶各有自己最适的温度,但一般都在30～50℃之间,温度过高、过低都会影响酶活性,酶蛋白达到一定温度时,即产生变性失去活性。乌龙茶的做青就是要创造适宜条件，充分发挥和利用酶的作用，促使萜烯醇类糖甙的水解和多酚类等内含物质适度氧化，形成乌龙茶的色、香、味，以获得优良的成茶品质。乌龙茶的高温杀青，其目的则是利用高温迅速破坏酶的活性，固定已形成的品质。

茶叶中含有多种的维生素，有水溶性和脂溶性维生素两大类，水溶性维生素包含维生素 C、B_1. B_2. B_3. B_{11}. 类维生素 P、维生素 B 和肌酸等。茶叶中含量最多的是维生素 C，高级绿茶中的含量可达 0.5%，但质量差的绿茶和红茶中含量只有 0.1%，甚至更少。茶叶中含有多种 B 族维生素，一般在 100g 干茶中含有 15mg 左右，B 族维生素有多种功效，是人体不可缺少的维生素，茶叶中的儿茶素和黄酮类物质具有维生素 P 的作用，可增强人体血管的弹性，对血管的硬化有辅助疗效。茶叶中维生素 B_2（烟碱酸）的含量，100g 干茶中约为 100mg 左右，具有预防癞皮病、皮肤炎等。由于茶叶中富含各种维生素，因此饮茶不仅能解渴、提神，而且还具有一定的营养意义。

茶叶中脂溶性维生素有维生素 A、维生素 D、维生素 E 和维生素 K 等。其中维生素 A 含量较多，维生素 A 是胡萝卜素的衍生物，这些维生素因难溶于水，所以饮茶时为人们所利用的不多。

（十）灰分（无机成分）

茶叶经过高温灼烧后残留下来的物质总称“灰分”，约占干物质重的 4%～7%。茶叶的无机成分中含量最多的是磷、钾，其次是钙、镁、铁、锰、铝、硫，微量成分有锌、铜、氟、钼、硼、铅、铬、镍、镉等。氮、磷、钾等是人们熟悉的大量营养元素，其余大多统称为微量元素。

灰分有纯灰分和粗灰分之分。纯灰分是指灰化的物质中各元素的氧化物；粗灰分（总灰分）是指还有一些未经灰化的碳粒和碳酸盐。

灰分中有的可溶于水，称为水溶性灰分；有的不溶于水，称为

水不溶性灰分。水不溶性灰分经强酸处理后，有的可溶于酸，称为酸溶性灰分；有的不溶于酸，称为酸不溶性灰分。水溶性灰分含量约占茶叶总灰分的56%～65%。水溶性灰分含量的高低，可反映出成品茶品质的好坏，品质较好的茶叶水溶性灰分含量相对较多。

因此，灰分含量是茶叶出口检验项目之一，通常规定灰分含量不宜超过6.5%。灰分含量过多是茶叶品质差或是混入泥沙杂质的缘故。

二、茶叶分类及品质特征

我国茶区广阔，茶类丰富。从初制技术上分，有绿茶、红茶、黄茶、黑茶、白茶、青茶六大茶类。通过再加工，又有若干小分类，归属于大类之下，如绿茶中的花茶等。

（一）绿茶分类及品质特征

不同的茶叶加工方法，形成了各种不同的茶类，各茶类都有一定的品质特征和规格要求。绿茶为不发酵茶，品质特点是绿汤绿叶。一般经过杀青、揉捻、干燥三道工序加工而成。杀青是形成该茶类品质的关键工序，根据杀青方法的不同，又分为炒热杀青茶和蒸汽杀青茶两类。

大宗绿茶根据鲜叶原料的嫩度不同，由嫩到老，划分级别，一般设置一级至六级六个级别，品质也由高到低。

1. 炒热杀青绿茶

炒热杀青是我国绿茶的传统杀青方法，其优点是香味浓醇鲜爽，深受消费者的欢迎。按干燥方式的不同，又可分为炒干（锅炒或滚炒）、烘干和晒干，分别称为炒青茶、烘青茶和晒青茶。干燥方式既有炒干又有烘干工序的，称为半烘炒茶，品质介于炒青茶和烘青茶之间。

表 5-1　中国茶叶分类表

- 茶
  - 基本茶类
    - 绿茶
      - 蒸青绿茶：煎茶、玉露茶
      - 炒青绿茶
        - 眉茶
        - 珠茶
        - 细嫩炒青
      - 烘青绿茶
        - 普通烘青
        - 细嫩烘青
    - 白茶
      - 白芽茶（白毫银针）
      - 白叶茶（白牡丹、贡眉）
    - 黄茶
      - 黄芽茶（君山银针、蒙顶黄芽）
      - 黄小茶（北港毛尖、沩山毛尖、温州黄汤）
      - 黄大茶（霍山黄大茶、广东大叶青）
    - 乌龙茶
      - 闽北乌龙茶（武夷岩茶、水仙、肉桂）
      - 闽南乌龙茶（铁观音、黄金桂、奇兰）
      - 广东乌龙茶（凤凰单丛、岭头单丛等）
      - 台湾乌龙茶（包种、冻顶乌龙、白毫乌龙）
    - 红茶
      - 小种红茶（正山小种、烟小种）
      - 工夫红茶（祁红、滇红、川红、闽红）
      - 红碎茶（叶茶、碎茶、片茶、末茶）
    - 黑茶
      - 湖南黑茶（安化黑茶）
      - 湖北老青茶（埔圻老青茶等）
      - 四川边茶（南路边茶、西路边茶等）
      - 滇桂黑茶（普洱茶、六堡茶等）
  - 再加工茶类
    - 花茶（茉莉花茶、珠兰、玫瑰、桂花茶）
    - 紧压茶（黑砖、茯砖、方茶、饼茶等）
    - 萃取茶（速溶茶、浓缩茶、罐装茶水等）
    - 果味茶（荔枝红茶、柠檬红茶、猕猴桃茶等）
    - 保健茶（减肥茶、杜仲茶、降脂茶等）
    - 茶叶饮料（茶可乐、茶汽水等）

1.1　炒青　炒青茶按茶的形状区分，可分为长炒青、圆炒青和扁炒青。以长炒青的产地最广、产量最多。

(1)长炒青　主产区是浙江、安徽和江西三省，以小叶种茶树品种为主。浙江有杭炒青、遂炒青和温炒青；安徽有屯炒青、芜炒青和舒炒青；江西有婺炒青、赣炒青和饶炒青等。有时还按外销产

品的称谓，分别称为杭绿、屯绿、婺绿等。

长炒青的品质特征是：高档茶条索紧结、浑直匀齐、有锋苗，色泽绿润；中档茶条索尚紧结，色泽黄绿尚润；低档茶条索粗实或稍粗松，色泽绿黄或黄稍枯。内质高档茶香气清高持久，滋味浓醇，汤色黄绿清澈明亮，叶底嫩匀黄绿明亮；中档茶香气尚高，滋味醇和，汤色黄绿，叶底尚嫩匀黄绿；低档茶香气平正或稍粗，滋味平和或稍粗涩，叶底稍粗老，绿黄或黄稍暗。各地炒青中以婺炒青和屯炒青品质为佳。它们条索较肥壮，香高持久，滋味浓厚，叶底厚实。婺炒青收敛性较屯炒青强；遂炒青品质接近屯炒青；舒炒青条索细紧，嫩梗较多，汤色黄绿，滋味浓厚略涩；杭炒青条索细紧。色泽绿润，香气清香，滋味尚浓醇，叶底绿明；温炒青条索细紧略羸，芽锋较显，汤色浅亮，香气鲜嫩，滋味鲜爽，叶底嫩匀多芽。

（2）圆炒青　圆炒青是我国绿茶的主要品种之一，历史上主要集散地在浙江绍兴市平水镇，因而称为“平水珠茶”，毛茶又称为平炒青。外形呈颗粒状，高档茶圆紧似珠，匀齐重实，色泽墨绿油润。内质香气纯正，滋味浓醇，汤色清明，叶底黄绿明亮，芽叶柔软完整。

（3）扁炒青　外形呈扁形，有龙井茶、大方茶、旗枪茶等。20世纪90年代前龙井茶因产地不同，有西湖龙井茶和浙江龙井茶之分。

西湖龙井茶　产于浙江省杭州市西湖区。高档西湖龙井茶，扁平尖削挺秀，光滑匀齐，色泽翠绿或嫩绿，香气鲜嫩清高持久，滋味鲜爽甘醇，有鲜橄榄的回味。汤色杏绿清澈明亮。冲泡在玻璃杯中，芽叶嫩匀成朵，一旗一枪，芽芽直立，栩栩如生，素以“色绿、香郁、味甘、形美”四绝著称。

浙江龙井茶　产于浙江省萧山、富阳、余杭、新昌、嵊县等地区。高档浙江龙井茶品质特征为扁平光滑、匀整，色泽嫩绿稍润，香气嫩香，滋味醇爽，汤色黄绿明亮，叶底嫩匀多芽肥壮、黄绿明亮。

旗枪　原产于浙江省杭州市郊区及富阳、余杭、萧山等地，后由于市场销售发生变化，栽培技术、采摘要求和加工方法不断提高，旗枪茶产量逐年减少，浙江龙井茶产量增多。旗枪茶品质特征是外形平扁光洁。尚匀整；叶端带嫩茎，色泽嫩绿；内质香气清爽，滋味醇正鲜和；汤色浅绿清明，叶底嫩匀黄绿明亮。低级茶外形条欠扁、乌浑条较多、色泽青绿；内质香气低淡。汤色较黄欠明。

龙井茶产区根据原产地域保护的要求，划分为西湖产区、钱塘产区、越州产区三个产区。其中西湖产区范围为现杭州市西湖区所辖行政区域；钱塘产区范围是萧山、余杭、富阳、临安、桐庐、建德、淳安等县（市、区）所辖行政区域；越州产区范围是现绍兴、诸暨、嵊县、新昌所辖县（市、区）行政区域以及上虞、东阳、磐安、天台等县（市）的部分乡镇区域内。

用产自西湖产区的茶鲜叶生产的龙井茶称为“西湖龙井茶”，其他产区的茶叶不得使用西湖龙井茶名称。非龙井茶原产地域生产的茶叶不得称为龙井茶。

大方茶　主产于安徽歙县，以老竹岭所产的品质最佳。浙江淳安和临安也有生产，一般是用作窨制花茶的原料。由于初制中要经过“拷扁”的工艺，所以又称“拷方”。其品质特征是：外形平扁匀齐，挺直肥壮，略有棱角。色泽黄绿微褐光润；内质香气浓烈带热栗子香。滋味浓而爽口，汤色微黄清澈。叶底黄绿明亮，肥嫩柔软多芽。

1.2　烘青　烘焙干燥的绿茶都属烘青茶。有毛烘青和特种烘青。毛烘青是条形茶，产区分布甚广，各主要产茶省均有生产，以浙江、安徽和福建三省为最多，品种以中小叶种为主。品名一般在“毛烘青”前加产地名。如浙毛烘青、徽毛烘青、闽毛烘青、湘毛烘青、苏毛烘青、川毛烘青和滇毛烘青等等。特种烘青即烘青名优茶，主要有：黄山毛峰、太平猴魁、开化龙顶、江山绿牡丹等等。

毛烘青的品质特征是：高档茶外形条索紧直，有锋苗、露毫，色泽深绿油润；中档茶条尚紧直，色泽绿尚润；低档茶条索稍粗松，色泽绿黄稍枯。内质高档茶香气清鲜,滋味鲜醇。汤色黄绿清澈明亮,叶底嫩绿明亮嫩匀完整;中档茶香气尚清纯,滋味醇和,汤色黄绿。叶底尚嫩匀。黄绿尚亮;低档茶香气平正或稍粗,滋味平和或稍粗涩,汤色绿黄或黄稍暗。其中徽毛烘青条索壮实,香味较浓,叶底肥厚;闽毛烘青条索细紧挺直;浙毛烘青条索稍松,嫩度较好,香味鲜和。

1.3 晒青 晒青毛茶又称普通晒青。中南、西南各省区和陕西均有生产。一般以产地为名,如滇毛青、鄂毛青、川毛青、黔毛青、湘毛青、豫毛青和陕毛青等,品质以滇毛青为佳。晒青毛茶一部分精制后以散茶形式供应市场,一部分作为普洱茶和紧压茶原料。

品质特征是:外形条索尚紧结,色泽乌绿欠润,香气低闷,常有日晒气,汤色及叶底泛黄,常有红梗红叶。品质不及烘青茶。

2. 蒸汽杀青绿茶

蒸汽杀青绿茶简称蒸青茶。日本的茶叶基本上以蒸青绿茶为主,如抹茶、玉露茶、碾茶和煎茶等,锅炒杀青茶较少。我国20世纪70年代由于外销需要,从日本进口蒸青茶机,在福建、浙江、安徽和江西等省生产蒸青煎茶,外销日本。现云南等省也生产部分蒸青绿茶。

煎茶加工经过蒸汽杀青、除湿散块、粗揉、揉捻、精揉与烘干等几道工序。品质要求干茶、汤色和叶底“三绿”。高档茶条索细紧圆整,挺直呈针形,匀称有尖锋,色泽鲜绿有光泽;香气似苔菜香,味醇和,回味带甘,茶汤清澈呈淡黄绿色。中、低档茶,条索紧结略扁,挺直较长。色泽深绿,香气尚清香,滋味醇和略涩,叶底青绿色。

(二)红茶分类及品质特征

红茶为全发酵茶,品质特点是红汤红叶。红茶的制法是经过萎凋、揉捻(或揉切)和发酵干燥工序。红茶根据加工方法的不同,分为工夫红茶、红碎茶、小种红茶三种。工夫红茶是条形红毛茶经多道工序，精工细做而成。因颇花工夫，故得此名。红碎茶是在揉捻过程中，边揉边切，或直接经切碎机械将茶条切细成为颗粒状。小种红茶条粗而壮实，因加工过程中有熏烟工序，使其香味带有松烟香味。

1. 小种红茶

小种红茶主产于福建武夷山市星村镇桐木村一带，又称正山小种，其他外地仿制称为“人工小种”，以正山小种品质最好。其外形粗壮肥实，色泽乌黑油润有光，汤色鲜艳浓厚，呈深金黄色，香气纯正高长，带松烟香，滋味醇厚类似桂圆汤味，叶底厚实，呈古铜色。

2. 工夫红茶

我国工夫红茶根据产地分有云南的滇红、安徽的祁红、湖北的宜红、江西的宁红、四川的川红、浙江的浙红（也称越红）、湖南的湖红、广东（海南）的粤红、福建的闽红等等。其中品质优良，较有代表性的工夫红茶为大叶种的滇红和小叶种的祁红。

（1）滇红产于云南省的勐海、凤庆、临沧、云县等自治县，品种为云南大叶种，根据鲜叶的嫩匀度不同，一般分为特级，一至五级。其中高档滇红外形条索肥壮重实，显锋苗，色泽乌润显毫，香气嫩香浓郁，有特殊的地域香，滋味鲜浓醇，收敛性强，汤色红艳，叶底肥厚柔嫩，色红艳；中档茶外形条索肥嫩紧实，尚乌润有金毫，香气浓纯，类似桂圆香或焦糖香，滋味醇厚，汤色红亮，叶底尚嫩匀，红匀尚亮；低档茶条索粗壮尚紧。色泽乌黑稍泛棕色，香气纯正，滋味平和，汤色红尚亮，叶底稍粗硬，红稍暗。

（2）祁红产于安徽省祁门县，品种以小叶种中的槠叶种为主。按鲜叶原料的嫩匀度分为特级，一级至五级。其中高档祁红外形条索细紧挺秀，色泽乌润有毫。香气鲜嫩甜，带蜜糖香，滋味鲜醇嫩甜，汤色红艳，叶底柔嫩有芽，红匀明亮；中档茶条索紧细，色泽乌尚润，香气尚鲜浓，滋味醇和，汤色红亮，叶底嫩匀，红匀尚亮；低

档茶条索尚紧细，色泽乌欠润，香气纯正，滋味尚醇，叶底尚匀，尚红稍暗。

3. 红碎茶

我国红碎茶根据产地及茶树品种不同，可分为四套红碎茶加工标准，每套都设有实物标准样。第一套红碎茶标准适用于云南大叶种地区。第二套红碎茶标准适用于广东、海南、广西等引种大叶种地区，第三套红碎茶标准适用于四川、贵州、湖北、湖南部分地区及福建等省的中小叶种地区，第四套红碎茶标准适用于浙江、湖南部分地区和江苏等省的小叶种地区。各套红碎茶产品根据国际市场对品质规格的要求，同时结合我国茶树品种和不同加工机械生产的产品质量情况，分为叶茶、碎茶、片茶、末茶四个类型，各类型又细分若干花色。其中品种不同红碎茶品质有较大差异；花色规格不同，其外形形状、颗粒重实度及内质香味品质都有差别。

(1)不同品种红碎茶品质特征

大叶种红碎茶(碎茶类)：颗粒紧结重实、有金毫，色乌润或乌泛棕；香气高锐，汤色红艳，滋味浓强鲜爽，叶底嫩匀厚实，红明亮。

中小叶种红碎茶(碎茶类)：颗粒紧卷，色乌润或棕褐；香气高鲜，汤色红亮，滋味鲜爽，尚浓欠强，叶底红匀明亮。

(2)不同类型大叶种红碎茶品质特征

叶茶：现第二套样设有叶茶花色，其他三套样已不设叶茶花色。叶茶外形呈细条形，紧卷匀直，不含碎片、末茶，色泽乌润；香气鲜爽，汤色红艳，滋味浓强，叶底嫩匀红亮。

碎茶：颗粒形，色泽乌润或泛棕；香气鲜爽，滋味浓强，汤色红艳，叶底嫩匀红亮。

片茶：皱折片或木耳片形，色乌褐；香气尚纯，滋味尚浓，汤色尚红亮，叶底红匀尚明。

末茶：砂粒状，价格一般高于片茶，色泽乌黑或灰褐；香气纯正，滋味浓强，汤色红深尚明，叶底红匀尚亮。

（三）黄茶分类及品质特征

黄茶的初制工序与绿茶基本相同，只是在干燥前后增加一道“闷黄”工序，导致黄茶香气变化，滋味变醇。黄茶按鲜叶老嫩的不同，有芽茶、叶茶之分，可分为黄芽茶、黄小茶和黄大茶三种。

1. 黄芽茶

黄芽茶可分为银针和黄芽两种，前者如君山银针，后者如蒙顶黄芽、霍山黄芽等。

1.1　君山银针　产于湖南省岳阳洞庭湖的君山。君山银针全部用未开展的肥嫩芽尖制成，制法特点是在初烘、复烘前后进行摊晾和初包、复包，其品质特征是外形芽实肥壮，满披茸毛，色泽金黄光亮；内质香气清鲜，汤色浅黄，滋味甜爽，叶底全芽，嫩黄明亮。冲泡在玻璃杯中，芽尖冲向水面，悬空竖立，继而徐徐下沉，部分壮芽可三上三下，最后立于杯底。按茶芽的肥壮程度一般分为极品、特级和一级。极品银针茶芽竖立率大于或等于90%，特级竖立率大于或等于80%，一级竖立率大于或等于70%。

1.2　蒙顶黄芽　产于四川雅安名山县。鲜叶采摘为一芽一叶初展，初制分为杀青、初包、复锅、复包、三炒、四炒、烘焙等工序。品质特征外形芽叶整齐，形状扁直，肥嫩多毫，色泽金黄；内质汤色嫩黄，味甘而醇，叶底嫩匀，嫩黄明亮。

1.3　霍山黄芽　产于安徽霍山县。鲜叶采摘标准为一芽一叶、一芽二叶初展，初制分炒茶（杀青和做形）、初烘和摊放，复烘和摊放、足烘等工序。每次摊放时间较长，约一二天，黄芽的品质特征是在摊放过程中形成的。黄芽的外形芽叶细嫩多毫，色泽黄绿；内质汤色黄绿带金黄圈，香气清高，带熟板栗香，滋味醇厚回甘，叶底嫩匀黄亮。

2. 黄小茶

黄小茶的鲜叶采摘标准为一芽一二叶或一芽二三叶。有湖南的北港毛尖和沩山毛尖，浙江的平阳毛尖，皖西的黄小茶等。

2.1　北港毛尖　产于湖南省岳阳北港，鲜叶采摘标准为一芽二三叶。初制分为杀青、锅揉、闷黄、复炒、复揉、炒干等工序。品质特点是外形条索紧结重实卷曲，白毫显露，色泽金黄；内质汤色杏黄清澈，香气清高，滋味醇厚，耐冲泡，三四次尚有余味。

2.2　沩山毛尖　产于湖南省宁乡县的沩山。品质特征是外形叶边微卷，金毫显露，色泽黄亮油润；内质汤色橙黄明亮。有浓厚的松烟香，滋味甜醇爽口，叶底芽叶肥厚黄亮。此茶为甘肃、新疆等地消费者所喜爱。沩山毛尖品质特征的关键是在初制时经过“闷黄”和“烟薰”两道工序。

3. 黄大茶

黄大茶的鲜叶采摘标准为一芽三四叶或一芽四五叶。产量较多，主要有安徽霍山黄大茶和广东大叶青茶。

3.1　霍山黄大茶　鲜叶采摘标准为一芽四五叶。初制为炒茶与揉捻，初烘、堆积、烘焙等工序。堆积时间较长(5～7 天)。烘焙火功较足，下烘后趁热踩篓包装，是形成霍山黄大茶品质特征的主要原因。

霍山黄大茶外形叶大梗长，梗叶相连，形似钓鱼钩，色泽油润，有自然的金黄色；内质汤色深黄明亮，有突出的高爽焦香，似锅巴香，滋味浓厚，叶底色黄，耐冲泡。此茶深受山东沂蒙山区的消费者喜爱。

3.2　广东大叶青　以大叶种茶树的鲜叶为原料，采摘标准一芽三四叶。初制为萎凋、杀青、揉捻、闷堆、干燥等工序，其中闷堆是形成大叶青茶品质特征的主要工序。广东大叶青外形条索肥壮卷曲，身骨重实，显毫，色泽青润带黄(或青褐色)；内质香气纯正，滋味浓醇回甘，汤色深黄明亮(或橙黄色)，叶底浅黄色，芽叶完整。

(四)乌龙茶分类及品质特征

乌龙茶按产地不同分为福建乌龙茶、广东乌龙茶和台湾乌龙茶。其采制特点是采摘一定成熟度的鲜叶，经萎凋、做青、杀青、揉捻、干燥后制成,形成其品质的关键工序是做青。

1.福建乌龙茶

福建乌龙茶按做青(发酵)程度分闽南乌龙茶和闽北乌龙茶两大类。

闽南乌龙茶做青时发酵程度较轻。揉捻较重,干燥过程间有包揉工序,形成外形卷曲,壮结重实,干茶色泽较砂绿润,香气为清香细长型,叶底绿叶红点或红镶边。闽南乌龙茶根据品种不同有安溪铁观音、安溪色种、永春佛手、闽南水仙、平和白芽奇兰、诏安八仙茶、福建单丛等。除安溪铁观音外,安溪县内的毛蟹、本山、大叶乌龙、黄金桂、奇兰等品种统称为安溪色种。

闽北乌龙茶做青时发酵程度较重。揉捻时无包揉工序,因而条索壮结弯曲,干茶色泽较乌润,香气为熟香型,汤色橙黄明亮,叶底三红七绿,红镶边明显。闽北乌龙茶根据品种和产地不同,有闽北水仙、闽北乌龙、武夷水仙、武夷肉桂、武夷奇种、品种(乌龙、梅占、观音、雪梨、奇兰、佛手等)、普通名丛(金柳条、金锁匙、千里香、不知春等)、名岩名丛(大红袍、白鸡冠、水金龟、铁罗汉、半天天等)。其中武夷岩茶类如武夷水仙、武夷肉桂等香味具特殊的“岩韵”,汤色橙红浓艳,滋味醇厚回甘,叶底肥软、绿叶红镶边。

历史上武夷岩茶按产地不同划分为正岩茶、半岩茶和洲茶。正岩茶指武夷山三坑二涧各大岩所产的茶;半岩茶指岩下边缘所产的茶,品质稍逊于正岩茶;洲茶指山下溪边、路边所产的茶,品质更逊一筹。现在,政府为扩大当地茶叶生产、发展经济的需要,根据原产地保护的要求,把武夷岩茶的产地范围分为名岩产区和丹岩产区。名岩产区为武夷山风景区范围,即:东至崇阳溪,南至南星公路,西至高星公路,北至黄柏溪的景区范围。丹岩产区为武夷岩茶原产地域范围内(武夷山市辖区范围)除名岩产区的其他地区。

2.广东乌龙茶

广东乌龙茶的主要品种有岭头单丛、凤凰单丛无性系——黄枝香单丛、芝兰香单丛、玉兰香单丛、蜜兰香单丛等等以及少量凤凰水仙。

岭头单丛：条索紧结挺直，色泽黄褐油润；香气有自然花香，滋味醇爽回甘，蜜味显现，汤色橙黄明亮，叶底黄腹朱边软亮。

凤凰单丛：主产于潮州市潮安县的名茶之乡凤凰镇凤凰山区。是从凤凰水仙群体品种中筛选出来的优异单株，品质优于凤凰水仙。其初制加工工艺接近闽北制法，外形也为直条形，紧结重实，色泽金褐油润或绿褐润；其香型因各名丛树型、叶型不同而各有差异，有浓郁栀子花香的，称为黄枝香单丛，香气清纯浓郁具自然兰花清香的，为芝兰香单丛，更有桂花香、蜜香、杏仁香、天然茉莉香、柚花香等等。其滋味醇厚回甘，也因各名丛类型不同，其韵味及回甘度也有区别。

3. 台湾乌龙茶

台湾乌龙茶主要品种有青心乌龙、金萱、翠玉等。按其发酵程度的轻重主要有包种茶、冻顶乌龙和白毫乌龙(又名红乌龙)。

包种茶：是目前台湾生产的乌龙茶中数量最多的，它的发酵程度是所有乌龙茶中最轻的，品质较接近绿茶。外形呈直条形，色泽深翠绿，带有灰霜点；汤色蜜绿，香气有浓郁的兰花清香，滋味醇滑甘润，叶底绿翠。

冻顶乌龙：产于台湾南投县的冻顶山，它的发酵程度比包种茶稍重。外形为半球形，色泽青绿，略带白毫，香气兰花香、乳香交融，滋味甘滑爽口，汤色金黄中带绿意，叶底翠绿，略有红镶边。

白毫乌龙：是所有乌龙茶中发酵最重的，而且鲜叶嫩度也是乌龙茶中最嫩的，一般为带嫩芽采一芽二叶。其外形茶芽肥壮，白毫显，茶条较短，色泽呈红、黄、白三色；汤色呈鲜艳的橙红色，香气有天然的花果香，滋味醇滑甘爽，叶底红褐带红边，叶基部呈淡绿色，芽叶完整。

（五）白茶分类及品质特征

白茶是我国特种茶类之一，传统工艺的白茶是不经炒、揉，直接萎凋（或干燥）而成的片叶茶，属微（轻度）发酵茶。

白茶按其鲜叶原料的茶树大小品种来分，有“大白”（或水仙白）和“小白”。经精制后，花色品种有白毫银针、白牡丹、贡眉、寿眉。无性系品种大白茶，芽心肥壮、茸毛洁白，所采的嫩芽、叶可制珍品，一是白毫银针——纯以大白茶肥壮单芽采制而成；二是白牡丹——一芽二叶，芽叶连枝，白毫显露，形态自然，形似花朵。有性系菜茶品种芽叶制成的称“小白”，其条索细嫩，色泽灰绿，叶缘垂卷，微曲如眉，成品茶为贡眉。大白、小白精制后的副产品统称寿眉。

白毛茶品质要求：毫心肥壮、叶张肥嫩、芽叶连枝、叶形波卷、芽毫银白，色灰绿（或深绿、翠绿）毫香显露，滋味鲜醇，汤色橙黄，叶底匀亮。因品种不同，其品质特征有所差别。除传统工艺的白茶外，为了适应香港地区消费者的需求，于1969年又研制开发出了新工艺白茶产品，称为新白茶。新白茶产于福建省福鼎县，鲜叶原料与制法同“贡眉”，采摘中、小叶种茶树鲜叶，原料嫩度相对较低，其初制工艺：萎凋——轻揉——干燥。外形较贡眉卷紧成条。

新白茶品质特征：外形半卷紧稍曲，叶张略有卷褶，色泽暗绿带褐，香气清醇甜和，滋味浓醇，汤色橙红，叶底色泽灰带黄红，叶张开展，筋脉泛红。

由于新白茶既具有白茶的品质特征，又带有些红茶风格，其清甘浓醇特点，受到消费者欢迎，主销香港及澳门地区，年出口量100～150吨左右。

（六）黑茶分类及品质特征

黑茶按加工方法及形状不同分为散装黑茶和压制黑茶两类。

1. 散装黑茶：也称黑毛茶。主要有湖南黑毛茶、湖北老青茶、

四川的做庄茶、广西的六堡散茶、云南的普洱茶等。湖南黑毛茶的鲜叶原料成熟度较高，一般为一芽四五叶组成，甚至当年的老叶亦作付制对象。老青茶的原料成熟度更高。鲜叶采割标准一般按茎梗皮色划分，一级茶以青梗为主。基部稍带红梗；二级茶以红梗为主，顶部稍带青梗；三级茶为当年生红梗，不带麻梗。四川的做庄茶一般以采割当季或当年成熟新梢枝叶为原料。广西六堡茶的原料嫩度稍高于以上几类黑毛茶，一般采摘一芽二三叶或一芽三四叶的新梢。云南普洱茶的原料嫩度较好，高档普洱茶以一芽二叶为主，中低档茶则以一芽二三叶及一芽三四叶为主。黑茶的初制工艺一般为：鲜叶原料一杀青一揉捻一渥堆一干燥。其中渥堆是将揉捻叶堆积起来，通过堆内的湿热作用，除去部分涩味和粗老味，使叶色由暗绿变成黄褐，形成黑茶香味纯和无粗涩气味，汤色橙黄，叶底黄褐或黑褐的品质特征。渥堆过程实质上是一个后发酵过程，是黑茶品质既不同于红茶更不同于绿茶的关键所在。

2.压制黑茶：是指以湖南黑毛茶、湖北老青茶、四川的毛庄茶和做庄茶、红茶的片末等副产品、六堡散茶、云南晒青毛茶、普洱茶等为原料，经整理加工后，汽蒸压制成型。根据压制的形状不同，分为砖形茶，如茯砖茶、花砖茶、黑砖茶、老青砖、米砖茶、云南砖茶（紧茶）等；枕形茶，如康砖茶和金尖茶；碗臼形茶，如普洱沱茶；篓装茶，如六堡茶、方包茶等；圆形茶，如饼茶、七子饼茶等。压制茶品质总的要求是外观形状与规格要符合该茶类应有的规格要求，如成型的茶，外形平整，个体压制紧实或紧结，不起层脱面，压制的花纹清晰，茯砖茶还要求砖内发花茂盛。各压制茶的色泽具有该茶类应有的色泽特征；内质要求香味纯正。没有酸、馊、霉、异等不正常气味，也无粗、涩等气味。

三、乌龙茶的保健功效

喝茶不仅具有生津解渴的作用，还有抗老强身，延年益寿效果。医界认为："茶味苦、甘、性凉，人心肝、脾肺肾五经。苦能泻下,燥湿,降逆,甘能补益缓和,凉能清热,泻火,解毒。”这说明茶叶具有能攻能补、入五脏全方位的功效。

1. 提神解劳

茶叶含有35%的咖啡因,它能与茶水里的其他物质中和,在胃内的酸性条件下减轻它纯粹的活性和对胃的刺激性,但当混合物进入小肠的非酸性环境中时,它又能还原释出、被血液吸收,从而发挥消除疲劳的作用。此外,茶还含有黄烷醇类化合物,同样对提神醒脑有所帮助。

2. 降脂减肥

中医药典《本草拾遗》曾提到:“茶,久食令人瘦,去人脂”,可见古人已知茶具有去油脂与减肥的功效。茶叶中的咖啡因、维生素、茶多酚以及多种化合物,都有调节脂肪代谢的功能,加上茶水中还含有一些能溶解油脂的芳香类化合物,能帮助人体消化肉类和油类等食物。因此,长期饮茶不仅能降低胆固醇,防治高血脂症状,而且能使人瘦身健美。像乌龙茶在东南亚和日本很受欢迎,就是因为它有“苗条茶”等美誉。

3. 预防龋齿、除口臭

茶叶中含有微量元素氟,可以坚固牙齿,提高牙齿抵抗力,且茶是一种碱性物质,能减少钙质的流失、使口腔酸碱中和、保护牙齿;至于茶多酚类及其复合物质可以杀死细菌,

改善牙龈炎,而茶的苦涩成分儿茶素则具有消除口臭的功效。综上所述,可见平时常以茶漱口,对预防龋齿是有帮助的。

4. 利尿排毒

咖啡因和茶碱能抑制肾小管吸收水分,也能扩张肾脏血管以畅通血液,因此有利于毒素排出体外,可以治疗水肿等症状。例如红茶的解毒利尿作用,用在治疗急性黄疸型肝炎上很有疗效。

5. 助消化、防便秘

茶中的咖啡因和黄烷醇类化合物,可以促进消化道的蠕动,帮助消化,预防消化器官疾病的产生,尤其饭后或吃完油腻食物后喝

茶，对消化及解油腻、毒素很有助益。

6. 抗菌抑菌

茶叶中的儿茶素类化合物可以抑制细菌、消炎，而茶多酚和鞣酸作用能凝固细菌的蛋白质，进而杀死该菌，所以茶叶可被用来治疗肠道、口腔、皮肤等的疾病，甚至外伤破皮也可用浓茶冲洗患处以消炎杀菌。

7. 抗癌与增强免疫力

经研究数字显示，喝茶者的癌症发病率比较低，因为茶中所含的儿茶素和多酚类化合物能抑制致癌基因的引发，且黄酮类化合物有抗癌作用，所以多喝茶是能降低致癌发病率。

8. 抗衰老

维生素 C 和维生素 E 能延缓衰老是众所皆知的常识。此外，茶多酚和维生素 P 可以抗脂质过氧化，又和维生素 C 有相辅相成的作用，加上茶多酚有极高的抗氧化效果。其他微量元素与氨基酸也有抗衰老的功能，所以茶叶具有预防老化的效能。

9. 预防动脉硬化与冠心病

肥胖和高血脂容易引起动脉硬化及冠状动脉粥样硬化性心脏病（冠心病），而因茶对消脂瘦身有一定的功效，所以它对动脉硬化与冠心病自然有防治的效果。像茶中的茶多酚和维生素 C 能活血化淤，增强微血管的韧性，防止动脉硬化，降低高血压和冠心病的发病率。曾有研究显示，乌龙茶能有效降低总胆固醇及血液黏度。

10. 降血糖

茶中有儿茶素类化合物、二苯胺、复合多糖等成分，对降低血糖有不错的效果。其他像维生素 C、维生素 B_1 也能促进糖分的代谢，因此糖尿病患者若经常饮茶，对症状的缓解是有助益的。

11. 预防辐射

据知在广岛原子弹事件，长期饮茶的人最后被统计出存活率较高，因此研究认为，这可能是因为茶叶中含有的茶多酚物质和儿茶素,可以中和锶～90等物质,减少放射性物质伤害的缘故。

12. 明目

人的眼睛需要维生素C与维生素A原—胡萝卜素,而这两种营养素在茶叶中的含量都很高,所以多喝茶对于眼疾或明目,都有一定的效用。

13. 解酒

茶叶里的维生素C能帮助酒精在肝脏内解毒,且咖啡因有利尿作用,可以让酒精迅速排出体外,加上它能兴奋大脑中枢,所以酒醉必须醒酒的人,多喝茶就对了!

14. 抑制过敏性疾病

有研究指出,饮茶具有抑制过敏性疾病的效果。研究者把花粉症的抗体注射进白老鼠体内,而后喂以绿茶、乌龙茶、红茶萃取液为抗原,结果发现不论哪一种茶,都具有抑制过敏的效果。由此可知,茶叶所含的儿茶素、咖啡因等都具有抑制过敏原的作用,可以抑制的花粉症、过敏性鼻炎等过敏性疾病。

15. 其他

茶中的咖啡因可以治疗伤风头痛,且疗效显著、没有副作用,而茶多酚可吸附重金属,减轻重金属的毒害。此外,茶还可以解烟毒、预防结石、减轻恶心症状等,对身体的健康很有帮助。

第二节　茶叶审评技术

一、茶叶审评的条件要求

(一)评茶人员

1. 要有良好的职业道德

评茶人员在从事茶叶品质评定过程中,应当遵循的与其茶叶品质评定活动相适应的行为规范。它要求评茶人员实事求是,公

正廉洁，又要勤奋好学，刻苦钻研，熟练掌握，茶叶感官审评方法和规则，不断积累实践经验，正确评定茶叶品质的高低和优劣，把好茶叶产品质量关。

评茶人员应忠于职守，爱岗敬业，忠实地履行自己的职业职责，有强烈的职业荣誉感和工作责任心，同时热爱自己的工作岗位，兢兢业业；具有实事求是的工作作风，尊重客观事实，不受外界因素干扰；在工作中注重调查研究，在品质评判过程中，遇到疑难问题时，应仔细了解，分析其生产、加工过程、包装、贮存条件等因素，避免主观武断地下结论，从而使评定结果能更客观、更准确地反映品质真实情况，减少人为误差。

评茶人员应自觉遵守国家法律法规，具有高度的法律意识、自觉加强道德修养，提高自律能力，讲公德、拒腐败，不徇私情，不谋私利，做一个德才兼备、素质优良的评茶人员。

评茶人员在茶叶感官审评过程中，应执行国家制定的“茶叶感官审评方法”（即 GB/T23776-2009）的标准规定。评茶人员运用正常的视觉、嗅觉、味觉、触觉的辨别能力，对茶叶品质的外形、汤色、香气、滋味与叶底等品质因子进行审评，从而达到鉴别茶叶品质的目的。在茶叶审评过程中不能使用化妆品，禁止吸烟。

2. 要有健康的身体条件

茶叶感观审评，就是利用人的视觉、触角、嗅觉和味觉的生理特性，对茶叶品质的外形形状、色泽以及内质的香气、滋味、汤色、叶底作全面的客观、公正的评价，确定其品质优次，是有科学依据的。而这种客观、公正评价的准确度，又是建立在评茶人员业务素质和身体健康条件下的感觉器官的灵敏度的基础上，因此经常注意各茶类、各品种和非茶类色、香、味的感受，有计划地、长期地进行感官系统训练，不沾烟酒、少吃带刺激性的食物。对各类茶叶品质特征极其了解，而又能快捷地评定茶叶品质的优次是评茶人员必备的条件之一。

健康的身体条件是：

①身体健康,个人卫生条件好,无急性和慢性传染性疾病,如肺结核、肝炎等。

②视力正常,无色盲症。

③嗅觉神经正常,无慢性鼻炎之类的病症。鼻腔粘膜滋润,无明显分泌物。肺功能衰弱的人嗅觉较差。

④消化系统正常,无慢性胃病。否则易带口臭、病态。心脏功能差的,味觉较差。

⑤有狐臭病症的应及时治愈。

3. 学无止境,不断进取

茶叶审评是一项技术性较高的工作,同时肩负着通过审评指导生产,使产品适应市场的功能。因此,评茶人员必须具备敏锐的感觉器官的分辨能力,这种能力不是一朝一夕能形成的,而是需要评茶人员长期反复训练,才能具备的。评茶人员还需经过茶叶基础理论知识的学习,掌握各类茶叶的品质特征。加工方法、品种特征、地域和季节差异、审评方法及要点,评茶人员的技术水平是在平时的实际工作中理论联系实际,勤学苦练,不断总结,长期积累而形成的。

(二)茶叶审评室的设置与设备

茶叶审评要有良好的评茶环境,有统一的标准评茶用具和一套科学的操作方法,以尽量减少外界影响而产生的误差,使茶叶品质审评取得正确结果。

1. 茶叶感官审评室的环境条件要求

(1)外部环境条件:茶叶感官审评室应建立在环境清静、空气清新、远离闹市的地区,以免嘈杂的环境和污浊的空气对感官审评人员感觉器官灵敏度的影响。

(2)室内环境条件:感官审评室内应空气清新、无异气味,温度和湿度应使感官审评人员感觉适宜,室内安静、整洁。感官评茶对光线的要求较高,审评室的光线要充足明亮,均匀一致,无异色反光。审评室内的墙壁和天花板应刷成白色，使室内光线柔和明亮。

审评室应背南面北开窗，窗外无阻挡光线的障碍物。为避免夏天正午的强眩光的干扰、有条件的应在北窗口外，装置一排黑色斜形的遮光板，并向外突出，倾斜度为30°，以保持光线稳定，提高评茶的正确性。

2. 茶叶感官审评室的设施要求

(1)评茶台　评茶台分为干评台和湿评台。

干评台是评定茶叶外形的工作台，一般高80～90厘米，宽60～75厘米，长度依实际需要而定。台面漆成无反射光的黑色，靠北窗口安放。

湿评台是评定茶叶内质的工作台，一般高75～80厘米，宽45厘米，长150厘米。台面漆成无反射光的乳白色，安放在干评台后1米左右。

(2)样茶柜架　审评室内可配置适当的样茶柜或样茶架，用以存放待评茶叶。

3. 审评用具

评茶用具要求规格一致，所有用具必须专用。

(1)评茶专用杯碗

白色瓷质，大小、厚薄、色泽一致。

A. 红绿茶(毛茶)审评杯碗。杯呈圆柱形，高7.6厘米，外径8.2厘米，内径7.6厘米，容量150毫升。具盖，杯盖上有一小孔，与杯柄相对的杯口上缘有一呈牙形的滤茶叶，口中心深0.5厘米，宽为1.5厘米。碗高6厘米，上口外径10厘米，上口内径9.5厘米，底外径6.5厘米，底内径6厘米，容量300毫升。

B. 红绿茶(成品茶)审评杯碗。杯呈圆柱形，高6.5厘米，外径6.6厘米，内径6.2厘米，容量150毫升。具盖，盖上有一小孔，杯盖上面外径7.2厘米，下面内圈外径6.0厘米，与杯柄相对的杯口上缘有三个呈锯齿形的滤茶口，口中心深0.3厘米，宽0.25厘米。碗高5.5厘米，上口外径9.5厘米，上口内径9.0厘米，下底外径 6.0 厘米，下底内径 5.4 厘米，容量 250 毫升。

C. 乌龙茶审评杯碗。杯呈倒钟形，高 5.5 厘米，上口外径 8.2 厘米，上口内径 7.8 厘米，底外径 4.6 厘米，底内径 4.0 厘米，容量 110 毫升。具盖，盖外径 7.0 厘米，碗高 5.2 厘米，上口外径 9.5 厘米，上口内径 9.0 厘米，底外径 4.6 厘米，底内径 4.0 厘米，容量 150 毫升。

(2)评茶盘、匾

评茶盘　用无气味的木板或胶合板制成正方形的盘。外围边长 24 厘米，内围 23 厘米，边高 3.5 厘米。盘的一角开有缺口，以便倒茶。涂成无反射光的乳白色。

分样盘　用木板或胶合板制成，正方形。内围边长 32 厘米，边高 3.5 厘米，盘的相对两角开有缺口，涂成无反射光的乳白色，要求无气味。

样茶匾　用竹编成，圆形，直径 50 厘米，边高 4 厘米。

叶底盘　黑色小木盘或白色搪瓷盘。小木盘为正方形，边长 10 厘米，边高 1.5 厘米。搪瓷盘为长方形，长 23 厘米，宽 17 厘米，边高 3 厘米，一般供审评毛茶叶底用。

评茶盘和匾均应编上顺序号码。

(3)其他评茶用具

秤茶器　用以秤取样茶，一般采用感量为 0.1 克的架盘药物天平。

网匙　用以捞取审评碗内和茶汤中碎茶片。是用细密铜丝网制成的半圆斗开小勺子。

计时器　供确定茶叶冲泡时间用。定时钟或特制砂时计，精确到秒。

吐茶桶　供审评时吐茶汁及盛茶渣用，高 80 厘米，直径 35 厘米，中腰直径 20 厘米，一般用镀锌铁皮制成。也可以置钵盂于木架上代替它。

茶匙　用于品尝茶汤滋味，一般为瓷瓢，容量 10 毫升左右。

烧水壶　一般用不锈钢或铝制成。

审评用的杯、碗、样茶盘、匾和叶底盘(瓢盘)等的数量可根据日常评茶工作量的大小,置备充足。

(三)茶叶审评用水

评茶用水的优劣,对茶叶汤色、香气和滋味影响极大,如水质差或冲泡方法不当,会使茶叶的香味受到影响。

1. 用水选择

凡新鲜的雨水、自来水、井水和地表水等符合下列条件均可作为审评用水。

(1)理化指标及卫生指标应符合中华人民共和国GB5149《生活饮用水卫生标准》的规定。水的pH值在5.5～6.5之间为好。

(2)水质应无色、透明、无沉淀,不得含有杂质。

(3)评茶以深井水、自然界中的矿泉水及山区流动的溪水较好。

(4)一般自来水可采用净水器过滤,去除铁锈等杂质,提高水质的纯净度。

2. 水的温度

泡茶用水以100℃水温的开水,水沸滚后宜立即冲泡。如用久煮或用热水瓶中开过的水继续回炉煮开再冲泡,会影响茶汤滋味的新鲜度。若用未沸滚的水冲泡茶时,则茶叶中水浸出物不能最大限度地泡出,会影响香气、滋味的准确评定。

二、茶叶审评的内容和方法

(一)取样方法

1. 精制茶取样

按照DB/T 8302规定执行。

2. 初制茶取样

(1)匀堆取样法:将该批茶叶拌匀成堆,然后从堆的各个部位分别扦取样茶,扦样点不得少于八点。

(2)就件取样法:从每件上、中、下、左、右五个部位各扦取一把小样置于扦样匾(盘)中,并查看样品间品质是否一致。若单件的上、中、下、左、右五部分样品差异明显,应将该件茶叶倒出,充分拌匀后,再扦取样品。

(3)随机取样法:按 GB/T8302 规定的扦取件数随机抽件,再按就件扦取法扦取。

上述各种方法均应将扦取的原始样茶充分拌匀后,用对角四分法扦取 200～300 克两份作为审评用样,其中一份直接用于审评,另一份留存备用。

3. 压制茶取样

采用每块(个)中段或对角线的部分:净取样,不少于五点,用手或工具解散法,然后用四分法缩分到约 200 克。用于外形与内质的审评。

(二)审评内容

1. 审评因子

名优茶的初制茶审评因子:按照茶叶的外形(包括形状、嫩度、色泽、匀整度、副茶含量和净度)、汤色、香气、滋味和叶底“五项因子”进行。

精制茶审评因子:按照茶叶外形的形态、色泽、匀整度和净度,内质的汤色、香气、滋味和叶底“八项因子”进行。

2. 审评因子的审评要素

(1)外形:干茶的形状、嫩度、色泽、匀整度和净度。

形状指产品的造型、大小、粗细、宽窄、长短等;嫩度指产品原料的生长程度;色泽指产品的颜色与光泽度;匀整度指产品的整碎的完整程度;净度指茶梗、茶片及碎茶的含量及非茶类夹杂物的含量。

压制成块、成个的茶(如沱茶、砖茶、饼茶)的外形审评产品压制的松紧度、匀整度、表面光洁度、色泽和规格。分里、面茶的压制茶,审评是否起层脱面,包心是否外露等。

(2)汤色:茶汤的颜色种类与色度、明暗度和清浊度等。

(3)香气:香气的类型、浓度、纯度、持久性。

(4)滋味:茶汤的浓淡、厚薄、醇涩、纯异和鲜纯等。

(5)叶底:叶底的嫩度、色泽、明亮度和匀整度(包括嫩度的匀整度和色泽的匀整度)。

(三)审评方法

1.外形审评方法

将缩分后的有代表性的茶样200~300克,置于评茶盘中,双手握住茶盘对角,用回旋筛转法,使茶样按粗细、长短、大小、整碎顺序分层笋顺势收于评茶盘中间呈圆馒头形,根据上层(也称面张、上段)、中层(也称中段、中档)、下层(也称下段),用目测、手感等方法,通过调换位置、反复察看比较外形。

(1)初制茶

用目测审评面张茶后,审评人员用手轻轻地将大部分上、中段茶抓在手中,审评没有抓起的留在评茶盘中的下段茶的品质;然后,抓茶的手反转、手心朝上摊开,将茶摊放在手中,用目测审评中段茶的品质。同时,用手掂估同等体积茶(身骨)的重量。

(2)精制茶

用目测审评面张茶后,审评人员双手握住评茶盘,用“簸”的手法,让评茶盘中的茶叶按形态的大小从里向外从大到小在评茶盘中排布,在评茶盘中分出上、中、下档,然后目测审评。

2.茶汤制备方法与审评顺序

(1)红茶、绿茶、黄茶、白茶

从评茶盘中扦取充分混匀的有代表性的茶样3.0~5.0克,茶水比为1∶50，置于相应的评茶杯中，注满沸水、加盖、计时，根据表5～1中茶类要求选择冲泡时间，到规定时间后按冲泡顺序依次等速将茶汤滤入评茶碗中，留叶底于杯中，按香气（热嗅）、汤色、香气（温嗅）、滋味、香气（冷嗅）、叶底的顺序逐项审评。

表5-2 各类茶茶汤准备冲泡时间（分钟）

茶　类	冲泡时间/分钟
普通（大宗）绿茶	5
名优绿茶	4
红茶	5
乌龙茶（条形、卷曲形、螺钉形）	5
乌龙茶（颗粒形）	6
白茶	5
黄茶	5

(2)乌龙茶（盖碗审评法）

先用沸水将评茶杯碗烫热，随即称取有代表性茶样5克，置于110毫升倒钟形评茶杯中，迅速注满沸水，并立即用杯盖刮去液面泡沫，加盖。1分钟后，揭盖嗅其盖香，评茶叶香气，至2分钟将茶汤沥入评茶碗中，用于评汤色和滋味，并闻嗅叶底香气。接着第二次注满沸水，加盖，2分钟后，揭盖嗅其盖香，评茶叶香气，至3分钟将茶汤沥入评茶碗中，再评茶水的汤色和滋味，并闻嗅叶底香气。接着第三次再注满沸水，加盖，3分钟后，揭盖嗅其盖香，评茶叶香气，至5分钟将茶汤沥入评茶碗中，再用于评汤色和滋味，比较其耐泡程度，然后审评叶底香气。最后将杯中叶底倒入叶底盘中，审评叶底。

(3)黑茶与紧压茶

称取有代表性的茶样 5.0 克，置于 250 毫升毛茶审评杯中，注满沸水，加盖浸泡 2 分钟，按冲泡次序依欠等速将茶汤沥入评茶碗中，用于审评汤色与滋味，留叶底于杯中，审评香气。然后第二次注入沸水，加盖浸泡至 5 分钟，按冲泡次序依次等速将茶汤沥入评茶碗中，按先汤色、香气，后滋味、叶底的顺序逐项审评。汤色结果以第一次为主要依据，香气、滋味以第二次为主要依据。

(4)花茶

首先拣除茶样中的花干、花萼等花的成分，然后称取有代表性的茶样 3.0 克，置于 150 毫升精制茶评茶杯中，注满沸水，加盖，计时，浸泡至 3 分钟，按冲泡次序依次等速将茶汤沥入评茶碗中，用于审评汤色与滋味，留叶底于杯中，审评杯内叶底香气的鲜灵度和纯度。然后第二次注满沸水，加盖，计时，浸泡至 5 分钟，再按冲泡次序依次等速将茶汤沥入评茶碗中，再次评汤色和滋味，留叶底于杯中，用于审评香气的浓度和持久性。然后综合审评汤色、香气和滋味。最后审评叶底。

(5)袋泡茶

取一有代表性的茶袋置于 150 毫升审评杯中，注满沸水并加盖，冲泡 3 分钟后揭盖上下提动袋茶两次(每分钟一次)，提动后随即盖上杯盖，至 5 分钟时将茶汤沥入茶碗中，依次审评汤色、香气、滋味和叶底。叶底审评茶袋冲泡后的完整性，必要时可检视茶渣的色泽、嫩度与均匀度。

(6)粉茶

扦取 0.4 克茶样，置于 200 毫升的评茶碗中，冲入 150 毫升的沸水，依次审评其汤色与香味。

3. 内质审评方法

(1)汤色

审评汤色时，用目测审评茶汤。审评时应注意光线、评茶用具对茶汤审评结果的影响，随时可调换审评碗的位置以减少环境对汤色审评的影响。

(2)香气

审评香气时,一手持杯,一手持盖,靠近鼻孔,半开杯盖,嗅评从杯中散发出来的香气,每次持续2～3秒,后随即合上杯盖。可反复1～2次。判断香气的质量,并热嗅(杯温约75℃左右)、温嗅(杯温约45℃左右)、冷嗅(杯温接近室温)结合进行。

(3)滋味

审评滋味时,用茶匙取适量(约5毫升)茶汤于口内,用舌头让茶汤在口腔内循环打转,使茶汤与舌头各部位充分接触,并感受刺激,随后将茶汤吐入吐茶桶中或咽下,审评滋味。审评滋味最适宜的茶汤温度在50℃左右。

(4)叶底

审评叶底时,精制茶采用黑色木制叶底盘,毛茶与名优绿茶采用白色搪瓷叶底盘,操作时应将杯中的茶叶全部倒入叶底盘中,其中白色搪瓷叶底盘中要加入适量清水,让叶底漂浮起来,用目测、手感等方法审评叶底。

三、审评结果判定

(一)对样审评

1. 级别判定

对照一组标准样品,比较未知茶样品与标准样品之间某一级别在外形和内质的相符程度(或差距)。首先,对照一组标准样品的外形,从外形的形状、嫩度、色泽、整碎和净度五个方面综合判定未知样品等于或约等于标准样品中的某一级别,即定为该未知样品的外形级别;然后从内质的汤色、香气、滋味与叶底四个方面综合判定未知样品等于或约等于标准样品中的某一级别,即定为该未知样品的内质级别。

未知样品最后的级别判定结果计算见式(1):

未知样品的级别一(外形级别＋内质级别)÷2………(1)

2. 合格判定

(1)评分

以成交样品或(贸易)标准样品相应等级的色、香、味、形的品质要求为水平依据,按规定的审评因子(大多数为八因子,具体见表5-3)和审评方法,将生产样品对照(贸易)标准样品或成交样品逐项对比审评,判断结果按"七档制"(见表5-4)方法进行评分。

表5-3　各类成品茶品质审评因子

茶类	外形				内质			
	形状(A1)	整碎(B1)	净度(C1)	色泽(D1)	香气(E1)	汤色(F1)	滋味(G1)	叶底(H1)
绿茶	√	√	√	√	√	√	√	√
红茶	√	√	√	√	√	√	√	√
乌龙茶	√	√	√	√	√	√	√	√
白茶	√	√	√	√	√	√	√	√
黑茶	√	√	√	√	√	√	√	√
压制茶	√	√	√	√	√	√	√	√
黄茶	√	√	√	√	√	√	√	√
花茶	√	√	√	√	√	√	√	√
袋泡茶	√	√	√	√	√	√	√	√
粉茶	√	×	√	√	√	√	√	×

注:"×"为非审评因子。

表 5-4　七档次审评方法

七档制	评分	说　明
高	+3	差异大,明显好于标准样品
较高	+2	差异较大,好于标准样品
稍高	+1	仔细辨别才能区分,稍好于标准样品
相当	0	标准样品或成交样品的水平
稍低	−1	仔细辨别才有区分,稍差于标准样品
较低	−2	差异较大,差于标准样品
低	−3	差异大,明显差于标准样品

(2)结果计算

审评结果按式(2)计算:

$Y=A_1+B_1+\cdots\cdots+H_1$ ……………………………(2)

式中:

Y——茶叶审评总得分;

$A_1+B_1+\cdots\cdots+H_1$——各审评因子的得分。

c)结果判定

任何单一审评因子中得分低于 3 分者判为不合格;总得分≤−3 分者为不合格。

(二)茶叶品质顺序排列

1. 评分

(1)评分的形式

(1.1)独立评分:整个审评过程由一个或若干个评茶员独立

完成。

(1.2)集体评分:整个审评过程由三人或三人以上(奇数)评茶员一起完成。参加审评的人员组成一个审评小组,推荐其中一人为主评。审评过程中由主评先评出分数,其他人员根据品质标准对主评出具的分数进行修改与确认,对观点差异较大的茶进行讨论,最后共同确定分数,如有争论,投票决定。并加注评语,评语应引用 GB/T 14487 中的术语。

(2)评分的方法

茶叶品质顺序的排列样品应在二只以上,评分前工作人员对茶样进行分类、密码编号,审评人员在不了解茶样的来源、密码条件下进行盲评,根据审评知识与品质标准,按外形、汤色、香气、滋味和叶底"五因子",采用百分制,在公平、公正条件下给每个茶样每项因子进行评分,并加注评语,评语应引用 GB/T 14487 中的术语。评分表参见附录。

(3)分数的确定

(3.1)每个评茶员所评的分数相加的总和除以参加评分的人数所得的分数;

(3.2)当独立评分评茶员人数达五人以上时,可在评分的结果中去除一个最高分和一个最低分,其余的分数相加的总和除以其人数所得的分数。

(3.3)结果计算

将单项因子的得分与该因子的评分系数相乘,并将各个乘积值相加,即为该茶样审评的总得分。计算见式(3):

$$Y=A\times a+B\times b+\cdots\cdots+E\times e \quad \cdots\cdots\cdots\cdots\cdots(3)$$

式中:

Y——茶叶审评总得分;

A、B……E——各品质因子的审评得分;

a、b……e——各品质因子的评分系数。

表 5-5　各类茶品质因子评分系数

茶类	外形(a)	汤色(b)	香气(c)	滋味(d)	叶底(e)
名优绿茶	25	10	25	30	10
普通(大宗)绿茶	20	10	30	30	10
工夫红茶	25	10	25	30	10
(红)碎茶	20	10	30	30	10
乌龙茶	20	5	30	35	10
黑茶(散茶)	20	15	25	30	10
压制茶	25	10	25	30	10
白茶	25	10	25	30	10
黄茶	25	10	25	30	10
花茶	20	5	35	30	10
袋泡茶	10	20	30	30	10
粉茶	10	20	35	35	0

2. 结果评定

根据计算结果审评的名次按分数从高到低的次序排列。如遇分数相同者,则按“滋味→外形→香气→汤色→叶底”的次序比较单一因子得分的高低,高者居前。

附录　茶叶品质评语与品质因子评分表

表 A.1　名优绿茶品质评语与各品质因子评分表

因子	档次	品质特征	得分	评分系数
外形(a)	甲	细嫩,以单芽到一芽二叶初展或相当嫩度的单片为原料,造型美且有特色,色泽嫩绿或翠绿或深绿,油润,匀整,净度好	90～99	25%
	乙	较细嫩,造型较有特色,色泽墨绿或黄绿,较油润,尚匀整,净度较好	80～89	
	丙	嫩度稍低,造型特色不明显,色泽暗褐或陈灰或灰绿或偏黄,较匀整,净度尚好	70～79	
汤色(b)	甲	嫩绿明亮,浅绿明亮	90～99	10%
	乙	尚绿明亮或黄绿明亮	80～89	
	丙	深黄或黄绿欠亮或浑浊	70～79	
香气(c)	甲	嫩香、嫩栗香、清高、花香	90～99	25%
	乙	清香、尚高、火工香	80～89	
	丙	尚纯、熟闷、老火或青气	70～79	
滋味(d)	甲	鲜醇、甘鲜、醇厚鲜爽	90～99	30%
	乙	清爽、浓厚、尚醇厚	80～89	
	丙	尚醇、浓涩、青涩	70～79	
叶底(e)	甲	细嫩多芽,嫩绿明亮、匀齐	90～99	10%
	乙	嫩匀,绿明亮、尚匀齐	8～89	
	丙	尚嫩、黄绿、欠匀齐	70～79	

表 A.2　普通(大宗)绿茶品质评语与各品质因子评分表

因子	档次	品质特征	得分	评分系数
外形(a)	甲	以一芽二叶初展到一芽二叶为原料,造型有特色,色泽较嫩绿或翠绿或深绿,油润,匀整,净度好	90～99	25%
	乙	较嫩,以一芽二叶为主为原料,造型较有特色,色泽墨绿或黄绿,较油润,尚匀整,净度较好	80～89	
	丙	嫩度稍低,造型特色不明显,色泽暗褐或陈灰或灰绿或偏黄,较匀整,净度尚好	70～79	
汤色(b)	甲	绿明亮	90～99	10%
	乙	尚绿明亮或黄绿明亮	80～89	
	丙	深黄或黄绿匀亮或浑浊	70～79	
香气(c)	甲	高爽有粟香或略有嫩香或带花香	90～99	30%
	乙	清香、尚高、火工香	80～89	
	丙	尚纯、略熟闷、老火	70～79	
滋味(d)	甲	鲜醇、醇厚鲜爽	90～99	80%
	乙	清爽、浓厚、尚醇厚	80～89	
	丙	尚醇、浓涩、青涩	70～79	
叶底(e)	甲	嫩匀多芽,尚嫩绿明亮、匀齐	90～99	10%
	乙	嫩匀略有芽,绿明亮、尚匀齐	80～89	
	丙	尚嫩、黄绿、欠匀齐	70～79	

表 A.3 乌龙茶品质评语与各因子评分表

因子	档次	品质特征	得分	评分系数
外形(a)	甲	重实、壮结，品种特征或地域特征明显，色泽油润，匀整，净度好	90～99	20%
	乙	较重实、较壮结，有品种特征或地域特征，尚重实，色润，较匀整，净度尚好	80～89	
	丙	尚紧实或尚壮实，带有黄片，色欠润，欠匀整，净度稍差	70～79	
汤色(b)	甲	色度因加工工艺而定，可从蜜黄加深到橙红，但要求清澈明亮	90～99	5%
	乙	色度因加工工艺而定，较明亮	80～89	
	丙	色度因加工工艺而定，多沉淀，欠亮	70～79	
香气(c)	甲	品种特征或地域特征明显，花香、花果香浓郁，香气优雅纯正	90～99	30%
	乙	品种特征或地域特征尚明显，有花香或花果香，但常有与纯正性稍差	80～89	
	丙	花香或花果香不明显，略带粗气或老火香	70～79	
滋味(d)	甲	浓厚甘醇或醇厚滑爽	90～99	35%
	乙	浓醇较爽	80～89	
	丙	浓尚醇，略有粗糙感	70～79	
叶底(e)	甲	做青好，叶质肥厚较亮	90～99	10%
	乙	做青较好，叶质较软亮	80～89	
	丙	稍硬，青暗，做青一般	70～79	

表 A.4 工夫红茶品质评语与各品质因子评分表

因子	档次	品质特征	得分	评分系数
外形(a)	甲	细紧或紧结重实,露毫有锋苗,色乌黑油润或棕褐油润显金毫,匀整,净度好	90～99	25%
	乙	较细紧或紧结,稍有毫,较乌润,匀整,净度较好	80～89	
	丙	紧实或壮实,尚乌润,尚匀整,净度尚好	70～79	
汤色(b)	甲	红明亮	90～99	10%
	乙	尚红亮	80～89	
	丙	尚红欠亮	70～79	
香气(c)	甲	嫩香,嫩甜香,花果香	90～99	25%
	乙	高,有甜香	80～89	
	丙	纯正	70～79	
滋味(d)	甲	鲜醇或甘醇	90～99	30%
	乙	醇厚	80～89	
	丙	尚醇	70～79	
叶底(e)	甲	细嫩(或肥嫩)多芽或有芽,红明亮	90～99	10%
	乙	嫩软、略有芽,红尚亮	80～89	
	丙	尚嫩,多筋,尚红亮	70～79	

表 A.5 黑茶(散茶)品质评语与各品质因子评分表

因子	档次	品质特征	得分	评分系数
外形(a)	甲	肥硕或壮结、显毫、形态美,色泽油润,匀整,净度好	90～99	20%
	乙	尚壮结或较紧结、有毫,色泽尚匀润,较匀整,净度较好	80～89	
	丙	壮实或紧实或粗实,尚匀整,净度尚好	70～79	
汤色(b)	甲	根据后发酵的程度可有红浓、橙红、橙黄色,明亮	90～99	15%
	乙	根据后发酵的程度可有红浓、橙红、橙黄色,尚明亮	80～89	
	丙	红浓暗或深黄或黄绿欠亮或浑浊	70～79	
香气(c)	甲	香气纯正、无杂气味,香高爽	90～99	25%
	乙	香气较高尚纯正、无杂气味	80～89	
	丙	尚纯	70～79	
滋味(d)	甲	醇厚,回味甘爽	90～99	30%
	乙	较醇厚	80～89	
	丙	尚醇	70～79	
叶底(e)	甲	嫩软多芽,明亮、匀齐	90～99	10%
	乙	尚嫩匀略有芽,明亮、尚匀齐	80～89	
	丙	尚柔软、尚明、欠匀齐	70～79	

表 A.6　压制茶品质评语与各品质因子评分表

因子	档次	品质特征	得分	评分系数
外形(a)	甲	形状完全符合规格要求，松紧度适中。肥硕或壮结、显毫，匀、整、净，不分里、面茶，润泽度好	90～99	25%
	乙	形状符合规格要求，松紧度适中。尚壮结、有毫，尚匀整、润泽度较好	80～89	
	丙	形状基本符合规格要求，松紧度较适合。壮实或粗实，尚匀，尚润泽	70～79	
汤色(b)	甲	根据后发酵的程度可有红浓、橙红、橙黄色，明亮	90～99	10%
	乙	根据后发酵的程度可有红学、橙红、橙黄色，尚明亮	80～89	
	丙	红浓暗或深黄或黄绿欠亮或浑浊	70～79	
香气(c)	甲	香气纯正、高爽，无杂异气味	90～99	25%
	乙	香气较高尚纯正、无异杂气味	80～89	
	丙	尚纯、有烟气、微粗等	70～79	
滋味(d)	甲	醇厚，回味甘爽	90～99	30%
	乙	尚醇厚	80～89	
	丙	尚醇	70～79	
叶底(e)	甲	嫩软多芽，明亮、匀齐	90～99	10%
	乙	尚嫩匀略有芽，明亮、尚匀齐	80～89	
	丙	尚软、尚明、欠匀齐。	70～79	

表 A.7　白茶品质评语与各品质因子评分表

因子	档次	品质特征	得分	评分系数
外形(a)	甲	以单芽到一芽二叶初展为原料,芽毫肥壮,造型美、有特色,白毫显露,匀整,净度好	90～99	25%
	乙	以单芽到一芽二叶初展为原料,芽较瘦小,较有特色,白毫显,尚匀整,净度好	80～89	
	丙	嫩度较低,造型特色不明显,色泽暗褐或灰绿,较匀整,净度尚好	70～79	
汤色(b)	甲	杏黄、嫩黄明亮或浅白明亮	90～99	10%
	乙	尚绿黄明亮或黄绿明亮	80～89	
	丙	深黄或泛红或浑浊	70～79	
香气(c)	甲	嫩香、毫香显	90～99	25%
	乙	清香、尚有毫香	80～89	
	丙	尚纯,或有酵气或有青气	70～79	
滋味(d)	甲	毫味明显、甘和鲜爽	90～99	30%
	乙	醇厚较鲜爽	80～89	
	丙	尚醇、浓稍涩、青涩	70～79	
叶底(e)	甲	全芽或一芽二叶完整,较嫩灰绿明亮、匀齐	90～99	10%
	乙	尚软嫩匀,尚灰绿明亮、尚匀齐	80～89	
	丙	尚嫩、黄绿有红叶、欠匀齐	70～79	

表 A.8 黄茶品质评语与各品质因子评分表

因子	档次	品质特征	得分	评分系数
外形(a)	甲	细嫩,以单芽到一芽二叶初展为原料,造型美,有特色,色泽嫩黄或金黄、油润,匀整,净度好	90～99	25%
	乙	较细嫩,造型较有特色,色泽褐黄或绿带黄,较油润,尚匀整,净度较好	80～89	
	丙	嫩度稍低,造型特色不明显,色泽暗褐或深黄,欠匀整,净度尚好	70～79	
汤色(b)	甲	嫩黄明亮	90～99	10%
	乙	尚黄明亮或黄明亮	80～89	
	丙	深黄或绿黄欠亮或浑浊	70～79	
香气(c)	甲	嫩香或嫩粟香,有甜香	90～99	25%
	乙	高爽、较高爽	80～89	
	丙	尚纯、熟闷、老火	70～79	
滋味(d)	甲	醇厚甘爽,醇爽	90～99	30%
	乙	浓厚或尚醇厚,较爽	80～89	
	丙	尚醇、浓涩	70～79	
叶底(e)	甲	细嫩多芽,嫩黄明亮、匀齐	90～99	10%
	乙	嫩匀,黄明亮、尚匀齐	80～89	
	丙	尚嫩、黄明亮、欠匀齐	70～79	

表 A.9　花茶品质评语与各品质因子评分表

因子	档次	品质特征	得分	评分系数
外形(a)	甲	细紧或壮结、多毫或锋苗显露,造型有特色,色泽尚嫩绿或嫩黄、油润,匀整,净度好	90～99	20%
	乙	较细紧或较紧结、有毫或有锋苗,造型较有特色,色泽黄绿,较油润,匀整,净度较好	80～89	
	丙	紧实或壮实,造型特色不明显,色泽黄或黄褐,较匀整,净度尚好	70～79	
汤色(b)	甲	嫩黄明亮,尚嫩绿明亮	90～99	5%
	乙	黄明亮或黄绿明亮	80～89	
	丙	深黄或黄绿欠亮或浑浊	70～79	
香气(c)	甲	鲜灵、浓郁、纯正、持久	90～99	35%
	乙	较鲜灵、浓郁、较纯正、持久	80～89	
	丙	尚浓郁、尚鲜,较纯正,尚持久	70～79	
滋味(d)	甲	甘醇或醇厚,鲜爽,花香明显	90～99	30%
	乙	浓厚或较醇厚	80～89	
	丙	熟、浓涩、青涩	70～79	
叶底(e)	甲	细嫩多芽,黄绿明亮	90～99	10%
	乙	嫩匀有芽,黄明亮	80～89	
	丙	尚嫩、黄明	70～79	

表 A.10 袋泡茶品质评语与各品质因子评分表

因子	档次	品质特征	得分	评分系数
外形(a)	甲	滤纸质量优,包装规范、完全符合标准要求	90～99	10%
	乙	滤纸质量较优,包装规范、完全符合标准要求	80～89	
	丙	滤纸质量较差,包装不规范、有欠缺	70～79	
汤色(b)	甲	色泽依茶类不同,但要清澈明亮	90～99	20%
	乙	色泽依茶类不同,较明亮	80～89	
	丙	欠明亮或有浑浊	70～79	
香气(c)	甲	香高鲜、纯正,有嫩茶香	90～99	30%
	乙	高爽或较高鲜	80～89	
	丙	高爽或较高鲜	70～79	
滋味(d)	甲	鲜醇、甘鲜、醇厚鲜爽	90～99	30%
	乙	清爽、浓厚、尚醇厚	80～89	
	丙	尚醇、浓涩、青涩	70～79	
叶底(e)	甲	滤纸薄而均匀、过滤性好,无破损	90～99	10%
	乙	滤纸厚薄较均匀,过滤性较好,无破损	80～89	
	丙	掉线或有破损	70～79	

表 A.11 (红)碎茶品质评语与各品质因子评分表

因子	档次	品质特征	得分	评分系数
外形(a)	甲	嫩度好,锋苗显露,颗粒匀整、净度好,色鲜活油润	90～99	20%
	乙	嫩度较好,有锋苗,颗粒较匀整、净度较好,色尚鲜活油润	80～89	
	丙	嫩度稍低,带细茎,尚匀整,净度尚好,色欠鲜活油润	70～79	
汤色(b)	甲	色泽依茶类不同,但要清澈明亮	90～99	10%
	乙	色泽依茶类不同,较明亮	80～89	
	丙	欠明亮或有浑浊	70～79	
香气(c)	甲	香高鲜、纯正,有嫩茶香	90～99	30%
	乙	高爽或较高鲜	80～89	
	丙	尚纯、熟、老火或青气	70～79	
滋味(d)	甲	鲜醇、甘鲜、醇厚鲜爽	90～99	30%
	乙	清爽、浓厚、尚醇厚	80～89	
	丙	尚醇、浓涩、青涩	70～79	
叶底(e)	甲	嫩匀多芽尖,明亮、匀齐	90～99	10%
	乙	嫩尚匀,尚明亮、尚匀齐	80～89	
	丙	尚嫩、尚亮、欠匀齐	70～79	

表 A.12　粉茶品质评语与各品质因子评分表

因子	档次	品质特征	得分	评分系数
外形(a)	甲	嫩度好匀净,色鲜活	90～99	10%
	乙	嫩度较好、匀净,色尚鲜活	80～89	
	丙	嫩度稍低、较匀净,色欠鲜活	70～79	
汤色(b)	甲	彩色鲜艳、明亮	90～99	20%
	乙	色彩尚鲜艳、尚明亮	80～89	
	丙	色彩较差、欠明亮	70～79	
香气(c)	甲	嫩香、嫩粟香、清高、花香	90～99	35%
	乙	清香、尚高、粟香	80～89	
	丙	尚纯、熟、老火、青气	70～79	
滋味(d)	甲	鲜醇爽品、醇厚甘爽、醇厚鲜爽,口感细腻	90～99	35%
	乙	浓厚、尚醇厚,口感较细腻	80～89	
	丙	尚醇、浓涩、青涩,有粗糙感	70～79	

第三节　茶叶感官审评术语

一、各类茶叶感官审评术语

茶叶感官审评的语言及文字表述要规范,要执行国家制定的“茶叶感官审评术语”即 GB/T1487～2008 的表述。

(一)各类茶通用术语

1. 干茶形状

SB/T 10034 确立的以及下列术语和定义适用于本标准。

1.1 显毫 茸毛含量较多。同义词:茸毛显露。

1.2 锋苗 芽叶细嫩,紧卷而有尖锋。

1.3 身骨 茶身轻重。

1.4 重实 身骨重,茶在手中有沉重感。

1.5 轻飘 轻松 身骨轻,茶在手中分量很轻。

1.6 匀整 匀齐 匀称 上中下三段茶的粗细、长短、大小较一致,比例适当,无脱档现象。

1.7 脱档 上下段茶多,中段茶少;或上段茶少,下段茶多,三段茶比例不当。

1.8 匀净 匀齐而洁净,不含梗朴及其他夹杂物。

1.9 挺直 茶条匀齐,不曲不弯。

1.10 弯曲 钩曲 不直,呈钩状或弓状。

1.11 平伏 茶叶在盘中相互紧贴,无松起架空现象。

1.12 紧结 卷紧而结实。

1.13 紧直 卷紧而圆直。

1.14 紧实 松紧适中,身骨较重实。

1.15 肥壮 硕壮 芽叶肥嫩身骨重。

1.16 壮实 尚肥嫩,身骨较重实。

1.17 粗实 嫩度差,形粗大而尚重实。

1.18 粗松 嫩度差,形状粗大而松散。

1.19 松条 松泡 卷紧度较差。

1.20 松扁 不紧而呈平扁状。

1.21 扁块 结成扁圆形或不规则圆形带扁的团块。

1.22 圆浑 条索圆而紧结。

1.23 圆直 浑直 条索圆浑而挺直。

1.24　扁条　条形扁，欠圆浑。

1.25　扁直　条平挺直。

1.26　肥直　芽头肥壮挺直，形状如针，满披茸毛。

1.27　短钝　短秃　茶条折断，无锋苗。

1.28　短碎　面张条短，下段茶多，欠匀整。

1.29　松碎　条松而短碎。

1.30　下脚重　下段中最小的筛号茶过多。

1.31　爆点　干茶上的突起泡点。

1.32　破口　折、切断口痕迹显露。

1.33　老嫩不匀　茶叶花杂，成熟叶与嫩叶混杂，叶色不一致，条形与嫩度不一致。

2. 干茶色泽

2.1　乌润　乌而油润。此术语适用于黑茶、红茶和乌龙茶干茶色泽。

2.2　油润　干茶色泽鲜活，光泽好。

2.3　枯燥　色泽干枯无光泽。

2.4　枯暗　色泽枯燥发暗。

2.5　枯红　色红而枯燥。用于乌龙茶时，多为“死青”、“闷青”、发酵过度或夏暑茶虫叶而形成的品质弊病。

2.6　调匀　叶色均匀一致。

2.7　花杂　叶色不一，形状不一或多梗、朴等茶类夹杂物。此术语也适用于叶底。

2.8　绿褐　绿中带褐。

2.9　青褐　褐中带青。此术语适用于黄茶和乌龙茶干茶色泽以及压制茶干茶和叶底的色泽。

2.10　黄褐　褐中带黄。此术语适用于黄茶和乌龙茶干茶的色泽以及压制茶干茶和叶底的色泽。

2.11　翠绿　绿中显青翠。

2.12　灰绿　叶面色泽绿而稍带灰白色。为加工正常、品质

较好之白牡丹、贡眉外形色泽;也为炒青绿茶长时间炒干所形成的色泽。

2.13 墨绿 乌绿 苍绿 色泽浓绿泛乌有光泽。

2.14 色泽 绿而发酵,无光泽,品质次于乌绿。

2.15 花青 普洱熟茶色泽红褐中速成有青条,是渥堆不匀或拼配不一致而造成。也适用于红茶发酵不足,乌龙茶做青不匀而形成的干茶或叶底色泽。

3. 汤色

3.1 清澈 清净、透明、光亮、无沉淀物。

3.2 鲜明 新鲜明亮。

3.3 鲜艳 鲜明艳丽,清澈明亮。

3.4 深 茶汤颜色深。

3.5 浅 茶汤色浅似水。

3.6 浅黄 黄色较浅。此术语适用于白茶、黄茶和高档茉莉花茶汤色。

3.7 黄亮 黄而明亮,有深浅之分。此术语适用于黄茶和白茶的汤色以及黄茶叶底色泽。

3.8 橙黄 黄中微泛红,似桔黄色,有深浅之分。此术语适用于黄茶、压制茶、白茶和乌龙茶汤色。

3.9 明亮 茶汤清净透亮。也用于叶底色泽有光泽。

3.10 橙红 红中泛橙色。常用于青砖、紧茶等汤色。也适用于重做青乌龙茶汤色。

3.11 深红 红较深。适用于普洱熟茶和红茶汤色。

3.12 暗茶 汤不透亮。此术语也适用于叶底,指叶色暗沉无光泽。

3.13 红暗 红而深暗。

3.14 黄暗 黄而深暗。

3.15 青暗 色青而暗。为品质有缺陷的绿茶汤色。也用于品质有缺陷的绿茶、压制茶的叶底色泽。

3.16 混浊 茶汤中有大量悬浮物，透明度差。

3.17 沉淀物 茶汤中沉于碗底的物质。

4. 香气

4.1 高香 茶香高而持久。

4.2 馥郁 香气幽雅，芬芳持久。此术语适用于绿茶、乌龙茶的香气。

4.3 鲜爽 新鲜爽快。此术语适用于绿茶、红茶的香气以及绿茶、红茶和乌龙茶的滋味。也用于高档茉莉花茶滋味新鲜爽口，味中仍有浓郁的鲜花香。

4.4 嫩香 嫩茶所特有的愉悦细腻的香气。此术语适用于原料嫩度好的黄茶、绿茶、白茶和红茶香气。

4.5 鲜嫩 新鲜悦鼻的嫩茶香气。此术语适用于绿茶和红茶的香气。

4.6 清香 香清爽鲜锐。此术语适用于绿茶和轻做青乌龙茶的香气。

4.7 清高 清香高而持久。此术语适用于绿茶、黄茶和轻做青乌龙茶的香气。

4.8 清鲜 香清而新鲜，细长持久。此术语也适用于黄茶、绿茶、白茶和轻做青乌龙茶的香气。

4.9 清纯 香清而纯正，持久度不如清鲜。此术语适用于黄茶、绿茶、乌龙茶和白茶香气。

4.10 板栗香 似熟栗子香。此术语适用于绿茶和黄茶香气。

4.11 甜香 香高有甜感。此术语适用于绿茶、黄茶、乌龙茶和条红茶香气。

4.12 毫香 白毫显露的嫩芽叶所具有的香气。

4.13 纯正 茶香不高不低，纯净正常。

4.14 平正 茶香平淡，但无异杂气。

4.15 足火 茶叶干燥过程中湿度和时间掌握适当，具有该

茶类良好的香气特征。

4.16　焦糖香　烘干充足或火功高致使香气带有糖香。

4.17　闷气　沉闷不爽。

4.18　低　低微，但无粗气。

4.19　青气　带有青草或青叶气息。

4.20　松烟香　带有松脂烟香。此术语选用于黄茶、黑茶和小种红茶香气。

4.21　高火　微带烤黄的锅巴香，茶叶干燥过程中温度高或时间长而产生。

4.22　老火　茶叶干燥过程中温度过高，或时间过长而产生的似烤黄锅巴或焦糖香，火气程度重于高火。

4.23　焦气　火气程度重于老火，有较重的焦烟气。

4.24　钝浊　滞钝、混杂不爽。

4.25　粗气　粗老叶的气息。

4.26　陈气　茶叶陈化的气息。

4.27　劣异气　茶叶加工或贮存不当产生的劣变气息或污染外来物质所产生的气息，如烟、焦、酸、馊、霉或其他异杂气。使用时应指明属何种劣异味。

5. 滋味

5.1　回甘　茶汤饮后在舌根和喉部有甜感，并有滋润的感觉。

5.2　浓厚　入口浓，刺激性强而持续，回甘。

5.3　醇厚　入口爽适甘厚，余味长。

5.4　浓醇　入口浓有刺激性，回甘。

5.5　甘醇　甜醇　味醇而带甜。此术语适用于黄茶、乌龙茶、白茶和条红茶滋味。

5.6　鲜醇　清鲜醇爽，回甘。

5.7　甘鲜　鲜洁有甜感。此术语适用于黄茶、乌龙茶和条红茶滋味。

5.8　醇爽　醇而鲜爽，毫味足。适用于芽叶较肥嫩的黄茶、绿茶、白茶和条红茶的滋味。

5.9　醇正　茶味浓度适当，清爽正常，回味带甜。

5.10　醇和　醇而平和，回味略甜。刺激性比醇正弱而比平和强。

5.11　平和　茶味正常、刺激性弱。

5.12　清淡　味清无杂味，但浓度低，对口、舌无刺激感。

5.13　淡薄　和淡　平淡　入口稍有茶味，无回味。

5.14　涩　茶汤入口后，有麻嘴厚舌的感觉。

5.15　粗　粗糙滞钝。

5.16　青涩　涩而带有生青味。

5.17　青味　茶味淡而青草味重。

5.18　苦　入口即有苦味，后味更苦。

5.19　熟味　茶汤入口不爽，带有蒸熟或闷熟味。

5.20　高火味　茶叶干燥过程中温度或时间长而产生的微带烤黄的锅巴香味。

5.21　老火味　茶叶干燥过程中温度过高或时间过长而产生的似烤黄锅巴或焦糖的味，火气程度重于高火味。

5.22　焦味　火气程度重于老火味，茶汤带有较重的焦煳味。

5.23　陈味　茶叶陈变的滋味。

5.24　劣异味　茶叶加工或贮存不当产生的劣变味或污染外来物质所产生的味感，如烟、焦、酸、馊、霉或其他异杂味。使用时应指明属何各劣异味。

6. 叶底

6.1　细嫩　芽头多或叶子细小嫩软。

6.2　柔嫩　嫩而柔软。

6.3　肥嫩　芽头肥壮，叶质柔软厚实。此术语适用于绿茶、黄茶、白茶和红茶叶底嫩度。

6.4　柔软　手按如绵，按后伏贴盘底。

6.5　匀　老嫩、大小、厚薄、整碎或色泽等均匀一致。

6.6　杂　老嫩、大小、厚薄、整碎或色泽等不一致。

6.7　嫩匀　芽叶嫩而柔软，匀齐一致。

6.8　肥厚　芽或叶肥壮，叶肉厚，叶脉不露。

6.9　开展　舒展　叶张展开，叶质柔软。

6.10　摊张　老叶摊开。

6.11　粗老　叶质粗硬，叶脉显露。

6.12　皱缩　叶质老，叶面卷缩起皱纹。

6.13　瘦薄　芽头瘦，叶张单薄少肉。

6.14　硬　叶质较硬。

6.15　破碎　断碎、破碎叶片多。

6.16　鲜亮　鲜艳明亮。

6.17　暗杂　叶色暗沉、老嫩不一。

6.18　硬杂　叶质静粗老、坚硬、多梗、色泽驳杂。

6.19　焦斑　叶张边缘、叶面或叶背有局部黑色或黄色烧伤斑痕。

（二）绿茶及绿茶坯花茶术语

1. 干茶形状

1.1　细紧　条索细长紧卷而完整，锋苗好。此术语也适用于红茶和黄茶干茶形状。

1.2　紧秀　紧系秀长，显锋苗。此术语也适用于高档条红茶干茶形状。

1.3　纤细　条索细嫩而苗条。为芽叶特别细小的高档绿茶干茶形状。

1.4　挺秀　茶叶细嫩，造型好，挺直秀气尖削。

1.5　盘花　含芽尖，加工精细，炒制成盘花圆形或椭圆形的颗粒，多高档绿茶之圆形造型。

1.6　卷曲　呈螺旋状或环状卷曲，为高档绿茶之特殊造型。

1.7　卷曲如螺　条索卷紧后呈螺旋状,为碧螺春等卷曲形名优绿茶之造型。

1.8　细圆　颗粒细小圆紧,嫩度好,身骨重实。

1.9　圆结　颗粒圆而紧结重实。

1.10　圆整　颗粒圆而整齐。

1.11　圆实　颗粒圆而稍大,身骨较重实。

1.12　粗圆　颗粒稍粗大尚成圆。

1.13　粗扁　颗粒粗松带扁。

1.14　团块　颗粒大如蚕豆或荔枝节核,多数为嫩芽叶黏结而成,为条形茶或圆形茶叶加工有缺陷的干茶外形。

1.15　黄头　叶质较老,颗粒圆实,色泽露黄。

1.16　蝌蚪形　圆茶带尾,条茶一端扭曲而显粗,形似蝌蚪。

1.17　圆头　条形茶中结成圆块的茶,为条形茶中加工有缺陷的干茶外形。

1.18　扁削　主扁平而尖锋显露,扁茶边缘如刀削过一样齐整,不起丝毫皱折,多为高档扁形茶外形特征。

1.19　尖削　扁削而如剑锋。

1.20　扁平　扁形茶外形扁坦平直。

1.21　光滑　茶条表面平洁油滑,光润发亮。

1.22　光扁　扁平光滑,多为高档扁形茶之外形。

1.23　光洁　茶条表面平洁,尚油润发亮。

1.24　紧条　扁形茶扁条过紧,不平坦。

1.25　狭长条　扁形茶扁过窄、过长。

1.26　宽条　扁形茶扁条过宽。

1.27　折叠　叶张不平呈皱叠状。

1.28　宽皱　扁形茶扁条折皱而宽松。

1.29　浑条　扁形茶的茶条不扁而呈浑圆状。

1.30　扁瘪　叶质瘦薄少肉,扁而干瘪。

1.31　细直　细紧圆直、两端略尖,形似松针。

1.32 茸毫密布 茸毛披覆 芽叶茸毫密密地覆盖着茶条，为高档碧螺春等多茸毫绿茶之外形。

1.33 茸毫遍布 芽叶茸毫遮掩茶条，但覆盖程度低于密布。

1.34 脱毫 茸毫脱离芽叶，为碧螺春等多茸毫绿茶加工中有缺陷的干茶形状。

2. 干茶色泽

2.1 嫩绿 浅绿嫩黄，富有光泽。也适用于高档绿茶之汤色和叶底色泽。

2.2 嫩黄 金黄中泛出嫩白色，为高档白叶类茶如安吉白茶等干茶、叶底特有色泽，也适用于黄茶干茶、汤色及叶底色泽。

2.3 深绿 绿得较深，有光泽。

2.4 绿润 色绿而鲜活，富有光泽。

2.5 起霜 茶条表面带银白色，有光泽。

2.6 银绿 白色茸毛遮掩下的茶条，银色中透出嫩绿的色泽，为茸毛显露的高档绿茶色泽特征。

2.7 黄绿 以绿为主，绿中带黄。此术语也适用于汤色和叶底。

2.8 绿黄 以黄为主，黄中泛绿，比黄绿差。此术语也适用于汤色和叶底。

2.9 灰褐 色褐带灰无光泽。

2.10 露黄 面张含有少量黄朴、片及黄条。

2.11 灰黄 色黄带灰。

2.12 枯黄 色黄而枯燥。

2.13 灰暗 色深暗带死灰色。

3. 汤色

3.1 绿艳 汤色鲜艳，似翠绿而微黄，清澈鲜亮，为高档绿茶之汤色评语。

3.2 杏绿 浅绿微黄，清澈明亮。

3.3 碧绿 绿中带翠，清澈鲜艳。

3.4　深黄　黄色较沉。为品质有缺陷的绿茶汤色。也适用于中低档茉莉花茶汤色。

3.5　红汤　汤色发红，为变质绿茶的汤色。

4. 香气

4.1　绿茶和茉莉花茶香气

4.1.1　鲜灵　花香新鲜充足，一嗅即有愉快之感。为高档茉莉花茶的香气。

4.1.2　鲜浓　香气物质含量丰富、持久，花香浓，但新鲜悦鼻程度不如鲜灵。为中高档茉莉花茶的香气。也用于高档茉莉花茶的滋味鲜洁爽口，富收敛性，味中仍有鲜花香。

4.1.3　浓　花香浓郁，持久。

4.1.4　鲜纯　茶香、花香纯正、新鲜，花香浓度稍差，为中档茉莉花茶的香气。也适用于中档茉莉花茶的滋味。

4.1.5　幽香　花香文静、幽雅，柔和持久。

4.1.6　纯　花香、茶香正常，无其他异杂气。

4.1.7　鲜薄　香气清淡，较稀薄，用于低窨次花茶的香气。

4.1.8　香薄　香弱　香浮　花香短促，薄弱，浮于表面，一嗅即逝。

4.1.9　透素　花香薄弱，茶香突出。

4.1.10　透兰　茉莉花香中透露白兰花香。

4.1.11　香杂　花香混杂不清。

4.1.12　欠纯　香气夹有其他的异杂气。

4.2　其他绿茶香气

5. 滋味

5.1　粗淡　茶味淡而粗糙，花香薄弱，为低级别茉莉花茶的滋味。

5.2　熟闷味　软熟沉闷不爽。

5.3　杂味　滋味混杂不清爽。

6. 叶底

6.1　单张　脱茎的单片叶子，叶质柔软。

6.2　卷缩　冲泡后，叶张仍卷着成条形。

6.3　红梗红叶　茎叶泛红，为绿茶品质弊病。

6.4　青张　夹杂青色叶片。此术语也适用于乌龙茶叶底色泽。

6.5　靛青　靛蓝　叶底中夹带绿色芽叶，为紫色芽叶茶特有的叶底特征。

(三)黄茶术语

1. 干茶形状

1.1　梗叶连枝　叶大梗长而相连。

1.2　鱼籽泡　干茶上有鱼籽大的突起泡点。

2. 干茶色泽

2.1　金黄光亮　芽头肥壮，芽色金黄，油润光亮。

2.2　褐黄　黄中带褐，光泽稍差。

2.3　黄青　青中带黄。

3. 汤色

3.1　杏黄　汤色黄稍带浅绿。

4. 香气

4.1　锅巴香　似锅巴的香。

5. 滋味

5.1　甜爽　爽口而有甜味。

(四)黑茶、紧压茶术语

1. 干茶形状

1.1　泥鳅条　茶条圆直较大，状如泥鳅。

1.2　折叠条　茶条折皱重叠。

1.3　皱折叶　叶片皱折不成条。

1.4 端正 紧压茶形态完整,砖形茶砖面平整,棱角分明。

1.5 纹理清晰 紧压茶表面花纹、商标、文字等标记清晰。

1.6 起层 紧压茶表层翘起而未脱落。

1.7 落面 紧压茶表层有部分茶脱落。

1.8 脱面 紧压茶的盖面脱落。

1.9 紧度适合 压制松紧适度。

1.10 平滑 紧压茶表面平整,无起层落面或茶梗突出现象。

1.11 金花 茯砖茶中冠突散囊菌的金黄色子群落,金花普遍茂盛,品质为佳。

1.12 斧头形 砖身一端厚、一端薄,形似斧头。

1.13 缺口 砖茶、饼茶等边缘有残缺现象。

1.14 包心外露 里茶外露于表面。

1.15 龟裂 紧压茶表面有裂缝现象。

1.16 烧心 紧压茶中心部分发暗、发黑或发红。烧心砖多发生霉变。

1.17 断甑 金尖中间断落,不成整块。

1.18 泡松 沱茶、饼茶等因压制不紧结,呈现出松而易散形状。

1.19 歪扭 沱茶碗口处不端正。歪即碗口部分厚薄不匀,压茶机压轴中心未在沱茶正中心,碗口不正;扭即沱茶碗口不平,一边高一边低。

1.20 通洞 因压力过大,使沱茶洒面正中心出现孔洞。

1.21 掉把 特指蘑菇状紧茶因加工或包装等技术操作不当,使紧茶的柄掉落。

1.22 铁饼 压制过紧,表面茶叶条索模糊,茶饼紧硬。

1.23 泥鳅边 饼茶边沿圆滑,状如泥鳅背。

1.24 刀口边 饼茶边沿薄锐,状如钝刀口。

1.25 宿梗 老化的隔年茶梗。

1.26 红梗 表皮棕红色的木质化茶梗。

1.27 青梗　表皮青绿色比红梗较嫩的茶梗。

2. 干茶色泽

2.1　半筒黄　色泽花杂,叶尖黑色,柄端黄黑色。

2.2　黑褐　褐中带黑,常用于黑砖、花砖和特制茯砖的干茶和叶底色泽,也用于普洱茶因渥堆过度导致碳化,而呈现出的干茶和叶底色泽。

2.3　铁黑　色黑似铁。

2.4　棕褐　褐中带棕。常用于康砖、金尖茶的干茶和叶底色泽。也适用于红茶干茶色泽。

2.5　青黄　黄中泛青,为原料后发酵不足所致。

2.6　猪肝色　红而带暗,似猪肝色。为普洱熟茶渥堆适度的干茶色泽。也适用于叶底色泽。

2.7　褐红　红中带褐,为普洱熟茶渥堆正常的干茶色泽,渥堆程度略高于猪肝色。也适用于叶底色泽。

3. 汤色

3.1　棕红　红中泛棕,似咖啡色。

3.2　棕黄　黄中泛棕。常用于茯砖、黑砖等汤色。

3.3　红黄　黄中带红。常用于金尖、方包等汤色。

3.4　栗红　红中带深绿色。也适用于陈年普洱茶的叶底色泽。

3.5　栗褐　褐中带深棕色,似成熟栗壳色。也适用于普洱熟茶的叶底色泽。

4. 香气

4.1　陈香　香气陈纯,无霉气。

4.2　菌花香　金花香　茯砖发花正常茂盛所发出的特殊香气。

4.3　青粗气　粗老叶的气息与青叶气息,为粗老晒青毛茶杀青不足所致。

4.4　毛火气　晒青毛茶中带有类似烘炒青绿茶的烘炒香。

4.5　酸气　普洱茶渥堆不足或水分过多、摊晾不好而出现的不正常气味。

5. 滋味

5.1　陈韵　优质陈年普洱茶特有甘滑醇厚滋味的综合体现。

5.2　陈醇　滋味醇和带陈味，无霉味。

5.3　醇滑　茶汤入口醇而顺滑。

5.4　粗薄　味淡薄，喉味粗糙。常用于原料粗老的晒青毛茶滋味。

5.5　火味　带毛火气的晒青茶，在尝味时也有火气味。

5.6　闷馊味　多为普洱茶渥堆过程湿水重，堆湿不起造成沤堆而产生的劣杂味。

5.7　仓味　普洱茶后熟陈化工序没有结束或储存不当而产生的杂味。

5.8　纯厚　经充分渥堆、陈化后，香气纯正，滋味甘而显果味，多为南路边茶之香味特征。

5.9　霉味　存放茶砖库房透气不足、潮湿，茶砖水分过高导致生霉所散发出的气味。

5.10　辛味　普洱茶原料多为夏暑雨水茶，因渥堆不足或无后熟陈化而产生的辛辣味。

6. 叶底

6.1　黄黑　黑中带黄。

6.2　红褐　褐中带红，为普洱熟茶渥堆成熟的叶底色泽。渥堆成熟度接近猪肝色。

（五）乌龙茶术语

1. 干茶形状

1.1　蜻蜓头　茶条叶端卷曲，紧结沉重，状似蜻蜓头。

1.2　壮结　茶条肥壮结实。

1.3　壮直　茶条肥壮挺直。

1.4　细结　颗粒细小紧结或条索卷紧细小结实。多为闽南乌龙茶中黄金桂或广东石古坪乌龙茶的外形特征。

1.5　扭曲　茶条形扭曲，叶端折皱重叠。为闽北乌龙茶特有的外形特征。

1.6　尖梭　茶条长而细瘦，叶柄窄小，头尾细尖如菱形。

1.7　粽叶蒂　干茶叶柄宽、肥厚，像包粽子的竹叶的叶柄，包揉后茶叶平伏，铁观音、水仙、大叶乌龙等品种有此特征。

1.8　芽毫(白心尾)　芽头有白色茸毛包裹。

1.9　背卷(叶背转)　叶片水平着生的鲜叶，经揉捻后，叶面顺主脉向叶背卷曲。

2. 干茶色泽

2.1　砂绿　似蛙皮绿，即绿中似带砂粒点。

2.2　青绿　色绿而带青，多为雨水青、露水青或做青工艺走水不匀引起“滞青”而形成。

2.3　乌褐　色褐而泛乌，常为重做青乌龙茶或陈年乌龙茶之色泽。

2.4　褐润　色褐而富光泽，为发酵充足、品质较好之乌龙茶色泽。

2.5　鳝鱼色　干茶色泽砂绿蜜黄，富有光泽，似鳝鱼皮色，为闽南水仙等品种特有的色泽。

2.6　象牙色　黄中呈赤白，为黄金桂、赤叶奇兰、白叶奇兰等特有的品种色。

2.7　三节色　茶条叶柄呈青绿色或红褐色，中部呈乌绿或黄绿色，带鲜红点，叶端呈朱砂红色或红黄相同。

2.8　红点　做青时叶中部细胞破损的地方，叶子的红边经卷曲后，都会呈现红点，以鲜红点品质为好，褐红点品质为差。

2.9　香蕉色　叶色呈翠黄绿色，如刚成熟香蕉皮的颜色。

2.10　明胶色　干茶色泽油润有光泽。

2.11　芙蓉色　在乌润色泽上泛白色光泽，犹如覆盖一层白粉。

2.12　珲白色　叶表面稍光滑，带粗白枝状，为茶叶摩擦而形成。

3. 汤色

3.1　蜜绿　浅绿略带黄，多为轻做青乌龙茶之汤色。

3.2　绿金黄　金黄色中带浓绿色，为做青不足之表现。

3.3　金黄　以黄为主，微带橙黄，有浅金黄、深金黄之分。

3.4　清黄　黄而清澈，比金黄色的汤色略淡。

3.5　茶籽油色　茶汤金黄明亮有浓度，如茶籽压榨后的茶油颜色。

3.6　青浊　茶汤中带绿色的胶状悬浮物，为做青不足、揉捻重压而造成。

4. 香气

4.1　岩韵　武夷岩茶特有的地域风味，俗称“岩骨花香”。

4.2　音韵　铁观音所特有的品种香和滋味的综合体现。

4.3　高山韵　高山茶所特有的香气清高细腻，滋味风韵饱满、厚而回甘的综合体现。

4.4　浓郁　浓而持久的特殊花果香。

4.5　花香　似鲜花的自然清香，新鲜悦鼻，多为优质乌龙茶之品种香和闽南乌龙茶做青充足的香气。

4.6　花蜜香　花香中带有蜜糖香味，为广东蜜兰香单丛、岭头单丛之特有的品种香。

4.7　清长　清而纯正并持久的香气。

4.8　粟香　经中等火温长时间烘焙而产生的如粟米的香气。

4.9　奶香　香气清高细长，似奶香，多为成熟度稍嫩的鲜叶加工而形成。

4.10　果香　浓郁的果实熟透香气，如香橼香、水蜜桃香、椰香等，常用于闽南乌龙茶的佛手、铁观音、本山等特殊品种茶的香气；也有似干果的香气，如核桃香、桂圆香等，常用于红茶的香气。

4.11 酵香 似食品发酵时散发的香气，多由做青程度稍过度或包揉过程未及时解块散热而产生。

4.12 高强 香气高，浓度大，持久。

4.13 木香 茶叶粗老或冬茶后期，梗叶木质化，香气中带纤维气味和甜感。

4.14 辛香 香高有刺激性，微青辛气味，俗称线香，如梅占等品种香。

4.15 地域香 特殊地域、土质栽培的茶树，其鲜叶加工后会产生特有的香气，如岩香、高山香等。

4.16 失风味 香气滋味失去正常的风味，多由于干燥后茶叶摊晾时间太长，茶暴露于空气中，或保管时未密封，茶叶吸潮引起。

4.17 日晒气 茶坯受阳光照射后，带有日光味，似晒干菜的气味，也称日腥味、太阳味。

4.18 香飘 虚香 香浮而不持久，多为做青时间太长或做青叶温和气温太高而产生的香气特征。

4.19 粗短气 香短，带粗老气息。

4.20 青浊气 气味不清爽，多雨水青、杀青未杀透或做青不当而产生的青气和浊气。

4.21 黄闷气 闷浊气，包揉时由于叶温过高或定型时间过长而产生的不良气味。也有因烘焙过程火温偏低或摊焙茶叶太厚而引起。

4.22 闷火 乌龙茶烘焙后，未适当摊晾而形成一种令人不快的火气。

4.23 硬火 猛火 烘焙火温偏高、时间偏短、摊晾时间不足即装箱而产生的火气。

4.24 馊气 轻做青时闷气得过久或湿坯堆积时间过长产生的馊酸气。

5. 滋味

5.1 清醇 茶汤入口爽适，清爽带甜。为闽南乌龙茶之滋味特征。

5.2 粗浓 味粗而浓。

5.3 浊 口感不顺，茶汤中似有胶状悬浮物或有杂质。

5.4 青浊味 茶汤不清爽，带青味和浊味，多为雨水青、晒青、做青不足或杀青不匀不透而产生。

5.5 苦涩味 茶味苦中带涩，多为鲜叶幼嫩，萎凋、做青不当或是夏暑茶而引起。

5.6 闷黄味 茶汤有闷黄软熟的气味，多为青叶闷堆未及时摊开，揉捻时间偏长或包揉叶温过高、定型时间偏长而引起。

5.7 水味 茶汤浓度感不足，淡薄如水。

5.8 酵味 晒青不当造成灼伤或做青过度而产生的不良气味，汤色常泛红，叶底夹杂有暗红张。

5.9 苦臭味 滋味苦中带腥味，难以入口。

6. 叶底

6.1 肥亮 叶肉肥厚，叶色明亮。

6.2 软亮 嫩度适当或稍嫩，叶质柔软，按后伏贴盘底，叶色明亮。

6.3 红边 做青适度，叶边缘呈鲜红或珠红色，叶中央黄亮或绿亮。

6.4 绸缎面 叶肥厚有绸缎花纹，手摸柔滑有韧性。

6.5 滑面 叶肥厚，叶面平滑无波状。

6.6 白龙筋 叶背叶脉泛白，浮起明显，叶张薄软。

6.7 红筋 叶柄、叶脉受损伤，发酵泛红。

6.8 糟红 发酵不正常和过度，叶底褐红，红筋红叶多。

6.9 暗红张 叶张发红而无光泽，多为晒青不当造成灼伤、发酵过度而产生。

6.10 死红张 叶张发红，夹杂伤红叶片，为采摘、运送茶青

时人为损伤和闷积茶青或晒青、做青不当而产生。

（六）白茶术语

1. 干茶形状

1.1　毫心肥壮　芽肥嫩壮大，茸毛多。

1.2　茸毛洁白　茸毛多、洁白而富有光泽。

1.3　芽叶连枝　芽叶相连成朵。

1.4　叶缘垂卷　叶面隆起，叶缘向叶背微微反卷。

1.5　平展　叶缘不垂卷而与叶面平。

1.6　破张　叶张破碎不完整。

1.7　蜡片　表面形成蜡质的老片。

2. 干茶色泽

2.1　毫尖银白　茸毛银白有光泽的芽尖。

2.2　白底绿面　叶背茸毛银白色，叶面灰绿色或翠绿色。

2.3　绿叶红筋　叶面绿色，叶脉呈红黄色。

2.4　铁板色　深红而暗似铁锈色，无光泽。

2.5　铁青　似铁观音带青。

2.6　青枯　叶色青绿，无光泽。

3. 汤色

3.1　浅杏黄　黄浅绿色，常为高档新鲜之白毫银针汤色。

3.2　微红　色微泛红，为鲜叶萎凋过度、产生较多红张而引起。

4. 香气

4.1　嫩爽　活泼、爽快的嫩茶香气。

4.2　失鲜　极不鲜爽，有时接近变质。多由白茶水分含量高，贮存过程回潮而产生的品质弊病。

5. 滋味

5.1　清甜　入口感觉清新爽快，有甜味。

6. 叶底

6.1 红张 萎凋过度,叶张红变。

6.2 暗张 暗黑,多为雨天制茶形成死青。

6.3 铁灰绿 色深灰带绿色。

(七)红茶术语

1. 干茶形状

1.1 金毫 嫩芽带金黄色茸毫。

1.2 紧卷 碎茶颗粒卷得很紧。

1.3 折皱 颗粒卷得不紧,边缘折皱,为红碎茶中片茶的形状。

1.4 粗大 比正常规格大的茶。

1.5 粗壮 条粗大而壮实。

1.6 细小 比正常规格小的茶。

1.7 茎皮 嫩茎和梗揉碎的皮。

1.8 毛糙 形状大小,粗细不匀,有毛衣、筋皮。

2. 干茶色泽

2.1 褐黑 乌中带褐有光泽。

2.2 灰枯 色灰而枯燥。

3. 汤色

3.1 红艳 茶汤红浓,金圈厚而金黄,鲜艳明亮。

3.2 红亮 红而透明光亮。此术语也适用于叶底色泽。

3.3 红明 红而透明,亮度次于“红亮”。

3.4 浅红 红而淡,深度不足。

3.5 冷后浑 茶汤冷却后出现浅褐色或橙色乳状的浑浊现象,为优质红茶象征之一。

3.6 姜黄 红碎茶茶汤加牛奶后,呈姜黄明亮。

3.7 粉红 红碎茶茶汤加牛奶后,呈明亮玫瑰红色。

3.8 灰白 红碎茶汤加牛奶后,呈灰暗混浊的乳白色。

3.9　浑浊　茶汤中悬浮较多破碎叶组织微粒及胶体物质，常由萎凋不足，揉捻、发酵过度形成。

4. 香气

4.1　鲜甜　鲜爽带甜感。此术语也适用于滋味。

4.2　高锐　香气鲜锐，高而持久。

4.3　甜纯　香气纯而不高，但有甜感。

4.4　麦芽香　干燥得当，带有麦芽糖香。

4.5　桂圆干香　似干桂圆的香。

4.6　浓顺　松烟香浓而和顺，不呛喉鼻。为品质较高之武夷正山小种红茶香味特征。

5. 滋味

5.1　浓强　茶叶浓厚，刺激性强。

5.2　浓甜　味浓而带甜，富有刺激性。

5.3　浓涩　富有刺激性，但带涩味，鲜爽度较差。

5.4　桂圆汤味　茶汤似桂圆汤味。

6. 叶底

6.1　红匀　红色深浅一致。

6.2　紫铜色　色泽明亮，呈紫铜色，为优良叶底颜色。

6.3　乌暗　似成熟的栗子壳色，不明亮。

6.4　乌条　叶底乌暗而不开展。

6.5　古铜色　色泽红较深，稍带青褐色。为武夷山小种红茶所特有的叶底色泽。

二、茶叶感官审评常用名词

（一）感官审评常用名词

1. 芽头　未发育成茎叶的嫩尖，质地柔软。

2. 茎　尚未木质化的嫩梢。

3. 梗　着生芽叶的已显木质化的茎，一般指当年青梗。

4. 筋　脱去叶肉的叶柄、叶脉部分。同义词：毛衣。

5.碎　呈颗粒状细而短的断碎芽叶。

6.夹片　呈折叠状的扁片

7.单张　单片叶子。

8.片　破碎的细小轻薄片。

9.末　细小呈砂粒状或粉末状。

10.朴　叶质稍粗老或揉捻不成条,呈折叠状的扁片。

11.渥红　鲜叶堆放中,叶温升高而变红。

12.丝瓜瓢　黑茶加工中常因鲜叶堆放过高、时间过长、堆温升高致鲜叶变色,经揉制,后发酵,叶肉与叶脉分离,只留下叶脉的肉络,形成丝瓜瓢。

13.麻梗　隔年老梗,粗老梗,麻白色。

14.剥皮梗　在揉捻过程中,脱了皮的梗。

15.绿苔　新梢的绿色嫩梗。

16.上段　经摇样盘后,上层较轻、松、长大的茶叶。也称面装或面张。

17.中段　经摇样盘后,集中在中层较细紧、重实的茶叶。也称中档或腰档。

18.下段　经摇样盘后,沉积于底层细小的碎茶或粉末。也称下身或下盘。

19.中和性　香气不突出的茶叶适于拼和。

(二)感官审评常用虚词

1.相当　两者相比,品质水平一致或基本相符。

2.接近　两者相比,品质水平差距甚小或某项因子略差。

3.稍高　两者相比,品质水平稍好或某项因子稍高。

4.稍低　两者相比,品质水平稍差或某项因子稍低。

5.较高　两者相比,品质水平较好或某项因子较高,其程度大于稍高。

6.较低　两者相比,品质水平较差或某项因子较差,其程度大于稍低。

7.高　两者相比，品质水平明显的好或某项因子明显的好。

8.低　两者相比，品质水平差距大、明显的差或某项因子明显的差。

9.强　两者相比，其品质总水平要好些。

10.弱　两者相比，其品质总水平要差些。

11.微　在某种程度上很轻微时用。

12.稍或略　某种程度不深时用。

13.较　两者相比，有一定差距，其程度大于稍或略。

14.欠　在规格上或某种程度上不够要求，且差距较大时用。用在褒义词前。

15.尚　某种程度有些不足，但基本接近时用。用在褒义词前。

16.有　表示某些方面存在。

17.显　表示某些方面比较突出。

第六章　乌龙茶茶艺和茶事活动

第一节　茶艺基础知识

茶艺是一门新兴的学科，但它已成为一种行业，并承载着宣扬茶文化的重任。茶是和平的象征，通过各种茶艺活动，可以增加各国人民的了解和友谊。同时开展民间性质的茶文化交流，可以实现政治和经济双丰收。茶艺事业在人们经济文化生活中是一件大事。茶艺能促进祖国传统文化的发展，丰富人们的文化生活，满足人们的精神需求，其社会效益是显而易见的。

在与人交往的过程中，仪容、仪表常常是“第一印象”。待人接物，一举一动都会产生不同的效果。对于茶艺人员来说，整洁的仪容、仪表、端庄的仪态不仅是个人的修养问题，也是服务态度和服务质量的一部分，更是职业道德的规范和要求，茶艺人员在工作中精神饱满，全神贯注，会给品茶的客人以认真负责，可以信赖的感觉。而整洁的仪容仪表，端庄的仪态则会体现出对宾客的尊重和对本行业的热爱，给品茶的客人留下一个美好的印象。

尽心尽力为品茶的来宾服务。茶艺服务是一种面对面的服务，茶艺人员与品茶客人间的感情交流和相互反应非常直接。多数的茶艺服务对象是一些追求高生活质量的人。他们在物质享受上和精神享受上不但比一般服务业的宾客要高，而且也超出他们日常生活的要求，所以他们特别需要人格的尊重和生活方面的关心、照料。

同时，品茶客人在品茶过程中得到了茶艺人员所提供的各种

服务，不仅品了香茗，而且增长了茶叶、茶艺的知识，开阔了视野，陶冶了情操，净化了心灵，更看到了中华民族悠久的历史和灿烂的茶文化。

所以茶艺人员的一切言行举止不仅仅是茶艺人员本身，他代表的是一个企业的素质和形象。

茶艺人员要求要有强烈的进取心，加强中国茶文化的历史，国际三大茶类：绿茶、青茶、红茶（中国六大茶类：绿茶、青茶、红茶、黄茶、黑茶、白茶）知识的学习，加强市场营销学的学习。茶艺人员在工作中接触的金钱和财物十分频繁，接触的各种人群比较杂，在这种环境氛围中，应自重自爱，时时刻刻按照职业道德的原则严格要求自己，对工作尽职尽责，经过长期的锻炼，一定会成为一个品德高尚的茶人。

一、礼　仪

礼仪与社会制度、人民文化素质、道德都有着密切的关系，在特定的社会历史条件下，礼仪以它不同的内涵形式，发挥着调节人际关系，使社会保持一定合理秩序的重要作用。在建设社会主义精神文明进程中，礼仪将会更有效地约束人们的言行，使其向着社会主义道德规范的方向发展。

在日常工作、交往生活中，人与人之间要进行交流，以礼仪来表达彼此之间的尊重、友好、敬佩与善意，增强相互间的了解与信任，以达到和谐、完美的人际关系。

《礼仪》中有这样一句话："入境而问禁，入国而问俗，入门而问讳"。在不同场合与不同对象交往，需要不同礼仪形式。人交往本身也离不开礼仪，人们在交往过程中，不可避免地会产生各种矛盾，而要解决矛盾协调人际关系，其中很重要的一点就是运用礼仪形式，以消除人际交往中的各种障碍。

在人际交往活动中，一个人的言谈举止会作为一种潜在的信息传递给对方，良好的礼仪表现可以树立成功的交际形象。

(一)仪容仪表

仪容主要是指人的容貌。仪表即指人的外表,它包括容貌、姿态、服饰、风度、个人卫生等。在政务、商务、事务及社交场合,一个人的仪表不但可以体现他的文化修养,也可以反映他的审美情趣。穿着得体,不仅能赢得他人的信赖,给人留下良好的印象,而且还能够提高与人交往的能力。相反,穿着不当,举止不雅,往往会降低自己的身份,损害自己的形象。因此,仪容仪表是一个人精神面貌的外在表现,体现一个人的道德修养、文化水平、审美情趣、文明程度。良好的仪容仪表也是尊重对方、讲究礼貌、互相理解的具体表现。

1. 清洁

清洁是礼仪的基本要求,是仪表的关键,每一个人都应有端庄、美好、整洁的仪表。

(1)面部清洁

为了使自己容光焕发、显示活力,应注意面部清洁与适当的修饰。每天要早晚洗脸,清洁附在面部的污垢、汗渍等不洁之物。洗脸时可借助于洗面用料,同时应注意清洗耳朵和脖子。

为了保持面部红润,应多吃蔬菜、水果,多喝水,以保持足够的水分,防止皮肤粗糙干燥。要保证足够的睡眠。夏季要及时擦去脸上的汗,不要让其淌在脸上,擦汗时要用纸巾或手帕,不可以用衣袖代替。

(2)口腔清洁

保持口腔清洁,是与人交往所必需的环节,人有一口洁白的牙齿是很美的,而黄色或发黑的牙齿则在启齿谈笑时,显得不雅。

保持牙齿的清洁,首先要坚持每日早晚刷牙,清除口腔细菌、饭渣,防止牙石沉积。刷牙时应顺着牙缝的方向上下刷,牙齿的各部位都必须刷到,刷牙时间至少应在三分钟以上。另外,不吸烟,可防止牙齿变黄。

不可以当众剔牙、嘬牙花子；若餐后一定要剔牙，应用手加以掩盖；进餐时，应闭嘴咀嚼，不能发出咀嚼的声音；与人交谈时，口角不应有唾沫；工作之前或与人交往前不要吃葱、蒜、韭菜等带有强烈异味的食物，更不能饮酒过量，以免引起他人的反感；不能在人前嚼口香糖，特别是与人一边说话、一边嚼口香糖就更不礼貌了。

(3)手的清洁

与人交往、执行公务、打电话、就餐时，都会使对方看见你的手，并形成一种印象，所以在仪表中手占有很重要的位置。同时，手清洁与否能反映出一个人的修养与卫生习惯。要随时清洗自己的手，注意修剪与洗刷指甲，不要留长指甲。对青年人来说，留长指甲，既不利于健康，又缺乏时代美。不要涂有色的指甲油。在任何公众场合都不应修剪指甲，也不能摆弄手指，这些都是失礼的行为。泡茶时，一般不戴戒指等手饰。

有些人有用牙签剔指甲的毛病，这既不卫生，也不雅观，往往表现一个人性格上的不成熟。

(4)其他

应做到勤洗澡，勤换内衣，身上不留有异味；男子胡须要剃净，鼻毛要剪短，不应在人面前有揪胡须、拔鼻毛、挖鼻孔、掏耳朵等动作；不应用过多的香水，品茶场合禁用香水，否则会令人反感。

有传染病的人不要参加外事活动。如感冒，在我国不算什么大病，但西欧北美等地区的人对感冒很在意。脸部、手、臂等外露皮肤有病的人也应避免对外接触。有口臭的人应注意口腔卫生。

2. 美容

人们在社会交往中，美好的容貌是至关重要的。俗话说“三分容貌七分打扮”。在当今社会，人们的生活水平不断提高，化妆已逐渐被越来越多的人所重视。同时适当的美容可显示出一个人对他人的尊重，对生活的热爱。

茶艺师化妆：粉底颜色要接近肤色，薄施于整个脸部。阴影颜色要简单明快,有一两种即可,看起来淡雅清爽;眼线可细一些。腮红似有似无,犹如脸上的自然血色。唇膏接近自然唇色,不可太明艳。化妆品应无味。

(二)服饰礼仪

服饰反映了一个人文化素质之高低,审美情趣之雅俗。具体说来,它既要自然得体,协调大方,又要遵守某种约定俗成的规范或原则。服装不但要与自己的具体条件相适应,还必须时刻注意客观环境、场合对人的着装要求。

1. 男士西服

男士西服有两件套、三件套之分,正式的场合应该穿西服套装,颜色以深色为好。穿西装时应穿单色衬衫,以白色为最佳。领子要挺括,不能有污垢、油渍。衬衫下摆必须塞在裤子里面,袖口、领口要系好,不得将西服及衬衫的袖子卷起来。

三件套西服在正式场合下不能脱下外衣。西服背心如果是6粒纽扣,一般不系最下面的一颗纽扣,如果是5粒纽扣则应全部系上。西服背心应贴身合体。按习俗,西服的线条美,与西服配套穿的羊毛衫应是"V"形领,领带应放在"V"形领毛衣里面。前开身毛衣、套头高领毛衣均不宜与西服套装同穿。毛衣、毛背心都不能代替西服背心。

2. 女士西服

女士西服有西服套装和西服套裙,均可作为正规礼服,其色彩款式要稳重大方,以素雅单色和简单的条格面料为主。西服套裙上装是西服,其松紧长短均可。西装有单排扣、双排扣之分;下装是腰裙,如西服裙、喇叭裙、褶皱裙、百褶裙等。西服套裙的面料应为高档面料,高贵挺括,色彩应是中性,也可偏暗。单色的面料最适宜,西服套裙上下一色显得庄重,有成熟感。

3. 领带

领带被称为西服的灵魂。通常所说的领带是指直式领带,还有一种横式领带，即领结。

(1)直式领带

直式领带简称“领带”。领带最好选用丝制的。系领带不宜过长或过短。站立时其下端触及腰带为好。穿西服背心或毛衣时，领带要塞在背心或毛衣里面。西服与领带的颜色深浅搭配具有层次，如浅色西服配深色领带或深色西服配浅色领带。

(2)领结

领结可分为小领花和蝴蝶结。

小领花的颜色有黑色、白色。一般白领花只适用于燕尾服的配套，黑领花适用于配穿小礼服。

蝴蝶结一般配用于大礼服、小礼服上，也适用于饭店的男女服务员的工作服上。

(3)领带夹

现在有许多人选择戴领带夹、领带棒、领带针和领带别针，起固定领带的作用。

领带夹的位置应在从上往下数以衬衫的第四粒到第五粒纽扣之间处为好，西服上衣系上扣子后，领带夹不能外露。

4. 饰物

在服饰构成中，装饰用品既可作为服装的辅助用品，又可区别于衣服而相对独立存在。装饰用品和衣服一同构成了服饰的内容。

装饰用品按其所在身体部位可分为：头饰、领饰、胸饰、腰饰、腕饰、指饰、脚饰等。服装与饰品之间完美搭配，将有效地展示人的气质、修养、个性等特征。装饰品可在服饰中起到烘托主题和画龙点睛的作用。服装的饰物若按类别又可分为两大类：第一类是以实用性为主的饰物，比如鞋、帽子、眼镜、包、腰带等；第二类是属于以装饰性为主的饰物，比如领带、项链、手镯、耳环等。无论实用性饰物，还是装饰性饰物，其配套均应与服装相协调而取得整体效果为原则，起点缀、调节、呼应、平衡、矫正的作用。

(1)帽子

帽子的花色品种很多,它不仅防寒抗晒,也是服饰搭配的一个组成部分。对于服饰来说帽子样式、颜色的选用是十分讲究的,它直接关系到服饰整体效果的好坏。

帽子的选用,应考虑到人的脸形、年龄、身份以及与服饰之间的配套关系。

尖脸型的人选用圆顶帽比较适宜;圆脸型的人选用棒球帽;身材高大的人选用的帽子宜大不宜小,身材瘦小的人选用的帽子宜小不宜大;矮个子可戴高筒帽,高个子可戴宽檐帽。着西服宜戴礼帽,穿中山装宜戴圆顶帽,两者还都可以戴前进帽。女士的时装帽会使女士显得潇洒大方,富有青春气息;翻边仿礼帽会使女性刚柔相济,富有男性气派。各种草帽、金丝帽配上夏令时装,顿觉清凉明快,充满女性魅力。

(2)腰带

腰带具有装饰美化人体的作用,是矫正体型、制造错觉的重要手段之一。通过系腰带部位的上下移动可以调节人们对人体上下身的视觉;通过腰带的色泽深浅、宽度的选择可以调节人们对腰身的粗细视觉。

男士在工作中使用的腰带以黑色或棕色皮革制品为佳,宽度一般不超过 3 厘米。中年人可以系稍宽一些的腰带,系腰带不宜过长,通常以不超过腰带扣 10 厘米为标准。男士的吊裤带在一切场合都不能露在外面。

女士系腰带既要考虑同服装配套,又要考虑体型。柳腰纤细的女士选一条宽腰带,会更加显得楚楚动人。

(3)手帕

手帕可分为两种:一种是装饰用手帕,另一种是普通手帕。

装饰手帕是以各种单色手帕折叠而成,可放在礼服或西服上衣左胸口袋。手帕折叠的形式有多种多样,常见的有一山型、二山型、三山型。

深色西服配浅色手帕,装饰手帕不能当作普通手帕来使用。

普通手帕可用来擦汗、擦手、擦嘴,切不可在人面前使用不洁净或皱皱巴巴的手帕。目前,人们有用香巾纸取代普通手帕的趋势。

(4)鞋袜

适合男士穿着的皮鞋的颜色应为黑色、黑棕色、深咖啡色。黑色的皮鞋可与各色服装搭配,而且适用于各种场合。最为正规的男士皮鞋应是系带子的款式。穿旅游鞋时不要穿西服。女士皮鞋应与服装相匹配,如齐膝马靴与呢绒长裙相配可显示青年女性挺拔俏丽、英姿飒爽的风采,再如牛仔衣裤与高筒皮靴相配极富有魅力。在正规场合着西服时,应与黑色敞口皮鞋相匹配。皮鞋要上油擦亮。

袜子仅仅显了防寒保暖,也是为了装饰美化。

男士穿西服可配穿深色的袜子,高及脚胫。女士应掌握鞋跟越高袜子越薄的对应关系。袜是不应露出袜口,腿形较粗的人最适合穿着深色的袜子,如透明的灰褐色、黑色;腿形过细的人最适合穿着浅色或肉色的袜子;穿裙装配高筒袜时,袜子最好选用肉色的,夏天,女的可以赤脚穿凉鞋,切不可穿着半长的袜子,袜子与裙间露出腿是很不雅观的。

5. 女性着装五禁忌

(1)过分暴露型。夏天的时候,许多职业女性便不够注重自己的身份,穿起颇为性感的服装。这样你的才能和智慧便会被埋没,甚至还会被看成轻浮。因此,再热的天气,也应注意自己仪表的整洁、大方。

(2)过分的时髦。现代女性热爱流行的时装是很正常的现象,即使你不去刻意追求流行。流行也会左右着你。有些女性几近盲目地追求时髦,如,某贸易公司的女秘书在指甲上同时涂上了几种鲜艳的指甲油,当她打字或与人交谈时,都给人一处厌恶的压迫感。因此,一个成功的职业女性对于流行的选择必须有正确的判断力，切记在工作场所主要表现的是工作能力而非赶时髦的能力。

(3)过分可爱型。服装高超有许多可爱俏丽的款式，也不适合在工作中穿着，会给人轻浮、不稳重的感觉。

(4)过分潇洒型。最典型的样子就是一件随随便便的 T 恤或罩衫，配上一条泛白的“破”牛仔裤，丝毫不顾及工作场所的原则和体制。这样的穿着可以说是非常不合适了。

(5)过分正式型。这个现象也是常见的。其主要原因可以说是没有适合的服装。职业女性的着装应平淡朴素。

6. 女性裙装四禁忌

(1)国际交往中，黑色皮裙不能穿，黑色皮裙在一些西方国家里有一种特殊身份的标志。

(2)裙子、鞋子和袜子不搭配。通常着装必须配套化、系列化。如，穿裙子的时候，应该穿制式皮鞋，即黑色的或者单色的，高跟的或者半高跟的皮鞋。

(3)重要场合不光腿。特别是在国际交往中一定要避免这个问题。在国外，女人穿套裙时，如果光腿就是在卖弄性感。有些国家的说法更难听，认为女人穿套裙时，不穿袜子，便等于没穿内衣。

(4)不宜三截腿。即穿半截裙子时穿半截袜子，袜子和裙子中间露一段腿肚子。袜子一截，裙子一截。腿肚子一截。这种穿法，术语叫做恶性分割，它容易使腿显得粗短。

(三)发饰礼仪

发饰是人的“头顶大事”，得体的发饰能增添人的魅力，能使人容光焕发，充满朝气。

1. 发型

发型不仅要符合美观、大方、整洁和方便生活原则，而且要与头发的性质、脸型、体型、年龄、气质、服装以及环境等因素很好地结合起来，才能给人以整体美的形象，也更能适合自己的职业特点。

发型要反映出青年人的精神面貌。应留标准的发型，不能烫发，不能留披肩发，更不能剪成怪异的发型。年轻人头发不染色。

(1)男性发型

男性后面的发际线应在领子以上1～2厘米，两边的头发不准盖住耳朵；发型要有层次，头发不准留齐发，不可留中分发型。头发的前帘揪下来不能挡住眉毛。以标准的发型与服装达成一致。另外，男生不要用摩丝、发胶来定型头发。

(2)女性发型

女性发型后面的发际线应在耳下2～3厘米，"刘海"不要遮住眉毛以下的部位，可梳成扣边或短发，也可梳成运动式，底端可剪出层次。一般在参加礼仪活动时可用摩丝、发胶定型，以展示女子的端庄、文雅、大方的气质。无论男生还是女生身上都不能带有头皮屑。泡茶的长发女性的长发应往后扎，防止长发飘入茶杯中，影响品饮情趣。

(四)站姿、坐姿、走姿的礼仪

1. 站姿

站立是人们生活交往中的一种最基本的举止。

站姿是人静态的造型动作，优美、典雅的站姿是发展人的不同动态美的基础和起点。优美的站姿能显示个人的自信，衬托出美好的气质和风度，并给他人留下美好的印象。要想站立正确，有四个部位要特别注意：双脚、双肩、胸部、下巴。

1.1　正确的站姿要求

(1)头正。抬头，头顶上悬，双目平视前方，嘴微闭，表情自然，面带微笑，微收下颌，精神饱满，动作平和自然。

(2)肩平。双肩放松、微向后下压，人体有向上的感觉。

(3)臂垂。两肩平正，双臂自然下垂于身体两侧，虎口向前、手指自然弯曲呈自然状。

(4)躯挺。躯干挺直，挺胸收腹立腰，臀部向内向上收紧，身体重心应在两腿中间，防止重心偏左或偏右。

(5)腿并。两腿绷直、双膝用力并拢，保持身体正直，脚后跟要靠紧，两脚呈“V”形，两脚角度呈 40～60 度。

(6)身体重心主要支撑于脚掌、脚弓上。

(7)从侧面看，头部肩部、上体与下肢应在一条垂直线上。

1.2 手位

站立时，双手可取下列之一手位：

(1)双手置于身体两侧。

(2)右手搭在左手上叠放于体前。

(3)双手叠放于体后。

(4)一手放于体前一手背在体后。

1.3 脚位

站立时可采取以下几种脚位：

(1)“V”形。

(2)双脚平行分开不超过肩宽。

(3)小“丁”字形。

1.4 几种基本站姿

(1)男士的基本站姿

(1.1)身体立直，抬头挺胸，下颌微收，双目平视，嘴角微闭，双手自然垂直于身体两侧，双膝拢，两腿绷直，脚跟靠紧，脚尖分开呈“V”字形。

(1.2)身体立直，抬头挺胸，下颌微收，双目平视，嘴角微闭，双脚平行分开，两脚之间距离不超过肩宽，一般以 20 厘米为宜，双手手指自然并拢，右手搭在左手上，轻贴于腹部，不要挺腹或后仰。

(1.3)身体立直，抬头挺胸，下颌微收，双目平视，嘴角微闭，双脚平行分开，两脚之间距离不超过肩宽，一般以 20 厘米为宜，取手在身后交叉，右手搭在左手上，贴于臀部。

(2)女士的基本站姿

(2.1)身体立直，抬头挺胸，下颌微收，双目平视，嘴角微闭，面

带微笑，双手自然垂直于身体两侧，双膝并拢，两腿绷直，脚跟靠紧，脚尖分开呈“V”字形。

(2.2)身体立直，抬头挺胸，下颌微收，双目平视，嘴角微闭，面带微笑，两脚尖略分开，右脚在前，将右脚跟靠在左脚脚弓处，两脚尖呈“V”字形，双手自然并拢，右手搭在左手上，轻贴于腹前，身体重心可放在两脚上，也可放在一脚上，并通过重心的移动减轻疲劳。

1.5　站立的注意事项

(1)站立时，切忌东倒西歪，无精打采，懒散地倚靠在墙上、桌子上。

(2)不要低着头、歪着脖子、含胸、端肩、驼背。

(3)不要将身体的重心明显地移到一侧，只用一条腿支撑着身体。

(4)身体不要下意识地做小动作。

(5)在正式场合，不要将手叉在裤袋里面，切忌双手交叉抱在胸前，或是双手叉腰。

(6)男子双脚左右开立时，注意两脚之间的距离不可过大，不要挺腹翘臀。

(7)不要两腿交叉站立。

1.6　训练

(1)背靠墙

将后脑、双肩、臀部、小腿肚及脚跟与墙壁靠紧，每次持续一段时间。这种训练可以使训练者有一个完美的后身。

(2)两人背靠背

两人一组，背靠背站立，相互将后脑、肩部、臀部、小腿肚及脚跟靠紧，并在两人的肩部、小腿等相靠处各放一张卡片，不能让卡片掉下来。前提条件是两人的体高应相等。

(3)头顶书本

颈部自然挺直，下巴向内收，上身挺直，目光平视，面带微笑，把书本放在头顶中心，使书本不要掉下来，头、躯干自然保持平稳。

(4)对镜训练

面对镜子，检查自己的站姿及整体形象，发现问题及时纠正。

注意：进行站姿训练时最好配上轻松愉快的音乐，用以调整心情，这既可以防止训练的单调性，也可以减轻疲劳感；训练时间可控制在20分钟左右。

2. 坐姿

坐姿文雅、端庄，不仅给人以沉着、稳重、冷静的感觉，而且也是展现自己气质与修养的重要形式。

2.1　正确的坐姿要求

(1)入座时要轻稳。走到座位前，缓慢转身后，右脚向后退半步，然后从座位的左侧轻稳坐下(女士落座时要将裙子后片用手向前拢一下)，并把右脚与左脚并齐。

(2)入座后上体自然挺直，挺胸，双膝自然并拢，双腿自然弯曲，双肩平整放松，双臂自然弯曲，双手自然放在双腿上或椅子、沙发扶手上，掌心向下。

(3)头正、嘴角微闭，下颌微收，双目平视，面容平和自然。

(4)坐在椅子上，应座满椅子的2/3，脊背轻靠椅背。

(5)离座时，要自然稳当，右脚向后收半步，然后起立，起身要轻缓。

2.2　双手的摆法

坐时，双手可采取下列手位之一：

(1)双手平放在双膝上。

(2)双手叠放，放在一条腿的中前部。

(3)一手放在扶手上，另一只手仍放在腿上或双手叠放在侧身一侧的扶手上，掌心向下。

2.3　双腿的摆法

(1)双腿并拢。

(2)腿同时侧向一方，两膝并拢，脚跟相靠，两脚尖略分开。

(3)腿同时侧向一方,如侧向右侧,则右脚略向前,右脚跟与左脚掌内侧中心相靠,双膝并拢。

(4)一腿叠在另一腿上,但不要翘的太高,一定注意翘起的腿的脚尖要朝向地面。

(5)双膝并拢,右脚从左脚外侧伸出,使两脚外侧相靠。

2.4 几种基本坐姿

2.4.1 女士坐姿

(1)标准式。上身挺直、坐正,双肩平正,两臂自然弯曲,双手叠放在双腿中部,并靠近小腹,双膝并拢,小腿垂直于地面,两脚保持小“丁”字步。入座时若着裙装,要用双手在后面从上往下将裙摆稍拢一下,以防坐出褶纹或因裙子被坐住而使腿部裸露过多。(不要坐下后整理衣服。)

(2)侧点式。上身挺直,两小腿向左斜出,双膝并拢,右脚跟靠拢左脚内侧,右脚掌着地,左脚尖着地。

(3)前交叉式。上身挺直,左脚置于右脚下,两踝关节处交叉,两脚尖着地,膝部可稍分开,但不要过大。

(4)后点式。两小腿后屈,脚尖着地,双膝并拢。

(5)曲直式。上身挺直,右脚前伸,左小腿屈回,大腿靠紧,两脚前脚掌着地,两脚前后在一条直线上。

(6)侧矗式。在侧点式基础上,左小腿后屈,脚绷直,脚掌内侧着地,右脚提起,用脚面贴住左踝,膝与小腿并拢,上身左转。

(7)重叠式(二郎腿或标准式架腿)。在标准式坐姿的基础上,两腿向前,一条腿提起,腿窝落在另一条腿的膝关节上,上面的腿应向里收,贴住另一腿的小腿处,脚尖向下。

2.4.2 男士坐姿

(1)标准式。上身挺直坐正,双肩平正,双腿自然弯曲,小腿垂直于地面,双膝并拢,两脚自然分开 45 度,双手分别放在两膝上,或椅子扶手上。

(2)前伸式。在标准式的基础上,两小腿前伸一脚的长度,左脚向前半脚,脚尖不要翘起。

(3)前交叉式。两小腿前伸,双脚在踝关节处交叉。

(4)交叉后点式。两脚交叉,小腿向后曲回,下面的脚脚掌撑地。

(5)曲直式。右脚前伸,左小腿屈回,前脚掌着地。

(6)重叠式。左小腿垂直于地面,右腿在上重叠,右小腿向里收、贴住左腿,脚尖向下,双手分别放在椅子扶手上或腿上。

2.5　坐的注意事项

不良坐姿会给人一种粗俗、没教养的印象,会直接引起别人的不快感。

(1)坐时不可前倾后仰,或歪歪扭扭。

(2)双腿不可过于叉开,或长长地伸出。

(3)坐下后不可随意挪动椅子。

(4)不可将大腿并拢,小腿分开,或双手放于臀部下面。

(5)高架"二郎腿"或"4"字形腿。

(6)腿、脚不停抖动。

(7)不要猛坐猛起。

(8)与人谈话时不要用手支着下巴。

(9)坐沙发时不应太靠里面,不能呈后仰状态。

(10)双手不要放在两腿中间。

(11)脚尖不要指向他人。

(12)不要脚跟落地、脚尖离地。

(13)不要双手撑椅。

(14)不要把脚架在椅子或沙发扶手上,或架在茶几上。

2.6　训练

(1)两人一组,面对面练习,并指出对方的不足。

(2)坐在镜子前面,按照坐姿的要求进行自我纠正,重点检查手位、腿位、脚位。

(3)每次训练时间为20分钟左右,可配音乐进行。

3. 走姿

走姿是人体所呈现出的一种动态，是站姿的延续。走姿是展现人的动态美的重要形式。走路是“有目共睹”的肢体语言。

3.1 正确的走姿要求

(1)头正。双目平视，收颌，表情自然。

(2)肩平。双肩平稳，在摆动中与双腿的距离不超过一拳。以肩关节为轴，双臂前后自然摆动，两手自然弯曲，摆幅以30～35度为宜。

(3)躯挺。上身挺直，立腰收腹，身体重心稍前倾。

(4)步位直。脚尖略开，脚跟先接触地面，依靠后腿将身体重心送到前脚掌，使身体前移。两脚的内侧落地时，两脚落地后的轨迹要在一条直线上，要防止“内八”字或“外八”字。

(5)步幅适度。一般应是前脚的脚跟与后脚的脚尖相距为脚长，但因性别不同和身高不同会有一定的差异，并且由于着装不同，步幅也会有所不同。

(6)步速平稳。行进中的速度应保持均匀、平衡，不要忽快忽慢，步速每分钟在80～100步。

3.2 变向时的行走规范

3.2.1 后退步

向他人告辞时，不应扭头就走，这是失礼的表现。应先向后退两三步，再转身离去。退步时，脚要轻擦地面，不可高抬小腿，后退的步幅要小。转体时要先转身体，头稍候再转。

3.2.2 侧身步

当走在前面引导来宾时，应尽量走在宾客的左前方。髋部朝向前行的方向，上身稍向右转体，左肩稍前，右肩稍后，侧身向着来宾，与来宾保持两三步的距离。当走在较窄的路面或楼道中与人相遇时，也要采用侧身步，两肩一前一后，并将胸部转向他人，不可将后背转向他人。

3.3 不雅的走姿

(1)方向不定,忽左忽右。

(2)体位失当,摇头、晃肩、扭臀。

(3)扭来扭去的“外八字”步和“内八字”步。

(4)左顾右盼,重心后坐或前移。

(5)与多人走路时,或勾肩搭背,或奔跑蹦跳,或大声喊叫等。

(6)双手反背于背后。

(7)双手插入裤袋。

3.4 走姿训练

(1)摆臂训练

身体直立,以肩为轴,双臂前后自然摆动。注意摆动的幅度适度,纠正双肩过于僵硬、双臂左右摆动的毛病。

(2)步位步幅训练

在地上划一条直线,行走时检查自己的步位和步幅是否正确,纠正“外八字”、“内八字”及脚步过大或过小。

(3)稳定性训练

将书本放在头顶中心,保持行走时头正、颈直、目不斜视。

(4)协调性训练

配以节奏感较强的音乐,行走时注意掌握好走路的速度、节拍,保持身体平衡,双臂摆动对称,动作协调。

(五)表情、手势礼仪

1.表情

表情是指人的面部情态。人们通过表情来传情达意,表现出人的心理。现代心理学家总结过一个公式:感情的表达=语言(7%)+声音(38%)+表情(55%)。可见表情在人与人之间的交往中占有相当重要的位置。健康的表情能给人们留下深刻的印象,也是自身素质的最好体现。构成表情的主要因素是目光和微笑。

1.1 目光

眼睛是传递心灵信息的窗口，在人际交往中具有不可替代、不容忽视的作用。观察一个人的秘密，其最好的办法是去观察他的眼睛。

在人际交往中，一个人的目光应是坦然、亲切、和蔼、有神的，目光应注视对方，不应躲躲闪闪。人们视线相互接触的时间，通常占交往时间的30%～60%，一般连续注视对方的时间是在1～2秒内。在双方直接见面交谈时，视线的高度与位置，应因交际对象和交际场所的不同而不同。

(1)公事视线

公事视线的位置是：以双眼为下底线，到前额中部，构成一个等边三角形。它适用于谈判、磋商、洽谈等场合。这种视线的特点是公事公办、严肃郑重，不含任何个人感情色彩，能深刻地影响对方情绪，而主动使用这种视线的一方，则掌握着交谈的主动权。

(2)社交视线

社交视线的位置是：以双眼为上底线，到唇部中央构成一个倒等边三角形。它适用于上下级间的友好交谈、同事交往，以及各种联谊会、茶话会、座谈会等各种社交场合。这种视线的特点是亲切温和，能造成一种融洽和谐的气氛，让对方感到平等舒服。

(3)亲密视线

亲密视线的位置是：以双眼为上线，延长至胸部。它适用于恋人、家庭成员或挚友之间。这种视线的特点是热烈柔和，能将灼热的感情很快传达给对方，使对方体会到一种关切或热爱之情。

无论使用哪种视线，都应注意不可将视线长时间固定在所要注视的位置上。应把握分寸，恰到好处，善于调节，因人而异，以显示自己较高的文化修养和交际水平，为双方友好关系的建立创造一个无声的良好环境。

(4)三种目光禁忌

①不要盯住对方的某一部位“用力”地看，这是愤怒的最直接表示，有时也暗含挑衅之意。

②不宜注视其头顶、大腿、脚部、手部，尤其不应注意视其胸部、裆部、腿部。

③在商务活动中，眼睛应注视对方脸上的三角部分，这个三角以双眼为底线，前额发际为上顶角。尤其是在洽谈业务时，如果你看着对方的这个部位，会显得很严肃认真，别人会感到你有诚意。在交谈过程中，你的目光如果始终落在这个三角部位，你就会把握谈话的主动权和控制权。

1.2　微笑

微笑是日常生活和交际场合中常使用的一种人体语言。它是在众多笑的种类中最美的一种笑容。

微笑是指不露牙齿、嘴角两端略提起的笑。微笑是人们良好心境的表现；是善待人生，乐观面世的表现；是有信心、对自己的魅力和能力抱积极和肯定态度的表现；是内心真诚友善，心底坦荡的表现；是对工作意义的正确认识，乐业敬业的表现。

有人说，一旦学会微笑，你将成为一笔宝贵的精神财富的拥有者；微笑是全世界通用的货币。但愿人人都学会微笑，成为微笑的使者。

(1)微笑可以表现出温馨、亲切的情感，能有效地缩短双方的距离，给对方留下美好的心理印象，从而形成融洽的交往氛围，可以反映本人待人至诚的良好修养。

(2)微笑不仅是打招呼的无声语言，同时又是委婉拒绝的有效手段。如对自己不感兴趣又不便用语言拒绝的问话，微微一笑可以表达欢愉、无奈、谅解等多种意思。

(3)微笑有一种魅力，它可以使强硬者变得温柔，使困难变容易。微笑是人际交往的润滑剂，是广交朋友、化解矛盾的有效手段。

(4)微笑魅力：微笑表现充满自信。只有不卑不亢、充满信心的人，才会在人际交往中为他人所真正接受。而面带微笑者，往往说明对个人能力和魅力确信无疑。

我们应在训练中将良好的目光同甜美的微笑融为一体，使表情和谐、富于魅力，使交际形象更具气质和风度。

2. 手势礼仪

人们在日常生活中常常借助于各种手势来表达自己的思想和愿望。手势是人们交往中不可缺少的动作，是最有表现力的一种“体态语言”。手势美是一种动态美，得体适度的手势可增强感情的表达。同时，手势也可以形成一定的思想意义。我们应恰当地使用各种手势，准确表达自己的内心感情，判断他人的态度感情，建立友好的人际关系。

2.1　手势的基本要领

自然优雅，规范适度。

2.2　手势的具体要求

(1)与对方交谈时，手势不宜过多，动作不宜过大，更不应手舞足蹈。

(2)在谈到自己时，可用手掌轻按自己的左胸，而不要用拇指指着自己的鼻尖。

(3)打招呼、告别、欢呼都属于手势的范围，应注意其力度的大小，速度的快慢。使用举手致意时，应将右臂伸直，掌心朝向对方，轻轻摆动即可。

(4)介绍人，请某人做事或为某人引路指示方向时，应掌心向上，手臂伸直，四指并拢，大拇指张开，以肘关节为轴指示方向，上体稍有前倾，面带微笑，在注视目标方向的同时兼顾对方是否会意。手势中要表现出诚恳、恭敬、有礼貌。

(5)在任何时候、任何情况下都不要使用单个手指，因它含有不礼貌或教训人的味道。

(6)同样一种手势在不同的国家、地区有不同的含义。如“O”形手势即圆圈手势，也被人称为“OK”手势，在中国被用来表示“零”或者说明“小”的意思；而在美国及讲英语的其他国家“OK”手势则表示赞扬和允许之意；在法国，“OK”手势的意思是“零”、

"品质恶劣"、"微不足道"或"一钱不值"的含义;在日本人眼里则代表"钞票"、"金钱";在拉丁美洲的一些国家却表示乱搞男女关系;在希腊、意大利的撒丁岛,还是一种令人厌恶的污秽手势;在巴西则认为是不文明的动作;而在马耳他则是一句无声而恶毒的骂人话等。中国人对翘大拇指这个手势赋予了积极的意义,用来表示高度的称赞;但在英国、新西兰等,翘大拇指则是搭车惯用的手势,一些旅行者经常使用;在希腊,则是让对方"滚蛋"之意;澳大利亚人则认为竖起大拇指,尤其是横向伸出大拇指是一种侮辱。

总之,要正确地运用手势,应给人一种含蓄、彬彬有礼、优雅自如的感觉。

3. 十种行为禁忌

(1)在众人之中,应力求避免从身体内发出的各种异常的声音。咳嗽、打喷嚏、打哈欠等均应侧身掩面再为之。

(2)在公共场合不得用手抓挠身体的任何部位。文雅起见,最好不当众抓耳搔腮、挖耳鼻、揉眼搓泥垢,也不可随意剔牙、修剪指甲、梳理头发。若身体不适非做不可,则应去洗手间完成。

(3)在公开露面前,须把衣裤整理好。尤其是出洗手间时,你的样子最好与进去时保持一样,或更好才行,边走边扣扣子、边拉拉链、擦手甩水都是失礼的。

(4)在参加正式活动前,不宜吃带有强烈刺激性气味的食物(如葱蒜、韭菜、洋葱等),以免因口腔异味而引起交往对象的不悦甚至反感。

(5)在公共场所里,高声谈笑、大呼小叫是一种极不文明的行为,应避免。在人群集中的地方特别要求交谈者加倍地低声细语,声音的大小以不引起他人注意为宜。

(6)对陌生人不要盯视或评头论足。当他人在进行私人谈话时,不可接近之。他人需要自己帮助时,要尽力而为。见别人有不幸之事,不可有嘲笑、起哄之举动。自己的行动妨碍了他人应致歉,得到别人的帮助应立即道谢。

(7)在人来人往的公共场所最好不要吃东西,更不要出于友好而逼着在场的人非尝一尝你吃的东西不可,爱吃零食者,在公共场所为了维护自己的美好形象,一定要有所克制。

(8)感冒或其他传染病患者应避免参加各种公共场所的活动,以免将病毒传染给他人,影响他人的身体健康。

(9)对一切公共活动场所的规则都应无条件地遵守与服从,这是最起码的公德观念。不随地吐痰,不随手乱扔烟头及其他废物。非吐非扔不可,那就必须等找到污物桶后再行动。

(10)在大庭广众之下,不要趴在或坐在桌上,也不要在他人面前躺在沙发里。走路脚步要放轻,不要走得咚咚作响,遇到急事时,不要急不择路,慌张奔跑。

二、泡　茶

茶艺,按照狭义的理解就是泡茶及品茗的艺术。要想品到一杯好茶,则要先泡好一杯(壶)茶,就要掌握几个技术要点即:了解客人的饮茶习惯及嗜好;选茶;(品种、类型、档次)茶席布置与茶具配备;选水;茶与水的比例;泡茶用水的温度;浸泡时间;品尝。

1. 了解客人用茶

客人进入茶馆雅室或茶店后,要热情恭请客人入座,主动简要介绍本茶馆或茶店的茶类(如青茶、绿茶等),品种(如铁观音、本山等),类型(如铁观音清香型、浓香型等)并用热情、温和的语气询问客人:"请问先生(或女士)您想用什么茶。"这是出于对客人的礼貌和尊重,让客人有一种宾客至上的感觉。

2. 选茶

茶艺师应根据客人指定的茶类、品种和类型选茶,除了客人同时指定等级、档次外,茶艺师可选择中档上茶叶为客人冲泡,这样的好处是客人如果嫌档次不够,我们就可以拿出高档茶来试泡,如果客人嫌价位太高,我们可以拿出中档下价格较为便宜的产品让其试泡,让客人有选择的余地,做到让客人满意为止。

3. 茶席布置及茶具配备

从目前的茶艺馆和茶叶店在茶席上，都摆有乌龙茶的泡杯、碗、紫砂壶等相配套的茶具，但也应配备有绿茶、红茶的泡茶器具，客人需要时拿得出手。茶具在茶席上的摆设及展示应是：整洁、整齐、流畅、便于顺手操作。摆得好，是一道优雅可观赏的风景线，摆不好是一堆让人心烦的杂物。

4. 选水

茶叶必须通过开水冲泡才能供人享用，水质直接影响茶汤的质量。所以中国人历来非常讲究泡茶用水。泡茶用水最好是泉水、井水次之、自来水内含较多的氯气，需要储存在水缸和水桶里过夜，待氯气挥发后，再煮沸泡茶。或者适当延长煮沸时间，驱散氯气泡茶。现在的茶艺馆和茶店都选用矿泉水、纯净水泡茶，效果较好。

5. 泡茶时注意茶与水的比例

按照国家标准规定，泡乌龙茶的茶与水的比例是 5 克∶110 毫升，但目前茶艺馆和茶店泡茶时茶与水的比例多数是 7 克:110 毫升；广东的潮汕地区则是 12 克∶110 毫升。绿茶、红茶等茶与水的比例是 3 克∶150 毫升。

6. 茶叶冲泡时间

不同的茶叶，浸泡的时间和次数就有所不同：乌龙茶可冲泡三次，第一次 2 分钟；第二次 3 分钟；第三次 5 分钟。（单丛茶第一次 1 分钟；第二次 2 分钟；第三次 3 分钟）。

绿茶、红茶、黄茶、白茶、普洱茶均冲泡一次，时间为 5 分钟。

紧压茶：冲泡一次，浸泡时间 8～10 分钟。

7. 茶叶品尝

品茶与喝茶不同。喝茶主要是为了解渴，满足生活上的需要，往往几口就将一碗茶喝完，没什么讲究。品茶则是为了追求精神上的满足，重在意境，将饮茶视为一种艺术欣赏，要细细品啜，徐徐体察，从茶汤美妙的色、香、味得到审美的愉悦，引发联想，从不同

的角度抒发自己的情感。正如唐代诗人皎然在《饮茶歌·诮崔石使君》诗中描写了他在品茶时的美妙感受:“一饮涤昏寐,情思爽朗满天地。再饮清我神,忽如飞雨洒轻尘。三饮便得道,何须苦心破烦恼。”只要自己有一定的文化修养,注意品茗赏艺,从品尝中获得真趣,陶冶自己的情操,那将是人生的最好享受。

(1)看汤色

茶汤的色泽也就是该茶类应有的汤色;如清香型安溪铁观音应是:金黄明亮;浓香型铁观音:金黄、清澈。武夷水仙是金黄清澈;绿茶是黄绿明亮;红茶是红艳或红亮。

汤色的深浅、明暗、清浊关系到茶叶的品质。

(2)嗅香气

当滤出茶汤或看完汤色后,应立即闻嗅香气。嗅香气时一手托住杯底,一手微微揭开杯盖,鼻子靠近杯沿轻嗅或深嗅。嗅香气一般分为热嗅、温嗅和冷嗅三个步骤,以仔细辨别香气的纯异、高低及持久程度。

热嗅、温嗅、冷嗅方法:热嗅是指一滤出茶汤或快速看完汤色即趁热闻嗅香气。此时最易辨别有无异气,如陈气、霉气及其他异杂气。随着温度下降异气部分散发,同时嗅觉对异气的敏感度也下降。因此热嗅时应主要辨别香气的纯异:香气是否纯正,即有无该茶类应有的香气特征或其他异杂气。热嗅时香气温度较高,鼻子有烫的感觉,闻嗅时应轻轻地嗅,速度要快,一嗅即过,抓住一刹那的感觉,不能长时间闻嗅以免嗅觉麻木。

温嗅是指经过热嗅及看完汤色后再来闻嗅香气。此时评茶杯温度下降,手感略温热。温嗅时香气不烫不凉,最易辨别香气的浓度高低,应细细地嗅,注意体会香气的浓淡高低。

冷嗅是指经过温嗅及尝完滋味后再来闻嗅香气。此时评茶杯温度已降至室温,手感已凉,闻嗅时应深深地嗅,仔细辨别是否仍有余香。如果此时仍有余香则为品质好的表现,即香气的持久程度好。嗅闻茶叶的香气,好茶的香气天然纯真,令人陶醉。茶叶的香气是由多种芳香物质综合组成的，形成了各种茶类的香气特征。不同品种的茶叶具有不同的香气，泡成茶汤后，会形成兰花香、栀子花香、粟子香、果香、蜜香、糖香等。如铁观音有兰花香、韵香、武夷岩茶有岩骨花香、红茶苹果香、工夫红茶的干果香，祁门红茶玫瑰香等，细细品来，兴致无穷。

(3)尝滋味

尝滋味一般在看完汤色及温嗅后进行，茶汤温度在 45～55 度之间较适宜。如果茶汤温度太高，易使味觉受烫后变麻木，不能准确辨别滋味；如果茶汤温度太低，则味觉的灵敏度较差，也影响滋味的正常评定。尝滋味时用汤匙从碗中取一匙约 10 毫升左右茶汤，吸入口中后用舌头在口腔中循环打转，或用舌尖抵住上腭，上下齿咬住，从齿缝中吸气使茶汤在口中回转翻滚，接触到舌头的前后左右各部分，全面地辨别茶汤的滋味。然后吐出茶汤，体会口中留有的余味。每尝完一碗茶汤，应将汤匙中的残留液倒尽并在白开水中漂净，以免各碗茶汤间相互串味。

茶叶品种繁多，产地各异，滋味万千，都是凭感觉器官的感受评出来的，如清香形安溪铁观音的滋味是鲜醇高爽，音韵明显；武夷水仙是清醇甘爽，岩韵明显；广东的凤凰单丛、岭头单丛主要滋味的特征是山韵。

名优绿茶有清香、味鲜、爽口的滋味特征。

(4)看叶底

如乌龙茶叶底主要是看是否肥厚软亮、匀整、嫩度好，是否红点明，发酵均匀，有否花杂。

综上所述，评茶、品茶是一门较高深的学科，茶艺师只有不断加强茶叶相关知识的学习，才能引导客人进入更高的品茶境界。

第二节　乌龙茶茶艺

中国茶文化源远流长，几千年来饮茶品茗一直是中国人日常生活中不可或缺的一部分。茶乃天地间之灵物，生于明山秀水之间，与青山为伴，以明月、清风、云雾为侣，得天地之精华，而造福于人类。把日常生活中的茶，通过完美细致的艺术表演，把仪态美和心灵美带给观众，予人以愉悦的精神品味。

一、闽南乌龙茶茶艺

（一）安溪铁观音茶艺

安溪是世界名茶铁观音的发源地。安溪铁观音，体现了和谐健康新生活的时尚追求。

谁人寻得观音韵，便是百岁不老人。安溪铁观音品饮艺术，讲究茶叶之优质、泉水之纯净、茶具之精美、茶艺之高雅、茶境之和谐。

安溪铁观音茶艺，源于民间工夫茶，浓缩着中华茶艺的精华。细腻优美的动作，传达的是纯、雅、礼、和的安溪茶道精神，体现了人与人、人与自然、人与社会和谐相处的神妙境界，使人们在品茶的过程中，得到美的享受，启发人们走向和谐健康的新生活境界。

下面请大家欣赏安溪铁观音茶艺。

1. 神入茶境

首先造就一种宁静平和的品茶氛围。

2. 茶具展示

下面，向大家展示的是安溪铁观音功夫茶茶具：炭炉、水壶、若琛瓯、茶杯、茶罐、茶匙、茶斗、茶夹。

3. 烹煮泉水

好茶需要好水，山泉上，河水中，井水下。同时要用 100 摄氏度的沸水冲泡,效果最佳。

4. 沐淋瓯杯

也就是用开水烫洗瓯盖和茶杯。

5. 观音入宫

借助茶斗和茶匙将铁观音茶叶放入盖杯中。

6. 悬壶高冲

铁观音冲泡讲究高冲水低斟茶。悬壶高冲,可以使茶叶在盖瓯中翻滚,促使早出香韵。

7. 春风拂面

用杯盖轻轻刮去茶叶表面的浮沫。

8. 瓯里蕴香

安溪铁观音素有绿叶红镶边,七泡有余香之美称,是茶中极品。其生产环境得天独厚,采制技艺十分精湛,是天、地、人、种四者的有机结合。茶叶入瓯冲泡,必须等待一至两分钟,方能斟茶。

9. 三龙护鼎

用右手的拇指、中指夹紧瓯盖边沿,食指压住瓯盖顶端,便于出水。

10. 行云流水

提起瓯盖,循托盘边沿绕一周,让在瓯底附近的水滴落。

11. 观音出海

也称关公巡城,就是端起瓯盖,按序低斟入杯。

12. 点水流香

也称韩信点兵,将瓯中的茶水点斟各杯。观音出海和点水留香是为了保持每杯茶水的浓淡均匀,也是为了表达对各位品茗者的平等和尊敬。

13. 敬奉香茗

姑娘们敬茶、品茶。这里做示范性表演:铁观音品饮,需要“五官并用,六根共识”,鉴赏汤色、细闻幽香、品啜甘霖,呷上几口缓缓品啜,您会觉得味道甘鲜、齿颊留香、回味无穷。

从来佳茗似佳人,喝茶要喝铁观音。安溪铁观音茶艺,演绎的是和谐自然,体现的是健康快乐。

谁能品出铁观音的特殊香韵,那真是人生的一件快事,愿今天的茶艺表演能给各位嘉宾留下美好的回忆,愿铁观音的香韵永驻您的心田。

(二)永春佛手茶艺

古人认为,茶为千年饮品,它采天地之灵气,撷日月之韶光,年年葱茏,岁岁芬芳。即使在缤纷世界的今天,茶,依然那么素洁,那么清芬,那么明秀。

茶,正踏着温柔的脚步走进您的心灵……

朴雅的春壶内涌动着乌龙茶的真情

洁白的玉杯里盛满了新茶人的祝愿

让我们一起品饮永春佳茗

共同领略福建工夫茶艺的韵趣

茶艺名称:佳茗咏春

茶品:永春佛手、永春水仙、铁观音。

水品:灵泉

服饰:以中国近代传统服饰文化为基调,洋溢现代风采,给人以清丽之感。

意境:古雅、素洁、明秀、清远。

茶艺流程

(背景音乐悠悠而起,主泡手、副泡手入场,致礼。宾主就座,伴随音乐进入品茶意境……)

静心事茶(定位,从容有序)

福建是工夫茶的故乡,明末清初首先创制了乌龙茶。问世后就受到人们的喜爱并出现了适于乌龙茶品饮的独特方式,俗称“工夫茶”。工夫茶的主要特色,在于它非常注重茶品选择,茶具之精美，水质之甘纯和泡饮技法之从容有序。

活火烹泉（副泡手烹水，主泡手取杯）

品茶讲究用水，陆羽《茶经》中说："山水上，江水中，井水下"。山泉水甘洌清纯，是理想的品茶用水。其二推求火候，真水还须活水烹，古人候汤兴"三辨"，一曰形辨，二曰声辨，三曰气辨。通过观察水中的气泡变化等来掌握候汤，初沸水为蟹眼，再沸为鱼目，至连珠沸为熟，一般以水刚沸透泡茶为宜。

嘘寒问暖（温壶）

俗称"湿壶"，将初沸水注入空壶，以提高壶温，便于冲泡。

素瓷生烟（烫杯）

品工夫茶讲究热饮，烫杯成了必不可少的程序，在宾客面前温壶烫杯还寓意着对宾客的敬意，营造温馨之氛围。

佳人问世（取茶罐出茶）

永春佛手、永春水仙以其优异品质，多次荣获福建省优质产品和名誉称号，1995 年双双荣获第二届中国农业博览会金奖。

倾心桃源（置茶于壶内）

俗称"纳茶"，即将茶叶投入茶壶，取样要准确，量多则过浓，量少则偏淡，通常下茶量与茶水以 1∶22 为宜。

温润春心（湿润泡）

春风满面

俗称"洗茶"，通过温润泡可以去除茶叶表面的"火功气味"，以获得真香纯味，辨别风格各异的品种香韵。

悬壶高冲（提壶，注沸水于壶）

轻推花浮（刮沫）

孟臣沐霖（淋壶）

若深复洁（净杯）

"孟臣"冲罐，小巧玲珑，淳朴古雅，泡茶不走味，贮茶花变色，盛暑不易馊，使用的年代越久，色泽越加光润古雅，泡出的茶汤，也越加醇郁芳馨，"若深杯"也即"若深瓯"，瓯里洁白，（外面画有蓝色

山水、花鸟、虫，或八骏马之类，瓯底款识曰“若深”，“若深珍藏”或“若深月珍”）样式朴雅，实属珍品。如今一般选用半透明状的白瓷杯作工夫茶杯，选择时有四个字诀：小、浅、薄、白，质薄能起香，色洁能衬色，以浅见深，杯小天地大。

游山玩水

关公巡城（筛茶）

高冲低斟是工夫茶的技法之一，高冲要连贯而从容，低斟是筛茶时必须来来去去，各杯轮匀，使各杯茶汤浓度均匀。（最后点滴入杯）

韩信点兵（点滴入杯）

佛手别名“香橼”，是我国特有的茶树良种。永春佛手茶，外形条索紧卷圆结，肥壮重实，匀整美观色泽砂绿油润。内质香气馥郁悠长而近似香橼香，汤色金黄明亮，（叶底肥厚软亮红边鲜明匀整）。

敬奉香茗（副泡手敬茶）

中国是一个“文明古国，礼仪之邦”，茶是古老而文明的饮料，客来敬茶是中华民族的传统美德，体现人们对俭德、明伦、谦和的追求。茶，融合着东方文明与教化从远古走来，走进我们的生活空间。

持杯观色（看汤色）

喜闻秋香（嗅香气）

细啜甘露（尝滋味）

尽杯候珍（待　斟）

流华进盅（第二泡）

乌龙茶的泡饮方式独特，具有茶多水少，泡时短。泡次多等特点，品饮时便有了一杯苦，二杯甜，三杯味无穷之韵趣。

纤纤捧瓯

依依敬茗（敬茶）

清代诗人袁枚在《随园食单》中有过一段生动的描写：“余游武

夷，到幔亭峰、天游寺诸处，僧道争以茶献，杯小如胡桃，壶小如香橼，每斟无一两，人口不忍遽咽。嗅其香，再试其味，徐徐咀嚼而体贴之，果然清芳扑鼻，舌有余甘，一杯之后，再试一二杯，令人释躁平矜，怡情悦性……”

秋色怡人

菁华流芳（闻香品味）

品饮时可慢慢一啜，然后留意口腔回旋，气冲鼻出，好好领悟入口时瞬刻之芳香，而后体验入口浓而后转甘醇的韵味。

香韵犹存（嗅杯底香）

玉杯回盘（副泡手收杯，回位）

品饮永春佳茗是一种寓健身、修性、文化、审美为一体的健美过程，品饮乌龙茶是福建的一种高雅民俗，技法精湛，礼节奇趣，韵味无穷。

茶，用翠绿的生命装点大地，
茶，以芬芳的灵魂萦绕人间。
清清的茶，
浓浓的意，
永远，永远……

（三）平和白芽奇兰茶艺

茶艺起源于古代斗茶、白芽奇兰茶是乌龙茶类的新秀，白芽奇兰对品饮技艺十分讲究，天醇茶艺把传统风俗与现代艺术融为一体传递着中国茶艺俭、清、和、静的茶道精神。

白芽奇兰茶茶艺表演主要内容：展示茶具→烹煮泉水→沐霖瓯杯→奇兰入宫→悬壶高冲→春风拂面 ，三龙护鼎→行云流水→关公巡城→点水流香→敬奉香茗等十一道流程。

1. 展示茶具

酒精炉、水壶、若琛瓯、茶杯、茶罐、茶匙、茶斗、茶夹。

茶匙、茶斗、茶夹是竹器工艺制成的，这是民间惯用的茶具。

茶匙、茶斗是装茶用,茶夹是夹杯洗杯用的。

炉、壶、若琛瓯主要是遵循本地传统加工而成。平和茶乡有悠久历史的古窟址,在五代十国就有陶器工艺,宋朝中期就有瓷器工艺。这不仅泡茶专用,而且有较高的收藏欣赏价值。而用白瓷盖瓯泡茶,对于放茶叶、闻香气、冲开水、倒茶渣等都很方便。

2. 烹煮泉水

沏茶择水最为关键,最好选择无污染的山泉水,如水质不好,会直接影响茶的色、香、味,只有好水好茶味才美。冲泡平和白芽奇兰茶,烹煮的水温需达到100摄氏度,这样最能体现天醇奇兰茶独特的香味。

3. 沐霖瓯杯

"沐霖瓯杯"也称"热壶烫杯"。先洗茶杯,再洗若琛瓯,主要是保持瓯杯有一定的温度,起到讲究卫生消毒等作用。

4. 奇兰入宫

右手拿起茶斗把茶叶装入,左手拿起茶匙把茶装入瓯杯,美其名曰"奇兰入宫"。

5. 悬壶高冲

提起水壶,对准瓯杯,先低后高冲入,使茶叶随着水流旋转而充分舒展。

6. 春风拂面

左手提起瓯盖,轻轻地在瓯面上绕一圈把浮在瓯面上的泡沫刮起,然后右手提起水壶把瓯盖冲净,这叫"春风拂面"。

7. 三龙护鼎

斟茶时,把右手的拇指、中指夹住瓯杯的边沿,食指按在瓯盖的顶端,提起盖瓯,把茶水倒出,三个指称为三条龙,盖瓯称为鼎,这叫"三龙护鼎"。

8. 行云流水

提起盖瓯,沿托盘上边绕一圈,把瓯底的水刮掉,这样可防止瓯外的水滴入杯中。

9. 奇兰巡海

“乌龙巡海”民间称它为“关公巡城”，就是把茶水依次巡回均匀地斟入各茶杯里，斟茶时应低行。

10. 点水流香

“点水流香”在民间称为“韩信点兵”，就是斟酌到最后瓯底最浓部分，要均匀地一点一点滴到各茶杯里，达到浓淡均匀，香醇一致。

11. 敬奉香茗

茶艺小姐双手端起茶盘彬彬有礼地向各位嘉宾、朋友敬奉香茗。

烹来勺水浅杯斟　尽不余香舌本寻
七碗漫夸能畅饮　可曾品过奇兰茶

(四)漳平水仙茶艺

尊敬的各位领导、各位嘉宾，大家好！漳平水仙茶是乌龙茶中的极品，是福建名茶，也是中国名茶。漳平水仙茶采用举世无双的紧压工艺，制成古朴典雅的方形茶饼，茶汤蜜黄清亮，香气似桂如兰，滋味甘醇爽润，具有超凡脱俗的神韵。茶界泰斗张天福先生等专家学者，对漳平水仙茶情有独钟，给予很高的评价。奇秀山水同登临，极品名茶共品尝。下面，请欣赏茶艺表演——水仙飘香。

1. 涤净心源

漳平水仙茶聚山水之灵气，洗俗世之凡尘，是圣洁的灵物。煮泉冲泡之前，要用清澈的山泉水涤心净手，让躁动的心变得祥和而宁静。

2. 拥炉听泉

冲泡漳平水仙茶，最好用山泉水。把山泉注入壶中，放在炉上用文火烹煮。拥炉静坐，倾听壶中水声，好似清风入松林，渐渐进入物我两忘的境界。

3. 孔雀开屏

品茶要有好茶具，一件件茶具就像一个个飘逸儒雅的世外高人。面对客人，主人要像孔雀开屏那样，一一展示精美的功夫茶茶具。

4. 仙姿展现

漳平水仙茶是世界独一无二的紧压乌龙茶，具有卓尔不群的脸谱。方形茶饼在纯朴中显现高贵，在古朴中显示典雅。

5. 仙鹤戏水

冲泡水仙茶饼之前，要用沸水注入瓯杯，提高瓯杯的温度，好让茶香充分激发。

6. 佳人上轿

漳平水仙茶品质超群，犹如风姿绰约的绝代佳人。我们通过精美的茶荷，恭请水仙茶上轿，倒入三才杯。

7. 高山流水

提起水壶对准瓯杯，先低后高地冲入沸水，让水仙茶饼随着水流翻转，逐渐挥发香气。然后把第一道茶汤快速倒入茶海，继续提高水壶往三才杯注入沸水。

8. 水满春江

我们把第二次向三才杯注入沸水的过程，称为“水满春江”；通过采用高冲的手法，让茶叶继续在瓯杯中翻滚，充分展示水仙茶独特的色香味。

9. 荷塘闻香

水仙茶饼经过高温沸水冲泡，其特有的香味慢慢释放出来，聚集在杯盖上。轻轻掀开杯盖，犹如伫立在荷塘边上，清香扑鼻而来，沁人肺腑，令人陶醉。

10. 芙蓉出水

精心冲泡好的水仙茶，汤色金黄明亮，香气似桂如兰。茶汤中的茶叶，像出水芙蓉婀娜多姿。此时闻香赏形，令人心旷神怡。

11. 甘霖普降

通过茶海把茶汤均匀地斟入茶杯，斟茶也有高雅的讲究——有道是：斟茶只斟七分满，留够三分是人情。

12. 敬献甘露

（茶艺小姐把斟好的水仙茶汤敬献给嘉宾）

水仙茶具有提神醒脑、养胃健脾、排毒养颜等诸多功效，敬请各位嘉宾品尝漳平水仙茶，共享那似桂如兰的独特清香。

13. 鉴赏茶汤

品饮水仙茶，要先鉴赏茶汤的颜色。优质水仙茶的汤色金黄明亮，在杯椽、杯中和杯底呈现清亮的光圈犹如琥珀泛彩，让人赏心悦目。

14. 喜闻天香

“未尝甘露味，先闻圣妙香。”敬请大家静下心来，让不绝如缕的茶香慢慢沁入肺腑，细细感受这妙不可言的幽幽天香。

15. 细品玉液

品饮水仙茶要凝神内敛，呷一小口茶汤，在嘴里微微吸啜，让似桂如兰的茶香滋润心田，让清爽醇厚的滋味在心间流淌，在喉韵回甘中品悟人间的至美、生活的芬芳。

16. 尽杯谢茶

衷心感谢各位领导、各位嘉宾品茗赏艺，衷心希望漳平水仙茶能为大家所钟爱。春色不随流水去，茶香时送好风来，欢迎大家常饮水仙茶，常到漳平来！

二、闽北乌龙茶茶艺

武夷大红袍茶艺

“武夷春暖月初圆，采摘新芽献地仙。飞鹊印成香蜡片，啼猿溪走木兰船。金槽和碾沉香末，冰碗轻涵翠缕烟。分赠恩深知最异，晚铛宜煮北山泉。”这是唐代诗人徐寅留下讴歌武夷大红袍的

诗篇。

自古名山出名茶，武夷岩茶以其独特的岩韵幽香，闻名古今中外，在茶王国中独树一帜。武夷茶艺又以其祥和、宁静、古朴、典雅体现了茶的精神境界，让人耳目一新，心宁气和。

焚香静气

武夷茶艺首先追求的是一种宁静的氛围，焚点檀香正是以此为目的，造就幽静平和的品茶氛围。

叶嘉酬宾

即出示武夷岩茶让客人观赏。

活煮山泉

好茶还需好水烹，泡茶之水以山泉为上、河水为中、井水为下。

孟臣沐霖

孟臣是中国明代紫砂壶制作家，后人为了纪念他把名贵的紫砂壶喻为孟臣壶，“孟臣沐霖”即为烫洗茶壶。

乌龙入宫

武夷岩茶有着得天独厚的地理生长环境。臻武夷山川之精气所钟，独具岩骨花香，被喻为中国乌龙茶中的珍品，现在我们通过茶斗和茶勺将茶叶罐中的茶叶引入紫砂壶内，喻为“乌龙入宫”，“宫”即为紫砂壶的代称，放入壶内的茶叶量，因人而异，嗜浓者可多加，喜淡者少放，一般茶叶量为茶壶的三分之一。

乌龙入海

将第一次茶汤直接注入茶海，喻为“乌龙入海”。

悬壶高冲

泡茶讲究高冲水低斟茶，现在我们通过“悬壶高冲”使茶叶随水翻滚，茶叶早些出味。

春风拂面

接着再用壶轻轻刮去茶表面的茶沫，喻为“春风拂面”。

重洗仙颜

即甩开水浇淋茶壶的表面，这样即可洁净茶壶的外表，又可保持壶内外的温度,“重洗仙颜”为武夷山摩崖石刻之一,这道程序在这同时也寓意为洗涤凡尘。

若琛出浴

若琛是中国清代江西景德镇的烧瓷名匠,他烧出的茶杯小巧玲珑,薄如蝉翼,色泽如玉,极其名贵,后人为了纪念他,把泡制工夫茶所使用的白瓷杯喻为若琛杯,“若琛出浴”即为烫洗茶杯。

关公巡城

茶约过1～2分钟,方可出味,才可斟品,为了避免茶水浓淡不均,应依歇往各杯巡回而斟,喻为“关公巡城”。

韩信点兵

茶水剩少许后,则往各杯点斟,喻为“韩信点兵”。“关公巡城”与“韩信点兵”一是为了保持每杯茶水的浓淡均匀,第二则为了表示对各位品茗者的平等与尊敬。

三龙护鼎

接下来我们将邀请各位嘉宾朋友和我们的表演者共同品茗武夷岩茶。首先,让我们来看看表演者手中这端杯的拿法,这种方法喻为“三龙护鼎”。

喜闻幽香

品茶时首先应闻其香,喻为“喜闻幽香”。

鉴赏三色

再观其色,喻为“鉴赏三色”。

初品奇茗

品饮武夷岩茶时,应小口细啜,初饮时,您会感到有些浓苦,多饮几口,清新甘甜之感油然而生。

尽杯谢茶

起身喝尽杯中的茶,以感谢茶人栽制佳茗的恩典。

三、广东乌龙茶茶艺

凤凰单丛茶艺

随着社会的进步，泡茶器具越趋现代化，即有时代美感，又具简洁、适用性强，有助提升功夫茶的品饮艺术。

洁净器具

将洁净的电热壶注入山泉水，置于电炉上烧开。将盖瓯、茶杯（也称品茗杯，按照凤凰当地习惯，通常是备用三或四个小杯）、茶盘清洁揩拭干净。将沸水冲入叠放在盖瓯里的茶杯，并浸满茶瓯，烫洗后的洁净茶杯沥干水，放在茶盘上备用。这个过程，在功夫茶艺表演程序中曰："烹泉、净器、温杯热瓯"。

纳茶

从锡罐里取出 8～10 克凤凰单丛茶叶，投茶量是盖瓯容量的 7～8 分钟左右。通常冲泡春茶，投量可稍多；冲泡秋茶量不宜过多；取茶入瓯过程，切不可把茶叶折断压碎，以利于茶汤醇滑，避免涩口。这一过程，在茶艺表演中美词曰："凤凰进宫居七分，白玉瓯里显乾坤。"

润茶、刮沫淋盖

将烧开 100℃的沸水，提壶高冲，水要浸满茶叶至瓯面。高冲的作用是使盖瓯里每片茶叶能受水的力度作用而翻动，充分受热，达到润茶目的。并促使茶叶析出附在表面的杂质，用瓯盖刮去瓯面表层浮沫，接着用沸水冲淋瓯盖边沿上的泡沫。然后，斟出瓯里的茶汤，要把茶汤沥尽，以达到洁净茶叶目的。润茶是功夫茶的独特技艺，其作用可使单茶热润而发，育华催香。

烫杯洁杯

将第一冲的茶汤倒掉后，用 100℃沸水烫杯。烫洗净杯是功夫茶艺中最重要的一环，也是最能显示功夫茶艺最美感的动作。指的是沸水注入杯之后，用三个手指拿着一只杯子，侧置于另一只盛满开水的杯中，中指勾住杯脚，拇指扣住杯口，并不断地向上推拨，使茶杯作环状滚动，在开水中刷洗一遍。若双手同时操作，似两只飞轮齐齐滚动，并发出清脆悦耳的声音，令人心旷神怡。每一轮冲泡的茶，请客人品啜后，再冲下一轮茶时，一定要用烧开的沸水烫刷净杯。

泡茶、斟茶

烫杯之后，马上泡茶。按“高冲低斟”的原则冲泡。即提壶高冲，将烧开 100℃沸水注入盖瓯里(此时，实际冲进茶汤的水温只有 97℃左右)。冲茶手势要高冲;而茶汤斟进品茗杯时，手势相反宜低。此时，泡茶时间的掌握是关键一环。从冲入沸水至出汤时间，应掌握在 20 秒以内最佳。如果茶汤浸泡时间过长，导致茶汤浓苦，影响滋味的醇爽度。

汤净杯后，在 20 秒钟时间内，品茗杯热气未散，随即斟茶。斟茶时，用食指按住瓯盖，以免茶末随茶汤跑出来。拇指和中指扶住瓯边，小指勾住瓯脚，灵活地运用手腕操作。茶瓯要贴近杯口，均匀地循序低斟，控制为三巡。低斟茶汤的目的是，避免茶汤和香气外溢，也不会使茶汤发出响声和泛起泡沫。低斟过程，将瓯里的茶汤滴滴沥尽。使这四杯茶汤容量、浓淡均匀一致。岭南功夫茶艺表演中，将泡茶、斟茶程序的动作，艺术性地赞美曰:“三龙扶鼎盖瓯起，恭手低斟琼浆降;韩信点兵点精华，尽善尽美茶文化;关公巡城斟茗浆，同甘共苦同分享。”

献茶请客

茶汤巡斟各品茗杯后，请客人趁热品尝。先举杯置于鼻端，嗅闻香、韵、味，此时芬芳、高锐的自然花香扑鼻而来。然后，再啜吸茶汤，分三次啜完一小杯茶，重在品尝，让茶汤在口中慢慢回旋，品其味，回其甘。这个过程，品茗者可领略口鼻生香，喉底回甘，芬芳沁心脾。充分享受到凤凰单丛茶醇厚甘爽，浓而不涩，香韵悠长，回味无穷，正是万般极品尊凤凰。

掌握了凤凰单丛茶的冲泡技艺，用正确的方法冲泡和品茗，才

能发挥凤凰单丛茶天姿秀色，得到品茗艺术的愉悦舒心。这正是凤凰名茶文化，古风独存的魅力所在。

四、台湾乌龙茶茶艺

冻顶乌龙茶艺

表演者入场后先行茶礼。

备器

即翻杯

尝茶

把茶叶放入茶盒，让来宾观赏茶叶的外形和色泽。

温壶

和普通工夫茶一样，台式乌龙泡饮茶具的温度是95℃，温壶还起到清洁和保温的作用。

烫盅

烫杯

即烫洗茶杯。

温润泡

俗称洗茶，无论是台式乌龙还是闽式乌龙，第一道茶汤味道都还没有完全散发出来，这一道工序可使茶叶舒展，起到温润的作用。

闻香

将温润泡茶水倒入闻香杯，闻香杯杯身高、杯口小，香气持久。

悬壶高冲

把盛开水的壶提高冲水注入紫砂壶中，高冲可使茶叶翻动，且姿势优美。

春风拂面

用壶盖轻轻刮去壶口茶沫，使茶清新洁静

重洗仙颜

用闻香杯的水浇淋茶壶，既洗净壶外表面，又提高壶温。

玉液回壶

将紫砂壶中的茶水再倒回壶中，使茶汤均匀。

玉液低斟

将茶水斟入闻香杯中，高冲低斟，靠近杯口，避免香气溢失。

倒挂金盅

将闻香杯中的水灌入品茗杯，不仅美观，还可避免茶水香气溢失。

喜闻幽香

将闻香杯轻轻提起，放入鼻尖，闻其热香，杯中留有幽幽兰花香。

鉴赏汤色

眼观汤色

三龙护鼎

即用拇指、食指扶杯，中指顶杯，此法既稳当又雅观。

细品佳茗

分三口细品茶的味道。

重赏余韵

嗅闻香杯底余香，回味无穷。

第三节　安溪茶事活动

一、闽南乌龙茶采茶技术竞赛

乌龙茶属半发酵茶，芽梢大小是否分开直接影响到发酵的均匀度，发酵均匀与否又直接影响到茶叶的品质，所以高档的乌龙茶不但不宜用机采，而且采摘技术要求还比较严格。也就是大小芽梢要分开采，即茶树最顶端的霸王枝（芽梢最状部分）、茶树水平面芽梢、茶树较小的芽梢要分开采摘。因为这三个部分的水分含量

不一，最顶端的芽梢水分含量最大，水平面芽梢水分含量次之，较小芽梢及对夹叶水分含量最小，特别是铁观音，一株茶树最好能分三次采摘，并分开初制加工，有利于均匀发酵，提高茶叶品质，提高经济效益。所以开展茶叶采摘技术竞赛，对于提高茶叶采摘技术，提高茶叶产品质量具有特别的指导意义。下面是“安溪县龙涓乡首届采茶技术竞赛活动方案”。

安溪县龙涓乡首届采茶技术竞赛活动方案

几年来，龙涓乡通过村村培训和每年二次的村村制茶技术竞赛，制茶技术有较大的提高，产品质量得到了市场的认可，取得了较好的经济效益。随着安溪茶产业的提升，为了多产高档铁观音，制茶过程必须从最基础的采茶工艺加以重视，因此决定开展采茶技术竞赛。

(一)组织机构：

1. 主办单位：龙涓乡党委政府

2. 协办单位……

3. 承办单位：举源茶叶专业合作社

(二)竞赛时间：2012 年 4 月 25 日上午 10:00 至 12:00，历时 2 小时

(三)竞赛地点：龙涓乡举源茶叶专业合作社

(四)参赛对象：

1. 参赛选手必须是龙涓乡各行政村推选出的采茶能手。参加本次大赛的选手计划 50 名，各村应于 4 月 10 日前把“采茶能手推荐表”(见件件 1)报送乡党政办。个别参赛选手如在竞赛时因特殊情况下不能出席应推派其他选手补上，确保参赛选手人数。

2. 参赛选手应自带茶篓及雨具(雨伞或雨衣)

五、竞赛规则及具体做法

1. 大赛规则：公开、公平、公正。

2.大赛设立专家评委5人,评委必须由经验丰富的制茶技师和茶叶专家组成,设评委主任1人。

3.请本次评委宣布竞赛规则及操作要求(赛前指导):

①参赛选手必须按抽签号领取胸卡、茶篓卡,两卡的编号应与采摘地片编号相符。

②参赛选手必须独立操作,他人不得介入和参与,要统一宣布开始时才能采摘,选手迟到超过15分钟不予参赛。

4.鲜叶质量要求及评分

(1)在采摘时每株茶树均要求分两批采,即大芽梢与小芽梢分开采摘并分开置放回收。

(2)大芽梢只采一牙三叶和部分一芽二叶(壮芽的);小芽梢只采小芽梢的一芽二叶和一牙一叶,不采对夹叶,对夹叶应留养母树。

(3)采摘时采用手采或小刀割采均可,但不允许鲜叶破损和断裂现象。

(4)采摘要做到合理采摘,该采的要采,不该采的不要采。

(5)地面不允许乱丢鲜叶。

(6)不能为追求数量而造成茶树损伤,如断技等。

(7)确保茶篓内的鲜叶干净卫生,不含有杂草、泥土等杂物。

5.评分(见采茶技术竞赛选手采茶评分表附件2)

(1)评分方法,采用不暴露姓名,编号评分,评委分三组,每组3人。第一组为称重及统分组;第二组为考核场地行为规范评分组;第三组为鲜叶质量评分组,各组按评分有关要求公平、公正评分,比赛结束当场亮分评出名次。

(2)数量、质量、技能规范比重:数量(重量)占15%,质量占70%,采摘技能规范占15%,

(3)重量:采摘数量最多的为100分,少于100分(数量最多的)按数量递减×15%,等于数量的实际分数。

(4)鲜叶质量:100分×70%。

A.大芽梢部分的质量要求，只准许采摘一芽三叶和大芽梢的一芽二叶。带有以下情况的应扣分，一芽四叶的，一芽一叶的、对夹叶的、带老叶的、带蒂的、破、裂、断叶的。

B.小芽梢部分的质量要求，只准许采摘较小芽梢的一芽二叶部分。带有以下情况的应扣分：一芽三叶以上的(包括三叶)，带老叶的、带蒂的、破、裂、断叶的。

质量全部符合要求的为100分。A、有一芽四叶的一个芽叶扣1分，一芽一叶的一个扣1分，对夹叶的1个扣1分；B、有一芽三叶以上的一个芽叶扣1分。

A、B凡是带老叶、带蒂、破、裂、断叶的1个扣1分。

评分时采用随机抽样，每位选手大芽梢、小芽梢的鲜叶各抽1公斤作为评分样。

5.采摘技能规范：100分×15%

A.不合理采摘即：在茶树上发现该采的不采(如一芽二叶、一芽三叶)、不该采的采了(如对夹叶等茶树上没有对夹叶)最多可扣70分；B、地面乱丢茶叶最多可扣10分；C、损伤茶树枝条最多可扣10分；D、发现茶篓里的鲜叶不卫生(如杂草、树叶、泥土等杂物)最多可扣10分。

(六)奖励：

1.奖项：本次大赛设采茶能手一等奖1名、采茶能手二等奖2名、采茶能手三等奖3名、采茶能手优秀奖5～15名。

2.本次大赛获奖者均发给奖牌和奖状，同时一等奖发奖金1000元；二等奖发奖金800元；三等奖发奖金300元；优秀奖发奖金200元；没有获奖的参赛选手每人发给100元。

(七)费用预算：

(八)应准备资料：

1.胸卡:例

龙涓乡首届采茶技术竞赛

姓名:

编号:______08

二〇一二年四月

2.贴车茶篓上编号(标式):例

3.各选手采摘地片插硬纸牌:例

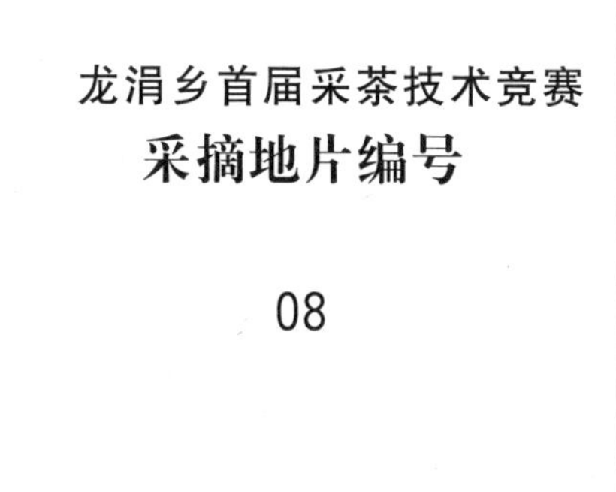

4.评委会应带上笔、计算器等办公用具。

附件 1

龙涓乡　　　村采茶能手推荐表

姓　名		性　别		出生年月	
民　族		学　历		职　务	
联系电话		通讯地址			
村级责任人		职　务		联系电话	
本人意见	签　名:				
村委会 意　见	盖　章 2012 年 4 月　日				
龙涓乡 政府审核 意　见	盖　章 2012 年 4 月　日				

备注:1. 推荐表提交日期:2012 年 4 月 20 日前;
　　2. 联系人:乡茶果站　冯添泉 13515048976
　　　　　　　　　　　汪艺彬 15059575899

附件 2

龙涓乡首届采茶技术竞赛选手采茶评分表

总分表　　　　　　编号：

序号	项目名称	分配(权重)	得分	备注
1	鲜叶数量	15		
2	鲜叶质量	70		
3	采摘技能规范	15		
合　计：		100		

表一：数量计分

最高数量		斤/100 分	少于最高数量的递减。本人可获分＝(本人数量÷最高数量)×100 分。
本人数量		斤	
本人可获		分	
实际得分(占比 15%)		分	

表二:质量计分

序号	项目名称	扣分内容	扣分	配分	得分	比率	实际得分
1	大芽梢	芽四叶以上(包括1芽4叶)、一芽一叶的、对夹叶的每个扣1分每扣1分;凡是有序号3～5现象的都扣分。		100		70%	
2	小芽梢	芽三叶以上(包括1芽3叶)每个扣1分;凡是有序号3～5现象的都扣分。					
3	粗老叶	每个粗老叶扣1分					
4	带蒂	每个带蒂1个扣1分					
5	破、裂、断叶的	对破、裂、断叶的每个扣1分					
合计							

表三:技能行为规范计分

序号	项目名称	扣分内容	扣分	配分	得分	比率	实际得分
1	不合理采摘	该采的没采,采了不该采的,最多可扣70分			70		
2	地面乱丢茶叶	地面乱丢茶叶最多可扣10分			10		
3	损伤茶树	损伤茶树最可扣10分			10		
4	鲜叶卫生	鲜叶里如含有杂草、树叶、泥土等最多扣10分			10		
					100		

二、闽南乌龙茶初制技术竞赛

乌龙茶香味独特，具有天然花果、兰花香等品种特征明显的特点。它是由适制乌龙茶的茶树品种，在得天独厚的自然环境栽培下，采获其鲜叶，经精细加工而成。是鲜叶独特品质与加工技术综合作用的结果。

由于安溪的茶叶是以家庭作坊式的产业，当时没有规模较大的生产、初制加工企业，所以要举行初制技术比赛难度较大，最大的难点是初制加工场地和机械设备，其次是没有成批同等质量的大批量茶青源材料，所以经过一年多的调研后，2002 年 4 月 15 日决定在早熟种黄金桂的虎邱镇罗岩村作为乌龙茶初制技术大赛试点，在虎邱镇罗岩村取得成功经验后，大赛方案报县委县政府同意，当年春茶在祥华乡、感德镇、西坪镇、虎邱镇设四个赛区进行乌龙茶初制技术比赛，到 2002 年秋茶就在全县各乡镇、村大力推广，直至现在，春秋两个产茶季节各乡镇、村都在以不同的规模、不同的形式开展制茶技术比赛，它将大大地提高安溪制茶技术水平和茶叶品质。

安溪乌龙茶初制技术比赛试点是在虎邱镇罗岩村。首届乌龙茶初制技术大赛是虎邱镇、西坪镇、祥华乡、感德镇等四个赛区举行。

2002 年安溪首届乌龙茶初制技术大赛方案

1. 大赛设领导小组：

组长、常务副组长由县分管领导和省专家担任，副组长、成员由人事局、农茶局、茶叶总公司、茶都及参赛乡镇的乡镇长担任。

领导组下设办公室：

2. 大赛评委组成：

大赛评委会由七名委员组成，其中仲裁委员 1 名。

3. 大赛时间：

2002年4月15日至5月8日，各乡镇赛区根据适采期及气候情况自定。

4. 大赛地点：虎邱镇、西坪镇、祥华乡、感德镇

5. 大赛内容：

虎邱镇：黄金桂初制技术大赛

西坪镇：本山初制技术大赛

祥华乡：铁观音初制技术大赛

感德镇：铁观音初制技术大赛

大赛赛区以乡镇为单位，赛场应选择规模较大设备条件较好能容纳30～40人选手同时进行乌龙茶初制全过程比赛的乌龙茶初制厂。

不具备集中比赛的乡镇，可选择有30～40户茶叶初制加工户相对集中、加工场所及制茶机械等设备较好较齐全、茶青原料充足的村举行。如果加工户没有温度计和湿度计的，也应于配备。

6. 大赛茶青的要求：

①采青数量为不影响茶农户的正常生产，每位选手所带的茶青数量只能控制在20公斤以内；②同一品种，只采一芽二至三叶，茶青质量较好，并相对集中成片的地域采摘的为宜，需经轻拌匀后配给各选手。

7. 参赛对象及人数：参赛对象应是辖区内各村选送的制茶能手，比赛人数应控制在30人左右为宜。

8. 大赛规则：

(1)各参赛选手应佩戴领导组颁发的胸卡，以便接受工作人员的检查监督。

(2)各参赛选手以个人为单位，在同等条件下、同一时间内进行比赛。茶叶初制场所、机具按顺序编号，选手进行抽签后，对号作业。

(3)各参赛选手应在指定的时间内领取茶青，进行比赛，逾期不予参赛。

(4)比赛期间,不得接受他人指导,违者取消其参赛资格。

(5)各参赛选手应自始至终坚守岗位,完成比赛,直至将毛茶上交,中途不得擅自离岗或更换他人,并且不得在茶青或成品茶上偷梁换柱,弄虚作假,违者取消其参赛资格。

(6)各参赛选手在比赛过程中应认真填写《初制流程记录表》。

9.大赛评比方法:

(1)各参赛选手的毛茶由评委进行编号封存,按乌龙茶感官审评六大因子(条索20分,色泽10分,香气25分,滋味25分,汤色5分,叶底15分)进行公开审评,当场宣布大赛结果。

(2)茶青重量与毛茶重量的比率低于总平均值的,按低于总平均值的百分比给予扣分,高于总平均值的不加分。

(3)不填《初制流程记录表》的3分,少填一格扣0.5分。

(4)各参赛选手的名次从高分到低分进行排列,评出一、二、三等奖。

10.奖励办法:

(1)各赛区荣获乌龙茶初制技术大赛一、二、三等奖者,县人民政府授予“制茶能手”称号,并颁发证书和奖牌。

(2)各赛区荣获乌龙茶初制技术大赛一、二等奖者,经茶叶理论培训后,可参加茶叶工程师职称的评定。

(3)各赛区荣获乌龙茶初制技术大赛三等奖者,经茶叶理论培训后,可参加茶叶助理工程师职称的评定。

大赛的其他事宜由领导组负责解释。

附录:

1.报名表。

2.初制流程记录表。

3.填表说明。

安溪县首届乌龙茶初制技术大赛报名表

赛　区：________

序号	姓　名	村	身　份　证	电　话	备　注
1					
2					
3					
4					
5					
6					
7					
8					
9					
10					
11					
12					
13					

安溪县首届乌龙茶初制技术大赛初制流程记录表

<table>
<tr><td colspan="3">赛区：　　乡(镇)　　村</td><td>参赛人：</td><td>电 话</td><td></td><td>品种：</td><td>采摘：　日　时　分</td></tr>
<tr><td colspan="3">初制场所坐向：</td><td colspan="2">茶青重量：　　公斤</td><td colspan="2">茶青情况：</td><td>晾青时间：　日　时　分</td></tr>
<tr><td colspan="4">晒青时间：　日　时　分至　时　分</td><td>失水率　　%</td><td colspan="3">初制设备：</td></tr>
<tr><td rowspan="5">做青时间</td><td>一摇</td><td colspan="2">日　时　分至　时　分</td><td>转</td><td rowspan="5">茶青变化情况</td><td colspan="2"></td></tr>
<tr><td>二摇</td><td colspan="2">日　时　分至　时　分</td><td>转</td><td colspan="2"></td></tr>
<tr><td>三摇</td><td colspan="2">日　时　分至　时　分</td><td>转</td><td colspan="2"></td></tr>
<tr><td>四摇</td><td colspan="2">日　时　分至　时　分</td><td>转</td><td colspan="2"></td></tr>
<tr><td>五摇</td><td colspan="2">日　时　分至　时　分</td><td>转</td><td colspan="2"></td></tr>
<tr><td colspan="2">杀青</td><td colspan="2">日　时　分至　时　分</td><td>程度</td><td colspan="3"></td></tr>
<tr><td colspan="2">揉捻</td><td colspan="2">日　时　分至　时　分</td><td>程度</td><td colspan="3"></td></tr>
<tr><td colspan="2">初烘</td><td colspan="2">日　时　分至　时　分</td><td></td><td rowspan="6">感官审评情况</td><td rowspan="6" colspan="2"></td></tr>
<tr><td colspan="2">初包揉</td><td colspan="3"></td></tr>
<tr><td colspan="2">复烘</td><td colspan="3"></td></tr>
<tr><td colspan="2">复包揉(次数)</td><td colspan="3"></td></tr>
<tr><td colspan="2">足干</td><td colspan="3"></td></tr>
<tr><td colspan="2">成品茶情况</td><td>重量</td><td>公斤</td><td>茶青/干茶</td></tr>
<tr><td colspan="2">初制历时</td><td colspan="6">月　日　时　分(采摘时间)至　月　时　分(足干时间);共　小时　分</td></tr>
</table>

记录员：＿＿＿＿＿＿　审评员：＿＿＿＿＿＿

初制流程记录表填表说明

1.“茶青情况”一栏中,应根据茶青的嫩度情况,中、小开面采摘等项目进行填写。

2.失水率的计算:(原茶青重量－晒青后的茶青重量)÷原茶青重量＝失水率％。

3.初制设备一栏中应填写初制机械的型号,包括杀青机、揉捻机、速包机、平板、烘干机等机械设备。

4.茶青变化情况一栏中应填写茶青的颜色变化、软硬程度、水分情况等项目。

5.复包揉一栏,填写包揉的次数、包揉的时间、定形的时间等项目。

6.茶青/干茶一栏为茶青的重量除以干茶重量。

7.感官审评一栏由审评师填写。

安溪县首届乌龙茶初制技术大赛领导组
2002年4月11日

三、闽南乌龙茶审评暨拼配技术竞赛

茶叶审评是项技术性较强的工作,因此,评茶人员必须具备敏锐的感觉器官的分辨能力,这种能力是评茶人员勤学苦练长期的经验积累才能具备的,评茶人员还应加强茶叶专业理论知识学习,深入茶叶生产、加工中去,了解加工方法、品种特征、地域差异、季节气候等特点,在审评中加以应用和分析,减少技术误差。拼配是评茶人员已具备过硬的茶叶审评技术的基础上才能胜任的,拼配在茶叶生产加工中技术性要求较高的一项工作。茶叶审评和拼配工作直接关系到企业的产品质量,原材料成本控制、产品能否适应市场及企业效益。所以通过开展“茶叶审评暨拼配技术竞赛”可从中开发和培养一批茶叶技术人才,对于推进茶产叶的发展具有重要的意义。

2001年11月29日至12月1日(为期三天),安溪县茶业管理委员会、县人事局、茶业总公司、农茶局、技术监督局等单位联合在安溪中国茶都举办首届乌龙茶审评暨拼配技术大赛,这种技术性较强,组织之严密,审评与拼配同时举行的技术竞赛,开创了茶业史上的先例。

1. 本次活动的组织机构

1.1 成立大赛领导组:县委、县政府对本次活动高度重视,组长、副组长由县委、县政府分管领导担任,成员由农茶局、人事局、茶业总公司、技术监督局、茶都、安溪茶厂领导担任。

1.2 领导组下设办公室。

1.3 设大赛评委会:评委会由省、市、县茶叶专家组成,其中设仲裁委员1名。

1.4 聘请公证机关的公证员全程跟踪监督,确保比赛公开、公平、公正。

2. 参赛对象

安溪县从事茶叶工作的技术人员、从业人员并有5年以上从事茶叶工作经历者,经审查本次大赛有77名选手参加。

3. 大赛实施办法

3.1 茶叶审评大赛

审评大赛比赛规则:所有参赛选手均有资格参加审评大赛,各参赛选手按抽签的顺序号对号进入工作台操作,每位参赛选手应独立思考,独立操作,独立完成各项比赛。

审评大赛分三轮进行,要求各参赛选手对组委会提供的多个茶样进行审评、判定,并在规定的时间内向评委会提交评判结果,由评委会逐轮评分,最终各参赛选手按三轮累积得分高低排定名次,评出大赛的一、二、三等奖及优秀奖,公证人员进行现场公证。

第一轮:要求依次判定10个乌龙茶毛茶样(含混合样)的品种名,如:铁观音、本山、毛蟹、黄金桂、混合样(…+…+…)等;本轮比赛时间为20分钟,满分为40分。

第二轮:要求依次判定8个乌龙茶毛茶样(含混合样)的季别,如:春、夏、暑、秋;本轮比赛时间为20分钟,满分为30分。

第三轮:要求依次判定6个乌龙茶净茶样的品种等级,如:铁观音特级、色种一级、色种二级、铁观音三级、铁观音四级;本轮比赛时间为20分钟,满分为30分。

3.2 茶叶拼配大赛

拼配大赛比赛规则:名列审评大赛前15名为拼配大赛选手,获得参加拼配大赛的资格。

大赛组委会提供16～20个乌龙茶毛茶样(茶样不同,单价不同)分别编号并逐一标明品种和单价,先由评委会按最佳拼配方案(高质量、低成本)拼配出观音、色种各2个拼配标准样,经成本核算,明码标价。

用抽签方式决定每位参赛选手应对照标准样拼配观音、色种样各一个。比赛时每人一个工作台,单独操作,以拼配标准样为基准,对组委会提供的多个毛茶样进行自由拼配,要求在6小时内拼配出与标准样相吻合(即质量、成本相当)的观音、色种样各一个,并向评委会提交具体的拼配方案,评委会把选手的拼配方案,对照原先设定的拼配标准样进行评判,以高于或相当于标准样的质量且低于或相当于标准样的成本为最佳,同等质量比成本,相同成本比质量。观音、色种的拼配分值各为100分,两项的综合分满分为200分,最终各参赛选手按综合分高低排定名次,评出大赛的一、二、三等奖及优秀奖,公证人员进行现场公证。

4. 大赛优胜奖励办法

审评和拼配技术大赛各评出:

一等奖1名,二等奖2名,三等奖3名,优秀奖4名。

获大赛一、二等奖的选手按规定予以确认为茶叶加工检验工程师;获大赛三等奖和优秀奖的选手按规定予以确认为茶叶加工检验助理工程师,并颁发奖状,以资鼓励。

附录:

A. 大赛规则。

B. 茶叶审评技术大赛暨拼配技术大赛赛前指导。

C. 大赛内容:表一至表四。

大赛规则

(一)参赛者必须服从大赛领导组的统一安排和指挥,不得自行其是。

(二)参赛者须持本人身份证并佩戴胸卡方能进入赛场参赛,并按卡号就位,每轮开始比赛后,迟到十分钟者视其自动退出比赛。

(三)参赛者在参赛过程中,应始终保持赛场安静,不得交头接耳、互打暗号、手势或用其他方式作假,通信设备一律关机。若发现有弄虚作假或作弊行为的,一律取消其参赛资格。

(四)参赛者须在规定的时间内,完成审评和拼配的比赛,并将所有的器具清洗干净、归位,否则视情况给予相应扣分。任何中途退出或由于其他原因无法参赛的,其参赛成绩记为零分。

(五)已参赛完的选手在交完答卷后,应迅速离开考场,不得在现场逗留或与正在比赛的选手进行交流,被发现者,其参赛成绩记为零分。

(六)未参赛者不得在场边影响正在比赛的选手。

(七)参赛者应在考卷虚线内填好姓名、卡号及身份证号,不得在虚线外填写姓名、卡号或身份证号,否则考试成绩无效。

茶叶审评技术大赛暨拼配技术大赛赛前指导

(一)审评大赛分为三个部分

1. 第一部分:茶叶品种鉴别。共提供十个样品,其中三个是混合样,七个是品种样,均属安溪的当家品种及常规品种,不必区分等级和季别,只需写出品种名称,每个混合品种样均须写出由哪几个品种组成,不必测出比例。

姓名______ 考号______

表一

毛茶品种判定表

（茶样 10 个、时间 20 分钟、满分 40 分）

品种样编号（含混合样）	①	②	③	④	⑤
品　种　名					
品种样编号（含混合样）	⑥	⑦	⑧	⑨	⑩
品　种　名					

说明：1、要求依次判定各号茶样的品种名。

2、若判定其中某号茶样是混合样，应加以说明该混合样由哪几个品种组成，表述方式为：

混合样（…+…）

2.第二部分:茶叶季节鉴别。共提供八个样品,只需写出每个样品的季别,即:春夏(暑)秋,不必进行品种和等级的鉴别。

3.第三部分:成品茶即精茶的品种、级别鉴别。共提供六个样品,先分出三个观音样品,三个色种样品,然后再评出三个铁观音的一级、二级、三级和三个色种的特级、一级、二级。

(二)拼配大赛

通过审评大赛,从高分到低分,选出前15名的选手参加拼配大赛。

1.大赛评委会提供已拼配好的标准样四个,其中铁观音A样、B样,色种A样、B样各一个,并标上单价(元/公斤);同时提供十五个原料样品,在每个样品上都标明单价,参赛选手按抽签所得铁观音、色种标准样各一个,在辨认出各标准样的质量及价格的基础上,拟出若干个拼配方案(每个方案制作12克即两泡即可)测试,找出品质、价格最接近标准样的最佳方案,将各号拼配原料的编号、价格、比例填在拼配方案表上即可。评委将根据标准样的品质及价格情况给予评判。

2.标准样、原料样上的价格及您的拼配方案价格纯属原料成本价,均不包含税费、工资、包装等费用。

3.拼配大赛的时间约为6小时。

姓名________
考号________

表二

毛茶季别判定表

(茶样 8 个、时间 20 分钟、满分 30 分)

季别样编号	①	②	③	④	⑤	⑥	⑦	⑧
季　别								

说明:要求依次判定各号茶样的季别(春、夏暑、秋)。

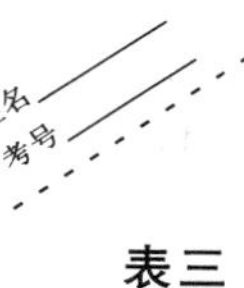

表三

安溪乌龙茶精制成品茶大类、级别判定表

（茶样 6 个、时间 20 分钟、满分 30 分）

季别样编号	①	②	③	④	⑤	⑥
大　类 （铁观音、色种）						
级　别						

说明：1.要求依次判定各号茶样的大类、级别。

2.判定时以省定乌龙茶标准为标准。

姓名______ 考号______

表四

乌龙茶拼配核算表

（拼配铁观音样1个、色种样1个，时间6小时，满分200分，铁观音、色种各100分）

项目 \ 拼配原料样编号		1	2	3	4	5	6	7	8	9	10	11	12	13	14	15	合计
单价（元/公斤）																	
铁观音A（22元/kg）	比例(%)																
	总成本	经核算，该拼配样成本为　　元/公斤。															
铁观音B（14元/kg）	比例(%)																
	总成本	经核算，该拼配样成本为　　元/公斤。															
色　种A（13元/kg）	比例(%)																
	总成本	经核算，该拼配样成本为　　元/公斤。															
色　种B（9.8元/kg）	比例(%)																
	总成本	经核算，该拼配样成本为　　元/公斤。															

茶叶拼配大赛注意事项

1. 大赛组委会分别设置铁观音 A、B 和色种 A、B 四个赛样（均标明价格）；同时，提供 15 个拼配原料样（只标明价格，不标明大类、品种、季别等）。每个选手用抽签的方式抽取一个铁观音和一个色种赛样。

2. 各选手对照抽取的赛样并根据所提供的原料样选取若干个样进行拼配。拼配时以赛样为基准，以质量为中心，结合价格拟出质优价廉的拼配方案。

3. 考试结束，由公证员统一收卷、封卷。

4. 在公证员的公证下和 2 个选手代表的参与下，由 2 个工作人员根据选手的拼配方案拼出茶样，公证员重新进行密码编号，然后，将拼配的茶样送大赛评委会、评委会对照大会所设置的赛样的品质进行感官审评排序。再以感官审评所排名次为依据，并根据赛手的拼配成本价格，计算其得分。最后，根据选手所拼的铁观音样得分和色种样得分的总分评出名次。

5. 整个比赛过程，评委不到考场。

四、闽南乌龙茶毛茶手工拣剔技术竞赛

“中国茶博汇”杯乌龙茶拣剔技能邀请赛

闽南乌龙茶毛茶拣剔是一项带有技术性的作业，拣剔工不但能从事简单的拣梗、拣片、拣杂工作，还要懂得各等级茶叶净度和品质要求，懂得观看毛茶外形色泽，各等级该拣出的次级茶和不该拣出的适应本等级的茶叶。

高档茶拣剔竞赛时，评分权数应以净度质量为主，结合拣出率、时效评分；中、低档茶应按等级净度、拣出率为主，结合时较评分。

2010 年 4 月 15 日，中国茶博汇、安溪县茶业总公司、安溪县茶叶协会、安溪八马茶业有限公司决定联合举办“中国茶博汇”杯乌龙茶拣剔技能邀请赛活动。

乌龙茶毛茶手工拣剔评分表

（表一：中档茶以下评分表）

<table>
<tr><td rowspan="3"></td><td colspan="7">对照样</td><td colspan="12">竞赛样</td></tr>
<tr><td rowspan="2">付拣数量</td><td rowspan="2">回收数量</td><td rowspan="2">制率%</td><td colspan="2">拣剔时间</td><td colspan="2">质量</td><td rowspan="2">付拣数量</td><td rowspan="2">回收数量</td><td rowspan="2">制率%</td><td colspan="3">对样情况</td><td colspan="2">拣剔时间</td><td rowspan="2">梗片回收分析：梗片好茶含量，是否该拣出不拣，不该拣的被剔除</td><td rowspan="2">工作地面是否干净</td><td rowspan="2">工具是否整齐归放</td><td rowspan="2">分数合计</td></tr>
<tr><td>时分—时分</td><td>历时</td><td>整碎</td><td>净度</td><td>整碎</td><td>净度</td><td>杂物</td><td>时分—时分</td><td>历时</td></tr>
<tr><td>计分权数</td><td></td><td></td><td></td><td></td><td></td><td></td><td></td><td></td><td></td><td>23</td><td>20</td><td>20</td><td>10</td><td></td><td>20</td><td>5</td><td>1</td><td>1</td><td>100</td></tr>
<tr><td>得分</td><td></td><td></td><td></td><td></td><td></td><td></td><td></td><td></td><td></td><td></td><td></td><td></td><td></td><td></td><td></td><td></td><td></td><td></td><td></td></tr>
<tr><td>现场记录</td><td></td><td></td><td></td><td></td><td></td><td></td><td></td><td></td><td></td><td></td><td></td><td></td><td></td><td></td><td></td><td></td><td></td><td></td><td></td></tr>
</table>

乌龙茶毛茶手工拣剔评分表

（表二：特级以上高档茶评分表）

	对照样							竞赛样												
	付拣数量	回收数量	制率%	拣剔时间		质量		付拣数量	回收数量	制率%	对样情况			拣剔时间		梗片回收分析：梗片好茶含量，是否该拣出不拣，不该拣的被剔除	工作地面是否干净	工具是否整齐归放	分数合计
				时分—时分	历时	整碎	净度				整碎	净度	杂物	时分—时分	历时				
计分权数										13	20	40	10		10	5	1	1	100
得分																			
现场记录																			

一、组织形式

主办单位：中国茶博汇

协办单位：安溪县茶业总公司

安溪县茶叶协会

安溪八马茶业有限公司

大赛设竞赛组委会及其办公室，负责整个竞赛的活动组织协调工作。成立竞赛评委会，负责技术操作考核标准的编定、评分和名次确定等工作。

二、参赛对象

全县从事茶业行业茶叶拣剔工作的女性（年龄18～50周岁）均可报名参赛，参赛选手总人数控制在60人以内，有意参赛者请携带个人身份证到安溪县茶业总公司（中国茶都E幢二楼）报名，联系电话：23266503、13959993892，传真：23227228，联系人：曾女士。报名截止时间2010年4月12日下午5:00。

三、时间、地点安排

大赛时间：2010年4月15日，下午：2:30～5:00，（2:30～2:45由竞赛组委会宣布竞赛规则及有关注意事项，3:00正式比赛）

大赛地点：中国茶博汇（参洋开发区）

四、竞赛规则

1.根据竞赛组委会制定的拣剔要求和标准（有净茶标准样可参照），要求各参赛选手完成拣剔2公斤茶叶的工作任务，速度、对样净度、制率都是评分的依据。

2.竞赛组委会提供从1号编到60号的60份乌龙茶毛茶（每袋2公斤），这60份毛茶是组委会由一堆品质相同的毛茶，经过充分搅拌、筛分、匀堆后分装起来的，分装时，组委会力求从1到60的每袋毛茶的制率一致且保证送交评委会付制拣剔标准样的毛茶与60袋毛茶的制率一致。

3.比赛前，各参赛选手用抽签方式决定每位参赛选手的选手号码和赛场座位，同时评委会向每位参赛选手出示拣剔标准样（即拣剔净度要求)，赛前宣布比赛规则时，只提示参赛选手要对照标准样做到“三清一净”原则，完成拣剔的参赛选手向现场工作人员举手示意。

4. 比赛时间设定2公斤茶叶拣剔工作量，不设时间要求，比赛时每人一个工作台，单独操作直至完成拣剔任务为止。评委会现场监督、计时、评判。

五、奖励办法

1. 组委会设拣剔大赛一等奖1名，二等奖2名，三等奖3名。

2. 对获得拣剔大赛一等奖的选手，组委会颁发奖状及800元奖金。

3. 对获得拣剔大赛二等奖、三等奖的选手，组委会颁发奖状及500元、300元奖金。

六、其他事项

1. 本次大赛竞赛组委会不提供食宿。

2. 本次大赛的评判标准由评委会制定。

3. 本次大赛的注意事项由组委会赛前公布。

七、前期准备工作

1. 确定能容纳60人比赛的场所，且比赛场所光线要充足。

2. 购买260斤乌龙茶毛茶(茶梗要短)

3. 260斤毛茶搅拌、筛末、匀堆、分装，确保60袋茶的制率一致。每袋4斤，装63袋(备3袋)，余8斤制作拣剔标准样。

4. 编号、安排抽签。

5. 比赛器具(拣剔盘、拣剔架、椅子60套、围巾60、帽子60、扫帚60、号签、茶筛、计时器、精确到克的电子秤)

6. 主席台横幅

7. 主席台桌椅、茶杯、音箱、扩音器、话筒

8. 参赛选手证 工作证 评委证

9. 奖状

八、比赛注意事项

1.各参赛选手须4月15日下午2:30前到达比赛现场，且遵守大赛规则，服从大赛组委会的统一安排和协调。

2.参赛者必须持本人身份证，佩戴参赛卡方能进入赛场参赛，并按卡号就位。

3.参赛者不能佩戴金属首饰，不得涂唇膏唇油、指甲油、风油精等，要戴帽，戴围巾，且不得在赛场喧哗，比赛结束向工作人员示意后迅速离开赛场，不得影响还在比赛的其他选手。

4.每位选手拣剔的毛茶为2公斤，按照"三清一净"的原则进行拣剔，具体净度标准参照标准样。

5.参赛选手在比赛过程中不得为图快而人为捏、掐茶叶，造成茶叶断碎。

6.评委会根据每位选手的拣剔速度和对样净度、制率等及是否出现违规操作来决出名次。

7.各参赛选手拣剔完茶叶后，应清扫地板，茶梗、茶片归类，工具归位、摆放整齐，方能向工作人员举手示意比赛结束。

九、评判标准

本次大赛对每位参赛选手只设定任务量，不设定时限。各参赛选手应按照竞赛组委会制定的拣剔要求和标准(有净茶标准样可参照)进行比赛。评委会按照评分表及现场操作规程进行评分：

一、评委发现参赛选手佩带金属首饰，涂唇膏唇油、指甲油、风油精、未佩戴工作帽、围巾的，该选手的比赛资格取消。

二、评委发现参赛选手在比赛过程中存在捏、掐茶叶造成茶叶断碎现象的，第一次提出警告，第二次取消比赛资格，或者评委在比赛现场未发现选手捏掐茶叶现象，但在测算制率时发现茶叶断碎过多、茶末过多(比照标准样)，足以推断选手在比赛时存在捏、掐行为的，该选手不计入名次。

三、比赛结束后，评委会采用集体评判的形式，参照标准样表一(中低档茶)的各项要求评分，从高分到低分排出名次。即一等奖1名,二等奖2名,三等奖3名。

五、闽南乌龙茶烘焙技术竞赛

"茶为君,火为臣"乌龙茶烘焙是乌龙茶精制加工的重要工序,它对于提高茶叶品质,延长保质期起到关键性的作用。因此开展乌龙茶烘焙技术竞赛,将推动茶叶品质的全面提高。

1.成立组委会。

2.成立专家组。

3.乌龙茶烘焙技术竞赛有三个方案可任选一个。

方案一:组委会统一向参赛选手提供半成品茶(毛净),各参赛选手通过抽签方式选定烘干机台(同一型号、同一功率),在规定时间内独立操作进行烘焙完成,由组委会进行质量审评,按质量高低评分排名次,满分为100分。

方案二:组委会统一向参赛选手提供半成品茶外,同时提供成品茶样品;要求对样烘焙(其他操作程序同方案一)此方案适应贸易加工。

方案三:各参赛选手在规定时间内完成"方案一"、"方案二"的样品烘焙,每个方案50分,共100分。

4.评比方法、名次及奖励。

(1)评比方法:按茶叶审评八项因子进行审评,从高分到低分,评出一等奖1名,二等奖2名,三等奖3名,优秀奖若干名。获奖人数可参照参赛人数而定。

(2)奖励:职业资格、职称晋级;奖状,奖金。

六、安溪铁观音茶王赛

安溪是著名的中国乌龙茶(名茶)之乡,茶文化源远流长,博大精深。而茶王赛则是茶文化百花园中的一朵奇葩。在历届县委、县政府的重视下,茶王赛有了较大的发展和创新。特别是改革开放以来,随着茶叶生产和市场经济的发展,茶乡面貌日新月异,茶王赛更是大放异彩，从形式到内容都赋予时代的特色，对于提高茶叶质量，展示茶乡风采，弘扬中华茶文化，拓展茶叶市场，促进茶叶生产发展，促进精神文明建设都具有重要意义。

(一)茶王赛溯源

现代的茶王赛是从古代的斗茶发展起来的，早时斗茶又称茗战、斗试，又叫点茶、点试，是评比茶叶质量高低的一种富有刺激性又有雅趣的活动。

斗茶以何标准定胜负？《云仙杂志》云："交战时，以三事互争胜：一为茶，一为水，一为茶器。互炫其优，优则称胜。"茶质优异是斗茶胜负的先决条件。其次是水质，水质会直接影响茶汤的味道。宋代王安石有"水甘茶串香"之句，李中也有"泉美茶香异"之说。宋徽宗赵佶是个嗜好斗茶的国君，有一次斗茶就是因为水质差输掉了。江休复的《江邻几杂志》载有苏轼斗茶轶事："苏才翁与蔡君谟斗茶，蔡水用惠山泉，苏茶小劣，改用竹沥水煎，遂能取胜。"可见斗茶用水之重要。其三，要讲究茶具的精雅、大小，煮水柴火的种类和火候等。范仲淹的"黄金碾畔绿尘飞，碧玉瓯中翠涛起"；梅尧臣的"小石冷泉留翠味，紫泥新品泛春华"，都道出了茶与茶具珠联璧合、相得益彰的关系。

斗茶与古代的贡茶有关。当时一些权贵为博得封建帝王的欢心，每逢新茶登场，不惜重金收买各种名优茶进贡，促使斗茶风行。范仲淹《和章岷从事斗茶歌》中有"北苑将期献天子，林下雄豪先斗美"佳句；苏东坡有"武夷溪边粟粒芽，前丁后蔡相笼加。争新买宠各出意，今年斗品充官茶"诗句。由于贡茶的影响，上到皇帝下到庶民，都乐于斗茶。宋徽宗在《大观茶论》中云："天下之士励志清白，竞为闲暇修索之玩，莫不碎玉锵金。啜英咀华，较筐箧之情，争鉴裁之别。"

到了元明清时，斗茶已逐渐演变为一种民间风俗。元代画家赵孟頫有幅名画《斗茶图》，从画面看，参与斗茶的袒胸露臂者有之，足穿草鞋身背雨伞者有之，这些都是平民百姓，决非文人墨客。这说明斗茶活动已更为普及了。

清末民初，斗茶逐渐发展为各类名茶的茶王赛。茶王赛形式多样，规模大小不一，有民间赛，也有官方赛，有村落赛，也有区域赛，还有全县、全省、全国乃至国际赛。茶王赛要组成评委会，聘请有权威的茶师担任评委。其评比办法大多采用淘汰赛，进行公开密码审评，按色、香、味、形等几个因子进行评分，优胜劣汰，最高分为茶王。

安溪是名茶铁观音的故乡，产品畅销台港澳和东南亚市场。产区销区经常举行各种类型的铁观音茶王赛。民国 5 年(1916 年)，台湾举行茶王赛，安溪铁观音获一等奖。民国 34 年(1945 年)，新加坡举行茶王赛，安溪铁观音摘取茶王桂冠。1982 年国家在北京举办首次茶王赛，安溪铁观音荣获金奖茶王。

(二)茶王赛改革创新

安溪县委、县政府把茶王赛作为茶文化的一项重要内容来抓。尤其是改革开放以来，安溪县委、县政府把茶王赛摆上议事日程，对茶王赛的主体、内涵、机制等不断进行改革和创新，采取政府搭台，企业唱戏，走出县门，实地比赛，使茶王赛得到持续，健康发展，呈现出勃勃生机，究其原因，主要是得益于“四革新”和“六结合”。

1. 茶王赛内容和办法

(1)参赛茶叶的要求

参赛茶叶的品质应达到特级标准；

参赛茶叶必须确保品种的纯度；

参赛茶叶必须是净度好、外形紧结、香气高、滋味醇厚、品种特征明显的成品茶，水分含量低于 5%。

参赛茶叶的卫生质量必须达到国家标准；

参赛茶叶的数量：根据主办方的要求确定选送数量，一般是 3～6 公斤。

参赛茶叶必须采用无异味的食品专用袋、真空密封包装交给主办方。

(2)茶王赛评委会的组成

组成茶王赛评委会3～5人,设评委主任一人,评委必须具有高级评茶师资格或评茶经验丰富,并有公正性、权威性的人员担任。还可聘请公证机关派公证员全程跟踪评比,体现公开、公平、公正。

(3)茶王赛评比方法

组委会指派工作人员配合公证员把所收取的参赛茶样编写密码造册,再编写顺序号送给评委审评,评比时分为初赛和决赛。初赛是评委按序号根据茶叶审评的外形、条索、色泽、内质的香气、滋味、汤色叶底六大因子进行审评,采用优胜劣汰的方式选出决赛的茶样进入决赛。

决赛是评委把进入决赛的茶样按条索10分,色泽10分,香气30分,滋味35分,汤色5分,叶底10分,合计100分进行审评记分,最高分为金奖茶王,从高到低,依照顺序分别评出金奖、银奖、铜奖和优质奖。

(4)奖项的设置与奖励

茶王赛一般情况下设金奖1名,银奖2名,铜奖3名,优质奖4名;多数采用现金奖励,也有用轿车、茶叶机械及电器等物品奖励。

2. 革新茶王赛形象

过去茶王赛在茶王领奖后就宣告结束,茶王无声无息。近几年来举行的茶王赛茶王领奖后还有一场活动。领奖后,在群众一片欢呼声中,头戴礼帽,身穿礼服,腰扎红绶带,手持获奖证书,满脸春风地被群众抬上“茶王轿”,由数百人组成的彩旗队、管乐队、采茶灯队、舞狮队簇拥着,吹吹打打,参加踩街。围观的群众争睹茶王的风采,连说:“中茶王与中状元一样风光!”一下子成为茶乡的新闻人物。

茶王赛必须与茶文化相结合,提高茶叶知名度,拓展市场,推进茶产业发展。因此,几年来,在茶王赛发展过程中就出现了几个结合。

(1)茶王赛结合茶艺、茶歌、茶舞表演

1994年10月,第二届世界安溪乡亲联谊大会在安溪县召开。会议期间,举行了安溪"四大名茶"即铁观音、本山、黄金桂、毛蟹茶王赛,由安溪县自己创作、排练的安溪茶艺,首次登台表演,一下子把整场茶王赛搞活了,既丰富了文化内涵,又增添了文艺气氛,受到来自世界各国的安溪乡亲和国内外嘉宾的肯定和赞扬。1999年6月,安溪县在北京钓鱼台国宾馆举行规模宏大的茶王赛,不但结合茶艺表演,而且结合茶歌、茶舞表演,更增强了茶文化的色彩和内涵。

(2)茶王赛结合文艺踩街

1996年5月,在安溪县被农业部命名为"中国乌龙茶(名茶)之乡"一周年纪念之际,安溪县举办了大型茶王赛,还结合文艺踩街活动,踩街队伍达1000多人,彩车达数十辆,其中有茶艺表演队、采茶灯队、武术队、舞狮队等,场面恢宏,气势壮观,热闹非凡,震撼了整个茶乡,产生了巨大的反响。

(3)茶王赛结合茶王拍卖会

1993年11月,安溪县人民政府与泉州远太集团在泉州举行铁观音茶王赛。茶王赛颁奖仪式结束后,立即举行铁观音茶王拍卖会,来自厦门、泉州、台湾、安溪等地的企业家和外商踊跃竞标,最后以500克1万元被三安集团董事长林秀成购得,开创了"赛贸结合"的先河。此后几次茶王赛都结合举行茶王拍卖会,并请专业拍卖公司主持。如1996年11月,安溪县在广州中国大酒店举行的茶王赛,铁观音茶王和毛蟹茶王拍卖,分别为500克17万元和8.2万元;1998年11月,在上海华亭宾馆举行的茶王赛,铁观音茶王500克拍卖20万元;1999年6月,在北京钓鱼台国宾馆举行的茶王赛,铁观音茶王500克拍卖35万元;同年11月,在香港九龙美丽华酒店举行的茶王赛，铁观音茶王 500 克拍卖 55 万元，创铁观音拍卖史上最高纪录，在海内外产生了较大的轰动效应。

(4)茶王赛结合产品展销会

从 1996 年在广州茶王赛起，直至 1998 年在上海茶王赛、1999 年在北京、香港茶王赛止，每次茶王赛都结合举办安溪乌龙茶系列产品展销会。有计划、有选择地挑选几家较突出的茶叶企业的产品到会展销。展销馆通过精心设计、布置、排列，充分展示了乌龙茶乡的风采和产品的特色，吸引了国内外许多客商前来参观、贸易，起到了不可代替的“窗口”作用。

(5)茶王赛结合安溪乌龙茶定点企业授匾

安溪县在厦门、潮阳、广州、上海、北京等地举行茶王赛都把安溪乌龙茶在当地定点经营企业列入茶王赛的一项重要内容。以县人民政府的名义，向那些经营信誉高、产品质量好的企业授匾，每个城市 3～5 家，目的是让当地消费者能买到货真价实的正宗安溪乌龙茶，进一步扩大销售，拓展市场。

(6)茶王赛结合宣传安溪乌龙茶

几年来，安溪县在历次茶王赛中都注重搞好安溪乌龙茶的宣传。首先是在茶王赛的前几天都举行新闻介绍会，向当地新闻媒体如电视台、报社记者介绍安溪乌龙茶的情况以及茶王赛活动的内容，给记者们提供报道背景材料，届时请他们到现场采访、报道。其次是茶王赛场所、环境的布置，包括会标、标语、传单、广告等。第三，向与会者分发报纸专版和画册。如在上海茶王赛分发了《经济信息报》安溪茶业专版和精美的《安溪茶业》画册，受到与会者青睐。第四，做好乌龙茶与健康的宣传。在上海茶王赛期间，安溪县与上海市茶叶学会联合举办“98 上海茶与抗癌学术研讨会”，并印发了论文集，收到了较好的效果。

3. 茶王赛的效应显著

20 多年来，安溪县致力于茶王赛的发展与创新，采取赛茶为主，多种结合、以茶联谊，以赛促销，已取得显著成效。

(1)推动茶叶质量提高

通过多次茶王赛的引导,广大茶农清醒地看到茶叶发展的趋势和市场需求的动态,认识到只有好品种、高品质才能达到好市场、好效益。因此,全县到处掀起科学种茶和讲究制茶技术的热潮,掀起一股“追王热”,茶叶质量有很大的提高,经济效益显著。

(2)提高名茶铁观音的身价

铁观音虽然是全国名茶,但知道它的独特品格及其价值的人不多。通过到全国各大城市举行茶王赛并进行现场拍卖后,它的音韵越传越广,身份越提越高。如 1993 年 11 月在泉州茶王赛,拍卖 500 克铁观音茶王仅 1 万元,至 1999 年 11 月在香港茶王赛上,拍卖 500 克铁观音茶王上升到 55 万元。更令人刮目相看的是,安溪铁观音在 99 安溪北京茶王邀请赛中,进入最高殿堂,被钓鱼台国宾馆和国务院国谊宾馆定为专用茶,成为国宾茶。

(3)提高安溪乌龙茶的知名度

乌龙茶是“少数民族”,饮用的人不多,懂得泡饮技艺的人更少。通过走出去,以茶王赛为载体,开展多种形式宣传,普及乌龙茶泡饮技艺,知名度不断提高。

(4)拓展内外销茶叶市场

安溪历次茶王赛都举办系列产品展销会,每次展销会都取得丰硕成果。如 1998 年 11 月在上海茶王赛,展销会与海内外客商签约金额 3950 万元;1999 年 6 月在北京茶王赛,展销会与海内外客商签约金额 5800 万元;同年 11 月在香港茶王赛、展销会与客商签约金额 7118 万港元。在茶王赛的推动下,安溪乌龙茶内外销市场不断拓展,使全县茶叶出现产销两旺,长年不压库,其中高档茶供不应求。

(5)促进茶叶生产发展

改革开放以来,安溪茶王赛开展得有声有色,生动活泼,富有成效,有力促进了茶叶生产的发展。

（三）假期茶王赛

2003年国庆节期间，安溪中国茶都在第一交易大厅举行“国庆黄金周天天茶王赛”活动。

举行国庆长假天天茶王赛的主要目的，是因为国庆长假旅游客人多，又是秋茶盛产季节，是国内外茶商云集铁观音产地安溪采购铁观音的最佳季节，是宣传安溪铁观音、激活茶叶市场、繁荣茶叶市场的好时机。

主要做法：

1. 节前做好宣传“发动”工作。

2. 挑选有资质的评茶师3～5人组成评委。

3. 每天在茶都市场向茶农、茶商征集35～40个以上的样品参赛，每个样品100克。没有获奖的样品当天退还。

4. 评选方法：评委采用密码审评，淘汰式进行评选。

5. 奖励办法：评委从每天送交的样品中评出一等奖、二等奖、三等奖各一名。做到当天评比，当天颁奖，分别发给获奖证书和奖金，一等奖奖金300元，二等奖奖金200元，三等奖奖金100元。

6. 参赛茶叶可在市场直接交易。经过10月1日至10月6日六天的“天天茶王赛”活动，凝聚了广大茶商和茶农的交易兴趣和氛围，达到了超出预期的效果，这在茶叶产地市场上可算是一种创举。

七、茶艺竞赛

茶艺及茶艺文化，涉及多方面的文化艺术。通过茶艺，能使我们了解中华民族优秀的传统文化，掌握茶的冲泡和品尝艺术，有利于提高我们的文化艺术素质，特别是人文素质、综合素质。

2012 年泉州市艺茶技能竞赛方案

一、组织机构

(一)主办单位:

泉州市总工会、泉州人力资源和社会保障局、泉州市茶文化研究会

(二)承办单位:

泉州市职业技术教育中心、泉州市职业技能鉴定指导中心、安溪县茶业总公司、安溪县茶叶协会、安溪铁观音同业公会、安溪艺术学校

(三)协办单位:

泉州市农业学校、安溪华侨职业中专学校、安溪茶业职业技术学校

(四)设立组委会:

组委会成员由相关单位领导组成,并设主任委员 1 人。

组委会下设:

1. 组委会办公室

2. 监察室

3. 竞赛职能小组。下设:

①竞赛考务组

②秘书组(包括文字、信息报道、摄像、接待、舞台布置、考场布置、各项材料资料准备工作)

③仲裁组

④安保组

二、竞赛时间与地点

(一)竞赛时间:2012 年 11 月　日

(二)竞赛地点:安溪艺术学校

注:竞赛具体时间、场地、项目已详细列表明示。

三、竞赛规划：

（一）领队、指导教师须知

1. 认真学习有关文件及竞赛规程，认真履行职责。

2. 要做好各项准备工作，包括对选手的参赛动员及思想工作，制定选手的训练计划及作息时间安排。

3. 做好与本赛点执委会的信息联络工作，及时传达和落实执委会的各项要求，竞赛期间不准进入竞赛场地，在指定地点休息。

4. 组织选手认真学习《参赛选手须知》，教育选手遵守竞赛规则，尊重裁判，讲团结、讲文明礼貌。

5. 做好选手的安全教育工作，确保选手在竞赛期间的各项安全，防止意外发生。竞赛前带领选手熟悉赛场环境，了解赛场的各项设施并按规定时间到达赛场参加比赛。

6. 竞赛中有问题，由领队负责将本队选手的申诉以书面的形式向仲裁组提出，服从仲裁组的裁决。

7. 自觉遵守参赛纪律，不对竞赛过程的组织工作和竞赛内容随意发表评论。不单独与裁判接触，不向有关项目裁判提供本队选手的姓名。

8. 协助本赛点执委会处理各种突发事件，确保竞赛顺利进行。

（二）参赛选手须知

1. 参赛选手必须按竞赛日程安排，准时报到及参赛，否则，延误而不能按时参赛以弃权论。参赛选手必须持学生证（或身份证）和参赛证进入赛场，不准携带任何通讯工具，进入赛场选手休息室后再进行抽签，选手本项目比赛结束后方可离开赛场。

2. 参赛选手上场前进行准备工作，如遇问题及时举手示意，由场上工作人员协助解决。竞赛全过程必须严格按照本专业的安全操作规程操作，如比赛过程中出现问题，需在赛后由领队向仲裁组提出，不与评判人员当场交涉，影响比赛正常进行。

3. 参赛选手在赛场上有作弊行为或不遵守赛场规则，取消参赛选手成绩。

4.参赛选手在比赛过程中未经允许不擅自离场或提前退场;比赛时间到,选手必须停止表演,并在裁判长的组织下,统一退场。

5、参赛选手自觉遵守赛场纪律服从指挥,尊重评判人员。凡违反赛场纪律的选手不准参加评奖,性质严重者赛点执委会有权取消选手比赛资格,并对参赛队提出公开批评。

6.参赛选手要爱护赛场的公共财物和设施,保持环境卫生。

7.参赛选手要着装整齐,服从指挥、听从调度,举止文明、讲究礼貌,争当文明参赛选手。

(三)评判人员须知

1.评判人员必须认真研究竞赛规程,熟练掌握比赛评分标准与要求。

2.评判人员要正确履行职责,坚持原则,自觉排除干扰,保证比赛公平、公正。

3.评判人员要积极维护好比赛秩序,以利于所有参赛选手水平的正常发挥。

4.评判人员要坚守岗位,不得擅离职守,要严密观察比赛过程中的技术

与安全问题。

5.评判人员自觉按执委会的要求进行评判工作,树立为选手负责、为市赛负责的责任感。

6.评判人员不在赛前接受参赛选手或指导老师的咨询,在比赛过程中不回答选手提出任何有关比赛的技术问题,不在赛场内接听或打电话。

7、评判人员要严守机密,未经赛点执委会允许,不向任何人泄漏涉及比赛机密的事项。

(四) 工作人员须知

1.全体工作人员必须服从执委会的统一指挥,认真履行职责,做好比赛的服务工作。

2.要按分工准时到岗,尽职尽责做好分内各项工作,保证比赛

的顺利进行。

3. 认真检查证件，非比赛人员不准进入赛场。

4. 赛场工作人员，在比赛过程中必须在门口守候，如出现设备、器材等技术问题，经评判人员同意，方可进入赛场内处理，不能处理时，必须马上与赛点负责人联系，在赛场内不接听或打电话。

5. 如遇突发事件，要及时向执委会报告，同时做好疏导工作避免重大事故发生，确保大赛圆满成功。

四、服务接待

1. 参赛代表队报到时间为 9 月 27 日上午 8∶00 前，报到地点：安溪艺术学校，永安路。

2. 每个参赛队领取 2 份《竞赛指南》。

五、安全管理

（一）安全管理责职

1. 安全工作是极其重要的一环，各校领队要对本校选手的安全管理工作负责，赛场中的选手安全工作由承办竞赛学校负责，各自要事先做好相关的安全布防。

2. 各校领队要事前对选手进行安全教育，增强选手的安全意识；重视参赛选手参加比赛往返途中的交通安全，注意安全防患；注意赛场外选手的安全管理，该场次选手无赛事的，尽量让其在休息室内休息，不要让其到管理者管理不着的地段或到不安全的地段。

3. 承办学校要做好赛场的安全管理，清除赛场中不安全的隐患。做好防火工作，配备防火设施。紧急情况安全撤退的路线要明确，有疏散路线标志，遇紧急情况必须有人引导、指挥。

4. 选手参加竞赛若需带有可能影响安全的器具，领队事先要交代选手保管好，不做出有损安全的行为动作。

（二）安全预案

1. 发现安全事故发生，立即向组委会报告。如情况紧急，事态严重，可拨打 110 电话报警。发生火警，火灾现场立即切断电源，拨打 119 电话报警;医疗急救电话 120。在现场的工作人员不延误报警或不报警,否则将追究有关责任。

2. 当安全事故发生后,应急处理工作领导小组立即启动安全事故应急处理预案,组织人员赶赴现场,指挥抢险救助工作并保护好现场,防止事态扩大。

3. 当安全事故发生时,在场全体人员应全力以赴参加抢救,组织好人员的撤退及疏散、物资的转移,以防止事态进一步扩大,减少损失。

4. 事故终止后,在场的领导应立即组织人员做好现场保护工作。现场保护人员在执行任务时应提高警惕,增强责任感,观察现场动态,掌握一切与事故和案件有关的信息,并及时汇报。

5. 事故发生后,安全事故应急处理工作领导小组应立即向大会组委会和上级主管部门汇报事故发生的时间、地点、经过、处理等概况。

6. 当发生火灾事故,或需紧急救治时,马上通知大门打开并保证大门畅通。当发生人为肆意破坏、捣乱,应通知大门关闭,杜绝人员出入。

7. 当发生安全事故,要有为应对、科学处理。事故终止,要组织人员进一步排查隐患,经大会组委会同意后,方可继续比赛。

8. 本预案适用范围是技能大赛期间发生的安全事故现场。

六、申诉与仲裁

1. 参赛选手对不符合比赛规定的设备、工具和备件,有失公正的检测、评判、奖励,以及对工作人员的违规行为等,均由各地领队向组委会提出申诉,任何个人没有权力发表对大赛不利的言论,一切最终答案由执委会统一安排解答。

2. 选手申诉均须先向本代表队领队或指导老师说明,按规定以书面形式向仲裁委员会提出。仲裁委员会要认真负责公正地受理各种申诉,并将最终处理意见由执委会通知领队或指导老师。

3. 仲裁委员会的裁决为最终裁决,参赛选手不得因申诉或对处理意见不服而停止比赛,否则按弃权处理。

七、其他

1. 每个项目上场评委5人,平均分为每位选手最终得分,每场比赛前由总裁判长当场通知本场次评委名单。

2. 比赛场地工作人员必须统一佩戴由形象设计技能比赛会务组印制的相应证件,着装整齐。

3. 赛场除现场评判委员会、仲裁委员会、会务组工作人员以外,其他人员未经赛点会务组允许不得进入赛场。

4. 新闻媒体等进入赛场必须经过赛点会务组允许,拿到拍摄工作证者方可进入会场,并且听从现场工作人员的安排和管理,不能影响比赛进行,没有拍摄工作证者一律不可入场。

5. 各参赛队的领队、指导老师以及随行人员一律不得进入赛场。

八、赛场导图……

(一)赛场位置……

(二)赛场分布图……

九、2012年泉州市茶艺技能竞赛规程

(一)本次竞赛原则:科学、严谨、透明、公平、公正、公开。

(二)竞赛项目:茶艺技能

(三)竞赛内容:茶艺理论、茶叶审评、茶艺表演。

(四)竞赛各项目的时间及评分比重:

1. 理论竞赛时间为30分钟,占10%;

2. 茶叶审评竞赛时间为20分钟,占20%;

3. 茶艺表演时间为15分钟,占70%。

(五)竞赛项目要求及分值

1. 理论竞赛试卷分A、B、C、D卷,由竞赛选手自行抽取其中一卷。

内容:茶叶知识、茶文化知识、茶具、茶水、科学饮茶。

考试题型:选择题80%、判断题20%。

考试教材版本:中国劳动社会保障出版社《茶艺师》(高级)教材。

2.茶叶审评分操作技能与审评结果合并按百分制计算选手得分,其中评茶操作技能分值占总分(100分)的30%,审评结果分值占70%。

内容:从干茶条索,茶汤(香气,汤色,滋味),叶底这三方面,识别我省主要茶类乌龙茶、红茶、绿茶。竞赛提供7个茶样供识别。选手分别抽签,按顺序一批5人同时进行。

3.茶艺表演

茶艺职业技能比赛,强调用科学的方法、艺术的手法表现茶的冲泡过程,充分展示茶的色、香、味、形,做到茶美、器美、水美、意境美、形态美、动作美,达到结果美与过程美的完美结合,让欣赏者得到物质和精神上的享受。

要求:统一提供铁观音茶样(浓香、清香),统一提供用水,侧重冲泡过程规范,茶汤品质,重在展示茶艺技能。按选手参赛号顺序逐个进行。

个人赛每位选手的总成绩由理论考试(10%)、茶叶审评(20%)和茶艺表演(70%)三部分成绩累加组成。总成绩相同时又需要分出不同等次的,理论成绩分高的排前。

团体赛每队参赛单位的总成绩由茶艺技能操作(90%)和现场知识问答(10%)两个部分累加组成。总成绩相同时又需要分出不同等次的,茶艺表演成绩分高的排前。

本次比赛按国家职业标准茶艺师(三级)命题,个人赛分为理论考试、茶叶审评、茶艺表演三部分,团体赛分为茶艺表演操作、现场知识问答两个部分。茶艺技能操作设定为规定项目。

(六)竞赛的组队方式

1.职工组:个人赛每个单位限选送2人,团体赛每个单位限选送1队,每队人员不能超过6人。

2.院校组:泉州市中职学校茶艺专业学员,个人赛每个学校限

选送3人(承办单位可选送4人),团体赛每个单位限选送1队,每队人员不能超过6人。

(七)奖项设置

本次竞赛活动设团体奖项和个人奖项。

1.团体奖项

对本次大赛有特别贡献、在决赛工作中组织工作突出、比赛成绩优秀的参赛单位将颁发“优秀组织奖”。

2.个人奖项

名次安排:根据职工组、院校组选手的成绩,分别设特等奖1名、一等奖2名、二等奖3名、三等奖4名。其中,对职工组特等奖获得者,根据综合评审结果予以确定,并按有关规定的程序申报泉州市“五一劳动奖章”;对获大赛前三名的职工组选手,将给予申报授予“泉州市技术能手”荣誉称号。

3.指导老师表彰

指导参赛单位、个人参赛选手荣获决赛前6名的老师将获得大赛组委会颁发的“优秀指导老师”荣誉证书。

(八)竞赛设备材料

承办单位提供赛场通用设施,包括通用规格茶艺表演长方形桌椅6套,音响设备,选手休息化妆室,理论考室两间,审评考室一间,茶艺技能考室一间;统一提供器具,包括识茶开汤使用的随手泡、样茶盘、审评杯、审评碗、茶匙,天平、定时钟、汤杯,叶底盘、吐茶桶等;规定项目的茶样、水。

服饰、茶具(5～6人杯壶)、配乐CD、茶席布置材料参赛队自备,冲泡方法自选。

个人赛不设:副泡及现场伴奏。

(九)茶艺技能操作评分细则(按100分计,占个人项目总分70%)

1.茶汤质量:要求茶汤温度适宜,汤色透亮均匀,滋味鲜醇爽口,香高持久,叶底完美,符合所泡茶类要求。分值:30分。

2.茶艺演示:动作连绵、轻柔、圆和,程序设计合理,全过程完整流畅。分值:40 分

3.仪容仪表、礼仪:仪表自然端庄,发型服饰与所沏茶类相配,泡茶手势与奉茶姿态自然优雅。分值:15 分。

4.茶席布置:与环境协调,席面布置合理、美观,有序,色彩协调,茶具空间符合操作要求,分值:10 分。

5.时间:不超过 15 分钟,分值:5 分。

竞赛规程附件 1：

2012 年泉州市茶艺技能竞赛茶叶审评项目（个人赛）评分标准

参赛选手号：

序号	项目	分值（%）	要求和评分标准	扣分标准	扣分	得分
1	茶叶审评操作技能	5	器具准备	①器具摆设不整齐，扣 1 分。 ②杯碗方向相反，扣 1 分。 ③不会使用天秤，扣 1 分。 ④没有烫杯，扣 1 分。		
		20	取样	①不会把盘，扣 1 分。 ②取样不标准，扣 2 分。 ③样品与泡杯不对称，扣 1 分。		
		20	冲泡	①杯盖离杯，扣 5 分。 ②高冲，扣 3 分。 ③茶叶不翻滚，扣 2 分。 ④水没冲满，扣 5 分。 ⑤水不够，扣 5 分。		
		15	嗅香	①杯盖碰到鼻子，扣 3 分。 ②杯盖摔水，扣 3 分。 ③嗅香说话扣，扣 3 分。 ④嗅香嘴巴张开，扣 5 分。		
		10	看汤色	①不会分出辨茶叶汤色，扣 5 分。 ②不会找出汤色弊端，扣 2 分。		
		15	尝滋味	①不会分出大类，扣 5 分。 ②不会分出优次，扣 2 分。		
		10	评叶底	①手抓杯中茶叶，扣 1 分。 ②用杯盖挤压茶叶，扣 1 分。 ③不会分出老嫩叶，扣 2 分。 ④不会分出发酵程度，扣 2 分。		
		5	整理审评台	①没有整理，扣 5 分。 ②不清洁，扣 1 分。 ③不整齐，扣 1 分。		

续表

序号	项目	分值(%)	要求和评分标准	扣分标准	扣分	得分
2	竞赛样审评结果	15	绿茶	评错扣15分		
		15	红茶	评错扣15分		
		15	浓香型铁观音	评错扣15分		
		15	武夷岩茶	评错扣15分		
		14	清香型铁观音正炒正味	评错扣14分		
		13	清香型消香	评错扣13分		
		13	清香型微酸	评错扣13分		

竞赛规程附件2：

2012年泉州市茶艺技能竞赛(个人赛)茶叶审评结果评分记录表

样号	1	2	3	4	5	6	7	总分
品名								
得分								

说明：本次竞赛共7个样，其中绿茶1个，计15分；红茶1个，计15分；浓香型铁观音1个，计15分；武夷岩茶1个，15分；清香型铁观音3个样，其中正炒铁观音1个、计14分，消青铁观音1个样、计13分，微酸铁观音1个样、计13分。竞赛选手通过外形和内质各项因子的审评后，按照对应的样号在“品名”栏上填写，如红茶、绿茶、浓香型铁观音、武夷岩茶、止味铁观音等即可。

竞赛规程附件 3：

2012 年泉州市茶艺技能竞赛（个人赛）茶叶审评操作技能评分记录表

项目	器具准备	取样	冲泡	嗅香	看汤色	尝滋味	评叶底	整理审评台	总分
配分	5	20	20	15	10	15	10	5	
得分									

竞赛规程附件 4

2012 年泉州市茶艺技能竞赛（个人赛）评分标准

参赛选手号：

序号	项目	分值（%）	要求和评分标准	扣分标准	扣分	得分
1	礼仪仪表仪容 15 分	5	发型、服饰与茶艺表演类型相协调。	①发型散乱，扣 0.5 分。 ②服饰穿着不端正，扣 0.5 分。 ③发型、服饰与茶艺表演类型不相协调，扣 1 分。		
		5	形象自然、得体，高雅，表演中用语得当，表情自然，具有亲和力。	①视线不集中，表情平淡，扣 0.5 分。 ②目低视，表情不自如，扣 0.5 分。 ③说话举止略显惊慌，扣 1 分。 ④不注重礼貌用语，扣 1 分。		
		5	动作、手势、站立姿势端正大方。	①站姿、走姿摇摆，扣 1 分。 ②坐姿不正，双腿张开，扣 1 分。 ③手势中有明显多余动作，扣 1 分。		
2	茶席布置 10 分	5	茶器具之间功能协调、质地、形状、色彩调和。	①茶具配套不齐全，或有多余的茶具，扣 3 分。 ②茶具色彩不够协调，扣 1 分。 ③茶具之间质地、形状大小不一致，扣 2 分。		
		5	茶器具布置与排列有序、合理。	①茶席布置不协调，扣 1 分。 ②茶具配套齐全，茶具、茶席相协调，欠艺术感，扣 0.5 分。		

续表 1

序号	项目	分值（%）	要求和评分标准	扣分标准	扣分	得分
3	茶艺演示40分	5	根据主题配置音乐，具有较强艺术感染力。	①音乐与主题不协调，扣1分。 ②音乐与主题基本一致，欠艺术感染力，扣0.5分。		
		10	冲泡程序契合茶理，投茶量适用，水温、冲水量及时间把握合理。	①冲泡程序不符合茶理，顺序混乱，扣2分。 ②未能正确选择所需茶叶、配料，扣1分。 ③选择水温与茶叶不相符合，过高或过低，扣1分。 ④冲水量过多或太少，扣1分。 ⑤各杯中茶水有明显差距，扣1分。		
		15	操作动作适度，手法连绵、轻柔，顺畅，过程完整。	①未能连续完成，中断或出错三次以上，扣2分。 ②能基本顺利完成，中断或出错二次以下，扣1分。 ③表演技艺平淡，缺乏表情及艺术品味，扣1分。 ④表演尚显艺术感，艺术品味平淡，扣1分。		
		5	奉茶姿态、姿势自然，言辞恰当。	①奉茶姿态不端正，扣1分。 ②奉茶次序混乱，扣1分。 ③脚步混乱，扣1分。 ④不注重礼貌用语，扣1分。 ⑤收回茶具次序混乱，扣1分。		
		5	收具	①收具顺序混乱，茶具摆放不合理，扣1分。 ②离开表演台时，走姿不端正，扣1分。		
4	茶汤质量30分	20	茶色、香、味、形表达充分。	①未能表达出茶色、香、味形，扣3分。 ②能表达出茶色、香、味形其一者，扣2分。 ③能表达出茶色、香、味形其二者，扣1分。		
		5	奉客人茶汤应温度适宜。	①茶汤温度过高或过低，扣2分。 ②茶汤温度与较适宜饮用温度相差不大，扣1分。		
		5	茶汤适量	①茶量过多，溢出茶杯杯沿，扣1分。 ②茶量偏少，扣0.5分。		

续表 2

序号	项目	分值（%）	要求和评分标准	扣分标准	扣分	得分
5	时间5分	5	在15分钟内完成茶艺表演，超时扣分。	①表演超过规定时间1～3分钟，扣1分。 ②表演超过规定时间3～5分钟，扣2分。 ③表演超过规定时间5～10分钟，扣3分。 ④表演超过规定时间10分钟，扣5分。		

竞赛规程附件5：

2012年泉州市茶艺技能竞赛（团体赛）评分标准

参赛单位：

项目	要求和评分标准	扣分标准	满分	扣分	得分
礼仪仪表仪容6分	发型、服饰与茶艺表演类型相协调。	①发型散乱，扣0.5分 ②服饰穿着不端正，扣0.5分 ③发型、服饰与茶艺表演类型不相协调，扣1分	2		
	形象自然、得体，高雅，表情自然，具有亲和力。	①视线不集中，表情平淡，扣0.5分 ②目低视，表情不自如，扣0.5分 ③不注重礼貌用语，扣1分	2		
	动作、手势、站立姿势端正大方。	①站姿、走姿摇摆，扣0.5分 ②坐姿不正，双腿张开，扣0.5分 ③手势中有明显多余动作，扣1分	2		
茶具茶席布置5分	茶器具之间功能协调，质地、形状、色彩调和并符合专业、科学、卫生安全的要求	①茶具配套不齐全，或有多余的茶具，扣1分 ②茶具之间质地、色彩、形状大小不协调，扣1分 ③茶器具的质地、色彩存在安全卫生隐患，扣0.5分	2.5		
	茶器具布置与排列有序、合理	①茶席布置不协调，扣1分 ②茶具配套齐全，茶具、茶席相协调，欠艺术感，扣0.5分	2.5		

续表 1

项目	要求和评分标准	扣分标准	满分	扣分	得分
茶艺表演40分	根据主题配置音乐，具有较强艺术感染力。	①音乐与主题不协调，扣1分 ②音乐与主题基本一致，欠艺术感染力，扣0.5分			
	冲泡程序契合茶理，投茶量适用，水温、冲水量及时间把握合理。	①冲泡程序不符合茶理，顺序混乱，扣2分 ②未能正确选择所需茶叶、配料，扣1分 ③选择水温与茶叶不相符合，过高或过低，扣1分 ④冲水量过多或太少，扣1分 ⑤各杯中茶水有明显差距，扣1分	10		
	操作动作适度，手法连绵、轻柔，顺畅，过程完整。	①未能连续完成，中断或出错三次以上，扣2分 ②能基本顺利完成，中断或出错二次以下，扣1分 ③表演技艺平淡，缺乏表情及艺术品味，扣1分 ④表演尚显艺术感，艺术品味平淡，扣1分	15		
	奉茶姿态、姿势自然，言辞恰当。	①奉茶姿态不端正，扣1分 ②奉茶次序混乱，扣1分 ③脚步混乱，扣1分 ④不注重礼貌用语，扣1分 ⑤收回茶具次序混乱，扣1分	5		
	收具	①收具顺序混乱，茶具摆放不合理，扣1分 ②离开表演台时，走姿不端正，扣1分	5		
茶汤质量30分	茶色、香、味、形表达充分	①未能表达出茶色、香、味形，扣3分 ②能表达出茶色、香、味形其一者，扣3分 ③能表达出茶色、香、味形其二者，扣1分	20		
	奉客人茶汤应温度适宜。	①茶汤温度过高或过低，扣2分 ②茶汤温度与较适宜饮用温度相差不大，扣1分	5		
	茶汤适量	①茶量过多，溢出茶杯杯沿，扣1分 ②茶量偏少，扣0.5分	5		
解说5分	讲解口齿清晰婉转，能引导和启发观众对茶艺的理解，给人以美的享受	①讲解与表演过程不协调，扣2分 ②讲解不能很好地表达主题，扣1分 ③讲解口齿不清晰，扣1分 ④讲解欠艺术表达力，扣1分	5		

续表 2

项目	要求和评分标准	扣分标准	满分	扣分	得分
创意7分	立意新颖、意境高雅，表演过程各环节有创意	①主题设计无特色，不能体现时代、地方特征，扣2分 ②茶席布置与茶具配置，难以体现茶文化的丰富内涵，扣2分 ③泡茶手法无新意，扣1分 ④解说词平淡，扣1分 ⑤音乐服饰无创意，扣1分	7		
整体效果5分	主题、音乐、茶席布置、茶具选择、服饰与茶艺表演协调，动作整齐，表演流畅，整体效果好	①主题、音乐、茶席布置、茶具选择、服饰与茶艺表演不够协调统一，扣2分 ②各位队员动作不够整齐，表演不够流畅，扣2分 ③表演整体感观效果不佳，扣1分	5		
时间2分	在15分钟内完成茶艺表演，超时扣分	①表演超过规定时间1～3分钟，扣1分 ②表演超过规定时间3～5分钟，扣2分	2		
总分			100		

竞赛规程附件6:

1.2012年泉州市茶艺技能竞赛(个人赛)评委评分表

组别:□职工组　　□院校组(请打"√")　　　参赛选手号:

礼仪仪表仪容(15分)	茶席布置(10分)	茶艺演示(40分)	茶汤质量(30分)	时间(5分)	合计得分	评委签名

2. 2012年泉州市茶艺技能竞赛(团体赛)评委评分表

组别:□职工组　　□ 院校组(请打"√")　参赛单位:

礼仪仪表仪容(6分)	茶席布置(5分)	茶艺演示(40分)	茶汤质量(30分)	解说(5分)	创意(7分)	整体效果(5分)	时间(2分)	合计得分	评委签名

竞赛规程附件7:

2012年泉州市茶艺技能竞赛(个人赛)评分统分表

原序号	参赛号	理论考试10分	识茶开汤20分	茶艺技能70分	合计分	名次
1						
2						
3						
4						
5						
6						
7						
8						
9						

统分人:　　记录员:　　　　年　月　日

2012年泉州市茶艺技能竞赛（团体赛）评分统分表

原序号	参赛号	茶艺技能 90分	知识问答 10分		合计分	名次
1						
2						
3						
4						
5						
6						
7						
8						
9						

统分人：　　　记录员：　　　　　　　　　年　月　日

参考文献

1. 王镇恒、王广智　中国名茶志　中国农业出版社　2008.3

2. 金心怡、陈济斌、吉克温　茶叶加工学　中国农业出版社　2003.8

3. 骆少君　评茶员　新华出版社　2004.3

4. 张木树　铁观音加工技术　海潮摄影艺术出版社　2010.2

5. 陆松候、施兆鹏　茶叶审评与检验　中国农业出版社　2000.7

6. 台湾制茶工业五十年来的发展　台湾区制茶工业同业公会成立五十周年庆专辑　2003.9

7. 罗盛财　武夷岩茶名丛录　科学出版社　2007.6

8. 黄墩岩　彭惠婧　中国茶道　畅文出版社　1983.4

9. 张天福、戈佩贞、郑乃辉、陈哲思　福建乌龙茶　福建科学技术出版社　1990.1

10. 吴洵　茶园绿肥作物种植与利用　金盾出版社　2009.6

11. 黄瑞光、黄柏梓、桂埔芳、吴伟新　凤凰单丛　中国农业出版社　2006.6

12. 安溪县农业与茶果局　茶叶生产技术手册　2003.2

13. 肖强　茶树病虫害防治技术　中国农业出版社　2009.1

14. 林永传、贺广生　中国安溪茶叶宝典　中国文学出版社　2006.10

15. 周鸿侨、蔡建明　闽台茶艺文萃　青海人民出版社　2008.8

16. 陈文华、余悦　茶艺师基础知识　中国劳动和社会保障出版社　2008.1

17. 陈玉　礼仪规范教程　高等教育出版社　2008.12516

后　记

中国乌龙茶，历史悠久厚重，茶树品种丰富，制作工艺精湛，品质风味独特，保健功效突出，产业前景广阔，是中国茶叶大家庭中的重要成员，文化部于2008年推荐中国乌龙茶制作技艺申报世界非物质文化遗产。中国乌龙茶的历史文化，凝聚了中国茶界特别是乌龙茶产区茶农茶工、茶叶科技人员、茶业工作者、茶叶爱好者数百年的智慧和汗水。笔者有幸与茶结缘，长期从事乌龙茶工作。而今尽我所能编写《中国乌龙茶》一书，意在为中国乌龙茶继续发扬光大，更好造福世人，做出一个茶人应有的努力。但限于水平，倘有不足，敬请茶界同仁不吝指教。

本书的编写得到了福建省科协、安溪县科协的大力支持，福建省科协党组叶顺煌书记在百忙中为本书作序。本书的出版，得到安溪县科协涂东风主席、康永光副主席，厦门大学苏登记教授，长期从事茶学教学工作的高级讲师、国家一级评茶师张木树的帮助和支持。在此一并表示衷心的感谢！

苏兴茂

2013年7月

图书在版编目(CIP)数据

中国乌龙茶/苏兴茂编著—2 版.—厦门:厦门大学出版社,2013.10
ISBN 978-7-5615-3707-7

Ⅰ.①中… Ⅱ.②苏… Ⅲ.①乌龙茶-简介-中国 Ⅳ.①TS272.5

中国版本图书馆 CIP 数据核字(2010)第 210376 号

厦门大学出版社出版发行
(地址:厦门市软件园二期望海路 39 号 邮编:361008)
http://www.xmupress.com
xmup @ xmupress.com
厦门集大印刷厂印刷
2013 年 10 月第 2 版 2013 年 10 月第 1 次印刷
开本:889×1194 1/32 印张:16.5 插页:12
字数:450 千字 印数:4 500～9 000 册
定价:精装:80.00 元
平装:68.00 元